自然地理学原理
及其在测绘中的应用

王文福　梅晓丹　梁欣　李丹　编著

WUHAN UNIVERSITY PRESS
武汉大学出版社

图书在版编目(CIP)数据

自然地理学原理及其在测绘中的应用/王文福等编著. —武汉:武汉大学
出版社,2014.7(2024.8 重印)
ISBN 978-7-307-13720-2

Ⅰ.自… Ⅱ.王… Ⅲ.自然地理学 Ⅳ.P9

中国版本图书馆 CIP 数据核字(2014)第 150050 号

封面图片为上海富昱特授权使用(ⓒ IMAGEMORE Co.,Ltd.)

责任编辑:任仕元   责任校对:汪欣怡   版式设计:韩闻锦

出版发行:**武汉大学出版社** (430072 武昌 珞珈山)
    (电子邮箱:cbs22@ whu.edu.cn 网址:www.wdp.com.cn)
印刷:湖北云景数字印刷有限公司
开本:787×1092 1/16 印张:25.5 字数:619 千字 插页:1
版次:2014 年 7 月第 1 版 2024 年 8 月第 6 次印刷
ISBN 978-7-307-13720-2 定价:56.00 元

前　言

近年来，随着科学的发展和技术的进步，自然地理学的知识也逐步得到了拓展，并且其知识的更新速度也越来越快，同时与其他学科的综合研究也取得了长足的进展，其基础理论的研究在实践中也得到了许多领域的广泛应用。与此同时，当今世界也面临着人口、资源、环境和发展的一系列重大问题。在我国现今的发展建设中，也有许多问题需要借助自然地理学的相关知识去解决。由 3S 技术支撑的测绘科学技术在信息采集、数据处理和成果应用方面也正步入数字化、网络化、智能化、实时化和可视化的新阶段。积极开展我国地理国情监测，是从地理空间的角度客观、综合展示国情国力，其综合各时期档案和调查成果，对地形、水系、湿地、冰川、沙漠、地表形态、地表覆盖、道路、城镇等要素进行动态化、定量化、空间化的持续监测，并统计分析其变化量、变化频率、分布特征、地域差异、变化趋势等，形成反映各类资源、环境、生态、经济要素的空间分布及其发展变化规律的监测数据、地图图形和研究报告等。因此，积极探索自然地理学综合的途径，培养具有自然地理学综合实践应用素质的人才，在自然地理学新的发展中是十分必要的。

目前，现有的自然地理学相关书目，大多数都在结构体系上以部门地理为主线，各部门自然地理学自成体系分章论述，仅注重自然地理学的基本原理和知识阐述。本书既注意保持自然地理学科体系的完整性，又密切结合测绘学科的特点和需要，从应用的角度阐述了地貌的基本概念、基本特征、演变和形成过程。本书注重理论与实践相结合，着重对学生自然地理学实践动手能力和空间思维的培养，具有较强的实用性、实践性、可操作性和创新性。本书在内容上分为上、中、下三编，共 18 章。上编：自然地理学的基本原理。包括绪论、第一章（地球系统）、第二章（大气圈）、第三章（水圈）、第四章（岩石圈）、第五章（生物圈）、第六章（自然地理环境的基本规律），系统地介绍了自然地理学的基本原理和基本知识。中编：地貌及其形态特征。包括第七章（地貌要素与地貌形态）、第八章（构造地貌）、第九章（流水地貌）、第十章（岩溶地貌）、第十一章（冰川与冻土地貌）、第十二章（风成地貌）、第十三章（重力地貌与黄土地貌）、第十四章（海岸地貌）、第十五章（综合自测），重点阐明了与陆地地貌有关的自然地理要素的基本性质、基本特征、分布规律及其相互制约关系。下编：自然地理学在测绘中的应用。包括第十六章（自然地理学的实验）、第十七章（自然地理学的野外学习）、第十八章（应用案例），主要介绍室内实验和野外实习的工作程序、基本方法和技能要求，以及测绘应用案例，不仅涵盖传统的验证性和综合性实践，还涉及了地形图、航空像片与遥感图像的地貌判读，以及自然地理与 3S 技术相结合的测绘应用案例。本书结构合理、资料丰富、图文并茂、针对性强，突出了基础理论、基础知识与实践应用，符合新课程改革的要求。同时，配有各章思考题和综合自测题，以满足教学需求。

本书由王文福老师负责全书的总体设计、组织、审校和定稿工作。其中，绪论、第六章、第九章和第十三章由王文福编写；第三章、第四章、第七章、第十章、第十五章和第十七章由梅晓丹编写；第二章第二、三、四节、第八章、第十二章、第十四章和第十六章由梁欣编写；第一章、第二章第一节、第五章、第十一章和第十八章由李丹编写。本书在编撰过程中得到了诸多同行及专家的热情帮助，在此表示衷心的感谢！此外，本书在编写过程中，还融入了近年来的研究成果，参阅了大量国内外相关的自然地理学著作、期刊和网络资料，由于篇幅所限未及一一注明，请有关作者见谅，在此致以最衷心的感谢！

　　本书是编者在多年的教学实践基础上的一次全新的探索和尝试，虽然力求做到系统性、全面性和科学性，但由于编者水平有限，书中难免存在不足之处，敬请广大读者批评指正。

编　者

2014 年 5 月

目　　录

上编　自然地理学的基本原理

下编　自然地理学在测绘中的应用

上　编

自然地理学的基本原理

绪　　论

第一节　自然地理学的研究对象、内容和主要方法

地球表层是人类赖以生存的地理环境。地理学是研究地理环境的科学。所谓环境，是相对主体而言的，指那些围绕着主体、占据一定空间、构成主体存在条件的诸物质实体或社会因素。在地理学研究的领域中，人类社会是主体，其"环境"就是构成以人类社会为主体存在条件的周围空间环境。作为地理学研究对象的地理环境是由自然环境、经济环境和社会文化环境组成的相互重叠、相互联系的整体。按照地理学分科中"三分法"，其可分为自然地理学、经济地理学和人文地理学。自然地理学是地理学的一个重要分支学科。

一、自然地理学

自然地理学是一门研究自然地理环境的组成、结构、空间分异特征、形成与发展变化规律，以及人与环境相互关系的学科。

二、自然地理学的研究对象

自然地理学的研究对象是地球表面的自然环境。

1. 自然地理环境的构成

整个地球的内层为地壳、地幔和地核，外层是水圈、大气圈、生物圈。有些圈层彼此相距甚远，呈大致的平行状；而有些圈层彼此紧密接触，甚至呈交错或重叠分布，如水、空气、岩石和有机体互相包容、相互作用，共同形成一个复杂的物质体系。它们之间通过能量流通和物质传输，构成一个统一的有机体，并以自身特有的矛盾和规律，独立存在于地球体系中，构成了一个在质上不同于地球所有其他各圈层的特殊圈层，这个圈层有人称它为地理圈（或地理壳、景观圈、景观壳、表层地圈、生命发生圈、地球表层、自然地理面、自然地理系统等）。它就是自然地理所要研究的对象。

自然地理环境的物质组成从地域结构和其成分构成来分，可分为对流圈、水圈、沉积岩圈、生物圈。

自然地理环境的组成要素包括地貌、气候、水文、土壤、植物和动物，但不等于这些要素机械的叠加，正如糖是由碳、氢、氧元素组成的一样，一旦形成了糖，它的性质就不同于其中任一元素，而是形成了一种新的物质。自然地理环境把各要素当做一个统一的整体来研究，它强调各要素间相互联系、相互作用、相互制约的整体性。整体性是研究自然地理综合体最主要的特征之一，其中每一个要素都影响整个综合体，而综合体本身也影响

组成它的各要素，只要综合体中一个要素发生变化，就可能影响其他自然要素和整个环境发生变化。

2. 自然地理环境的范围和边界

客观物体的边界有两种不同的类型，一是突变的明显边界，如水陆边界等；二是渐变的模糊边界，它有一个过渡区，相邻两物质并存，一方渐弱一方渐强。自然地理环境中的边界正是这种模糊边界。长期以来，不少的自然地理学家就此进行了深入的探索，提出了许多不同的观点，直至如今，仍不断有新的观点被提出，它的确是一个值得探讨的科学问题。就全球尺度的自然地理环境而言，目前大多数自然地理工作者基本接受的观点是 A. Г. 伊萨钦科的划分法。A. Г. 伊萨钦科认为：地理壳的上限在对流层顶，下限在沉积岩的底部（在地面以下 5~6km），因为对流层和水圈参与着太阳能引起的地理壳的积极的物质循环，沉积岩则是由所有三个无机圈层和有机体相互作用的产物，而从对流层到沉积岩石圈的范围也是生命有机体可能生存的区间，在这一区域以外，自然地理环境的内部联系就显著减弱了。值得一提的是，北京大学陈传康教授的观点在具体的研究中也是值得重视的。他认为自然地理环境的范围和界限不应作硬性的规定，而应视研究问题的性质而有所变化，因局部地区的特点不一样，硬性规定一个统一的厚度未必符合客观实际。只有涉及全球性的问题，才有明确地理壳的必要。

3. 自然地理环境的基本特征

自然地理环境有以下基本特征：

①地球的内能和外能作用显著；②气体、固体和液体三相并存；③有机界和无机界相互转化；④是人类聚居的场所。

三、自然地理学的分科

自然地理环境的物质组成具有相对独立性、整体性和区域性的特点。采用上述观点来讨论自然地理学的研究对象时，自然地理学可分为部门自然地理学、综合自然地理学和区域自然地理学。

1. 部门自然地理学

部门自然地理学研究组成自然地理环境的各种自然要素与过程本身，强调以某个要素为核心的分析与综合，即研究这个要素的组成、结构、时空动态和分布等特征和规律。包括的学科主要有地貌学、气候学、水文地理学、土壤地理学和生物地理学。与部门自然地理学相关联的基础自然科学包括天文学、地质学、海洋学、气象学、水文学、植物学、动物学、土壤学、生态学、地球化学、大地测量学等。

2. 综合自然地理学

综合自然地理学研究自然地理环境的综合特征，即把自然地理环境作为一个整体，着重研究其各组成要素及各组成部分的相互联系和相互作用的规律，研究地球表层物质系统的形成历史、形成过程、类型特征、地域分异和发展演变。它是自然地理学的理论研究部分，强调综合性。随着本学科和相邻学科的发展，对地球表层进行整体性的研究，即研究地表系统的组成、结构、功能、空间特征、时间动态，以及各种自然要素与过程之间、人与生存环境之间相互作用的机理，已成为综合自然地理学的主要研究方向。

3. 区域自然地理学

　　区域自然地理学研究一定区域自然地理环境的某个组成要素和自然地理环境的综合特征，即对区域的部门情况和区域的综合情况进行研究，故又可分为区域部门自然地理学和区域综合自然地理学。前者如区域气候、区域水文、区域地貌、区域植被、区域动物等，后者是对某一具体区域进行综合自然区划和土地类型的研究。区域自然地理学要以部门自然地理学和综合自然地理学的基本理论为基础，它是部门自然地理学和综合自然地理学理论联系实际的具体体现，也是自然地理学为社会生产实践服务的衔接环节。

　　部门自然地理学、综合自然地理学和区域自然地理学之间的关系，可用图0.1表示。

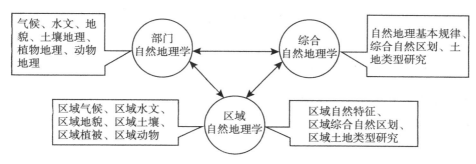

图0.1　自然地理学分科关系图

四、自然地理学的研究内容

　　自然地理学有以下主要的研究内容：

　　①研究各自然地理成分（气候、地貌、水文、土壤、植被和动物界等）的特征、形成机制和发展规律；

　　②研究各自然地理成分之间的相互关系，彼此之间的物质循环和能量转化的动态过程，从整体上阐明它的变化发展规律；

　　③研究自然地理环境的空间分异规律，进行自然地理分区和土地类型的划分，阐明各级自然区和各种土地类型的特征和开发、利用方向；

　　④参与自然条件和自然资源的评价；

　　⑤研究人为环境（受人类干扰、控制的自然地理环境）的变化特点、发展动向和存在的问题，寻求更合理的利用和改造途径以及整治方法。

五、自然地理学的研究方法

　　自然地理学的研究方法如下：

　　①资料搜集与分析（文献资料、地形图和遥感图像的收集、阅读与分析等）；

　　②野外调查（野外定位观测、样品与化石采集方法，以及地形的地质观察等）；

　　③室内实验（研究结果的整理、分析，以及数理统计与数理模式的运用等）。

　　随着现代新技术的不断发展，自然地理学更注重定量分析，并把定量分析和定性分析紧密结合。主要是通过建立综合性实验站和使用遥感技术，观测自然地理系统内的能量和物质的转换形式、动态过程，获取范围广和连续的各种自然地理信息，应用数学方法和电子计算机处理和分析各种信息，通过模拟实验建立系统结构模式和动态变化的数学模式等，深入研究自然地理系统的结构特征，预测其变化趋向。

六、自然地理学的研究任务

自然地理学有以下研究任务：

①研究自然地理环境各组成要素的基本特征、形成机制和发展变化规律；

②研究地理各要素之间物质和能量联系的机制，探求调控、优化自然地理结构和功能的途径与方法；

③探讨自然地理环境空间分布规律和时间演变规律；

④参与自然条件和自然资源评价。

七、中国自然地理学的发展趋势与优先领域

1. 中国自然地理学的未来发展的趋势

①走向更加综合发展的道路；

②在全球变化的高度上进行研究；

③从一般性描述走向更深入地揭示一些过程及其动态变化的机理机制；

④更加重视运用高新技术来武装；

⑤更加密切地为实现区域可持续发展服务。

2. 未来中国自然地理学的优先领域

①人类活动对全球变化的影响、响应及适应；

②土地变化过程及其生态环境效应与调控；

③城市化过程及其资源环境效应与调控；

④流域地表过程与综合管理；

⑤土壤演变过程及其对土壤质量的影响；

⑥资源与生态的可持续性；

⑦污染物的区域环境过程、健康风险与控制；

⑧灾害形成机制与综合风险管理；

⑨生态系统服务功能综合评估。

自然地理环境是人类社会生存的基础，自然地理学的研究目的在于通过对人类赖以生存的地球表层自然环境的评估、预测、规划、管理、优化、调控，达到保护环境、合理利用环境、与环境协调共处，从而保障人类社会的可持续发展。自然地理学就是用系统的、综合的、区域联系的观点与方法，去审视与研究人类赖以生存的地球表层自然环境的组成、结构、区域分异特征、形成与变化规律以及人与环境的相互作用，从而对地表自然环境进行评估、预测、规划、管理、优化、调控的学科。

第二节　自然地理学和测绘学科的关系

由 3S 技术支撑的测绘科学技术在信息采集、数据处理和成果应用方面也正步入数字化、网络化、智能化、实时化和可视化的新阶段。测绘学已成为研究对地球和其他实体的

与空间分布有关的信息进行采集、量测、分析、显示、管理和利用的一门科学技术。测绘行业也逐步成为信息行业中的一个重要组成部分。它的服务对象和范围远远超出了传统测绘学比较狭窄的应用领域，已扩大到国民经济和国防建设中与地理空间信息有关的各个领域。

一、主导测绘的 3S 技术、4D 产品离不开自然地理学理论的支持

3S 技术是遥感（Remote Sensing，RS）、地理信息系统（Geographic Information System，GIS）和全球定位系统（Global Positioning Systems，GPS）的统称，是空间技术、传感器技术、卫星定位与导航技术和计算机技术、通信技术相结合，多学科高度集成的对空间信息进行采集、处理、管理、分析、表达、传播和应用的现代信息技术。

GIS 是在计算机硬、软件系统支持下，对整个或部分地球表层（包括大气层）空间中的有关地理分布数据进行采集、储存、管理、运算、分析、显示和描述的技术系统。地理科学是 GIS 的重要组成部分，是地图学科的支撑。现代 GIS 技术在表示现状静态的同时，加强了动态变化的表示，更需要密切结合各部门自然地理知识和综合自然地理知识。例如，了解自然地理环境对某些要素分布的制约关系，可以方便合理地选择表示内容；了解各自然环境要素间的相互影响、相互制约的关系，可以取得各要素的协调和统一；GPS 是利用 GPS 定位卫星，在全球范围内进行实时定位和导航的系统。GPS 技术主要有用途广、功能多、全天候作业、操作方便、提供三维坐标、测站间无需通视、观测时间短和定位精度高等特点。GPS 在测绘中的应用相对于传统测量具有精度高、速度快、费用省、操作简便等优良特性，已取代了许多项目的传统测绘技术，对现代测量带来了一场深刻的技术革新。GPS 为自然地理学的野外工作提供一种全新的技术手段，对于开展自然地理要素移动式外业调查和验证、快速采集和编辑调查数据，既保证监测成果客观可靠，又保证成果精度精确统一。RS 是应用探测仪器，不与探测目标相接触，从远处把目标的电磁波特性记录下来，通过分析，揭示出物体的特征性质及其变化的综合性探测技术。RS 为人们研究地球上的各种自然地理现象增添了一个现代信息源，改变了古老地理学的面貌，而成为研究和发展自然地理学的重要手段之一。RS 技术的应用需要地理地貌知识作基础，任何遥感图像都是区域景观特征的一部分。由于其图像的不确定性，要识别和获得遥感信息，必须经过解译、提取和加工。因此，区域自然特征、各要素的分布规律及其相关性等自然地理地貌学的基本原理是遥感图像解译的基础。实践证明，遥感技术在各个领域应用的广度和深度，在很大程度上取决于人们对图像的解译程度和进行地理相关分析的水平，这就要求我们在应用 RS 技术进行判读和识别时，必须具备一定的自然地理地貌基础知识和有关的专业知识，以及丰富的实践经验。

随着测绘技术和计算机技术的结合与不断发展，地图不再局限于以往的模式。现代数字地图主要由 DOM（数字正射影像图）、DEM（数字高程模型）、DRG（数字栅格地图）、DLG（数字线划地图）以及复合模式组成。DOM 利用航空像片、遥感影像，经象元纠正，按图幅范围裁切生成的影像数据提取自然地理和社会经济信息。DEM 是以高程表达地面起伏形态的数字集合。DRG 是纸质地形图的栅格形式的数字化产品，可作为背景与其他空间信息相关，用于数据采集、评价与更新，与 DOM、DEM 集成派生出新的可视信息。DLG 是指现有地形图上基础地理要素分层存储的矢量数据集，其既包括空间信息，也包括属性信息，可用于建设规划、资源管理、投资环境分析等各个方面以及作为人口、资源、环境、交通、治安等各专业信息系统的空间定位基础。4D 产品的制作过程，都需要测绘人员掌握扎实的自然地理学知识和技能。由此可见，主导测绘的 3S 技术、4D 产品，都离不开自然地理学理论的支持。同时，随着测绘 3S 技术和 4D 产品的集成发展，也将为自然地理学的理论、方法和技术的发展赋予新的活力。

二、自然地理学的基本理论和知识对地图的编制具有指导作用

在地图编制中，采用的是制图综合方法，而任何地图综合的过程都包含着编者的主观因素以及人对客观环境认识的程度。而制图的任何客体一般都有数不清的特征，有无数个层面，大量的因素交织在一起，大量的表面现象掩盖着必然性的规律和本质。所以，测绘工作者必须具备充实的地理理论，方能把握住制图区域的景观特征，对它进行思维加工，才能制作出高质量、高精度、高水平的 4D 产品来满足生产建设的需要。

作为测绘技术的实施，需要掌握处于不同发育阶段的地貌形态特征以及它们在地形图和航空遥感像片上的反映，为正确表示地貌提供理论依据。

地图上表示地貌的方法很多，常用的是等高线法，在测图和编图过程中，都存在着一个根据地貌形态特征正确勾绘等高线图形的理论与技术问题。在利用 RS 技术测绘地貌时，只有深刻理解地貌形态特征，在符合数学精度的基础上对等高线图形进行合理的描绘，才能获得正确的地貌图形。同样，在地图编绘过程中，根据地貌特征确定地貌的表示方法以及进行正确的等高线图形综合都是非常重要的。"等高线"这一名词的本质含义是一组线，而不是一条线，它既是高程线，也是形态线。等高线的双重职能既要求一定的数学精度，又要求客观反映地貌形态特征。我国自然条件差异很大，地貌形态变化复杂，只有掌握地貌学基本理论和熟悉各种地貌形态特征，才有可能进行正确的地貌表示。

另外，编图时地形图的分析需要有丰厚的地貌学基础知识。利用 3S 技术方法测制成的地形图含有丰富的内容，它的一个很重要特性就是具有地面"原始记录"的性质。地形图的地貌分析主要是建立在分析等高线图形基础上的。

等高线图形分析包括两个内容，即等高线高程关系的判别和等高线图形结构分析。地形图上等高线的高程判别随着地面破碎程度的加大而逐渐困难。等高线图形结构表现为等高线弯曲形状和等高线间的距离变化。一般说来，不同成因的地貌具有不同的图形特征，尤其是那些具有典型特征的地貌形态在地形图上是十分明显的。只有具备了一定的地貌学理论素养，才能提高编图质量。

三、测绘科学对自然地理学的发展也有很大的促进作用

测绘科学从自然地理等地学学科中获得丰富的"养料"，测绘科学也为自然地理等地学科学提供了许多有效的研究手段。这里特别要指出的是航空像片和地形图，它们在区域地貌研究方面具有很大价值。室内航空像片、地形图解译能迅速获得大范围的区域地貌概念。在某些情况下，还可取得区域地质情况、地貌发展动态以及发育阶段等方面的资料。航空像片和地形图清楚地显示出地貌形态的总体特征以及不同地貌形态的分布规律。在这些方面，航空像片和卫星像片已得到广泛应用，而大比例尺地形图的地貌分析工作还不够普遍。

综上所述，自然地理学和测绘科学的关系极为密切，它们互相渗透、互相促进。从现代地理学的观点来看，测绘的最终产品——地图（包括 4D 产品），已不仅是地理信息的载体，而且是地理信息传输的通道。因为地图可以把客观环境的状况、内部关系、自然经济现象及其在某个系统内部所发生的过程，用图形的形式记载、表达和储存在地图上。人们通过地图不仅可以使客观世界呈现在眼前，而且从地图上可以获取许多地理信息。它可以被人们理解、量测、感受、处理和利用，甚至通过地图信息的分析、推理，可以找出环境内部地理要素间的潜在信息，并从中获取某些新的地理规律。因此，自然地理学为各应用学科提供理论依据和信息源，各应用及相关学科的进一步发展，反过来又不断使自然地理等地学的传统理论不断丰富，使其在国民经济建设中的作用也相应增强。

第三节　地理国情监测的自然地理学基础

一、地理国情监测

开展地理国情监测，是 2010 年国家测绘局党组在深入学习贯彻党的十七大和十七届五中全会精神，深刻认识我国经济社会发展的现状和趋势，全面把握我国测绘事业面临的机遇与挑战的基础上，提出的测绘事业发展新方向。2011 年 5 月 23 日，国家测绘局更名为国家测绘地理信息局。为全面掌握我国地理国情现状，满足经济社会发展和生态文明建设的需要，国务院决定于 2013 年至 2015 年开展第一次全国地理国情普查工作。

1. 地理国情监测的内涵

地理国情普查：开展全国地理国情普查，系统掌握权威、客观、准确的地理国情信息，是制定和实施国家发展战略与规划、优化国土空间开发格局和各类资源配置的重要依据，是推进生态环境保护、建设资源节约型环境友好型社会的重要支撑，是做好防灾减灾工作和应急保障服务的重要保障，也是相关行业开展调查统计工作的重要数据基础。普查对象：我国陆地国土范围内的地表自然和人文地理要素。普查内容：一是自然地理要素的基本情况，包括地形地貌、植被覆盖、水域、荒漠与裸露地等的类别、位置、范围、面积等，掌握其空间分布状况；二是人文地理要素的基本情况，包括与人类活动密切相关的交通网络、居民地与设施、地理单元等的类别、位置、范围等，掌握其空间分布现状。

地理国情监测：广义的地理国情监测应该是对所有的地理国情信息的监测、统计和分析。狭义的地理国情监测是指综合利用全球导航卫星系统、航空航天遥感、地理信息系统等现代测绘技术和人文社会科学调查技术，综合各时期档案和调查成果，对地形、水系、湿地、冰川、沙漠、地表形态、地表覆盖、道路、城镇等要素进行动态化、定量化、空间化的持续监测，并统计分析其变化量、变化频率、分布特征、地域差异、变化趋势等，形成反映各类资源、环境、生态、经济要素的空间分布及其发展变化规律的监测数据、地图图形和研究报告等，从地理空间的角度，客观、综合展示国情国力。

2. 地理国情监测的意义

地理国情是最重要的基本国情，是国土疆域面积、地理区域划分、地形地貌特征、道路交通路网、江河湖海分布、土地利用与土地覆盖，以及城市布局和城市化扩张、生产力空间布局等自然和人文地理要素的宏观性、整体性、综合性体现。地理国情是制定主体功能区规划和相关区域发展战略与发展规划、调整经济结构和生产力空间布局、转变经济发展方式等管理决策，实现科学发展的重要依据。长期以来，为各级党委、政府规划决策提供的国情信息和数据，都是由相关专业部门通过逐级调查和统计上报形成，囿于基础资料和技术手段，上级政府对下级政府、政府对部门的工作目标考核等因素，存在不够科学的因素，导致国情信息数据的不完整和不准确。国家要求测绘部门开展地理国情监测工作，就是要求测绘部门充分利用丰富的基础地理信息资源和卫星定位、遥感、地理信息系统等测绘高新技术，对地理国情的变化情况进行动态的测绘、统计和分析研究，形成公正、科学、独立的地理国情监测报告，为规划决策提供科学的依据。

开展地理国情监测，是国务院对测绘部门提出的新要求，是测绘部门深入贯彻落实科学发展观的新举措，是推动我国加快转变经济发展方式的有力手段。其将为政府进行科学决策提供依据。近年来，测绘事业发展迅猛，新名词也层出不穷，有必要理清楚地理国情监测与基础测绘、数字中国、地理信息公共服务平台、信息化测绘体系、重要地理信息数据、地理信息产业等概念的关系。这些概念从不同的侧面，都反映了测绘事业发展的某些特征，彼此是相互联系而又相互区别的。

二、地理国情监测的自然地理学基础

自然地理是地理学的一个分支学科，它的研究对象是地球表面的自然环境。自然地理环境的构成：整个地球的内层为地壳、地幔和地核，外层是大气圈、水圈、生物圈。地理国情是从地理的角度分析、研究和描述国情，即以地球表层自然、生物和人文现象的空间变化和它们之间的相互关系、特征等为基本内容，对构成国家物质基础的各种条件因素做出宏观性、整体性、综合性的调查、分析和描述。地理国情监测的具体内容也正在实践中探讨。例如，重要地理信息的监测、土地资源利用监测、环境监测、农情监测、森林和湿地监测、灾害动态监测、水文监测、海洋监测、矿产资源监测、气象监测，等等。

1. 地理国情监测与地球系统

大地测量中所谓的地球形状，是指一种假想的，用平均海平面表示的、平滑的封闭曲面，这个曲面叫做大地水准面。大地水准面是大地测量基准之一，确定大地水准面是国家基础测绘中的一项重要工程。大地水准面是测绘工作中假想的包围全球的平静海洋面，与全球多年平均海水面重合，形状接近一个旋转椭球体，是地面高程的起算面。

2. 地理国情监测与大气圈

气象监测：气象部门负责气象监测相关工作并发布观测结果，所属观测台站负责具体监测工作。气象部门监测与预报成果包括天气公报、天气旬报、降水、气温、卫星监测、雷电监测与预报、旱涝监测、季风监测、生态与农业气象监测、土壤水分监测等。

3. 地理国情监测与水圈

①海洋监测：国家海洋局负责海洋资源和海洋环境监测工作，包括：建立海域使用管理信息系统，对海域使用状况实施监测；管理、组织海洋环境的调查、监测、评价和科学研究；监督管理海洋灾害预报警报；按照国家制定的环境监测信息管理制度，负责管理海洋综合信息系统，为海洋环境保护监督管理提供服务。

②水文监测：水利部负责水文水资源动态监测工作，包括对江河湖库和地下水的水量和水质实施监测。水文监测的内容主要包括：大江大河水情、大型水库水情、重点站雨情、全国日雨量、热带气旋、卫星云图等。

4. 地理国情监测与岩石圈

①矿产资源监测：国土资源部实施地质环境监测、矿产资源开发秩序遥感监测、矿山资源规划执行情况遥感监测、全国地下水监测、三峡库区地质灾害监测预警、国家重大工程区地质灾害监测预警、重点地区缓变性地质灾害监测预警等。监测的主要成果包括：全国矿产资源潜力评价报告、全国铜铁铝锰金等资源潜力分布图、国土资源大调查基础地质系列成果、全国地质灾害通报等定期和实时监测成果。

②地震监测：国家地震局负责地震监测工作，建立地震监测体系。我国形成了由 30 个遥测台网、502 个测震台站、262 个形变观测台站、70 个应力应变观测台站、493 个水化观测台站、504 个水位观测台站、255 个地磁观测台站、25 个 GPS 基本站、56 个 GPS 基准站、1000 个 GPS 区域站、15 万公里流动形变、地磁、重力观测线、300 处流动观测场点。

5. 地理国情监测与生物圈

①农情监测：是对农作物的长势进行监测，以评估农作物产量，对科学合理地制定国家和区域经济社会发展规划、制定农产品进出口政策和计划、调控粮食市场、及时合理安排地区间的粮食运输调度、宏观指导和调控种植业结构、提高相关企业与农民的经营管理水平等具有重要意义。

②森林和湿地监测：国家林业局组织实施森林资源和湿地资源调查，有"组织开展森林资源、陆生野生动植物资源、湿地和荒漠的调查、动态监测和评估，并统一发布相关信息"的职责。森林资源调查分为森林资源调查（一类）、森林调查（二类）和作业调查（三类）。

6. 地理国情监测与自然地理环境的综合规律

①土地资源监测：国土资源部曾开展两次土地资源调查工作。第一次全国地调结果于 1999 年向社会公布。调查耕地、园地、林地、牧草地、居民点、工矿用地、交通用地、水域、未利用土地 8 大类要素。第二次全国地调从 2007 年启动实施，目前已基本完成。调查农村和城镇土地、基本农田等。本次调查要建立国土资源变化监测体系。

②环境监测：环境保护部建设和管理国家环境监测网，负责环境监测工作并发布环境监测报告；负责制定环境监测制度和规范，组织监测网络；负责环境监测的实施、管理和信息发布；负责环境质量监测和污染源监督性监测。

由此可见，地理国情监测与自然地理学密切相关，测绘领域的技术人员和管理人员开展地理国情监测工作，应掌握自然地理学相关知识、方法和技能。

☞ 复习思考题

1. 简述地理学和自然地理学之间的联系。
2. 简述自然地理学的定义和分科。
3. 简述自然地理学的研究对象、内容和主要方法。
4. 简述自然地理环境的构成以及自然地理环境的范围和边界。

5. 简述中国自然地理学的发展趋势与优先领域。

6. 简述我国地理国情监测的内涵和意义。

7. 简述测绘的 3S 技术和 4D 产品与自然地理学的联系。

8. 简述自然地理学的基本理论和知识对地图编制的作用。

9. 简述我国地理国情监测所需的自然地理学理论基础。

第一章　地球系统

地球是自然地理环境存在的基础。地球的形状、大小及地球表面的基本特征，地球的运动和地球的构造及其与其他天体的相互作用，对自然地理环境的形成和发展具有极为重要的影响。

第一节　地球的运动

一、地球的自转

地球围绕地轴自西向东的旋转运动，称为地球的自转。地球的旋转运动从北极看是逆时针方向的，从南极看则是顺时针方向的。

太阳系是一个比较稳定的旋转系统。地球在太阳系形成过程中获得的一定的角动量主要分布在地球的自转、公转和地-月转动系统中。地球的椭球体形状与离心力的作用有关，而离心力又只在物体旋转时才可能产生，可见地球的形状是和旋转有关的。

地球自转一周的时间即自转周期，叫做一日。但由于观测周期采用的参考点不同，一日的定义也略有差别。如果取春分点为标准，则春分点连续两次通过同一子午面的时间，叫做一恒星日。如果取太阳为标准，则地球上同一地点连续两次通过地心与日心连线所需的时间，叫做一个太阳日。但是地球不但自转，还绕太阳公转，公转轨道又呈椭圆形，所以一年中的太阳日并不等长。一个平均太阳日为 24 小时，这是地球平均自转 360°59′的时间，其中 59′是地球公转造成的。一个太阳日比一个恒星日长 3 分 55.909 秒。

地球自转速度包括线速度和角速度两种。赤道上线速度最大，为 464m/s，到 60°N 和 60°S 处线速度几乎减少一半，到两极线速度则为零。不同纬度的线速度 v 可用下式表示：

$$v = 464 \times \cos\varphi,$$

自转角速度除两极点外，各地均为每日 360°，每小时 15°。

地球自转速度并不是永远固定不变的。据推测，在地球形成之初，自转周期仅有 4 小时，而现在为 24 小时。地球自转速度并不是一直变慢，也有以变快为主的阶段，但减慢是主要趋势，而减慢的原因则是多种多样的。有人认为月球和太阳引潮力造成的潮汐从东向西冲击地壳，潮汐与地壳摩擦产生阻滞地球自转的力，将减慢地球自转速度；也有人认为地球自转速度减慢是太阳活动的影响和地球不断膨胀的结果。但是，地球自转速度变化的根本原因仍然在地球内部。地球上比重大的物质在重力作用下不断向地心集中，这种运动将使地球自转加快；而火山爆发、岩浆活动等过程使地幔物质流向地表，当然也会引起地球自转速度的减慢。

地球自转的地理意义：

1. 确定地理坐标

由于地球绕轴自转，才有了地球南极和北极两个不动点，人们以此定出了地球赤道的位置和方向，引出了经线和纬线，从而确立了地理坐标系统。

2. 产生昼夜交替

地球在太阳光的照射下向着太阳的半球是白昼，称昼半球；背着太阳的半球是黑夜，称夜半球。昼夜两个半球的分界线叫晨昏线（图1.1）。晨昏线与纬圈相交割，把纬圈分成两个弧段，处于白昼的弧段称为昼弧，处于黑夜的弧段称为夜弧。随着地球自西向东的转动，昼半球通过晨昏线进入夜半球，夜半球通过晨昏线进入昼半球，地球如此不停地自转，从而就形成了昼夜交替。昼夜交替使地表能均匀地接受太阳辐射，增温与冷却都不致超过一定限度，调节了地球表面大气温度，产生气温的日变化，对生物生长有利，为人类生产生活提供了自然周期。

3. 造成水平运动物体发生偏向

地球自转的结果，导致了地球上所有水平运动的物体偏离其原来运动方向而发生偏向。在北半球运动的物体总是沿前进方向向右偏转；在南半球则向左偏。由于惯性，物体运动时总是力图保持原来的方向和速度，如图1.2所示，在北半球质点向北沿经线取 a_1b_1 方向运动，经过一定时间之后，s_1 转至 s_2 位置。沿经线运动的质点必然保持原来的方向和速度，取 a_2b_2 方向前进，此时在 s_2 位置上的人看来，运动质点已离开经线方向而向右偏了。同理，沿纬线运动的质点也是向右方偏斜。

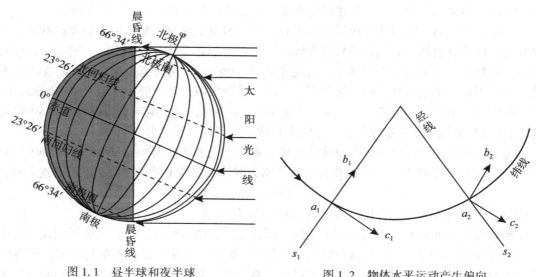

图1.1　昼半球和夜半球　　　　　图1.2　物体水平运动产生偏向

南半球水平运动的物体是向自己运动方向的左方偏斜，其原理与北半球相同。

这种由于地球自转运动，使水平运动的物体发生偏向的力，最早由法国科里奥利所发现，因而称为科里奥利力。在气象学上，科里奥利力通常称为地转偏向力。

地转偏向力（D）的大小与物体运动的速度和所在地纬度的正弦成正比，即

$$D=2mv\omega\sin\varphi,$$

式中，m 为运动物体的质量；v 为物体运动的速度；ω 为地球自转的角速度；φ 为运动物体所在纬度。在物体运动速度相同的情况下，地转偏向力随纬度增高而增大，在赤道处为零，所以赤道上的水平运动物体不产生偏向，地转偏向力的方向与物体运动方向垂直，它只改变水平运动物体的方向，而不改变物体运动的速度。

地转偏向力使大气运动、洋流、河流的水流运动方向产生偏向，例如北半球吹的北风，受地转偏向力的影响向右偏，变成东北风；北半球河流的右岸在地转偏向力的影响下，常因水流侵蚀加强而变陡，这种右偏侵蚀现象在高纬度地区表现尤为明显。

4. 时间与时刻的产生

时间和时刻是两个既有联系又有区别的概念。时间表示时的间隔，即表示时的长短，时的久暂；时刻表示时的位置，时的迟早。

地球自转周期为一日（天），这就是时间的基本长度单位。人们把太阳在当地仰角最大的时刻（即其位于当地正南方或正北方时刻）称为中天。那么，太阳连续两次通过某地（点）中天的时间间隔就是一天。有了中天时刻，就可以用钟表来确定时间。

5. 地球形状的形成

地球自转所产生的惯性离心力，使得地球物质由两极向赤道运动（图1.3），从而使地球外形呈现出赤道半径较大、两极略扁的旋转椭球体的形状。

6. 地球弹性变形的产生

由于日月的引力，地球体发生了弹性变形，在海洋面上则表现为海洋潮汐；而地球的自转又使潮汐变为绕地球传播的潮汐波，其传播方向与地球自转方向相反。

二、地球的公转

地球沿轨道绕太阳的运动称为公转。地球公转的方向与自转方向相同，也是自西向东的。地球轨道近似正圆的椭圆（扁率为 0.017 或 1/60），太阳位于这个椭圆的两个焦点之一上。因此，地球在绕太阳转动的过程中，随着时间的变化，日

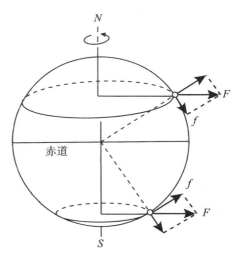

图1.3 地球自转产生的离心力
对地球形状的影响

地距离就有变化。1 月 3 日，地球最靠近太阳，称近日点，此时日地距离为 147 030 000km；7 月 4 日，地球离太阳最远，称远日点，此时日地距离为 151 870 000km（图1.4）。

地球公转是一种周期性的运动，其周期为一年。地球公转一周需 365.2422 日，或 365 日 5 时 48 分 46 秒，即一个恒星年。地球每日公转的角速度大致为 1°，线速度大致为每秒 30km。地球公转的速度因日地距离而不同，在近日点时公转速度最大，在远日点时公转速度最小。

宇宙中所有天体对于地球都有不同的方向和距离。人们在研究宇宙的过程中，设想在以地心为圆心、以无穷大为半径所构成的球体中，各个天体都位于球面上一定的位置，人们把这个假想的球体叫做天球。在天球中，天轴（地轴的无限延长线）与天球相交的两

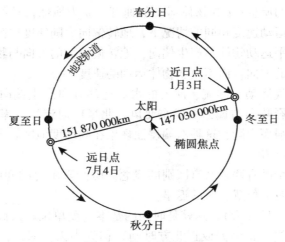

图 1.4 地球公转轨道

点，与地球北极相对应的点是天北极，与地球南极相对应的点是天南极。与天南极、天北极距离相等的、垂直于天轴的平面无限扩大而与天球相交的大圆，叫天赤道，即地球赤道平面无限扩大同天球相割而成的天球大圈。地球绕太阳公转轨道平面无限扩大同天球相交而成的大圆叫黄道。黄道的两极叫黄极。黄道两极之间的直线，就是地球轨道平面的垂直线，称为黄轴。

天赤道与黄道这两个大圆的两个交点，分别称为春分点和秋分点，合称二分点；黄道上距天赤道最远的两点，位于天赤道以北的一点叫夏至点，位于天赤道以南的一点叫冬至点，合称二至点。

由此可以看出，地球公转的轨道平面和黄道所在的平面（黄道面）是重合的。

地球的自转与公转是同时进行的。有自转就有轴心，因而就有赤道面。地球在公转过程中，地轴与轨道面成66°33′的交角，故赤道面与黄道面成23°27′的交角，这个交角称为黄赤交角（图1.5）。

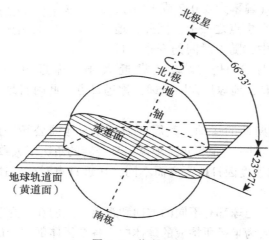

图 1.5 黄赤交角

地球公转的地理意义：

1. 昼夜长短变化

前面讲过，由于地球自转产生了昼夜的交替。地球一面绕地轴自转的同时，一面绕太阳公转。在公转时地轴的倾斜方向是固定不变的，它始终和轨道面保持66°33′的交角，因而有时北半球朝向太阳，有时南半球朝向太阳，这样，太阳光直射地球的位置也就不同。一年中太阳光只能直射地球上南、北纬23°27′以内的地方，所以人们把南、北纬23°27′的纬线，分别称为南回归线和北回归线。太阳光直射点变了，由晨昏线交割纬圈而成的昼弧、夜弧的长短也会发生变化（图1.1）。

春分（3月20或21日）和秋分（9月22或23日）时，太阳位于春分点和秋分点。由于太阳光直射赤道，晨昏线通过南、北两极，南、北半球各纬度上昼夜弧等长，全球各地昼夜平分（图1.6所示为一年四季中太阳的视变化）。春分日以后，太阳光直射点移向北半球，北半球各纬度昼弧日渐变长，夜弧逐日缩短。到夏至日（6月21或22日），太阳光直射北回归线，此时北半球各纬度昼弧最长，夜弧最短，所以夏至日白天最长，黑夜最短。北纬66°33′（北极圈）以北的地区，24小时全是白天，没有黑夜，这种现象称为极昼。夏至以后，太阳光直射点渐向南移，北半球各纬度白天逐日缩短，黑夜日渐变长，秋分日太阳光直射赤道，全球各地昼夜等长。秋分以后，太阳光直射点继续南移，北半球白昼时间继续缩短，黑夜时间继续变长。到冬至日（12月22或23日），太阳光直射南回归线时，北半球夜弧最长，昼弧最短，所以冬至日白天最短，黑夜最长，这时北极圈以北的地区，黑夜长达24小时，没有白天，这种现象称为极夜。冬至以后太阳光直射点北移，北半球白昼时间变长，黑夜时间变短。到春分日太阳光再次直射赤道，全球各地昼夜又变为等长。如此周而复始。

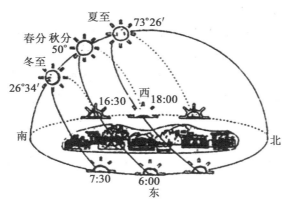

图1.6　季节的天文因素

南半球昼夜长短变化与北半球相反，这里不再重述。

2. 季节变化

由于黄赤交角的存在，地球在绕太阳公转过程中，太阳光直射的范围在南、北纬23°27′之间做周期性的变动，从而产生了季节与季节的更替（图1.7）。

太阳光线对地表直射或斜射的程度，可以用太阳光线与地平面间的夹角（h）表示，

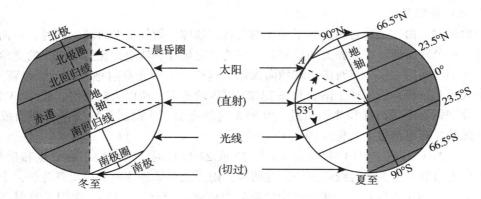

图 1.7　冬至与夏至

称太阳高度角。

太阳高度角及日照时间是影响地面接收太阳辐射能量的主要因素，因此，太阳高度角的大小及日照时间的长短，直接关系到地面接收热量的状况。太阳高度角等于 90°时是直射，小于 90°时是斜射，太阳高度角越大，地表单位面积接收到的太阳热量越多。日照时间越长，地面接收到的太阳热量也就越多。

夏至日太阳光直射北纬 23°27′的地方，整个北半球其他地方虽然不是受到直射，但在一年中，此时的太阳高度角最大，日照时间最长，因而接收热量最多，为北半球的夏季。

冬至日太阳光直射南纬 23°27′的地方，同理，南半球受热最多。而北半球此时各地太阳高度角最小，日照时间也最短，因此受热最少，为北半球的冬季。春分日和秋分日，太阳光直射赤道，这就是四季中的春秋两季。

地球不停地绕太阳公转，随着太阳高度角及昼夜长短的变化，北半球所受太阳热量也周期性地变化着，这样就形成了四季的更替。在天文学上，把春分到夏至这段时间定为春季；夏至到秋分定为夏季；秋分到冬至定为秋季；冬至到春分定为冬季，这样定出来的季节称为天文四季。地理上的四季及其变化情况，因受纬度及地理条件的变化而更为复杂。

第二节　地理坐标系和天球坐标系

一、地理坐标系

1. 纬线与纬度

地球是个运转着的球体。地球自转所围绕的轴线叫地轴。地轴的南北两端分别叫做南极和北极。南极代表地球正南方向；北极代表地球正北方向。地轴的中点叫地心，地轴是通过地心连接南北两极假想的直线。通过地心并和地轴垂直的平面与地球表面相交而成的大圆，称为赤道。所有垂直于地轴的平面与地球表面相交而成的圆，都称为纬线（图 1.8（a））。任何一条纬线都代表地球的东西方向。赤道是最大的纬圈。

地球上某一点的纬度，就是通过该点的铅直线与赤道平面的夹角（如图1.8（b））。由于赤道平面等分地球为两个部分，赤道以南称南半球，赤道以北称北半球，赤道的纬度为0°。由赤道向两极各分为90°，赤道以南的纬度称南纬，用 S（South，南）表示；赤道以北的纬度称北纬，用 N（North，北）表示。0°～30°之间的纬度带称为低纬度，60°～90°之间的纬度称为高纬度，30°～60°之间的纬度带称为中纬度。

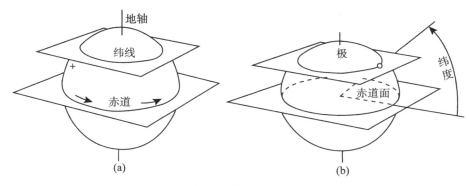

图 1.8　纬线与纬度

2. 经线与经度

通过两极并和赤道相垂直的大圆圈，称为经线，又称子午线（图1.9（a））。所有经线都在两极相交，都与纬线相垂直，经线都是呈南北方向，其长度也是相等的。通过英国格林尼治天文台原址的那条经线为本初经线，又称本初子午线。

地球上某一点的经度，就是通过该点的经线平面与本初子午线平面之间的夹角（二面角）（图1.9（b））。经度是表示各地对本初子午线角距离的大小。本初子午线是经度为0°的线，离本初子午线愈远，其经度的度数就愈大。本初子午线向东西各分为180°，本初子午线以东的经线称东经，用 E（East，东）表示；以西的经线称西经，用 W（West，西）表示。由经线和纬线构成的经纬网，是建立地理坐标的基础。

3. 地理纬度和地心纬度

地球由正球体变成椭球体，地球上的纬度就有两种不同的度量方法：一种方法把纬度定义为地面法线与地球赤道面的交角；另一种方法把纬度定义为地球半径与赤道面的交角。前者强调从赤道沿本地经线到所在地的一段弧的度数，叫地理纬度（测绘学科中称大地纬度）；后者强调这段弧对地心所张的球心角，叫地心纬度。

在讲述地理坐标时，我们把地球当做正球体。在正球体上，地面法线与地球半径是一致的，因此，不存在两种纬度的区别。但事实上地球是一个椭球体。在椭球体上，除赤道和两极外，垂直于地面的直线不通过地心；反之，通过地心的直线不垂直于地面。于是，就存在两种纬度的差别。由于椭球体的经线曲率自赤道向两极减小，所以，一地的地理纬度总是大于它的地心纬度。如图1.10，椭球体上，球半径只通过球心，不垂直于球面；法线只垂直于球面，不通过球心。因此，纬度分为地理纬度（φ）和地心纬度（φ'），且$\varphi > \varphi'$。

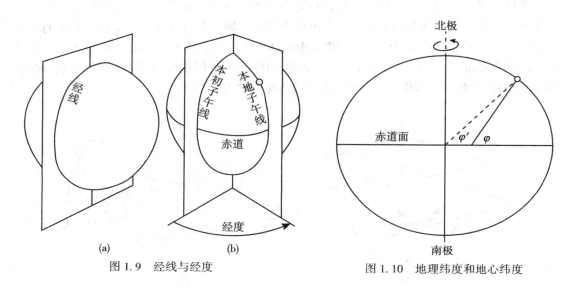

图 1.9　经线与经度

图 1.10　地理纬度和地心纬度

地理纬度和地心纬度的差异，又因纬度而不同。在南北纬 45° 处，两种纬度的差值最大，为 11′32″，由此向赤道和两极递减为零（图 1.11）。我们知道，经线的曲率自赤道向两极减小，其中，南北纬 45° 处的经线曲率，可以被认为是经线的平均曲率。同它相比，自赤道至南北纬 45°，这一段经线的曲率大于平均曲率，因此，它的地理纬度均大于地心纬度，而且，二者的差值随纬度增高而持续增大。反之，自南、北纬 45° 到南、北两极，这一段经线的曲率均小于平均曲率，两种纬度的差值自 45° 起开始递减，至南、北两极，积累起来的差值减小为零。换言之，南、北纬 45° 是两种纬度间差值持续增大的终点，同时，又是持续减小的起点。于是，在那里出现极大值，而在赤道和两极是极小值。

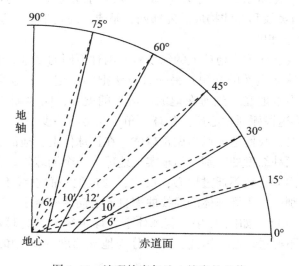

图 1.11　地理纬度与地心纬度的差值

地理学上所考虑的主要是各地的地平面如何不同于赤道的地平面，而不是地心所在的方向。因此，它原则上应用地理纬度。在通常情形下，这种微小的差异可以略而不计。

二、天球坐标系

1. 球面坐标系概述

为了确定地面点在地球上的位置，人们设置了地理坐标系；同理，为了确定天体在天球上的位置，需要设置天球坐标系。地理坐标系和天球坐标系，都是球面坐标系。在天文学上，根据不同的需要，使用不同的天球坐标系。各种天球坐标系有不同的特点，但它们都有球面坐标系的共同特点。这些特点是：

①球面坐标系都有一个基本大圆，称为基圈。例如，在地理坐标系中，赤道就是它的基圈。

②基圈上都有一个原点。原点的择取是以通过它的辅圈为标志的。辅圈就是通过基圈的两极而垂直于基圈的所有大圆。在地理坐标系中，它们就是经线。通过原点的辅圈，叫做始圈。例如，地理坐标系中的始圈，就是本初子午线。

③球面上任一点相对于基圈的方向和角距离用纬度表示，是点的纵坐标。例如，地理坐标系的纵坐标叫地理纬度。

④球面上任一点所在的辅圈平面相对于始圈平面的方向和角距离，用经度表示，是点的横坐标。例如，地理坐标系的横坐标叫地理经度。

根据上述特点，人们可以归结球面坐标系的一般模式：对于特定的点来说，这个模式实际上是一个球面三角形（图 1.12）。构成这个三角形的三条边，分别属于三个大圆，即基圈、始圈和终圈（点所在的辅圈）。三角形的三个顶点是基圈的极点、原点和介点（终圈与基圈的交点）。三边中的基圈和始圈，分别是坐标系的横轴和纵轴，是固定的框架。终圈则是可变动的，体现这种变动的是点的经度；点在终圈上的位置也是可变动的，体现这一变动的是点的纬度。通过这两种变动，球面上任何一点的位置，都可以用一定的经度和纬度的结合来确定。前者是点的横坐标，后者是点的纵坐标。

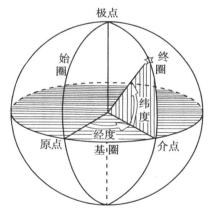

图 1.12　球面坐标系的一般模式
（本图为左旋模式）

在天文学上，常用的天球坐标系分两大类：右旋坐标系和左旋坐标系。前者与天球周日运动（地球自转）相联系，因天球周日运动方向向西（右旋），因此，经度向西度量，有地平坐标系和第一赤道坐标系。后者与太阳周年运动（地球公转）相联系，因太阳周年运动方向向东（左旋），因此，经度向东度量，有第二赤道坐标系和黄道坐标系。

2. 地平坐标系（高度和方位）

地平圈把天球分割成两部分，人们所见的天空，是地平圈以上的一半。随着天球的周日旋转，天体相对于地平的升落和移动，是人们目睹的最直观的天象：旭日东升，夕阳西下，如日中天……都是对太阳的方位和高度的描述。地平坐标系就是用来表示天体在天空中的方位和高度及其周日变化的。

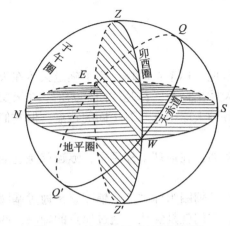

图 1.13 地平坐标系的圆圈系统

地平坐标系同地平圈相联系。地平圈的两极，是当地的垂线向上下两个方向无限延伸与天球相交的两个端点，叫天顶和天底。通过天顶、天底且垂直于地平圈的一切大圆，是地平经圈，或简称平经圈；一切与地平圈平行的圆，叫做地平纬圈（也叫等高圈）。地平圈与天赤道相交于东点和西点；它对于天赤道的两个远距点是南点和北点。通过南点和北点（也必通过南、北天极和上点、下点）的平经圈，称为子午圈（图 1.13 中 *NZQSZ'Q'*），必要时以天顶、天底为界，分为子圈（北半圈）和午圈（南半圈）；通过东点和西点的平经圈称为卯酉圈，必要时以天顶、天底为界，分为卯圈（东半圈）和酉圈（西半圈）。地平圈、子午圈和卯酉圈，是相互垂直且等分的三个天球大圆，它们把天球分成 8 个相等的球面三角形。

有了上述的圆圈系统，我们就有条件来说明天球的地平坐标系。根据球面坐标系的一般模式，地平坐标系有如下要点：

①它的基圈是地平圈。

②它的原点通常是南点，始圈通常是午圈。

③地平坐标系的原点和始圈，可以有不同的选择。一般地说，天文学通常以南点为原点，以午圈为始圈；而测量学多以北点为原点，以子圈为始圈。

④地平纬度称高度（*h*），是天体相对于地平圈的方向和角距离（图 1.14）。高度自地平圈起，沿天体所在的地平经圈向上（下）度量，自 0° ~ ±90°。高度的余角为天顶距（*z*）。

⑤地平经度称方位（*A*），是天体所在的地平经圈相对于午圈的方向和角距离。方位以南点为起点。沿地平圈向西度量，自 0° ~ 360°。南点、西点、北点和东点的方位，分别为 0°，90°，180° 和 270°。方位之所以要向西度量，是因为周日运动方向向西，使天体方位随时间递增，便于计量。

3. 第一赤道坐标系（赤纬和时角）

第一赤道坐标系也称时角坐标系。顾名思义，这种坐标系的设置，是用于时间度量。我们知道，时间的度量总是与事物的均匀运动过程相联系的。在天地间，最理想的均匀运动，莫过于天球周日运动。"日出而作，日落而息"，钟表的设计，事实上就是太阳（严格地说应是平太阳）周

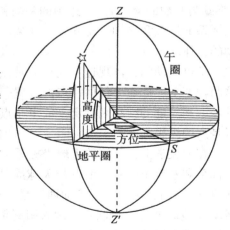

图 1.14 天体的地平坐标（高度和方位）

日运动的翻版。天球周日运动本身是均匀的。但是，反映在地平坐标系中方位的变化是非均匀的。这是因为，天球的旋转轴——天轴通常并不垂直于地平圈。所以，地平坐标系不能用于度量时间。要使经度随时间而均匀变化，只需把天球坐标系的基圈，由地平圈改为天赤道即可（因为天轴垂直于天赤道）；与此同时，坐标系的原点也由地平圈上的南点，改为天赤道上的上点，保留始圈（午圈）不变。坐标系的名称随之改称赤道坐标系（图1.15）。

天赤道为基圈，它的两极是地轴向南北两个方向无限延伸与天球的两个交点，称天北极和天南极。通过南、北天极，垂直于天赤道的一切天球大圈，是天球的赤道经圈，简称赤经圈；一切与天赤道平行的圆，是天球的赤纬圈。天赤道与地平圈相交，从而得东点、西点（交点）和上点、下点（远距点）。通过上点和下点（也必通过天顶、天底和南点、北点）的赤经圈，就是前述的子午圈。所不同的是，赤道子午圈是以南、北天极来划分子圈和午圈的。通过东点和西点的赤经圈，航海天文学上称为六时圈，必要时以南、北天极为界，分为东六时圈和西六时圈。天赤道、子午圈和六时圈，是相互垂直和等分的三个大圈，它们把天球分成8个相等的球面三角形。

有了以上的圆圈系统，我们就有条件来说明天球的第一赤道坐标系（图1.16）了。根据球面坐标系的一般模式，第一赤道坐标系有如下要点：

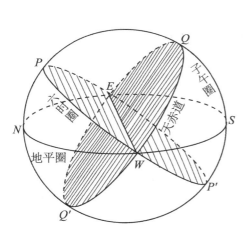

图1.15　第一赤道坐标系的圆圈系统

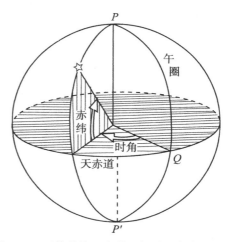

图1.16　天体的第一赤道坐标系（赤角和时角）

①它的基圈是天赤道。

②它的原点是上点，始圈是午圈。

③第一赤道坐标系的纬度称赤纬（δ），是天体相对于天赤道的南北方向和角距离（图1.17）。赤纬自天赤道起沿天体所在的赤经圈向南北两个方向度量，自0°～±90°。按北半球习惯，天赤道以北为正，天赤道以南为负。赤纬的余角叫极距（p）。

④第一赤道坐标系的经度称时角（t），是天体所在的赤经圈相对于午圈的方向和角距离。时角以上点为起点，沿天赤道向西度量，是为了使天体的时角"与时俱增"，用以度量时间。如春分点的时角表示恒星时；以太阳的时角推算太阳时。经度既称时角，赤经圈

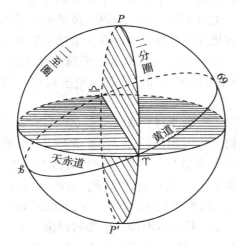

图 1.17 第二赤道坐标系的圆圈
系统（基圈）

便改称时圈，并采用时间单位表示（每 15° 折合 1
时）。上点、西点、下点和东点的时角，分别为
0^h，6^h，12^h，18^h。

4. 第二赤道坐标系（赤纬和赤经）

表示天体在天球上相对不变的位置，用于编
制星表。

在地平坐标系中，天体的高度和方位，皆因
时间和地点而变化；在第一赤道坐标系中，天体
的赤纬不再变化，而它的时角仍随天球周日运动
而"与时俱增"。二者都不能提供编制星表所需要
的相对不变的位置。为适应这方面的需要，天文
学创立了第二赤道坐标系。其方法是，保留天赤
道为基圈，摒弃属于地平系统（超然于天球周日
运动）的午圈，在赤道系统另择原点和始圈。

第二赤道坐标系与第一赤道坐标系，有彼此
大同小异的圆圈系统。二者的差异在于：第一赤道坐标系以天赤道与地平圈的相互关系为
基础；第二赤道坐标系则以天赤道与黄道的相互关系为基础。如图 1.17 所示，天赤道与
黄道相交于春分点和秋分点。通过二分点的时圈，称为二分圈，必要时以南北天极为界，
分为春分圈和秋分圈。与二分圈垂直、通过无名点（也必通过黄道上的二至点）的时圈
称为二至圈（夏至圈和冬至圈）。天赤道、二分圈和二至圈，是相互垂直等分的三个天球
大圆，把天球分成 8 个相等的球面三角形。

有了这样的圆圈系统，我们就可以说明第二赤道坐标系。根据球面坐标系的一般模
式，第二赤道坐标系有如下要点：

①它的基圈是天赤道。

②它的原点是春分点；始圈是春分圈。

③第二赤道坐标系的纬度是赤纬，与第一赤
道坐标系相同。

④第二赤道坐标系的经度称赤经（α），是天
体所在时圈相对于春分圈的方向和角距离（图
1.18）。赤经以春分点为起点，沿天赤道向东度
量，自 $0^h \sim 24^h$，随着天球的向西运动，天体的中
天时刻，要按其赤经的次序而定；且中天恒星的
赤经，即为当时的恒星时。

从某种意义上说，第二赤道坐标系是地理坐
标系的摹制品，都用于定位。地理坐标系以赤道
为基圈，第二赤道坐标系则以天赤道为基圈。时
圈相当于经圈。地理坐标系以通过格林尼治的经

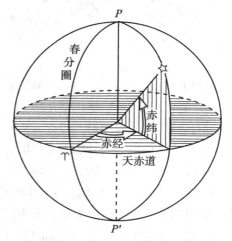

图 1.18 天体的第二赤道坐标
（赤纬和赤经）

线（本初子午线）为始圈；第二赤道坐标系则以通过春分点的时圈（春分圈）为始圈。从这个意义上说，春分点好比"天上的格林尼治"。所不同的是，春分点是第二赤道坐标系的原点，而格林尼治并非地理坐标系的原点。此外，第二赤道坐标系与地理坐标系在度量经度和纬度的具体细节方面，也存在一些差异。

5. 黄道坐标系（黄纬和黄经）

黄道坐标系表示日月行星在星际空间的位置和运动。黄道坐标系同黄道相联系。黄道的两极叫黄北极和黄南极，它们是地球轨道面的垂线的无限延伸（黄轴）与天球的两个交点（图 1.19）。通过南、北黄极，且垂直于黄道的一切大圆是黄道经圈，简称黄经圈；一切与黄道平行的圆是黄纬圈。黄道与天赤道相交，从而得到二分点和二至点。通过二分点的黄经圈尚无定名，暂称无名圈；通过二至点的黄经圈，即前述的二至圈。黄道、无名圈和二至圈，是相互垂直且等分的三个大圆，把天球分成 8 个相等的球面三角形。

根据上述的圆圈系统和球面坐标系的一般模式，黄道坐标系有如下要点：

①它的基圈是黄道。

②它的原点是春分点；始圈是无名圈（通过春分点的黄经圈）。

③黄道坐标系的纬度称黄纬（β），是天体相对于黄道的方向和角距离（图 1.20）。黄纬自黄道起沿天体所在的黄经圈向南北两个方向度量，自 0°～±90°，黄道以北为正，黄道以南为负。

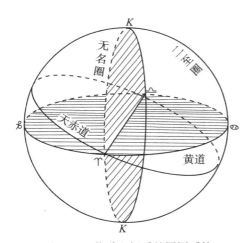
图 1.19　黄道坐标系的圆圈系统

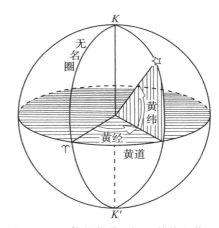
图 1.20　天体的黄道坐标（黄纬和黄经）

黄道坐标系的经度称黄经（λ），是天体所在的黄经圈相对于春分点所在的黄经圈的方向和角距离。黄经以春分点为起点，沿黄道向东度量，自 0°～360°，太阳沿黄道周年运动，其黄纬始终为 0°；黄经向东度量，使太阳黄经"与日俱增"（每日约增加 1°）。春分、夏至、秋分和冬至的太阳黄经，分别为 0°，90°，180° 和 270°。

☞ 复习思考题

1. 宇宙中有哪些已知的天体？简述八大行星的多种分类。

2. 太阳系中的类地行星和类木行星各包括哪些？各类有哪些特征？

3. 试述地球的形状、大小及其地理意义。

4. 地球上的经纬度是怎样划分的？

5. 昼夜更替和季节变化是怎样产生的？

6. 地球的内部各圈层是怎样划分的？

7. 地球在宇宙中的位置有何特殊的地理意义？

8. 地球的运动有哪些地理意义？

第二章 大 气 圈

连续包围地球的气态物质称为大气。大气是自然环境的重要组成部分和最活跃的因素，在地理环境物质交换和能量转化中是一个十分重要的环节。在大气中存在着各种不同的物理过程（如增温、冷却、蒸发、凝结等）和各种不同的物理现象（如风、云、雨、雾、雪等），这些物理过程和物理现象的形成、变化与发展，是与大气本身的性质紧密联系着的。大气层中天气系统的生成和消亡、发展和运动，是全球气候的基础。大气圈是地球最外部的一个圈层。

第一节 大气的热力传输

在研究大气和讨论发生在大气层中的物理过程与物理现象之前，必须首先了解大气的组成、结构及其物理性质。

一、大气的组成

地球大气由干洁空气、水汽、悬浮的固体杂质和液体微粒组成，是多种物质的混合物（表 2.1）。

表 2.1 地球大气的主要成分及含量

主要成分	空气中的含量/按体积%	平均滞留期/年	分子量
氮（N_2）	78.08	10^6	28.02
氧（O_2）	20.95	10^4	32.00
氩（Ar）	0.93	10^9	39.94
二氧化碳（CO_2）	0.03（可变）	15	44.00
臭氧（O_3）	0.000 001（可变）		48.00
甲烷（CH_4）	0.00 165（可变）	7	16.04
水汽（H_2O）	可变	10 天	18

（一）干洁空气

通常把大气中除水汽及液体杂质和固体杂质以外的整个混合气体称为干洁空气。

干洁空气是地球大气的主体。可将距地表 85km 以下的各种气体分为两类：一类为定常成分，各成分之间大致保持固定比例，它的主要成分是氮（N_2）和氧（O_2），两者之和约占干洁空气体积的 99%，加上氩（Ar）的体积，三者之和便达到 99.96%（图 2.1）。定常成分还包括一些微量惰性气体氖（Ne）、氪（Kr）、氙（Xe）、氦（He）等。另一类称可变成分，这些气体在大气中的比例随时间、地点而变，其中包括水汽（H_2O）、二氧化碳（CO_2）、臭氧（O_3）和碳、硫、氮的化合物，如一氧化碳（CO）、甲烷（CH_4）、硫化氢（H_2S）、二氧化硫（SO_2）等。

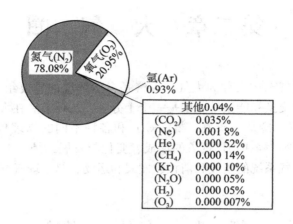

图 2.1　干洁空气各种气体组成的体积百分比

由于大气中存在着空气的垂直、水平、乱流运动和分子扩散，使不同高度、不同地区的空气得以进行交换和充分混合，因而从地面到 85km 高空，干洁空气成分的比例相当稳定，可以把干洁空气当作一种相对分子量为 28.964 的"单一成分"的气体看待。85km 以上的高层大气主要由氮和氧的离解物组成，各成分间的比例开始随高度和时间而变化。在 90km 以上，则大多处于电离状态。高层大气中，有些成分还分解为原子状态。

（1）氮和氧（N_2和O_2）：大气中的氮气一方面来自火山喷发（4%），另一方面是通过复杂的生化作用由氨和生物有机体转化而来。氮气是一种"惰性气体"，在常温常压下不易与氧气化合，不能直接被植物利用，因而得到积累成为大气中最多的成分。N_2约占大气体积的 78%。N_2只能通过豆科植物的根瘤菌部分固定于土壤中。氮对太阳辐射远紫外光谱区 0.03~0.13μm 具有选择性吸收。

地球大气中的O_2是人类赖以生存的物质基础，O_2的出现及其含量的变化，同地球的形成过程和生物的演化过程密切相关。O_2占地球大气质量的 23%，按体积比占 21%。丰富的O_2是动植物赖以生存、繁殖的必要条件。除了游离存在的氧气外，氧还以硅酸盐、氧化物、水等化合物的形式存在，在高空还有臭氧及原子氧。O_2在波长小于 0.24μm 的辐射作用下受到分解，大气中臭氧层的形成与O_2的分解有关。

在 85km 以上，大气的主要成分仍是N_2和O_2，但从 85km 开始，因紫外线的照射，N_2和O_2已有不同程度的离解，100km 以上的氧分子几乎全部被离解为氧原子，到 250km 以上氮也基本上都被离解为氮原子。

（2）二氧化碳（CO_2）：大气中的CO_2含量受植物的光合作用、动物的呼吸作用、火山喷发、燃料的燃烧与有机物质的腐烂以及海水对二氧化碳的吸收作用等影响。在人类活动影响加剧的情况下，全球大气中的CO_2含量与年俱增。它多集中于大气低部

20km以下的一薄层内。在此高度内，大气中CO_2含量一般占整个大气体积的0.03%，向上就显著减少。底层大气中CO_2的含量，因时间和空间而略有不同，大致是：夏季较多，冬季较少；城市和人口稠密地区较多，农村和人烟稀少地区较少；大陆上空较多，海洋上空较少；CO_2在水温低的情况下，易溶于海水，所以海洋中CO_2浓度比大气中可能多几倍。

从图2.1中可以看出，在干洁空气中，CO_2和O_3的含量很少，而且变化较大。但是，它们的存在对地表自然界和大气温度都有重要影响。CO_2对太阳短波辐射吸收很少，但能强烈吸收地表长波辐射，致使从地表辐射的热量不易散失到太空中。它可能改变大气热平衡，导致地面和低层大气平均温度上升，引起严重的气候问题。当大气中CO_2含量达到0.2%~0.6%时，就已经对人类有害了。

（3）臭氧（O_3）：O_3是由三个氧原子结合在一起形成的，它不稳定，具有很高的活性。在地球的高层大气层——平流层中，存在着天然的低浓度臭氧。在这一高层大气中，来自太阳的紫外线将氧分子分解为两个单独的氧原子。每个单独的氧原子又与一个氧分子相结合，从而形成臭氧。自然界中的臭氧层大多分布在离地20~50km的高空。在20~30km高空可达到最大值（图2.2），这是因为在这一高度以上高空的短波紫外线强度很大，使氧分子几乎发生完全的分解，氧原子与氧分子相遇的机会很少的缘故。平流层臭氧被称为"有益的"臭氧，因为O_3在这层大气中的比例虽然很小，但能够强烈吸收太阳紫外辐射，使

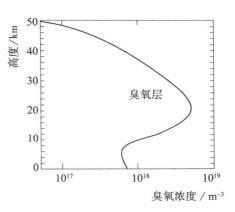

图2.2　大气臭氧浓度随高度的变化

地面上的生物免受过多的紫外线的照射，对人类起着十分重要的保护作用，而穿透大气层到达地表的少量紫外线，对人类和大部分生物反而有益。另外，大气臭氧层的存在，对平流层大气有增温作用，并在高空形成一个暖区。研究表明，人们大量使用氮肥以及用做冷冻剂和除臭剂的碳氟化合物（氟利昂）对高空光化学过程的影响会引起臭氧含量的变化，能使平流层的臭氧遭到破坏。臭氧层的破坏可能引起一系列不利于人类的气候生物效应。

臭氧也会出现在对流层，即大气层的最底层。对流层臭氧被称为"有害"臭氧，是人为产物，是直接排入大气中的一次污染物氮氧化物和挥发性有机物在太阳光与热作用下，经化学反应形成的二次污染物。而氮氧化物和挥发性有机化合物主要来源于火电、钢铁和水泥等行业以及机动车尾气、加油站等。比如，在晴天，机动车和工业污染源排放的挥发性有机物里的氮氧化物，在光化学反应下，能生成臭氧产生污染。高浓度的臭氧一般形成于炎热的下午和傍晚，并在较为凉爽的夜晚消散。臭氧具有强烈的刺激性，主要是刺激和损害深部呼吸道，并可损害中枢神经系统，对眼睛有轻度的刺激作用。若臭氧超过一定浓度，除对人体有一定毒害外，对某些植物生长也有一定危害。臭氧还可以使橡胶制品变脆和产生裂纹。

大气臭氧的分布随纬度和季节的不同而异。对纬度而言，臭氧总量的极小值在赤道附

近，极大值在南北纬 60°附近；就季节而言，春季出现极大值，秋季出现极小值（见图 2.3）。以北半球为例，大气中 O_3 春季含量最多，秋季最少。50°N 以北含量很高，60°N 达到最大值，春季最为明显。南半球的分布与北半球相似，只是 55°S 到南极的最大值比北半球出现的时间晚，而且不很显著。

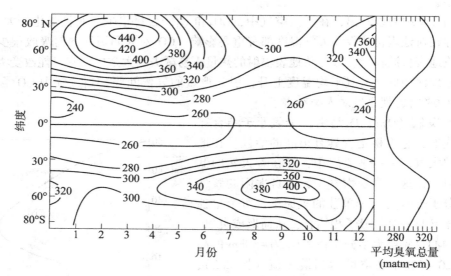

图 2.3 大气臭氧的季节变化和纬度分布

（二）水汽

据估计，若整个大气中包含的水汽全部降到地面，相当于 24mm 厚的水层。大气中水汽主要来源于水面及其他含水物质的水分蒸发和植物蒸腾，并借助空气的垂直交换向上输送。水汽上升凝结后又以降水形式降到陆地和海洋上。地球年总降水量相当于 780mm 厚的水层，因此，大气中的水汽平均每年更替约 32.5 次，即 11.2 天更替一次。

水汽在大气中的含量极不稳定，随时间、地点、条件而不同。一般来说，地面大气中的水汽含量随纬度增加而减少，随离海洋的距离增加而减少，随高度的增加而减少，而且向上减少的速度很快。一般说来，内陆沙漠上空，水汽含量接近于零，而在温暖的海洋或热带丛林上空，水汽含量可高达 3%~4%。水汽的年变化也很大。通常水汽含量主要集中在距地面 3km 范围内。从地面到高空，每升高 1.5~2.0km，水汽含量减少 1/2，到 5km 高度，含量减少到地面的 1/10。8~10km 以上，水汽就非常少了。

大气中水汽是唯一能发生相变的大气成分，成为淡水的主要资源。水汽含量虽然不多，但它却在天气变化中扮演了极为重要的角色，常见的云、雾、雨、雪等天气现象，都是水汽相变的表现。同时，水汽能强烈吸收和放出长波辐射能；在相变过程中还能释放或吸收热量，这些都对地面温度和空气温度有一定影响。同时大气中的降水对污染物是一种清除过程。

（三）悬浮的固体杂质和液体微粒

那些悬浮在大气中沉降速率很小的固体杂质和液体微粒也可称为气溶胶粒子（见表 2.2）。除由水汽变成的水滴和冰晶外，主要是大气尘埃和其他杂质。气溶胶粒子主要有自然源和人工源两种。自然源包括地面物质燃烧的烟粒和海水浪花飞溅入大气被蒸发后留下的盐粒，以及被风吹起的土壤微粒、火山喷发的烟尘、流星燃烧所产生的细小微粒、宇宙尘埃、细菌、微生物和植物的孢子花粉等。人工源主要是人类活动和工业生产过程中排放的烟、粉尘等。它们多集中在低层大气中。固体杂质的分布随时间、地区和天气条件而异，通常在近地面大气中的固体杂质是：陆上多于海上、城市多于农村、冬季多于夏季、夜间多于白天。

表 2.2 气溶胶粒子成分和尺度谱

气溶胶粒子成分	球半径/cm	气溶胶粒子成分	球半径/cm
小离子	$<10^{-7}$	大凝结核	$10^{-5} \sim 3 \times 10^{-4}$
中等离子	$10^{-7} \sim 2 \times 10^{-6}$	巨凝聚核	$3 \times 10^{-4} \sim 3 \times 10^{-3}$
大离子	$2 \times 10^{-5} \sim 10^{-5}$	云或雾滴	$10^{-4} \sim 5 \times 10^{-2}$
爱根核	$2 \times 10^{-5} \sim 10 \times 10^{-5}$	毛毛雨滴	$5 \times 10^{-3} \sim 5 \times 10^{-2}$
烟、尘埃、霾	$10^{-5} \sim 10^{-4}$	雨滴	$5 \times 10^{-2} \sim 5 \times 10^{-1}$

大气中的固体气溶胶粒子本身可能就是有害物质。例如，那些致癌、致畸、致突变的物质，绝大部分都存在于颗粒物中，并可能被人体吸入而危害人体健康。它也可能是有毒物质的运载或反应床，可使一些气体污染物转化成有害的颗粒物或使某些污染物的毒性增强。此外，颗粒物能够散射太阳光，致使能见度下降，也能吸收一部分太阳辐射能和阻挡地面散热，从而影响空气和地面温度的变化。同时，大气中的固体杂质能充当水汽凝结的核心，是大气成云致雨的重要条件，更重要的是颗粒物可在全球范围内扩散迁移。因此，对大气颗粒物的研究越来越受到重视。

液体气溶胶粒子是悬浮在大气中的水滴、过冷水滴和冰晶等水汽凝结物。它们常常聚集在一起以云、雾等形式出现，使大气能见度变坏，还能减弱太阳辐射和地面辐射，影响近地面层的气温。比如，在同一季节里阴天的最高温度比晴天的要低，就是这种影响的结果。

二、大气的范围与分层

（一）大气范围

1. 大气上界

在理论上，当气压为零或接近零的高度为大气的顶层，但这种高度不可能出现。因为在很高的高度上渐渐到达星际空间，也不存在完全没有空气分子的地方。可见，地球大气圈的顶部没有截然界限。

气象学家认为，只要发生在最大高度上的某种现象与地面气候有关，便可定义这个高度为大气上界。

大气物理学认为，超过 3 000km 以上，离心力已超过重力，大气密度接近星际气体密度，这个距离以外就不属于地球大气了。因此，把大气上界定在 3 000km 左右。

2. 大气质量

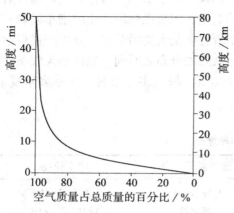

图 2.4 不同高度大气质量所占的百分比

大气高度虽然不易确定，大气质量却可以从理论上求得。整个地球大气的总质量为 5.14×10^{18} kg。由于空气具有高度可压缩性，大气低层密度大于高层且大气密度随高度按指数规律减少，因而大气质量也随高度按指数规律性减少（图 2.4）。由海平面至 5.5km 高度的大气中含有大气总质量的 50%，高度至 8km 含有大气总质量的 63%，高度至 36km 含有大气总质量的 99%，36~1 000km 内含有的大气不足大气总质量的 1%。

（二）大气分层

1. 按照分子组成

按照分子组成，大气可分为两个大的层次，即均质层和非均质层。均质层为从地表至 85km 高度的大气层，除水汽有较大变动外，层内的大气组分比例相同，平均分子量为常数。非均质层为 85km 高度以上大气层，其中又可分为氮层（85~200km）、原子氧层（200~1 100km）、氦层（1 100~3 200km）和氢层（3 200~9 600km）。层内大气组分按重力分离后，轻的在上，重的在下，平均分子量随高度增加而减小。非均质层大气质量虽只有大气总质量的 0.01%，但对地球上的生物却起着很重要的作用。它能过滤太阳辐射的高能部分，避免生物被离子化或燃烧，是地面扩散污染物的强氧化场所。

2. 按大气化学和物理性质

按大气化学和物理性质，大气可分为光化层和离子层。光化层具有分子、原子和自由基组成的化学性质，其中包括臭氧（O_3）、原子氧（O）、羟基（OH）、氢过氧基（HO_2）等。离子层包含大量离子，有反射无线电波能力。

3. 按气温的垂直分布

按气温的垂直分布，可将大气依次分为对流层、平流层、中间层、暖层和散逸层（图 2.5）。

在气象学中，地球大气的密度、温度、压力和电磁特性等都随高度而变化，具有多层次的结构特征。大气的密度和压力一般随高度按指数规律递减；温度、组分和电磁特性随高度的变化不同，按各自的变化特征可分为若干层次。

（1）对流层：对流层是大气中最低一层，以空气垂直运动旺盛为典型特征。其下界是地面，上界因纬度、季节而不同。平均高度为 11~13km，在热带地区为 15~18km，中纬度地区为 10~12km，高纬度地区为 8~9km。由于空气对流作用的强度因季节而异，任何纬度对流层厚度夏季较大，冬季较小。与大气圈的总厚度相比，对流层是很薄的，它不及整个大气层厚度的 1%，但因地球引力的作用，这一层却集中了整个大气 3/4 的质量和几乎全部的水汽含量与固体杂质。

对流层的主要特征是：①温度随高度的增加而降低，平均每上升 100m，气温约下降 0.65℃。这是由于对流层和地面直接接触，对流层热量主要依靠吸收来自地面的长波辐射，所以愈近地面的大气吸热愈多，反之愈少。②空气具有强烈的对流运动，由于对流层

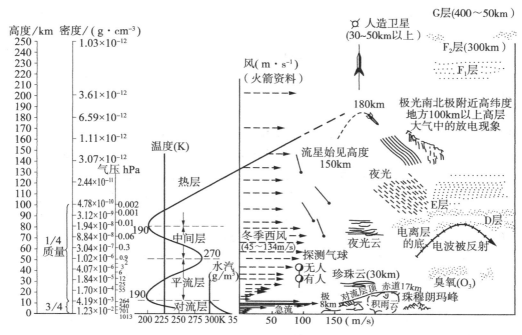

图 2.5 大气的垂直分层

有强烈的上升和下降气流，空气通过对流进行交换，使近地面的热量、水汽、杂质等易于向高空输送，对大气成云致雨有重要意义，这一特征导致空气的垂直混合。对流作用的强度因纬度、季节而不同，一般来说，低纬度对流作用较强，高纬度较弱；夏季对流作用较强，冬季较弱。③气象要素水平分布不均匀，由于对流层受地面影响较大，而地面性质差异又很显著，所以在对流层中温度与湿度的水平分布是不均匀的，并由此而产生一系列物理过程，形成复杂的天气现象。④对流层受人类活动影响最显著，人类生产活动排放的大气污染物绝大部分都集中在该层中。

对流层上界气温一般低于-55℃。低纬度地区，由于对流强盛，对流层顶最低温度常出现在赤道上空。对流层集中了约75%的大气质量和90%以上的水汽，云、雾、雨、雪等主要天气现象都发生在此层。对流层与人类生产、生活关系最为密切，例如，地表水体的主体是海洋，海水是咸的，海水通过汽化过程再降落到地表，就变为淡水，满足了人类和生物界的需要；同时，大气降水又对地表产生一系列作用，促进了自然地理过程的进行。

（2）平流层：平流层是从对流层顶到55km左右高空的大气层，它基本上不受地面影响，气流稳定。其显著特点是温度随高度升高不变或微升，即由等温分布变成逆温分布。到30km高空以上，由于臭氧吸收了大量的紫外线，温度开始轻微上升，到平流层顶可达-3～-17℃，高空形成一个暖区。平流层水汽、尘埃等非常少，很少出现云和降水，大气透明度良好。气流以水平方向运动为主，而且很平稳，目前航空飞行可在平流层范围进行。

（3）中间层：从平流层顶到85km高度的气层为中间层，亦称为高空对流层。其最重要的特点是温度随高度升高而迅速降低，到中间层顶下降至−83℃～−113℃，这与该层缺少臭氧有关。是大气圈中最冷的部分。该层因下层温度高于上层温度，所以空气有垂直对流运动，但因空气稀薄，垂直运动不能与对流层相比。中间层内水汽很少，在近中间层顶的高度上，有一个只在白天出现的电离层，叫做D层。高纬度地区夏季黄昏时刻有时出现的夜光云，可能与此有关。

（4）暖层：中间层顶至800km高度的气层称为暖层。暖层空气密度很小，700余千米厚的气层，只占大气总质量的0.5%。暖层有两个特点：①气温随高度增加迅速增高。这是由于所有波长小于0.175μm的太阳紫外辐射都已被暖层气体所吸收，因而温度随高度上升增加很快，顶部气温可达1 000℃以上。②空气处于高度的电离状态。该层因受太阳紫外线辐射和宇宙线作用而处于高度电离状态，故暖层又称为电离层。电离层能够反射不同波长的无限电波，故在远距离无线通信中具有重要意义。

在120km高空，空气密度已小到声波难以传播的程度。暖层中空气电离强度在各高度是不均匀的，其中最强的有两层，即E层和F层，分别位于离地面100～120km和200～400km处。从80km到暖层顶以上的1 000～1 200km范围内，常出现极光。

（5）散逸层：800km高度以上的大气层称为散逸层。它是大气的最外层，也是大气向星际空间的过渡层，其上界为3 000km左右，但无明显边界。散逸层空气极其稀薄，大气质点碰撞频率很小，温度也随高度的增加而升高。由于温度高，空气稀薄且远离地面，地球引力作用弱，空气粒子运动速度很快，高速运动的分子可挣脱地球引力束缚而逃逸到宇宙空间。

三、大气的基本特性

（一）大气的基本物理性质

大气具有一般流体所共有的四个基本物理性质：连续性、流动性、可压缩性和黏性。

大气是由分子组成的，分子间有空隙，空隙要比分子本身大得多，分子在这些空隙之间杂乱无章地运动着。因此，大气的内部结构是不连续的。但是，研究大气的运动，不是研究个别分子的运动，而是研究其宏观的大量分子集团的运动。从宏观上把每个分子集团视作一个点，称为空气微团。空气微团是紧紧地挤在一起连成一体的，可以看成是连续的介质。因此，大气是具有连续性的。

大气与其他流体一样可以任意改变自己的形状，只要有充分时间，形变可以一直进行下去，这就是流动性。正是由于环绕地球的大气的流动性，才形成了风。

气体的压缩性比液体的压缩性大得多，但在气流速度很小时，其压缩性并不显著，所以气象学中常把空气近似地当做不可压缩流体来处理。

当两层流体有相对运动时，因两层流体之间分子运动的动量交换，使两层流体间存在着一种相互牵引的作用力，称之为内摩擦力或黏性力。大气在运动时，分子与分子之间、空气微团与空气微团之间就存在着这种黏性力。

大气又不同于一般的流体，有其自身的特点：大气密度的空间分布与压强和温度有关。因此，大气运动便和热量传递过程有着密切的联系。此外，大气的运动可以看成是由有规则的运动（水平和垂直的运动）和无规则运动（如湍流运动）两部分运动叠加而成。

当然，参与湍流运动的大气最小单位不是单个分子，而是由大量分子组成的空气微团。大气的湍流运动是普遍存在的，例如树叶摆动、纸片飞舞、炊烟缭绕等，通常就是由湍流引起的现象。

（二）标准大气

大气空间状态复杂，而大气压强、温度、密度等参数随高度的分布状况对空间科学研究十分重要。因此，为了研究的需要，规定了一种特性随高度平均分布的大气模式，称为标准大气，即假定空气是干燥的，在85km以下是均匀混合物，平均摩尔质量为28.964 4 kg/kmol，且处于静力学平衡和水平成层分布。

（三）大气污染物

大气中污染物或由污染物转化成的二次污染物的浓度达到了有害程度的现象，就称为大气污染。造成大气污染的原因，既有自然因素又有人为因素，引起公害的往往是人为污染物，它们主要来源于燃料燃烧和大规模的工矿企业及核爆炸等。

大气污染一般可分两类：一类是直接污染，由污染物自身性质、浓度等因素决定；另一类是衍生污染，因污染物之间相互作用以及与大气正常成分因太阳辐射引起光化学反应等而使污染物变质，从而产生新的污染物。例如，大气污染物中的 SO_2 在太阳光照射下进行光化学反应形成 SO_3，然后与空气中的水汽结合形成硫酸烟雾，刺激呼吸道，危及人体健康。

大气污染影响范围广，对人类环境威胁较大的是煤粉尘、二氧化硫（SO_2）、一氧化碳（CO）、硫化氢（H_2S）、碳化氢和氨（NH_4）等。大气的自净作用主要是物理作用（扩散、沉降），其次是化学作用（氧化、中和等）和生物学作用（植物吸收等）。污染物虽然可以通过大气的自净能力，使浓度降低到无害的程度，但防治大气污染的根本方法是从污染源着手，通过减少污染物的排放量，促进污染物扩散稀释等措施来保证大气层的环境质量。现有的经济技术条件还不能彻底根治污染源，因此，大气环境的保护就需要通过运用各种措施，进行综合防治。

四、大气的热力输送

大气内部始终存在冷与暖、干与湿、高气压与低气压三对基本矛盾，其中冷与暖的矛盾影响着天气变化的全过程。冷暖在某种意义上讲决定着空气的干湿和降水，决定着高低气压的分布，影响着大气的运动，成为天气变化的一个基本因素，也是气候形成的基本因素。

观测实践证明，大气的冷暖变化，不仅在空间分布上是很不均衡的，在时间上也有着较短或较长时间的周期性变化和非周期性变化。地球上的热量主要来源于太阳辐射，它从根本上决定着地球、大气的热力过程，支配着其他能量的传输过程，并且地球系统内部也进行着辐射能量交换。本节就主要研究太阳、地球及大气的辐射能量交换和地-气系统的辐射平衡。

自然界中的一切物体，只要温度在绝对温度零度以上，都以电磁波的形式时刻不停地向外传送热量，这种传送能量的方式称为辐射。物体通过辐射所放出的能量，称为辐射能，简称辐射。

辐射是以电磁波的形式向外放散的，是以波动的形式传播能量。电磁波是由不同波长的波组成的合成波。γ 射线、X 射线、紫外线、可见光、红外线，超短波和长波无线电波都属于电磁波的范围。肉眼看得见的是电磁波中很短的一段，从 0.4～0.76μm 这部分称为可见光。波长长于 0.76μm 的有红外线无线电波；波长短于 0.4μm 有紫外线、γ 射线、X 射线等。这些辐射虽然肉眼看不见，但可用仪器测出。太阳辐射波长主要为 0.15～4μm，其中最大辐射波长平均为 0.5μm；地面和大气辐射波长主要为 3～120μm，其中最大辐射波长平均为 10μm。习惯上称前者为短波辐射，后者为长波辐射。

（一）太阳辐射

1. 太阳辐射概念

太阳是一个炽热的气体球，其表面温度约为 6 000 K，内部温度更高。太阳以辐射方式给地球以巨大的能量，称之为太阳辐射能，简称太阳辐射。在单位时间内通过某一平面的辐射能总量，称辐射通量。单位面积上的辐射通量称辐射通量密度，又叫辐射强度。表示太阳辐射能强弱的物理量，即单位时间内垂直投影在单位面积上的太阳辐射能，称为太阳辐射强度。

太阳辐射在宇宙空间传播没有能量损失，但其光束随远离太阳而向外发散。因此，投射到一定横截面上的太阳光束辐射强度，与它离开太阳距离的平方成反比。太阳辐射能分配在以太阳为球心的球面空间里，地球大圈横截面在这个空间球面上所占面积的比例，$\pi R^2 : 4\pi D^2 \approx 2\times10^{-9}$ 即地球拦截的太阳辐射能量，仅为其总能量的 20 亿分之一，但是它已足以成为地球和大气的最主要的热能来源。

太阳辐射中辐射能力按波长的分布，称为太阳辐射光谱（图 2.6）。它分为三个主要区域：波长较短的紫外区，包括 X 射线、γ 射线，这部分约占太阳辐射总能量的 7%；波长较长的红外区部分约占辐射总能量的 43%；介于二者之间的可见光区部分占 50%，其中以波长 0.475μm（青光）附近的辐射能力最强。

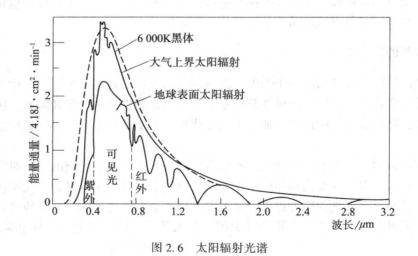

图 2.6　太阳辐射光谱

2. 影响太阳辐射强度的因素

（1）日地距离的影响：太阳辐射通过星际空间到达地表，在日地平均距离（$D = 1.496\times108$km）的条件下，在地球大气上界垂直于太阳光线的面上所接收的太阳辐射通量密度，称为太阳常数（用 S_0 表示）。太阳常数并不是固定不变的，由于地球以椭圆形轨道绕太阳运行，因此太阳与地球之间的距离不是一个常数，而且一年里每天的日地距离也不一样，一年中由于日地距离的变化所引起太阳辐射强度的变化不超过 3.4%；由于太阳物理状况的日际变化和太阳周期活动的缘故，一年当中的变化幅度也在 1% 左右。世界气象组织（WMO）在 1981 年推荐太阳常数的最佳值为 1 368 W/m^2。从气候学观点出发，是把太阳常数当做一个平均概念对待。

地球在公转过程中有时处于近日点，有时处于远日点。而 S_0 与日地距离的平方成反比，因此，地球在近日点时获得的太阳辐射能约比远日点多 7%，如果不考虑其他因素的影响，则近日点时的地球温度比远日点时要高 4℃。

（2）太阳高度角的影响：太阳光线在同一时刻投射到球形体地球表面各纬度上的高度角大小是不等的。而到达大气上届的太阳辐射强度与太阳高度角的正弦成正比，阳光直射时，高度角最大，投射的面积最小，单位面积上获得的太阳能最强。阳光斜射时，高度角减小，受射面积增大，单位面积上获得的太阳辐射能减弱。即太阳高度角越大，太阳辐射强度越强（图 2.7）。

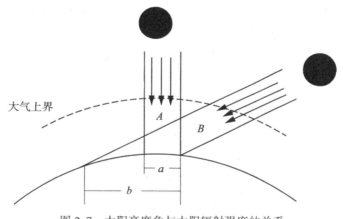

图 2.7 太阳高度角与太阳辐射强度的关系

太阳高度角随纬度和时间而变化。因此，在不同纬度上不同时间的太阳辐射强度都不同。由于南、北回归线之间的太阳高度角较大，而北回归线以北和南回归线以南地区的太阳高度角随纬度增高而减小，所以，到达地球大气上界的太阳辐射沿纬度的分布是不均匀的，低纬度多，随纬度的增高而减少；由于南、北回归线之间地区的太阳高度角在一年中的变化较小，而中、高纬度地区的太阳高度角在一年中的变化较大，因而，低纬地区太阳辐射强度的年变化小，高纬地区太阳辐射强度的年变化大。

（3）大气削弱作用的影响：从图 2.6 可看到，到达地表的太阳辐射同大气上界的太阳辐射有很大差别。这是因为大气对太阳辐射有吸收、散射、反射等作用，太阳光谱中不同的波长将受到不同程度的削弱，所以在地表呈现的太阳辐射强度比大气上界时的 S_0 少，即使是在阳光直射情况下，到达地面的太阳辐射仍少于 S_0。

①吸收作用：太阳辐射穿过大气层时，大气中某些成分具有选择吸收一定波长辐射性

能的特性。大气中能吸收太阳辐射的主要成分是水汽、臭氧（O_3）、二氧化碳（CO_2）和固体杂质等。吸收作用主要削弱紫外和红外部分，对可见光影响较小。太阳辐射被大气吸收后转变为热能，因而使太阳辐射减弱。大气中的主要气体是氮和氧，只有氧能微弱地吸收太阳辐射。悬浮在大气中的水滴、尘埃等杂质，也能吸收一部分太阳辐射，但其量甚微。只有当大气中尘埃等杂质很多（如有沙暴、烟幕或浮尘）时，吸收才比较显著。水汽吸收的波长范围主要在 $0.7 \sim 3\mu m$ 的红外部分，O_3 吸收的波长范围最主要是在 $0.2 \sim 0.32\mu m$ 的紫外部分，CO_2 主要吸收波长 $13 \sim 17\mu m$ 的红外部分，尤其对波长 $14.3\mu m$ 附近的辐射吸收较强。但是，太阳辐射能量主要集中在可见光区，而大气吸收的太阳辐射大多位于太阳辐射光谱两端能量较小的区域，因此，大气因吸收太阳辐射而用来自身增温的作用是很小的。据计算，对流层大气由太阳辐射直接吸收而增高的温度每天不足 1℃。

②散射作用：太阳辐射通过大气时遇到空气分子、尘粒、云滴等质点时，都要发生散射。但散射并不像吸收那样把辐射能转变为热能，而只是改变辐射方向，使太阳辐射以质点为中心向四面八方传播开来（图2.8）。散射使一部分辐射能不能到达地面。质点的大小不等，其散射能力也不同。太阳辐射通过大气时，由于空气分子散射的结果，波长较短的光被散射得较多。晴空时，起散射作用的主要是空气分子，波长短的蓝紫光被散射，使天空呈现蔚蓝色；阴天或大气尘埃较多时起散射作用的主要是大气悬浮微粒，一定范围的长短波都被同样的散射，天空呈灰白色。由于大气的选择性吸收与散射作用，太阳辐射在量与质方面都受到影响。地面紫外线几乎绝迹，可见光缩减至40%，而红外线却升高至60%。

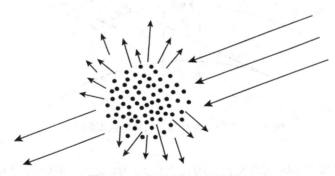

图2.8 大气对太阳辐射的散射

③反射作用：大气中云层和较大颗粒的埃尘能将太阳辐射中的一部分能量反射到宇宙空间去。大气反射作用受云层厚度、水汽含量、大气悬浮微粒粒径和含量的影响很大，尤其是云层的反射作用更为重要，云量越大，云层越厚，其反射作用越强。据观测，云层的平均反射率为50%~55%，当云层厚度达到50~100m时，太阳辐射几乎全部被反射掉。反射对各种波长没有选择性，所以反射光呈白色。

在上述大气削弱太阳辐射的三种方式中，反射作用最为重要，散射其次，吸收最弱，前两者约占总量的42%，后者占15%，到达地面的太阳辐射仅占43%。

3. 到达地面的太阳辐射

太阳辐射经大气削弱后，到达地面的有两部分：一部分以平行光线直接投射到地面，称为太阳直接辐射；另一部分经过大气散射后自天空投射到地面，称为散射辐射（也叫间接辐射），两者之和称为太阳总辐射（太阳辐射总量）。

有许多因子可以影响太阳总辐射，如太阳高度角、大气透明度、海拔高度、云量大小等，但前两项是最主要的，其导致太阳总辐射有明显的日变化（图 2.9、图 2.10）、年变化和随纬度的变化（关键因素是太阳的高度角）。

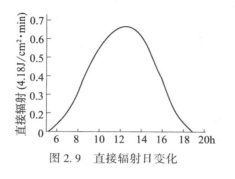
图 2.9　直接辐射日变化

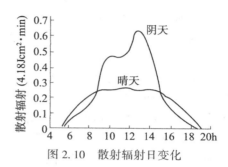
图 2.10　散射辐射日变化

一天之内，夜间总辐射为零，日出后逐渐增加，正午达最大值，午后逐渐减小。但云的影响可能破坏正常的日变化。例如，正午云量突然增多时，总辐射的最大值就可能出现在正午之前或之后，这是因为虽然云能强烈地增大散射辐射（如图 2.10 是重庆观测到的晴天与阴天的散射辐射值，显然，阴天的散射辐射值比晴天大得多），但太阳的直接辐射是组成太阳总辐射的主要部分，有云时直接辐射的减弱值比散射辐射的增强值还要多。一年之内，夏季太阳总辐射最大，冬季最小。总辐射的纬度分布，一般是纬度愈低，总辐射愈大；纬度愈高，总辐射愈小。由于赤道附近地区多云，太阳辐射相应减弱，因此，有效总辐射的最大值并不出现在赤道，而在北纬 10°附近，气候学上称这一纬度带为热赤道。

到达地面的总辐射一部分被地面吸收转变成热能，一部分被反射。反射部分占辐射量的百分比，称为反射率。反射率随地面性质和状态不同而有很大差别（表 2.3）。地表面性质有季节变化，反射率也有季节变化。水面对不同入射角的光线具有不同的反射率，入射角越小，反射率越大；垂直入射时，反射率约为 2%~5%；当入射角接近 0°时，其反射率可达 70%~80%，天空散射光的水面反射率平均为 8%~10%。显然，反射率愈大，吸收愈少。尽管总辐射相同，地表吸收并不相等，这是导致近地面温度分布不均匀的原因之一。

表 2.3　　　　　　　　　　　不同性质地面对太阳的反射率/%

地　面	反射率	地　面	反射率
裸地	10~25	耕地	20~22
沙地、沙漠	25~40	雪（干、洁）	75~95
草地	15~25	雪（湿或脏）	25~75
森林	10~20	海面（$h>25°$）	<10
稻田	12	海面（h 小）	10~70

注：h 为太阳高度角

（二）地面辐射和大气辐射

1. 地面辐射

地面吸收太阳辐射后增温，同时又依据本身的温度连续不断地向外辐射热能，称为地面辐射（$E_{地}$）。

地面辐射能力，主要决定于地面本身的温度。由于辐射能力随辐射体温度的增高而增强，所以，白天，地面温度较高，地面辐射较强；夜间，地面温度较低，地面辐射较弱。

地面的辐射是长波辐射，除部分透过大气奔向宇宙外，几乎全被近地面 40~50m 厚的大气层中水汽和二氧化碳所吸收，其中水汽对长波辐射的吸收更为显著。因此，大气，尤其是对流层中的大气，主要靠吸收地面辐射而增热。如果没有这些能量，近地面平均气温将降低 40℃，致使绝大多数生命不能生存。

2. 大气辐射和大气逆辐射

地面长波辐射被大气吸收，大气增温后又不停地以长波形式向外辐射热能，称为大气辐射。大气辐射是向四面八方的，既有向上（太空方向）的，也有向地面方向的，其中投向地面的这一部分称为大气逆辐射（$E_{气}$），它的方向正好与 $E_{地}$ 相反。

3. 地面的有效辐射和大气的温室效应

$E_{地}$ 与 $E_{气}$ 是经常存在的，地面辐射和地面所吸收的大气逆辐射之差值，称为地面的有效辐射（E_0），

$$E_0 = E_{地} - E_{气}。$$

通常，地面温度高于大气温度，所以地面辐射要比大气逆辐射强。地面的有效辐射是地面通过长波辐射的交换而实际损失的热量。

由于 $E_{气}$ 的存在，使地面实际损失的热量略少于以长波辐射放出的热量，即大气逆辐射是地面获得热量的重要来源。这对地球表面的热量平衡意义很大，它使太阳的短波辐射易于到达地面，而地面的长波辐射却不容易散失到宇宙空间，从而对大气（尤其是近地面层大气）起到保温作用，使地面及近地面大气的温度变化不致过于剧烈，这种作用称为大气的温室效应（又称花房效应）。

地面的有效辐射的强度随地面温度、空气温度、云量大小、云层厚薄和高低、空气湿度等不同而变化。地面温度高，地面辐射增强，如其他条件不变，则 E_0 增大；气温高，逆辐射增强，$E_{气}$ 增强，如其他条件不变，则 E_0 减小；潮湿空气中的水汽和水汽凝结物放射长波辐射的能力比较强，它们的存在加强了大气逆辐射，因此也使 E_0 减弱。天空中有云，特别是有浓密的低云存在时，大气逆辐射更强，使地面有效辐射减弱得更多。所以，有云的夜晚通常要比无云的夜晚暖和一些。云被的这种作用，也称为云被的保温效应。在深秋或冬季，人造烟幕之所以能防御霜冻，正是为了减弱晚间地面的有效辐射，以起到保温作用。

E_0 的数值在天气预报上具有重要意义，因为一个地方的 E_0 数值的大小，可作为预报该地地面最低温度及冬季是否出现霜冻的重要依据。

由于大气被污染，在近 100 年内大气中 CO_2 含量明显增加，使全球气温明显升高。近年来，暖冬和极端天气频繁出现，就是大气中含有大量 CO_2 后所起到的"保温"与"隔热"的结果。降耗减排是遏制气候变暖的重要手段。

4. 地-气系统的辐射平衡（辐射差额）

大气和地面吸收太阳短波辐射，又依据本身的温度向外发射长波辐射，由此形成了整个地-气系统与宇宙空间的能量交换。在地-气系统内部，地面与大气也不断以辐射和热量输送形式交换能量。在某段时间内，物体辐射收支的差值称为辐射差额或辐射平衡。

把地面直到大气上界当作一个整体，其辐射能净收入就是地-气系统的辐射平衡。地-气系统辐射能净收入包括地面吸收的太阳总辐射及整个大气吸收的太阳辐射能之和再减去大气上界向空间放射的长波辐射能。

地-气系统的温度多年基本不变，年辐射差额为零，但在不同的空间或时间，辐射差额总是存在的。在地球不同地点，地-气系统辐射差额在赤道至纬度40°以内是正值，而纬度40°至两极为负值。可见，地球上热量的传递方向势必是由赤道向两极地区。辐射差额的这种分布趋势，正是引起大气环流和洋流产生的基本原因之一，使低纬度地区有多余能量向高纬度地区输送。辐射平衡有明显日变化和年变化。在一天内，辐射差额在白天为正值，夜间为负值。辐射差额由正值变为负值，或由负值变为正值的时间，分别出现在日落前及日出后一小时左右。一年内夏季辐射差额因太阳辐射增多而加大，冬季则相反，有时会出现负值（视纬度位置而定）。纬度愈高，辐射平衡保持正值的月份愈少。例如，中国宜昌全年辐射平衡均为正值，而俄罗斯圣彼得堡（列宁格勒）有 5 个月为正值，极圈范围内则大部分时间出现负值（图 2.11）。

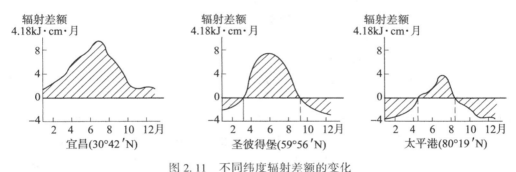

图 2.11　不同纬度辐射差额的变化

辐射平衡的意义：地表整个自然环境能量处于相对平衡状态，平均温度也比较稳定，有助于生物生长。低纬度地区能量有盈余，可以输出，高纬度地区能量亏损，需要低纬度多余能量来补充（图 2.12）。由于能量的输入输出、水热条件的变化，导致气象条件的变化，形成复杂的自然环境。

五、大气的温度

气温是大气温度的简称，是表示空气冷热程度的物理量，是大气热力状况的数量度量。空气中气体分子运动的平均动能与绝对温度 T 成正比，因此，气温实质上是空气分子平均动能大小的表现。空气获得热量时，其分子运动平均速度增大，平均动能增加，气温升高；空气失去热量时，分子运动平均速度减小，平均动能减小，气温降低。因此，热量与温度是两个不同的概念，热量是能量，而温度是表征物质热量状况的度量标准。

（一）大气的主要能量来源

大气本身对太阳辐射直接吸收很少，而水、陆、植被等下垫面却能大量吸收太阳辐

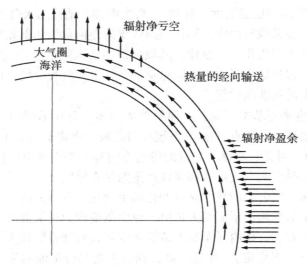

图 2.12　热量输送和地球上的热量平衡

射，并经潜热和感热转化供给大气。大气获得能量的结构为：

（1）对太阳辐射的直接吸收：在平流层以上主要是 O_3 和 O_2 对紫外辐射的吸收，平流层至地面主要是水汽对红外辐射的吸收。整层大气对太阳辐射的吸收仅占太阳辐射能的 18% 左右。就对流层来说，太阳辐射并不是其主要的直接热源。

（2）对地面辐射的吸收：地表吸收了到达大气上界太阳辐射能的 50%，变成热能，温度升高，然后再以长波（红外）向外辐射。大气具有能够吸收大量长波辐射的性质，地面长波辐射中有 75%~95% 被大气吸收，并用来使大气增温，只有极少部分的辐射通过"天窗"散逸到宇宙空间。因此，地面是大气增温的第二热源，而且是主要的热源，大气是被地面"烘热"的。低层空气吸收热量后，又以对流、大气自身辐射的形式传递到较高一层大气中，进行能量的交换，这就是对流层的气温随高度的增加而降低的主要原因之一。

（3）潜热输送：地表水分蒸发使热量输送到大气中，而水汽凝结成雨滴或雪时，放出潜热给空气；另一方面雨滴和雪降到地面不久又被蒸发，这个过程交替进行，地面源源不断地将能量通过潜热输送给底层大气。

（4）感热输送：地面与低层大气接触，产生由地表向大气的感热输送。当地表温度高于低层大气时，将出现指向大气的感热输送。反之，感热输送方向将指向地面。

空气是热的不良导体，在对流层底部，乱流和对流是实现空气本身热量交换的方式之一，但地-气系统的热量交换的主要方式还是辐射。凡是影响太阳辐射和地面辐射的诸因素，都是影响气温高低的因素。

（二）气温变化的时空特征

气温变化通常用平均温度和极端值表示。地理位置、海拔、气块运动、季节、时间以及地面性质都影响气温的分布和变化。

1. 气温变化的时间特征

午热晨凉、冬寒夏暑，这是气温随时间变化的一般规律。由于地球的自转和公转运动，引起气温在一日内和一年内周期性变化，前者叫气温的日变化，后者叫气温的年变化。

（1）气温的日变化。

由于太阳辐射有日变化，气温也相应呈现日变化特征。气温日变化的特点是一天中有一个最高值和一个最低值。气温最高值出现在午后 2 时左右，最低值出现在清晨日出前后，因为大气的热量主要来源于地面长波辐射。日出以后，随着太阳辐射的增强，地面储存热量开始增加，温度升高。此时，地面放出的长波辐射也随着温度的升高而增强，大气吸收了地面的长波辐射，气温也上升。正午是太阳高度角最大时刻，气温也随之上升。此后，太阳辐射强度虽然开始减弱，但地面得到的热量仍比地面长波辐射放射的热量还要多，地面储存的热量仍在增加，所以地温继续升高，气温也随着升高。到午后一时左右，由于太阳辐射的进一步减弱，使地面得到的热量开始少于放射的热量，地温开始下降，即地温出现最大值，而热量由地面传给大气又要经历一个过程，于是气温最高值就出现在午后 2 时左右（图 2.13）。随后，由于地面热量不断地亏损，气温便逐渐下降，晚间地面储存的热量在次日日出前的清晨减到最低值，所以，最低气温出现在清晨日出前后，而不是在半夜。

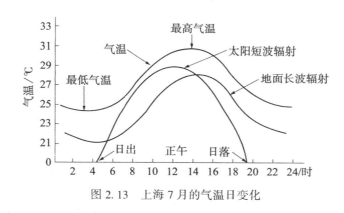

图 2.13 上海 7 月的气温日变化

一天当中气温的最高值与最低值之差，称为气温的日较差。日较差的大小与纬度、季节、下垫面性质以及天气状况等因素密切相关。一般情况下，气温日较差随纬度的增高而减小，因为太阳高度角是随纬度的增高而减小的。据统计，热带地区气温日较差平均为 10~12℃，温带为 8~9℃，寒带只有 3~4℃。就季节来说，因夏季正午太阳高度角较大，且白天较长，因而太阳辐射日较差和气温日较差均较大；冬季反之。这一现象尤其在中纬度地区更为明显，因为中纬度地区太阳辐射强度日变化夏季比冬季大得多。如重庆 7 月份气温平均日较差为 9.6℃，1 月份为 5.1℃。但是，气温日较差的大小是受气温最高值与最低值之差而决定的，夏季昼长夜短，晚间空气冷却的时间短，气温尚未达到最低点太阳就出来了。因此，通常在中纬度地区，一年中气温日较差最悬殊的一般在春季，如北京 7 月份平均日较差为 10.2℃，4 月份为 13.9℃。低纬度地区太阳辐射强度的日变化随季节变化很小，气温日较差随季节变化也很小。

下垫面性质对气温的日较差也有显著影响,海洋上气温日变化通常只有 1~2℃,而内陆地区常可达 15℃ 以上,有些地方甚至可达 25~30℃。如香港 4 月份平均日较差为 4.2℃,而大陆内部可达 20℃ 左右;乌鲁木齐 7 月份日较差为 12.2℃,最大绝对值曾达 26.2℃。在沙漠腹地日较差可达 35~50℃,非洲撒哈拉沙漠中心曾达 61℃。"早穿皮袄午穿纱"就是对气温日变化大的现象非常生动的写照。

天气状况对气温日变化也有影响。有云层(多云或阴天)的情况下,气温日较差比晴天小。如图 2.14 中实线是 1953 年 3 月 8 日北京晴天的气温日变化曲线,虚线是 3 月 9 日阴天气温日变化曲线。多云层天气白天削弱了太阳辐射,夜间削弱了地面有效辐射,所以阴天日较差明显小于晴天。

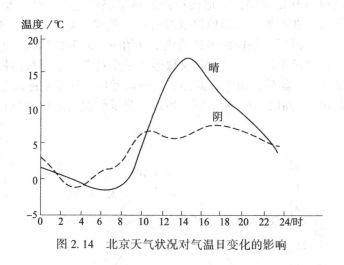

图 2.14　北京天气状况对气温日变化的影响

此外,地形对气温日变化也有一定影响。山谷气温日较差大于山峰,凹地气温日较差大于高地。由于隆起地形的上部,气温受周围空气的调节,日较差通常比同纬度的平原或盆地小,如济南日较差为 10.2℃,而泰山顶部只有 6.2℃。在低洼的河谷或盆地,空气不易流出,白天热量难以扩散,夜间冷空气又沿山坡下沉,积聚在谷地底部,因此,那里的气温日较差比同纬度的平原地区大。

(2)气温的年变化。

气温的年变化是指气温以一年为周期的有规律的变化,在某些方面与气温的日变化有共同的特点。例如,地球上绝大部分地区,在一年中有一个月平均气温最高值和最低值。因为下垫面的性质和地面储存热量的原因,使气温最高值和最低值出现的时间并不是在太阳辐射最强的和最弱的月份,而是在地面储存热量最多和最少的时期。大致是海洋落后较多,大陆落后较少;沿海落后较多,内陆落后较少。就北半球而言,大陆上的气温以 7 月份为最高,1 月份最低;海洋上则多以 8 月份为最高,2 月份为最低。

一年中,月平均气温的最高值与最低值之差,称为气温的年较差。它的大小反映了气温年变化的幅度。

气温年较差随纬度的增高而增大(图 2.15),这是因为太阳辐射年变化随纬度增高而增大。赤道约为 1℃,中纬度约为 20℃,高纬度达 30℃ 以上。在我国,华南地区气温年较差为 10~12℃，长江流域为 20~30℃，华北和东北南部为 30~40℃，东北北部大于40℃。

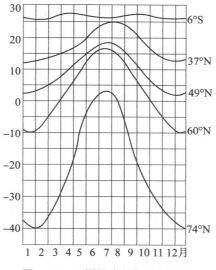

图 2.15 不同纬度的气温年变化

同纬度的海陆相比，气温年较差内陆大于沿海，干燥地区大于湿润地区，岩石裸露地区大于植被覆盖地区，少云地区大于多云地区，等等。在其他条件相同的情况下，海拔低的地区气温年较差大于海拔高的地区，即气温年较差随海拔高度的增加而减小。

（3）气温的非周期性变化。

大气环流会引起气温的非周期性变化。但是，气温的日变化和年变化的周期性是主要的。

（4）气温和季节。

"律回岁晚冰霜少，春到人间草木知"。自古以来，我国人民就感受到了四季的变化，同时对四季划分也有很多研究和记载，如古代划分法、天文划分法、气象划分法、农历划分法等，这些划分法基本都是按固定的日期和月份划分出春夏秋冬四季的。但实际上由于我国幅员辽阔，南北纬差大（江南杨柳展叶，桃花绽蕊，海南已是绿树成荫，赤日炎炎，而关外却还是寒风凛冽，北风怒号），可谓同日不同季。为使四季划分能与各地的自然景象和气温相吻合，气象部门采取了候温划分四季法。以候（每五天为一候）平均气温作为划定季节的标准。候平均气温稳定降低到 10℃ 以下作为冬季开始，稳定上升到 22℃ 以上作为夏季开始。候平均气温从 10℃ 以下稳定上升到 10℃ 以上时，作为春季开始。从22℃ 以上稳定下降到 22℃ 以下时，作为秋季开始。即，候平均气温≤10℃ 为冬季；10~22℃ 为春季；≥22℃ 为夏季；22~10℃ 为秋季。这种分季方法，和各地的具体气候和农业及自然景观结合紧密。如候平均气温达到 10℃，与桃花初开、杨柳抽青的日期大致相符，这是春天来了；候平均气温达到 22℃，蝉鸣悦耳，是入夏的标志；候平均气温降至 22℃以下，作为夏去秋来的时期，与燕子南归、秋天景象相吻合；候平均气温降到 10℃ 以下，百草凋零，万木枯萎，寒风凛冽，这是明显的入冬景象。由于各地气温的差异，四季开始日期和长短各地有差异。

2. 气温变化的空间特征

（1）对流层中气温的垂直分布。

①气温的垂直分布。气温随高度的变化称为气温的垂直分布。对流层中的大气离地面越高，吸收的长波辐射能越少，因此对流层温度随海拔高度的增高而降低。气温每升高100m温度降低的数值，称气温直减率，或垂直温度梯度，用它来表示气温随高度变化的情况。在对流层内，由于受纬度、地面性质和大气环流等因素的影响，对流层气温直减率随季节、地点、昼夜不同而变化。一般来说，夏季和白天地面吸收大量太阳辐射，长波辐射强度大，近地面空气层受热多，气温直减率大；冬季和夜晚气温直减率小。整个对流层平均气温直减率为 0.65℃/100m。这是对流层气温垂直分布的基本特征，因为对流层空气温度的热源主要来自地面。

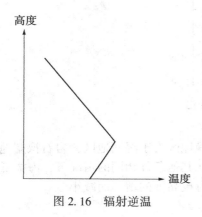

图 2.16 辐射逆温

②逆温。在特殊情况下，某些气层的温度会随高度增高而升高，这称为逆温。近地面层常因夜间地面辐射降温而形成逆温层，称为辐射逆温（图 2.16）；较暖的空气流到较冷地面或水面上时，也会形成逆温，称平流逆温；冬季高气压区上层空气强烈下沉，绝热增温，称下沉逆温，它发生在数百米到数千米的高空；在山地区域，夜间山地上部空气冷却速度快，于是冷空气顺坡下沉到谷底，把谷地中原来的暖空气排挤到上部而形成逆温，称地形逆温，在我国南方的山地，冬季常有地形逆温形成。此外，还有锋面逆温。

逆温层使大气的稳定性加强，对空气垂直对流起到削弱阻碍作用，故称阻挡层。阻挡层阻碍了低层大气中有毒污染物质的扩散，大气悬浮尘埃及污染物难以穿过厚逆温层向上扩散。1952 年英国伦敦毒雾事件的发生，就与当时的下沉逆温有关。近年来，我国很多城市出现的雾霾天气，也与逆温层的存在有关。因此，研究大气污染问题，常常需要测定逆温层的高度、厚度以及出现和消失的时间。

③气温的绝热变化。空气与外界没有热量交换，只是因外界压力变化而被压缩或膨胀，从而引起气温的变化，称为气温的绝热变化。

当空气块绝热上升时，它将因周围压力减小而膨胀，这时气块内一部分能量要用于反抗外界压力而做功，消耗内能，因而气块温度就会逐渐降低；相反，当一团空气从高空绝热下降时，因外界压力增大，对它压缩做功，这部分功转变为空气的内能，这团空气的温度就会逐步升高。

干空气在绝热上升过程中，每上升单位距离的温度变化，称为干空气温度的绝热垂直递减率，简称干绝热递减率，用 γ_d 表示。经理论计算，$\gamma_d = 1℃/100m$，即干空气在绝热上升过程中，高度每上升 100m，温度大致下降 1℃；反之，干空气在绝热下降过程中，高度每降低 100m 温度大约上升 1℃。

湿空气在绝热升降过程中，如果空气是未饱和（假定没有蒸发）的话，那么，它的温度直减率和干空气绝热递减率近似。但是，如果上升的是饱和空气，湿空气中并有水汽凝结，由于凝结释放潜热补偿了一部分因膨胀而消耗的内能，每上升 100m 气温下降将小于 1℃。饱和空气在绝热上升过程中，每上升单位距离的温度变化，称为湿空气温度的绝热递减率，简称湿绝热递减率，用 γ_m 表示。湿绝热递减率不是固定不变的，它随温度的降低而增大，随气压的降低而减小，大致平均值为 0.6℃/100m。

气温的绝热变化，对大气温度状况、大气中的水分转化和大气降水都有着重要影响。例如，大气降水主要是通过空气上升、绝热冷却，达到露点温度而产生的。所以，正确理解气温绝热变化的物理意义十分重要。

（2）气温的水平（地理）分布。

气温在水平方向上的变化称为水平（地理）分布。气温的水平分布通常用等温线表示。等温线是将气温相同的点连接起来的曲线，其间隔按需要而定，如 2°、4°、5°、10° 等。为消除海拔影响，可将地面气温实际观测值（或统计值）订正为海平面温度，然后绘制等温线，它能简要地反映气温的地理分布特征。任意一条等温线上的各点温度都相等。表示同一时间等温线水平分布状况的地图，叫做等温线图。在等温线图上垂直于等温线方向，单位距离内温度的变化值，称为水平温度梯度，方向从高值指向低值。

第一，在分析等温线图时要掌握下列一般规律：

①等温线愈密集，温度梯度（气温变化）愈大；等温线愈稀疏，气温差别愈小。

②等温线向高纬突出，说明高温地区广；等温线向低纬突出，说明低温地区广。

③等温线与纬线平行，说明气温受纬度影响突出。

④等温线与海岸平行，说明气温受海洋影响显著。

⑤等温线与山脉走向或高原边缘平行，说明气温受地形影响明显，或气温垂直变化大。

⑥封闭等温线表示存在温暖或寒冷中心。如线内气温高，可判断为盆地；如线内气温低，则可判断为山地。

第二，气温的水平分布状况与地理纬度、海陆分布、地形等因素密切相关。

①全球年平均气温为 14.3℃。北半球年平均气温为 15.2℃，南半球为 13.3℃，这是因为南极是冰盖高原大陆，而北极是以海洋为主体。

②全球平均最高气温不在赤道，而在 10°N 附近。

③北半球中高纬度气温年较差较南半球大。南北半球海陆分布状况的不同，在气温分布上也得到了明显的反映。

第三，依据世界 1 月、7 月海平面气温分布图（图 2.17、图 2.18）分析，全球气温水平分布有下述特点：

①等温线分布的总趋势大致与纬圈平行。北半球 1 月等温线比 7 月等温线密集，表明冬季南北温度差距大，夏季南北温度差距小。南半球则季节相反。

②南半球等温线较平直，北半球等温线多弯曲。南半球因海洋面积较大，等温线较平直；北半球海陆分布复杂，等温线走向曲折，甚至变为封闭曲线，形成温暖或寒冷中心，亚欧大陆和北太平洋上表现得最明显。

③洋流对海面气温的分布有影响。在 1 月份，黑潮和墨西哥湾暖流对太平洋和大西洋北部具有增温作用使等温线向北突出，南半球因受秘鲁寒流和本格拉寒流影响，等温线突向赤道方向。在 7 月份，寒流影响最显著，北半球等温线沿非洲和北美西岸转向南突出，

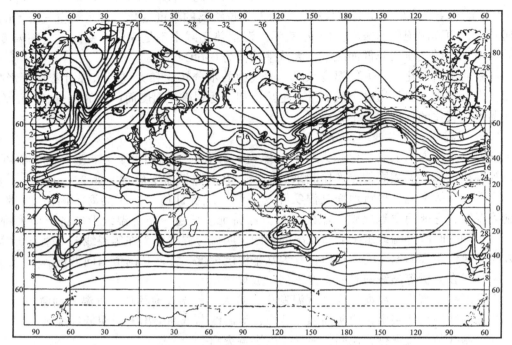

图 2.17　世界 1 月海平面气温（℃）分布

南半球等温线在非洲和南美西岸向北突出。

④近赤道地区有一个高温带，称为热赤道，春（秋）季位于 5°~10°N。冬季在赤道附近或南半球大陆上，夏季则北移到 20°N 左右。无论冬夏，月平均气温均高于 24℃。

⑤南半球无论冬夏，最低气温都出现在南极；北半球夏季最低气温在极地，冬季最低气温在高纬大陆。全球极限低温在南极，为−90℃；最高温度出现在副热带高压带控制的陆地，极限高温为+63℃，位于索马里境内。

3. 热量带

由低纬到高纬热量由高到低呈现带状分布，形成全球的热量带。热量带的存在是形成地球气候带的基础。以年平均温度和最热月平均温度为标准划分热量带。

热带：年平均温度高于 20℃，大约在南北纬 30° 之间。

两个温带：介于年平均温度 20℃ 等温线和最热月平均温度 10℃ 等温线之间。在北半球，最热月平均温度 10℃ 等温线刚好符合森林分布的北界。

两个寒带：介于最热月均温度为 10℃ 和 0℃ 的等温线之间。

两个多年冰冻区：其最热月均温度在 0℃ 以下。北半球主要在格陵兰岛中央部分和北极附近；南半球包括 60°S 以南的广大地区。

六、大气的动力

空气运动是地球大气最重要的物理过程。由于空气运动，不同地区、不同高度之间的热量、动量、水分等得以相互交换，不同性质的空气得以交流，从而产生各种天气现象和

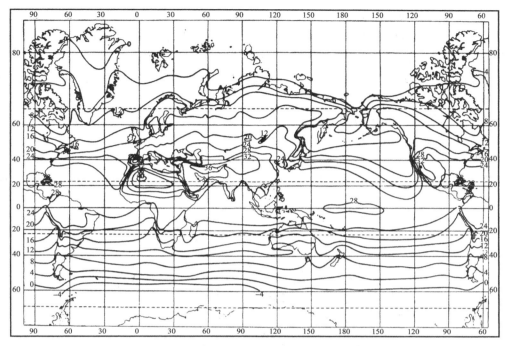

图 2.18　世界 7 月海平面气温（℃）分布

天气变化。大气运动包括垂直运动和水平运动。与水平运动相比，垂直运动一般并不显著。因此，下面主要讨论空气的水平运动。

（一）气压

气压是作用在单位面积上的大气压力，即等于单位面积上向上延伸到大气上界的垂直空气柱的重量。它是空气的分子运动和大气重力综合作用的结果。气压的大小与海拔高度、大气温度、大气密度等有关，一般随高度升高按指数律递减。气压有日变化和年变化。一年之中，冬季比夏季气压高。一天中，气压有一个最高值和一个最低值，分别出现在 9~10 时和 15~16 时；还有一个次高值和一个次低值，分别出现在 21~22 时和 3~4 时。气压日变化幅度较小，并随纬度增高而减小。气压变化与风、天气的好坏等关系密切，因而是重要的气象因子。

1. 气压单位

表示气压的单位，习惯上常用水银柱高度，单位是毫米汞柱（mmHg）。例如，一个标准大气压等于 760mmHg，它相当于 1cm² 面积上承受 1.0336 公斤重的大气压力。由于各国所用的重量和长度单位不同，因而气压单位也不统一，这不便于对全球的气压进行比较分析。因此，国际上统一规定用"百帕（hPa）"作为气压单位。气象学规定，把纬度 45℃、温度为 0℃ 的海平面气压作为一个标准大气压。经过换算：

1 个标准大气压 = 1 013.25 百帕（毫巴），

1 毫米水银（汞柱）柱高 = 4/3 百帕（毫巴），

1 个标准大气压 = 760mm 水银（汞柱）柱高。

2. 气压场

气压的分布称为气压场。同一时刻，某一水平面上的气压分布，称为水平气压场。某一水平面上气压相等的各点连线（等值线的一种），称为等压线。绘制出某一水平面上的等压线，就可以看出这个水平面上的气压分布情况。通常，海平面气压图就是将各气象台站测得的气压值订正到海平面气压值后填绘在底图上，并绘出等压线，它表示海平面（高度为零）的气压分布。

空间气压场是三度空间的气压分布。空间气压场用等压面表示，它是空间气压相等的各点所组成的面。由于同一高度上各地的气压不可能是一样的，气压有高有低，因此等压面不是一个等高面，而是像地形一样起伏不平的面。又因气压随高度而降低，故对某一水平面来说，气压高的地方等压面上凸，气压低的地方等压面下凹，如图2.19所示。

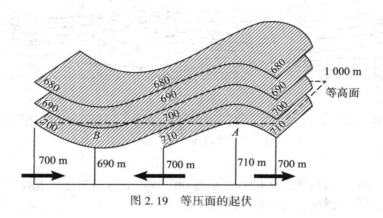

图 2.19 等压面的起伏

由于各地气压高低不一，所以通过等压线描绘的气压场型式是多种多样的，主要的有以下几种（图 2.20）。

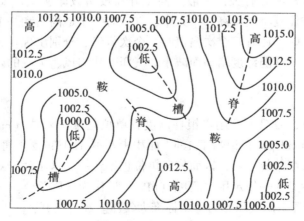

图 2.20 气压场型式

①低气压（简称低压）。由闭合等压线构成的低压区，中心气压低，向外缘逐渐增高，其附近空间等压面类似盆地，向下凹。

②高气压（简称高压）。等压线闭合，中心气压高，向外缘逐渐减低，空间等压面类似山丘，向上凸。

③低压槽和高压脊。由低压向外延伸出来的狭长区域称低压槽，简称槽。在槽中，各等压线弯曲最大处的连线叫槽线。气压沿槽线最低，向外侧递增。

由高压向外延伸出来的狭长区域称为高压脊，简称脊。在脊中，各等压线弯曲最大处的连线叫脊线。气压沿脊线最高，向两侧递减。

④鞍形气压区。两个高压与两个低压交错相对的中间区域叫鞍形气压区，简称鞍，其附近空间等压面形状似马鞍。

上述各种气压场型式，统称气压系统。在不同的气压系统中，天气情况是各不相同的，所以，在预报天气趋势前，首先要了解气压系统的移动和演变。

3. 气压的垂直分布

气压大小取决于所在水平面上的大气重量，观测点的海拔越高，空气柱越短，空气密度越小，那么气压也就越低；反之越高。所以，气压总是随高度的升高而降低的。其一般情况如图 2.21 所示。近地面层气压大约每上升 10m 减少 1hPa；随着高度升高，由于空气质点密度减小，递减率也随之减小。

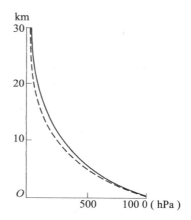

图 2.21　气压随高度的变化

气压随高度的实际变化与气温和气压条件有关。从表 2.4 可以看出：①在气压相同的条件下，气柱温度愈高，单位气压高度差愈大，气压垂直梯度愈小，即暖区气压垂直梯度比冷区小。②在相同气温下，气压愈高，单位气压高度差愈小，气压垂直梯度愈大。因此，地面高气压区，气压随海拔上升而降低得很快，上空往往出现高空低压。因此，地面暖区气压常比周围低，而高空气压往往比同高度的邻区高；地面冷区气压常比周围高，而高空气压往往比周围低。

表 2.4　　　　　　　　　　　不同气温、气压条件下的单位气压高度差/hPa^{-1}

气压/hPa ＼ 气温/℃	−40	−20	0	20	40
1 000	6.7	7.4	8.0	8.6	9.3
500	13.4	14.7	16.0	17.3	18.6
100	67.2	73.6	80.0	86.4	92.8

由于气压和高度的关系十分密切，因此常常用 hPa（百帕）表示海拔高度。如用 1 000hPa 代表海平面，500hPa 大约代表 5 500m 高度，300hPa 大约代表 9 000m 高度。表 2.5 列出了理想大气中高度与气压的关系。

表 2.5		标准大气中气压与高度的关系							
气压/hPa	1 013.25	845.4	700.8	504.7	410.4	307.1	193.1	102.8	46.7
高度/m	0	1 500	3 000	5 500	7 000	9 000	12 000	16 000	21 000

(二) 大气中的气流

以垂直运动为主的空气运动称为上升气流或下沉气流,而以水平运动为主的空气运动称为风。

1. 风

风是地球上的一种自然现象,是空气流动的现象。气象学特指空气在水平方向的流动。风是矢量,以风向、风速或风力表示。

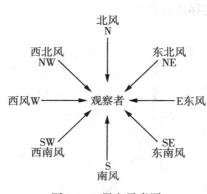

图 2.22 风向示意图

风向是指气流的来向(如图 2.22),气象台站一般以方位角法表示八个方位:北(N)、东北(NE)、东(E)、东南(SE)、南(S)、西南(SW)、西(W)、西北(NW)。风的来向表明了风的性质,它对天气有直接影响。例如,我国东部地区有"西风晴,东风雨,北风冷,南风暖"的说法,表明了风向与天气状况的关系。

风向表示方法:

①风向标——箭头指风吹来的方向。

②风向玫瑰图(又称风频图)——坐标值表示风频率大小,方向表示风向,是将风向分为 8 个或 16 个方位,在各方向线上按各方向风的出现频率,截取相应的长度,将相邻方向线上的截点用直线连接的闭合折线图形(图 2.23 (a))。在图中该地区最大风频的风向为北风,约为 20%(每一间隔代表风向频率 5%;中心圆圈内的数字代表静风的频率)。有时为了直观地反映一个地方的风速与风向,地图上常用图表来表示。图 2.23 (b) 是常用的表示风向和风速的图表,这种图表实际上是风玫瑰图的一种变型,不仅表示出风向频率,而且风速也能反映出来。在专题地图的气候图组中常应用,它是除等值线法来表示气象气候要素外,又一种主要的表示方法。当然,前者表示的主要是"面"(地区或某一区域);后者,常常表示的是"点"(某气象台站的所在地),如同等高线与高程点的关系一样。

③天气图上的风杆——画有风尾的一方,指示风向。一道风尾表示风力 2 级,每一短划(长划的一半)表示风力为 1 级,一个风旗表示风力 8 级。风尾和风旗均放在风杆的左侧。如图 2.23 (c)。

风速是空气在单位时间内移动的水平距离,常以 m/s 表示,也可用 km/h 或海里/h 表示,其关系是:lm/s=3.6km/h;1 海里/h=1.852km/h≈0.5m/s。

根据风对地上物体所引起的现象将风的大小划分等级,称为风力等级,简称风级。风速的大小也可根据地面物体征象按风力等级表估计(表 2.6)。可将风力划分为 12 级(有些国家为 17 级)。

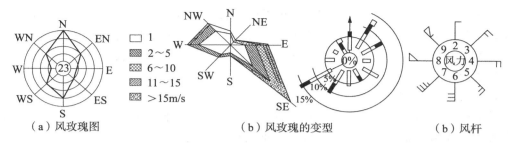

（a）风玫瑰图　　　　　　（b）风玫瑰的变型　　　　　（b）风杆

图 2.23　风向的表示方法

表 2.6　　　　　　　　　　　　　　风力等级表

风力等级	名称	海面浪高（m）		近海岸渔船征象	陆地地物征象	风速（m/s）	
		一般	最高			范围	中速
0	无风	—	—	静	静、烟直上	0.0~0.2	0.1
1	软风	0.1	0.1	寻常渔船略觉摇动	烟能表示风向	0.3~1.5	0.9
2	轻风	0.2	0.3	渔船张帆时，可随风移行2~3km/h	人面感觉有风，树叶有微响	1.6~3.3	2.5
3	微风	0.6	1.0	渔船渐簸动，可随风移行5~6km/h	树叶及细小枝条摇动不息，旌旗展开	3.4~5.4	4.4
4	和风	1.0	1.5	渔船满帆时，可使船身倾于一方	能吹起地面灰尘、纸张，小树条摇动	5.5~7.9	6.7
5	清风	2.0	2.5	渔船缩帆（收帆一部分）	有叶的小树摇摆，内陆的水面有小波	8.0~10.7	9.4
6	强风	3.0	4.0	渔船加倍缩帆，捕鱼须注意风险	大树枝摇动，电线呼呼有声，张伞难	10.8~13.8	12.3
7	劲风	4.0	5.5	渔船停泊港中，近海渔船下锚	全树摇动，大树枝弯下，迎风步行难	13.9~17.1	15.5
8	大风	5.5	7.5	近港渔船不出海	可折坏树枝，迎风步行阻力甚大	17.2~20.7	19.0
9	烈风	7.0	10.0	汽船航行困难	烟囱及平房屋顶受到损坏，小屋受损	20.8~24.4	22.6
10	狂风	9.0	12.5	汽船航行很危险	陆上少见，有则树木拔起，建筑破坏	24.5~28.4	26.5
11	暴风	11.5	16.0	汽船遇之极危险	陆上很少，有则必有重大的损毁	28.5~32.6	30.6
12	台风	14.0	—	海浪滔天	陆上绝少，摧毁力极大	>32.6	>32.6

2. 风的成因

风是空气分子的运动。所有空气分子以很快的速度移动着，彼此之间迅速碰撞，并和地平线上任何物体发生碰撞。在某个区域空气分子存在越多，这个区域的气压就越大。在一定的水平区域上，空气分子会从高气压地带流向低气压地带，引起空气的水平运动，这就形成了风。

（1）水平气压梯度力

地表受热不均，使同一水平面上产生了气压差异。这种在单位距离间的气压差叫做气压梯度。只要水平面上存在着气压梯度，就会产生促使大气由高气压区流向低气压区的力，这个力称为水平气压梯度力。它是引起空气从一个地点向另一个地点移动的直接原因。

水平方向上的气压梯度力在水平面上垂直于等压线，且由高气压指向低气压。在地面天气图上，经常存在一些高、低气压中心。通常在高气压区内，气块所受的水平气压梯度力垂直于等压线且由高气压中心指向外；而在低气压区内，气块所受的水平气压梯度力垂直于等压线且指向低气压中心。由于在大气中气压随高度的增加而减少，因此通常垂直方向上的气压梯度力与重力的方向相反。在垂直方向上气压的差异很大，气压随高度的增加而降低得很快，而在水平方向上的变化却很小。在近海平面的气层中，垂直方向上高度每差 8m，气压可改变 1mb；在水平方向上，气压改变 1mb，通常要几十千米，甚至 100 多千米。垂直方向气压梯度力几乎被重力所平衡；而水平方向气压梯度力尽管很小，但与其平衡的其他力也小，所以它仍十分重要。

气压在空间的水平分布是不均匀的，等压线只能区分高低气压区。要定量地测算出一定距离内气压差的程度，就必须要了解水平气压梯度（G）。水平气压梯度的单位通常用 hPa/赤道度，即沿等压线的垂直方向上每单位距离（赤道上经度相差 1°时的距离，约 111km）内的气压差数。

$$G = -\frac{\Delta P}{\Delta N}(\text{ hPa /赤道度}),$$

式中，ΔP 为两相邻等压线之间的气压差；ΔN 为两相邻等压线之间的垂直距离。

如图 2.24 所示，A 处气压差为 2.5hPa，相邻等压线间距离为 2.5 赤道度，则

$$G = -\left[\frac{\Delta P}{\Delta N}\right]_A = \frac{2.5}{2.5} = 1 \text{ （hPa /赤道度）；}$$

而 B 处气压差仍为 2.5hPa，但相邻等压线间距离为 5 赤道度，则

$$G = -\left[\frac{\Delta P}{\Delta N}\right]_B = \frac{2.5}{5} = 0.5 \text{ （hPa/赤道度）。}$$

由此可见，在单位距离内只要各等压线间的气压值一定，那么，等压线愈密，气压梯度愈大；反之，气压梯度愈小。

气压梯度力等于气压梯度乘以单位质量的空气。所以，气压梯度力的大小与气压梯度的数值成正比，与等压线间水平距离大小成反比。

风的产生是由于水平气压梯度力的存在。风总是由高压区吹向低压区，如同地表水总是从高处流向低处一样。虽然水平气压梯度力很小，但在较长时间里持续发生作用，空气运动会产生加速度，经过一定时间就可使空气产生很大的运动速度。在地球表面，存在强

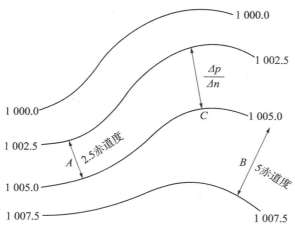

图 2.24 等压线密度与气压梯度关系

大的高气压与低气压，其水平气压梯度可以远远超过其平均值（1hPa/100km）。可见，水平气压梯度力能使空气运动产生较大的速度，它是产生风的主导因素，也是决定风向和风速的重要因素。

（2）地转偏向力

由于地球自转而产生作用于运动物体的力，称为地转偏向力，简称偏向力。它在物体相对于地面有运动时产生（实际不存在）。当气流沿着气压梯度力的方向运动时，地转偏向力就会作用于水平运动的空气质点，使气流偏离气压梯度力方向。地转偏向力垂直于空气质点运动的方向，因此，它只能改变气流的方向，而不能改变气流运动的速度。

在同一纬度，风速越大，地转偏向力越大；在相同风速下，纬度越高，地转偏向力越大（图 2.25）。地转偏向力可分解为水平地转偏向力和垂直地转偏向力两个分量。由于赤道上地平面绕着平行于该平面的轴旋转，空气相对于地平面做水平运动产生的地转偏向力位于与地平面垂直的平面内，故只有垂直地转偏向力，而无水平地转偏向力。由于极地地平面绕着垂直于该平面的轴旋转，空气相对于地平面做水平运动产生的地转偏向力位于与转动轴相垂直的同一水平面上，故只有水平地转偏向力，而无垂直地转偏向力。在赤道与极地之间的各纬度上，地平面绕着平行于地轴的轴旋转，轴与水平面有一定交角，既有绕平行于地平面旋转的分量，又有绕垂直于地平面旋转的分量，故既有垂直地

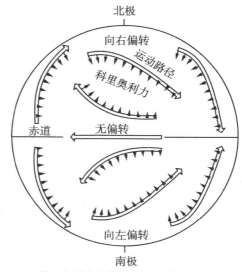

科里奥利力的作用方向以小箭头表示

图 2.25 科里奥利力与地面运动物体方向的偏转

55

转偏向力，又有水平地转偏向力（D）。在讨论空气水平运动时，通常只考虑水平地转偏向力，而垂直分量因大气中存在静力平衡而对大气运动无关紧要。单位质量空气的水平地转偏向力为

$$D = 2v\omega\sin\varphi,$$

式中，ω 为旋转角速度；φ 为地理纬度；v 为风速。

地转偏向力在数值上并不大，这对动力很大的运动物体来说可以忽略不计，例如飞机、汽车以及人体本身的运动等。但是，对大范围的水平气流运动来说却有很大意义。如图 2.26 所示，在高空自由大气平直等压线的气压场中，原来静止的单位质量空气，因受气压梯度力（G）的作用，自南向北由高压区向低压区运动，地转偏向力（D）立即产生，并迫使它向右偏离（北半球）；往后，在 G 的连续作用下，风速越来越大，而 D 使它向右偏离的程度也随之越来越大；最后，当 D 增大到与 G 大小相等而方向相反达到平衡时，气流就沿着等压线做等速直线运动。

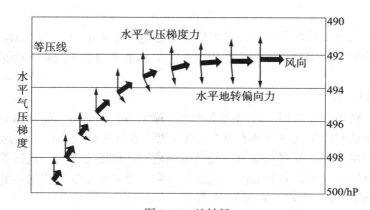

图 2.26 地转风

这种在平值等压线的情况下，不考虑摩擦力的影响，气压梯度力与地转偏向力相平衡时的风，称为地转风。地转风往往只在高空出现。地转风的方向与等压线平行，在北半球背风而立，高压在右，低压在左；在南半球则相反。这就是风压定律，又称白贝罗定律。

（3）惯性离心力

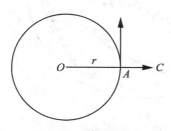

图 2.27 惯性离心力

气流做曲线运动时会受到惯性离心力的影响。惯性离心力（C）的方向与气流运动方向垂直，并自曲线路径的曲率中心指向外缘（图 2.27），其大小与气流运动线速度 V 的平方成正比，与曲率半径 R 成反比。惯性离心力的表达式为

$$C = \frac{V^2}{R}。$$

惯性离心力与地转偏向力一样，它只能改变气流运动的方向，而不能改变气流运动的速度。

　　在一般情况下，因气流路径的曲率半径很大，故运动空气的惯性离心力很小，比地转偏向力小得多。但当风速很大而气流路径的曲率半径很小时，惯性离心力也可达到很大的数值，甚至超过地转偏向力。

　　自由大气（不考虑摩擦力的影响）中的空气做曲线运动时，作用于空气的气压梯度力、地转偏向力、惯性离心力达到平衡时的风，称为梯度风，这时气流做等速曲线运动。当空气做直线运动时，所受的惯性离心力等于零，梯度风即变成地转风，因此地转风是梯度风的一个特例。梯度风是对天气图上圆形气压场所产生风场的一种近似。当等压线存在弯曲时，梯度风近似比地转风近似更合理。图 2.28 表示自由大气中北半球低压区和高压区气流运动情况。

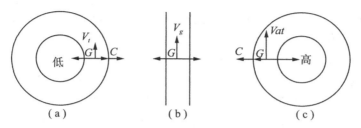

图 2.28　高压、低压中的梯度风与地转风比较

　　在低压区，气压梯度力 G 指向中心，而惯性离心力 C 指向外缘。在一般情况下，由于 C 较小，地转偏向力 D 的方向必然与 G 相反，其值等于 G 与 C 之差。在北半球，D 总是偏向物体运动的右方，故低压区的梯度风沿等压线按逆时针方向运动（图 2.28（a））。

　　在高压区，气压梯度力指向外缘，惯性离心力也指向外缘，而地转偏向力指向中心，其大小为 G 和 C 之和，故北半球高压区的梯度风沿等压线做顺时针方向运动（图 2.28（c））。

　　由于低气压区和高气压区梯度风沿等压线做顺（逆）时针方向运动的差别，因而存在气旋区内和反气旋区内梯度风之别。所谓气旋就是指呈螺旋状向内旋转运动的大气，反之呈螺旋状向外旋转运动的大气叫做反气旋。由图 2.28 可以看出，在气压梯度不变的条件下，气旋式风场（图 2.28（a））中，由于离心力同地转偏向力之和与气压梯度力相平衡，因而平衡时的风速比单独只有地转偏向力作用时小（图 2.28（b）），即在中纬度低压区或低压槽内，观测到的风经常小于地转风；相反，在反气旋式风场中，离心力和气压梯度力之和与地转偏向力平衡，因而平衡时的风速必定大于地转风，这就是在高压区或高压脊内经常观测到超地转风的缘故。梯度风风向仍然遵循白贝罗风压定律，即在北半球背梯度风而立，高压在右，低压在左。而南半球则相反。

　　反气旋内存在气压梯度极限值，此值与曲率半径 r 有关。如果 r 很小或气压梯度很大，地转偏向力不可能和方向相反的气压梯度力与离心力平衡，也就不可能维持梯度风的存在。所以在反气旋区，特别是其中心区，不可能有很大的气压梯度。气旋区内则不存在极限值。因为无论气压梯度力有多大，都可被偏向力及离心力平衡。所以在气旋区，特别是其中心区，风速很大。

　　例如，台风中心附近可以出现 12 级以上的大风。赤道低纬度地区，地转偏向力不足以和气压梯度力及惯性离心力相抗衡，因而即使有反气旋性气压梯度出现，也会很快受到破坏。

地转风和梯度风的概念只在大尺度运动的范围内才有意义。一些小的涡漩如龙卷风、尘卷风，空气运动速度很大而曲率半径很小，惯性离心力可能等于或超过气压梯度力。此时风的旋转方向无论是逆时针还是顺时针，中心部分都必须是低压。

（4）摩擦力

运动状态不同的气层之间、空气和地面之间都会相互作用，产生阻碍气流运动的力，称为摩擦力。气层间的阻力，称为内摩擦力，主要通过湍流交换作用使气流速度发生改变。显然，上下层风速差别越大，乱流交换越强，内摩擦就越大。地面对气流运动的阻力，称为外摩擦力。摩擦力的方向总是与气流运动方向相反。其大小取决于下垫面的粗糙程度和气流的速度。风速越大，地表越粗糙，外摩擦力就越大。通常，陆地表面对气流的外摩擦力总是大于海洋表面对气流的外摩擦力，所以气象台站报导风速（或风力）时，江河湖海区域的风力总是大于同一地区的陆地区域。

摩擦力的存在使空气运动速度减小，地转偏向力也相应减小。这是因为最后与气压梯度力相平衡的必定是地转偏向力与摩擦力两者的合力，如图 2.29 所示。在三个力共同作用下，风向必定斜穿等压线由高压吹向低压，气流运动的方向并不与等压线平行而是与之形成一定的交角（图 2.30）。陆地上风向与等压线平均交角为 25°~35°，海洋上为 10°~20°。

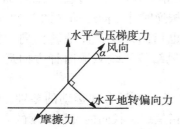

图 2.29　近地面风的形成

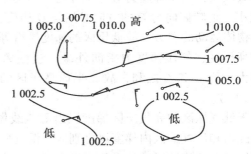

图 2.30　摩擦层中风与气压场的关系

摩擦力的大小在大气的不同高度是不同的。以近地面层（地面至 30~50m）为最大，高度愈高，作用愈弱，到 1~2km 以上，其影响可忽略不计。此高度以下的气层称为摩擦层（或行星边界层），此层以上称为自由大气。

在气压场中，由于摩擦力的作用，风速比该气压场所应有的梯度风速度小，风向要偏向低压一方。因此，在北半球摩擦层中，低压区的气流总是逆时针方向流动，但有向内流动的分量（图 2.31 (a)）；在高压区的气流总是顺时针方向流动，但有向外流动的分量（图 2.31 (b)）。

上述水平气流——风的产生和影响它的 4 个力，所起的作用是不同的。一般来说，气压梯度力是主要的，它是产生气流运动的直接动力。其他力是被唤起力，是由于有了气压梯度力，气流产生运动（速度），其他力才随之产生。其他三种力大小要视具体情况而定。如讨论低纬度地区气流时，可以不考虑地转偏向力；在气流接近直线运动时，惯性离

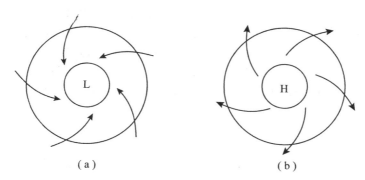

图 2.31 摩擦层中低压中心与高压中心的气流

心力可忽略不计；而摩擦力对自由大气中的气流运动影响极小，一般不予考虑。

当然，一切平衡都只是相对的和暂时的，上述几种力的平衡也是如此。如图 2.32（a）所示，当等压线沿气流方向变密时，空气从 a 点到 b 点（a，b 在同一纬度上），所受的气压梯度力增大（$G_2 > G_1$），但空气运动速度因惯性暂时保持不变，结果地转偏向力就小于气压梯度力（$D < G_2$），在它们的合力作用下，气流开始穿越等压线向低压方向运动。相反，当等压线沿气流方向变稀疏（图 2.32（b））时，空气将向高压方向运动。地转风平衡被破坏后，在一定条件下，气压分布和风又很快地调整关系，互相适应，重新建立地转风平衡关系。如图 2.32（b）中地转风平衡被破坏时，由于 b 点空气向高压一侧（P_1）流动，结果使这一侧气压升高，而另一侧（P_2）因空气流出而气压降低，这就使气压梯度力增大，导致新的地转风平衡关系的建立。可见，地转风的平衡关系实际上经常处于被破坏和重建过程中。

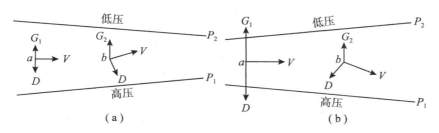

图 2.32 地转风平衡的破坏

3. 风随高度的变化
（1）地转风随高度的变化——热成风

如上所述，某高度的地转风速与该高度的气压梯度成正比。水平气压梯度由密度分布不均匀造成。而大气密度是温度的函数，水平温度分布不均将导致气压梯度随高度发生变化，风也相应随高度发生变化。由水平温度梯度引起的上下层风的向量差，称为热成风，用 V_T 表示。

如图 2.33 所示，设 1 500m 高度上不存在水平气压梯度，因而风速为零。但因 A 点气柱温度比 B 点高，这表示在 1 500m 高度以上有自 A 指向 B 的水平温度梯度存在。根据暖区气压垂直梯度比冷区小的特点，A点和B点之间的上空将出现自暖区指向冷区的气压梯度力，1 500m以上任一高度例如3 000m高度将有风出现。这种风就是由水平温度梯度引起的热成风V_T，附加在$Z = 3\ 000$m高度上，成为该高度的地转风V_g。从图 2.34 可以看出，上层暖区和高压一致，冷区和低压一致，等压线与等温线平行。因此，热成风与等温线的关系同地转风与等压线的关系相似，即在北半球背热成风而立，高温在右，低温在左；南半球则相反。

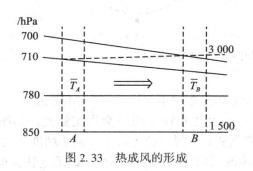

图 2.33　热成风的形成

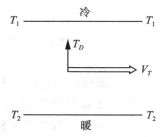

图 2.34　热成风的方向（北半球）

在自由大气中，随着高度的增加，风总是愈来愈趋向于热成风。例如，北半球温度南暖北冷，等温线走向基本上呈东西向。由热成风原理可知，这种温度场使中纬度西风随高度增加而增大，直到对流层顶附近出现西风急流。东风带低层东风随高度增加而减小，到某一高度减小到零，再往上仍是西风。所以对流层中上层是显著的西风带。

（2）摩擦层中风随高度的变化

摩擦层中，风随高度的变化受摩擦力和气压梯度力随高度变化的影响。在气压梯度力不随高度变化的情况下，离地面愈远，风速愈大，风向与等压线的交角愈小。把北半球摩擦层中不同高度上风的向量投影到同一水平面上，可得到一条风向风速随高度变化的螺旋曲线，称为埃克曼螺线（图 2.35）。它表示北半球摩擦层中风随高度呈螺旋式旋转分布；随着高度的升高，风速逐渐增大，风向向右偏转，最终风向与等压线完全一致。

由埃克曼螺线可以看到，当高度很小时，风速随高度增加很快，但风向改变不大；而在较大的高度上，风速增加缓慢，风向却显著向右偏转，最终趋于地转风。在离地面 10m 以下的气层中，摩擦力随高度增加而迅速减小，风速随高度增加的特别快，所以一般要求测风仪器离地面 10~12m 以上。

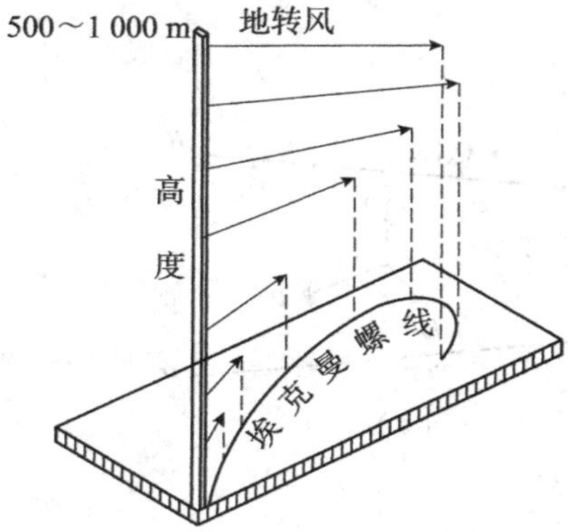

图 2.35　北半球埃克曼风速螺旋曲线

（三）大气环流

由于太阳辐射、地球自转、地表面性质以及地面摩擦的共同作用，使得大气圈内的空气产生了不同规模的三维运动，称为大气环流。大气环流是大范围内具有一定稳定性的各种气流运动的综合现象。太阳辐射是大气环流的原动力，其次是地转偏向力。由于大气环流的存在，使地球上不同地域间（高低纬度间、海陆间）的空气质量、动能、热能和水分得以输送和交换，调整了全球性的水热分布，促进地球上热量与水分的平衡。因此，大气环流是形成全球各种天气、气候的主要因素，对地表自然地理环境的形成起着巨大的作用。

1. 热力环流

由于地球表面受热不均，气温分布产生差异。气温分布的差异引起大气密度的变化，导致高低气压的形成，使得空气产生水平运动和垂直运动。热力环流是大气运动的一种最简单的形式。

热力环流的过程可由图 2.36 来说明。

图中，A 地地面增温，空气受热膨胀，逐渐上升，空气在上层聚集起来，空气密度增加，形成了高气压。在 B，C 两地，地面温度较低，大气冷却收缩下沉，上层的大气密度降低，形成了低气压。因此在上层，空气就从 A 地流向 B，C 两地。在近地面，由于 A 地的空气上升，这就使 A 地近地面的空气密度减小，形成低气压；而 B，C 两地因为空气下沉，近地面的空气密度增加，形成了高气压。于是，在近地面空气就从 B，C 两地流向 A 地，这样就形成了热力环流。

由此可以看出，由于地面受热不均而引起大气上升或下沉运动，这种垂直上升或下沉运动引起了同一高度上的气压差异，这种差异就产生了大气运动。

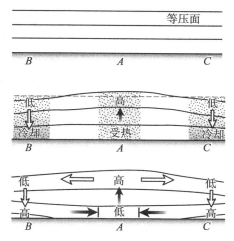

图 2.36 热力环流示意图

2. 全球环流

（1）全球气压带

气压在全球的分布规律主要受由太阳辐射差异引起的地表气温的纬度分布不均匀所影响。就全球来看，①赤道附近，终年受热，温度高，空气膨胀上升，到高空向外流散，导致气柱质量减少，低空形成低压区，称赤道低压带。②两极地区气温低，空气冷却收缩下沉，积聚在低空，而高空伴有空气辐合，导致气柱质量增加，在低空形成高压区，称极地高压带。③从赤道上空不断流向两极地区的气流在地转偏向力作用下，使空气在中纬度上空堆积而又不可能流向两极，于是必然产生下沉，流向逐渐趋于纬度方向，阻滞来自赤道上空的气流向高纬流动，以致近地面层空气密度增大，空气质量增加，形成动力（地球自转引起的）高压带，称为副热带高压带，简称"副高"。④副热带高压带和极地高压带之间是一个相对低压带，气流在这里辐合上升，称为副极地低压带。于是就在全球近地面层大气形成了 7 个气压带，即赤道低压带、南北半球的副热带高压带、南北半球的副极地低压带、南北半球的极地高压带。

但由于地球表面的性质很不均匀，既有广阔的海洋，又有巨大的陆地，且海洋与陆地交错分布。因此，实际的气压分布，因纬度、海陆不同而不同。例如，北美和亚欧大陆及介于其间的北大西洋和北太平洋，有力地控制着北半球的气压状况，气压带排列就不如南半球典型。

海陆对于气压分布的影响因季节而异。冬季寒冷大陆产生高气压中心，如亚洲的西伯利亚高压（气压超过 1 030hPa）和北美洲的加拿大高压。而副极地低压带这时只存在于海洋上，其中心是阿留申低压和冰岛低压。

图 2.37 是这些气压中心在北极周围成群出现的示意图，高压和低压正好占有相反的象限。夏季陆地上产生低压中心，例如南亚低压和北美西南部低压，使副热带高压带发生断裂。同时海洋上却形成强大的高压中心。太平洋和大西洋上有两个强大的副热带高压单体（北太平洋副热带高压和亚速尔高压）向其冬季位置以北移动，且强度大为增强。

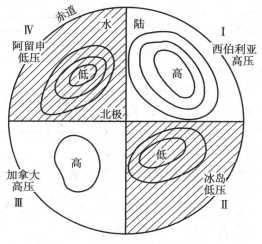

图 2.37　北半球 1 月的气压中心

这种由海陆热力差异形成于陆地上的冷高压和热低压，主要限于低空，且具有季节性，称半永久性活动中心或半永久性气压系统。而海洋上的高压和低压系统，虽然位置、范围、强度随季节变化，但它们作为纬度气压带终年存在，称为永久性活动中心或永久性气压系统，如夏威夷高压、亚速尔高压和格陵兰高压等。它们的存在和消长，促使南北之间和海陆之间的热量与水分的交换，控制着环流的季节变化。

（2）理想状态下的大气环流

如果地球表面结构是均匀的，即全为海洋或陆地，地球又没有自转，那么，地表气流的运动完全取决于气压差。因赤道与两极受热的差异，赤道地带高空的气压高于极地高空的气压，在气压梯度力的作用下，赤道上空的气流流向极地，大气会出现简单的经向环流。赤道上空由于有空气流向极地，气柱质量减少，地面气压降低；而极地上空因有空气流入，地面气压增高。结果，在低层大气中就产生自极地流向赤道的气流，这支气流在赤道地区又受热上升，从而补偿了赤道上空流出的气流。这样，在赤道与极地之间便形成了一个经向的闭合环流圈（图 2.38）。

（3）大气的三圈环流

实际上，地球在不停地自转，只要空气一有运动，地转偏向力就随之发生作用，而且这种偏转程度随纬度的增高而加大。赤道上空发出的气流行至南北半球中纬度上空时，地转偏向力与气压梯度力相平衡，这时气流运动方向与纬圈相平行，成为纬向环流，气流到达不了两极上空，就破坏了理想的大气环流圈。在地转偏向力的作用下，南北半球分别形成三圈环流。

在各气压带之间，高空气流与近地面气流之间，南北半球各形成了三个经向环流圈。图2.39是在地表结构均匀的自转地球上的三个经向环流圈。

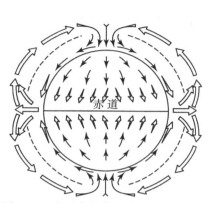

图2.38　在不自转的地球上的大气环流

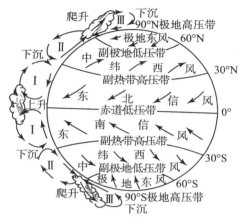

图2.39　行星气压带和三圈环流模式

● 热带环流：热带环流又称低纬度环流、信风环流或哈得莱（Hadley）环流。暖空气在热带辐合带上升，到高空向高纬输送，受地转偏向力的作用，在副热带高压带处下沉。气流至近地面分为两支，一支向低纬流向赤道，正好补偿赤道低压带上升的气流，于是便形成了一个低纬度地区的环流圈（图2.39Ⅰ）。

● 中纬度环流：在副热带高压带处高空下沉的气流另一支流向高纬，与极地高压带流向低纬度的近地面气流相遇辐合上升。辐合上升的气流在高空又分两支。一支补偿副高下沉的气流，构成一个环流圈，称为中纬度环流圈（Ferrel环流，图2.39Ⅱ）。

● 极地环流：从副极地低压带处高空下沉的气流另一支流向高纬，这支较暖的气流达到极地高压带时，在极地冷却下沉，补偿了极地近地面流失的空气，于是构成了高纬度地带的环流圈，称为极地环流（图2.39Ⅲ）。

由此可见，整个半球范围内从赤道到极地出现了三个经向环流圈，它的形成主要是地转偏向力作用的结果。低纬与高纬的两个环流圈因为是暖处气流上升，冷处下沉，因此一般又称为正环流；而中纬度环流恰好相反，冷处上升，暖处下沉，故一般又称反环流。

3. 地面行星风系

图2.39所示三圈环流是在地表结构均一、考虑了纬度的热力差异和地转偏向力的条件下形成的图式，它涵盖范围广，涉及全部星球。太阳系中凡有大气包围且有自转运动的所有行星，都存在这类风系，发生在行星上的总的大气环流现象称为行星风系。现将地球表面的行星风系说明如下。

（1）信风带

由于副热带高压带与赤道低压带之间存在着气压梯度，于是在副高低层有一支气流流向赤道，在地转偏向力的作用下，在北半球就形成了东北风（南半球为东南风）。其位置、范围和强度随副热带高压带做比较规律的季节性变化。这种可以预期在一定季节海上盛行的风系,称为信风。因其与海上贸易密切相关,也称贸易风。信风向纬度更低、气温更高的地带吹送,因此,其属性比较干燥,有些沙漠和半沙漠就分布在信风带内。

南、北半球信风在赤道附近辐合上升,在赤道上空再向北(或向南)流向副高上空,因此,在信风的上空气流方向与近地面层相反,称为反信风。

(2)盛行西风带

副高与副极地低压带之间也存在着气压梯度,因此,在副高低层辐散的气流除一部分形成信风外,另一部分则流向副极地低压带。后者在行进途中受到地转偏向力的作用(因接近高纬度,地转偏向力增大),形成偏西风,称盛行西风带。北半球,大陆块隔断了西风带,但南半球 40°~60° 间,是一片近乎连绵不断的大洋,西风持续不断并得到加强,海员称之为"咆哮的四十度"、"狂暴的五十度"和"呼啸的六十度"。至于高层西风的形成,目前尚无公认的解释。

(3)极地东风带

自极地高压辐散的气流,在高纬度地转偏向力增大的情况下,变成偏东风,故称极地东风带。

此外,赤道附近南、北纬 5° 间,太阳终年近乎直射,这是地表年平均气温最高地带。气温高,地面气压降低,产生赤道低压带。由副热带高压向赤道低压辐合的信风,加强空气垂直运动,但此上升气流地面不感觉有风,成为赤道无风带。在副高,是下沉气流的辐散区,下沉空气绝热增温,所以这一带空气干燥,云量稀少,且常稳无风,通常所指的副热带静风带就在这一带,世界上的大沙漠也多分布在这里。在纬度 60° 附近是极地东风与盛行西风相互接触交锋的地带,由于两方的气流性质差异很大,暖气流沿冷气流爬升,便形成所谓极锋面,天气多变,特称极锋带(关于锋、气旋等内容将在天气系统一节中详述)。

太阳辐射在地表分布不均是大气环流形成的根本原因,因此,随着季节的更替和太阳辐射能在地表分布的改变,必然导致气压带和风带在一年内周期性地南北移动。在北半球夏季时,太阳直射北移在赤道与北回归线之间,地球上的气压带和风带也因之北移,此时 30°N 附近处于东北信风带内,而南半球的东南信风则跨越赤道转入北半球,向右偏成为西南风;当北半球冬季时,太阳直射移至赤道与南回归线之间,气压带与风带亦随之南移,30°N 附近受西风控制,而东北信风则跨越赤道入侵南半球,偏向成西北风。气压带、风带随季节有明显的南北移动,对地球气候以及大的自然景观的形成起着不可忽视的作用。在单一气压带、风带控制下,常形成单一的气候及景观,而受不同气压带和风带交替控制的地区,常形成一年中干湿随季节有明显变化的气候及景观。例如,撒哈拉、阿拉伯及澳大利亚中西部等地区高温干燥的热带沙漠气候的形成,主要是由于这些地区同处在副热带及信风带大陆中心和大陆西岸,受副热带高压及信风的控制和影响而形成的,呈现沙漠景观。而受副热带高压和西风交替控制的地中海沿岸、美国加利福尼亚州沿岸、南非、澳大利亚南端等地,则形成了世界上著名的副热带夏干气候(地中海气候)。

以上讨论的三圈环流和近地面行星风系的形成,是仅从太阳辐射能和地转偏向力等主要形成因素推导的,有着一定程度的理论性。在一定程度上是反映了大气环流的某些基本特征和实际情况的。

4. 季风

由于大陆及邻近海洋之间存在的温度差异而形成大范围盛行的、风向随季节有显著变化的、具有大气环流特征的风称为季风。形成季风最根本的原因，是由于地球表面性质不同，热力反映有所差异。季风分为夏季风和冬季风。

（1）热力季风

热力季风是因海陆的物理性质不同、热力差异显著而引起的季风。地球表面海陆分布的不均，引起了海陆气压场的季节变化。大陆冬冷夏热，海洋冬暖夏凉。冬季，大陆气温比邻近的海洋气温低，大陆上出现冷高压，海洋上出现相应的低压，气流大范围从大陆吹向海洋，形成冬季季风。冬季季风在北半球盛行北风或东北风，尤其是亚洲东部沿岸，北向季风从中纬度一直延伸到赤道地区，这种季风起源于西伯利亚冷高压，它在向南爆发的过程中，在东亚及南亚产生很强的北风和东北风。非洲和孟加拉湾地区也有明显的东北风吹到近赤道地区。东太平洋和南美洲虽有冬季风出现，但不如亚洲地区显著。夏季，海洋温度相对较低，大陆温度较高，海洋出现高压或原高压加强，大陆出现热低压；于是气压梯度由海洋指向大陆，风由海洋吹向大陆，形成夏季风。这时北半球盛行西南和东南季风，尤以印度洋和南亚地区最为显著。西南季风大部分源自南印度洋，在非洲东海岸跨过赤道到达南亚和东亚地区，甚至到达我国华中地区和日本；另一部分东南风主要源自西北太平洋，以南或东南风的形式影响我国东部沿海。这种热力季风在亚洲东部最为发达，因为东亚地区正处于世界上面积最大的大陆——欧亚大陆和最大的海洋——太平洋之间，冬夏季海陆热力差异特别显著，由此而引起的季风也最明显，故称为东亚季风。

（2）行星季风

因行星风带位置季节性移动而引起的一种季风环流称为行星季风，这在赤道两侧最为明显，故又称赤道季风。例如，夏季太阳直射在北半球，在 $10°N$ 附近形成"热赤道"，这是一条低压槽区，南半球的东南信风受此低压槽的吸引而跨越赤道，改向成西南风；西南季风比东亚季风稳定，每年的 4~10 月在印度半岛、中南半岛及我国云南等地区盛行。冬季，赤道低压带移到南半球，赤道至 $10°N$ 之间地区受东北信风控制。这种季风可以发生在陆地及沿海，也可出现在海洋中，就纬度而言，多见于赤道和热带地区，所以又称热带季风。在这种季风影响的地区一年中有明显的干季和湿季天气，以南亚为典型。

（3）季风环流模式

如图 2.40 所示。这是一幅夏季风示意图，表明海陆间温度差异在季风环流中的作用。实际上，海陆热力差异只是形成季风的一个主要原因。其他因素如海陆分布的相对位置、形状和大小，行星风带的季节位移、南北半球相互作用和大地形，以及青藏高原的作用对亚洲季风的形成均起着关键性作用。

南亚和东南亚是世界最著名的季风区，其环流特征主要表现为冬季盛行东北季风，夏季盛行西南季风。东亚季风其范围大致包

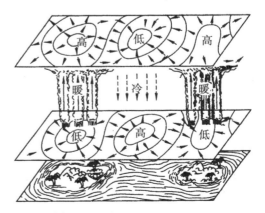

图 2.40　季风环流的理想模式

括我国东部、朝鲜半岛、日本等地区。冬季亚洲大陆为冷高压盘踞，高压前缘的偏北风成为亚洲东部的冬季风。各地所处冷高压的部位不同，盛行风方向亦不尽相同。华北、日本等大致为西北风，华中和华南为东北风。而夏季亚洲大陆为热低压控制，同时太平洋高压西伸北进，以致形成由海洋吹向大陆的偏南风系，即亚洲东部的夏季风。

（4）我国季风的特点及其影响

我国位于亚洲东部和中部，太平洋的西岸，是著名的东亚季风国家之一。一般说，我国冬季风来自西北方向的内陆，寒冷干燥；夏季风则来自温暖湿润的西太平洋。夏季风的强弱和来去的迟早，对我国东部地区雨量的多寡影响很大。夏季风强盛年份，华北多雨，华中、华南偏旱；夏季风较弱的年份，则华北偏旱，华中、华南偏涝。

此外，我国西南地区接近印度洋，夏季受行星季风影响，尤其是云南省大部、四川西南部和西藏东南角最明显。

东亚季风与行星季风对我国天气与气候有着极为重要的影响。夏季，我国普遍高温，南北温差很小。与此同时，夏季风带来了海洋上的大量水汽，形成降水。这种"水热同季"是我国季风气候的一个重要特征，这在农业生产上具有十分重要的意义。

5. 局地环流

行星风系和季风是在大范围气压场控制下的大气环流。由于局部环境的影响，如地表受热不均、地形起伏以及人类活动等导致的热力差异从而形成小范围的气流运动，称为局地环流，也称地方性风系，例如海陆风、高原季风、山谷风、焚风等地方性风系。局地环流虽然不能改变大范围气流的总趋势，但对小范围的气候却有一定的影响。

（1）海陆风

海陆风是因海洋和陆地受热不均匀而在海岸附近形成的一种有日变化的风系。在基本气流微弱时，白天风从海上吹向陆地，夜晚风从陆地吹向海洋。前者称为海风，后者称为陆风，合称为海陆风（图2.41）。

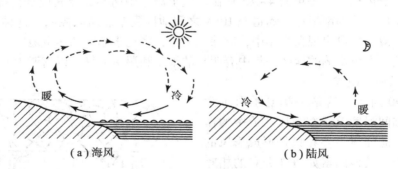

图 2.41　海陆风环流

海陆风也是由于海陆的热力性质的差异引起的，但影响的范围仅限于沿海地区。在沿海地区，因海陆的热力差异，白天，地表受太阳辐射而增温，由于陆地土壤热容量比海水热容量小得多，陆地升温比海洋快得多，因此陆地上的气温显著地比附近海洋上的气温高，陆地上空气柱因受热膨胀，近地面空气上升形成低压，近地面气压梯度由海洋指向陆地，下层风由海面吹向陆地沿海地带，形成海风；海风从每天上午开始直到傍晚，风力以下午为最强。晚间日落以后，陆地降温比海洋表面快；到了夜间，陆面气温低于海面，空气下沉，形成高压，近地面气压梯度由陆地指向海洋，近地面风由陆地吹向海洋，形成陆风。海陆的温差，白天大于夜晚，所以海风较陆风强。海陆风虽然也是由海陆热力差异引起的，但它影响范围小，仅局限于沿海，而且风向的转换以一天为周期，因此它不同于季风环流。

海陆风对沿海地区的天气和气候有着明显的影响：白天，海风携带着海洋水汽输向大陆沿岸，使沿海地区多雾多低云，降水量增多，同时还调节了沿海地区的温度，使夏季不致过于炎热，冬季不过于寒冷。

（2）高原季风

高耸挺拔的大高原，由于它与周围自由大气的热力差异所形成的冬夏相反的盛行风系，称为高原季风。高原相对于四周同高度的自由大气，夏季为一热源，在高原近地面层形成一个热低压，气流从四周流向高原；冬季为冷源，形成一个冷高压，气流从高原向四周流动。

高原季风以青藏高原季风最为典型，对青藏高原气候有明显影响。高原季风对环流和气候的影响很大，尤其在东亚和南亚季风区。高原形成的强季风环流，破坏了低纬行星风系，夏季出现与哈得莱环流相反的经圈环流（图2.42）；同时，在冬夏不同的季节，高原季风环流的方向与东亚地区因海陆热力性质差异所形成的季风的方向完全一致，两者叠加起来，使得东亚地区的季风（尤其冬季风）势力特别强盛，厚度特别大（图2.43）。

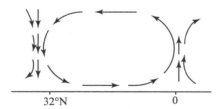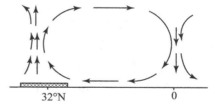

（a）哈得莱环流(无青藏高原时的环流状况)　（b）南亚季风环流(有青藏高原时的环流状况)

图2.42　青藏高原与夏季平均经向环流

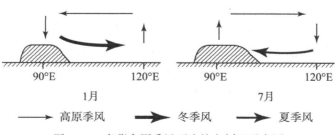

图2.43　青藏高原季风环流纬向剖面示意图

（3）山谷风

由于山谷与其附近空气之间的热力差异而引起白天风从山谷吹向山坡，这种风称

"谷风";到夜晚,风从山坡吹向山谷,称"山风"。山风和谷风总称为山谷风(图2.44)。

山谷风的形成原理跟海陆风类似。白天,山坡接受太阳光热较多,成为一只小小的"加热炉",空气增温较多;与山顶相同高度的山谷上空,因离地较远,空气增温较少。于是山坡上的暖空气不断膨胀上升,在山顶近地面形成低压,并在上空从山坡流向谷地上空,谷地上空空气收缩下沉,在谷底近地面形成高压,谷底的空气则沿山坡向山顶补充,这样便在山坡与山谷之间形成一个热力环流。下层风由谷地吹向山坡,称为谷风,如图2.44(a)。到了夜间,山坡上的空气受山坡辐射冷却影响,"加热炉"变成了"冷却器",空气降温较多;而同高度的谷地上空,空气因离地面较远,降温较少。于是山顶空气收缩下沉,在近地面形成高压,冷空气下沉使空气密度加大,顺山坡流入谷地,谷底的空气被迫抬升,并从上面向山顶上空流去,形成与白天相反的热力环流。下层风由山坡吹向谷地,称为山风,如图2.44(b)。

图 2.44 谷风和山风

谷风的平均速度每秒 2~4 米,有时可达每秒 7~10 米。谷风通过山隘的时候,风速加大。山风比谷风风速小一些,但在峡谷中,风力加强,有时会吹损谷地中的农作物。谷风所达厚度一般约为谷底以上 500~1 000 米,这一厚度还随气层不稳定程度的增加而增大,因此,一天之中,以午后的伸展厚度为最大。山风厚度比较薄,通常只及 300 米左右。

在山区,山谷风是较为普遍的现象,只要大范围的气压场的气压梯度比较弱,就可以观测到。例如,乌鲁木齐市南倚天山,北临准噶尔盆地,山谷风交替很明显,每日从 20时到次日 11 时常吹山风,14 时至 17 时常吹谷风。

在晴朗的白天,谷风把谷地的暖空气带到山上,使山上气温增高。晚间山风把山上的冷空气带到谷地,使谷地气温降低,冷空气在谷地积聚,冬季容易发生霜冻。同时谷风使山上白天多云雾,晚上云雾较易消散。如果在山区中山谷风的交替有反常现象,这表示天气将有变化。谚语中有"山光翠欲滴,不久雨沥沥;山色蒙如雾,连日和煦煦",就是山谷风对云雨影响的写照。

(4)焚风

焚风是出现在山脉背面,由山地引发的一种局部范围内的空气运动形式——过山气流在背风坡下沉而变得干热的一种地方性风。当湿润气流遇山地阻挡而被迫沿坡绝热爬升,这时按照湿绝热递减率降温(图2.45)。当达到凝结高度时,空气冷却产生水汽凝结现象,多形成云;空气继续沿坡上升,降水也不断发生(一般形成地形雨)。当越过山顶以后，空气沿坡下沉增温，水汽含量大为减少，按照干绝热递减率下沉压缩升温，即每下降100m气温增高1℃。由于干绝热温度变化率比湿绝热温度变化率大，过山后的空气温度比山前同高度上空气的温度要高得多，湿度也小得多，形成了沿着背风坡向下吹高温并且干燥的风，称为焚风（图2.46）。

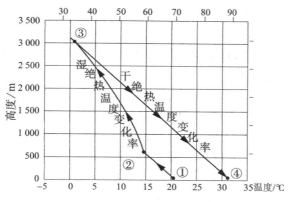

图2.45　焚风的温度变化过程

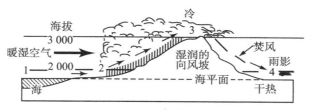

图2.46　焚风的形成

不论冬夏昼夜，焚风在山区都可出现。焚风效应对山地自然环境的局部差异有重要意义，对植被类型的形成及生态特征、土壤的类型和形成过程都有一定的影响。初春的焚风可促使积雪融化，有利农田灌溉；夏末焚风可促使粮食与水果早熟，但强大的焚风会提高森林的火险发生几率。我国许多地方都有焚风或焚风效应。例如当气流越过太行山下降时，华北平原的石家庄市就会出现焚风，据统计，焚风的出现可使石家庄日平均气温比无焚风时增高10℃左右；还有在我国西南峡谷区——云南怒江谷地呈现出热带和亚热带稀树草原特征的自然环境，与焚风带来的效应是分不开的。

（5）"城市热岛"和"城市风"

城市热岛效应是指城市因大量的人工发热、建筑物和道路等高蓄热体及绿地减少等因素，造成城市"高温化"，城市中的气温明显高于外围郊区的现象。在近地面温度图上，郊区气温变化很小，而城区则是一个高温区，就像突出海面的岛屿，由于这种岛屿代表高温的城市区域，所以就被形象地称为城市热岛。

这些年来，由于城市人口集中，工业发达，交通拥塞，大气污染严重，且城市中的建筑大多为石头和混凝土建成，它的热容量低，热传导率高，加上建筑物本身对风的阻挡或减弱作用，可使城市年平均气温比郊区高2℃，甚至更多。热岛效应是由于人们改变城市地表而引起小气候变化的综合现象，在冬季最为明显，夜间也比白天明显，是城市气候最明显的特征之一。热岛效应对最低温度的影响最为明显，可以使城市的最低温度比周围的郊区和农村高5~6℃，有些大城市，在适当的条件（夜间天空少云、清晨几小时无风）下，这个差别可达6~8℃。城市热岛效应在降水性质上有非常直接的表现，如在同一时间，城市周围的农村正在降雪，但对应着的城市内部降落的却是雨夹雪或雨。据观测，热岛效应对最高温度的影响也极为显著，并且随着城市的发展，热岛效应会越来越明显。

例如，2008年6月5日是该年上海入夏后最热的一天，龙华气象站测得市区最高气温达37.0℃，据郊区宝山气象台观测，最高温度仅为32.4℃，市区比城郊高出4.6℃。城市热岛效应日益加剧，使南方城市市区夏季高温酷暑时间拉长，给人们的工作和生活带来很大不便。

城市下垫面粗糙度大，有减低平均风速的效应。就城市整体而言，其平均风速比同高度的开旷郊区风速小，风向也较乱。在城市内部，风速、风向的局地差异很大。有些地方成为"风影区"，风速很小；有些地方风速又较大，如在巷弄里，由于狭管效应，出现较大风速，即所谓"弄堂风"。

在大范围气压梯度小的晴稳天气形势下，特别是晴夜，由于城市热岛效应的存在，在城区形成一个弱低压中心，并出现上升气流。郊区近地面的空气乃从四面八方流入城市，风向热岛中心辐合。由热岛中心上升的空气在一定高度上又流向郊区，在郊区下沉，形成一个缓慢的热岛环流，又称城市风系（图2.47）。这种风系有利于污染物在城区集聚形成尘盖，并利于城区低云和局部对流雨的形成。我国上海、北京、广州等城市都曾观测到此类城市热岛环流的存在。

图2.47　城市热岛效应

第二节　大气的水分传输

大气中的水汽来自地表各种水体、潮湿物体和植物的蒸发与蒸腾。云、雾、雨、雪、雷、霜、露等就是大气中的水汽在一定条件下的转化形式。水分进入大气后，通过分子扩散和气流的传递而散布于大气中，使之具有不同的潮湿程度。水汽虽然在大气中的含量很少，却是天气变化的主角。

一、大气湿度

所谓大气湿度就是指空气中的潮湿程度，它表示当时大气中水汽含量的多少或潮湿的程度。大气的湿度由于测量方法和实际应用不同，常采用多个湿度参量表示水汽含量。在人们实际生活中，会感到冬春季空气干燥、夏季天气闷热，这种现象都是由于大气中湿度的变化造成的。

（一）水汽压 e

水汽是大气的组成部分。水汽压是指空气中水汽的分压强，是大气压力的一部分，用 e 表示。水汽压的大小与空气中水汽的含量有关。和气压单位一样，水汽压单位也用百帕（hPa）、毫巴（mb）表示。在气象观测中，由干、湿球温度差经过换算而求得。

大气中水汽含量与气温的高低密切相关。温度愈高，空气含水汽能力愈强。在一定温度条件下，一定容积的空气中所能容纳的水汽量是有一定限度的，因而水汽压也有一定限度。如果水汽压没有达到这一限度，这时的空气称未饱和空气；如果水汽含量正好达到这一限度，叫饱和空气，此时水汽压称为饱和水汽压（E）或最大水汽压；当水汽含量超过这一限度，称为过饱和空气，在一般情况下，超出的部分水汽就要产生凝结。饱和水汽压随着气温的升高而迅速增加。不同的温度条件下，饱和水汽压的数值不同（表 2.7）。可见，饱和水汽压是温度的函数。

表 2.7　　　　　　　　　不同温度条件下水面（平面）上的饱和水汽压/hPa[①]

温度/℃	0	1	2	3	4	5	6	7	8	9
−30	0.508 8	0.462 8	0.420 5	0.381 8	0.346 3	0.313 9	0.284 2	0.257 1	0.232 3	0.209 7
−20	1.254 0	1.150 0	1.053 8	0.964 9	0.882 7	0.807 0	0.737 1	0.672 7	0.613 4	0.558 9
−10	2.862 7	2.644 3	2.440 9	2.251 5	2.075 5	1.911 8	1.759 7	1.618 6	1.487 7	1.366 4
−0	6.107 8	5.678 0	5.275 3	4.898 1	4.545 1	4.214 8	3.906 1	3.617 7	3.348 4	3.097 1
0	6.107 8	6.566 2	7.054 7	7.575 3	8.129 4	8.719 2	9.346 5	10.013	10.722	11.471
10	12.272	13.119	14.017	14.969	15.977	17.044	18.173	19.367	20.630	21.964
20	23.373	24.861	26.430	28.086	29.831	36.671	33.608	35.649	37.796	40.055
30	42.430	44.927	47.551	50.307	53.200	56.236	59.422	62.762	66.269	69.934

① 横行表示小数点后的温度数值。

（二）绝对湿度 a

单位容积空气中所含的水汽质量，称为绝对湿度，用 a 表示，单位是 g/m^3。显然，它是指空气中的水汽浓度，因而空气中水汽含量愈多，即绝对湿度愈大，水汽压也愈大。在实际工作中，绝对湿度不能直接测量，但可间接算出。它与水汽压有如下关系：

$$a = 289\frac{e}{T}\ (g/m^3)。$$

式中，e 为水汽压（mm）；T 为以绝对温度 K 表示的气温。

当气温等于 16℃（289 K）时，a（g/m^3）和 e（mm）在数值上相等。一般情况下，地面实际气温与 16℃ 相差不大，所以在要求不精确的情况下，在近地面处 e 的量值可近似地代替 a。但需要注意，两者单位不同。

（三）相对湿度 f

空气中实际的水汽压（e）和同温度条件下饱和水汽压（E）之比，称为相对湿度，

用 f 表示。相对湿度能反映出当时空气距饱和的程度，即反映出空气的潮湿程度。当 $e=E$ 时，f 为 100%，空气达到饱和状态；当 $e<E$ 时，$f<100\%$，空气处于未饱和状态；当 $e>E$ 时，$f>100\%$，空气处于过饱和状态。在自然地理中常用 f 的大小来说明某一地区大气水分含量状况。

（四）饱和差 d

在某一温度下，饱和水汽压与实际水汽压的差值，称为饱和差或湿度差。其单位与水汽压相同。

$$d=E-e$$

饱和差越大，说明空气中水汽含量越少，愈干燥；反之，空气越接近饱和状态；当 $d=0$ 时，则表明空气的相对湿度已达到 100%。

（五）露点温度

当空气中水汽含量不变时，气温下降到使空气达到饱和时的温度，称为露点温度（T_d），简称露点。在气压一定时，露点温度高低与空气中水汽含量有关，水汽含量愈多，露点温度愈高。空气温度降低到露点温度，是导致水汽产生凝结的重要途径。

露点完全由空气的水汽压决定。气压一定时，它是等压冷却过程的保守量。空气一般未饱和，故露点常比气温低。空气饱和时，露点和气温相等。根据露点差，即气温 T 和露点 T_d 之差，可大致判断空气的饱和程度。在饱和空气中，$T-T_d=0$；在未饱和空气中，$T-T_d>0$。$T-T_d$ 差值越大，说明相对湿度越低。气温降低到露点，是水汽凝结的必要条件。

二、湿度的变化与分布

上述湿度表示方法，虽然形式不同，但是本质一样。它们除与气温 T 及气压 P 有关外，都与水汽压 e 直接相关。相对湿度能够直接反映空气距饱和的程度和大气中水汽的相对含量，在气候资料分析中应用很广。

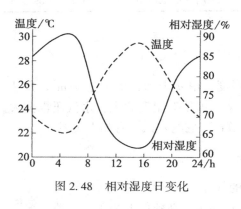

图 2.48 相对湿度日变化

相对湿度日变化通常与气温日变化相反。在水汽压日变化不大的情况下，相对湿度最高值出现在日出之前；最低值出现在午后（图 2.48）。这是由于温度升高时，蒸发作用加强，水汽压虽有所增大，但饱和水汽压增大更多，相对湿度反而降低。沿海地区因白天盛行海风，水汽含量较多，故相对湿度最高值出现在午后；晚间陆风盛行，水汽含量明显减少，相对湿度最低值出现在日出之前。相对湿度的年变化，一般是夏季最小，冬季最大。但有些地区，由于夏季盛行风来自海洋，冬季盛行风来自内陆，相对湿度反而夏季最大，冬季最小。

相对湿度分布随距海远近与纬度高低而有不同。例如，我国东南沿海相对湿度年平均值为 80%，内蒙古西部只有 40%。相对湿度的纬度分布比较复杂。赤道带全年高温，水汽来源充沛，故平均相对湿度可达 80% 以上；副热带，尤其是大陆内部，下沉气流占优势，水汽来源极少，相对湿度一般只有 50%；高纬度地带，全年低温，相对湿度也可达 80%（表 2.8）。

表 2.8 各纬度上水汽压与相对湿度的平均值

北纬/°N	5	15	25	35	45	55	65
水气压/hPa	25.3	22.9	18.4	12.9	9.3	6.5	4.1
相对湿度/%	79	75	71	70	74	75	82

三、蒸发

当水分子的动能较大、分子运动快，并大于水分子间内聚力时，水分子就会从水面逸出，这一过程称为蒸发。蒸发就是液态水转化为水汽的物理过程。由液态水蒸发为同温度的气态水，所消耗的热量称为蒸发潜热。由固态水不经过液态而直接转化为气态水的过程，称为升华。

蒸发速度是指单位时间（t）内从单位面积（cm^2）上蒸发掉的水量（g），因此，蒸发速度有快有慢。影响蒸发的速度有许多因素，其中蒸发面的温度是主要的。蒸发面的温度愈高，饱和水汽压愈大，饱和差也较大，蒸发过程就愈迅速。把湿衣服放在炉子旁烘烤，比自行阴干要快，就是这个道理。其次，风速也是重要因素。有风时，蒸发面上的水汽随气流扩散，蒸发面上水汽压较小，蒸发过程就快；相反，无风或微弱风力时，蒸发面上水汽压减小很慢，易达到饱和状态，故蒸发过程微弱。此外，空气的相对湿度大小、气压的高低、蒸发面的性质等对蒸发过程的速度均有影响。

蒸发量是指因蒸发而消耗的水量，它以蒸发失掉的水层厚度（mm）来表示。蒸发量的地理分布与地理纬度、海陆（水分来源）、季节等因素有关。例如，低纬地区气温高，又有足够水分来源，蒸发量最大；高纬地区气温低，即使有充足水分来源，蒸发量也甚小。在季风区，雨季蒸发量大于干季。在大陆腹地，即使气温很高，但蒸发量却很小，因那里缺少水分来源。

四、凝结

凝结是由气态水转化为液态水的物理过程。

（一）凝结条件

产生凝结的条件是空气中水汽达到过饱和状态，即 $e<E$。而空气中水汽要达到过饱和，往往有两个途径：一是在温度不变的条件下增加水汽含量；二是水汽含量不变而降低温度，使饱和水汽压不断降低。在自然界中日常所见的凝结现象常是通过后一种途径实现的。水汽饱和是凝结的前提，要顺利地产生凝结现象还应具备另一条件，那就是要存在凝结核。

1. 增加水汽含量

要增加大气中的水汽含量，只有在具有蒸发源泉，且蒸发面温度高于气温的条件下才有可能。例如冷空气移至暖水面时，由于暖水面迅速蒸发，可使冷空气达到饱和。

2. 大气降温

大气降温使含有一定量水汽的空气冷却，使之达到露点，水汽达到饱和而发生凝结。大气降温过程有下面4种。

①绝热冷却：空气上升时，因绝热膨胀而冷却，可使空气温度迅速降低，在较短时间内引起凝结现象。空气上升愈快，冷却也愈快，凝结过程也愈强烈。大气中很多凝结现象是绝热冷却的产物。

②辐射冷却：空气本身因向外放散热量产生冷却。近地面夜间除空气本身的辐射冷却外，还受到地面辐射冷却的作用，气温不断降低。如果水汽较充沛，就会发生凝结。辐射冷却过程一般较缓慢，水汽凝结量不多，只能形成露、霜、雾、层状云或小雨。

③平流冷却：较暖的空气经过较冷地面时，由于不断地把热量传给冷的地表造成空气本身冷却。如果暖空气与冷地表温度相差较大，暖空气温度降低至露点或露点以下时，就可能产生凝结。

④混合冷却：温度相差较大且接近饱和的两团空气混合时，混合后气团的平均水汽压可能比混合前气团的饱和水汽压大，多余的水汽就会凝结。

3. 凝结核

凝结核实验证明，纯净空气温度虽降至露点或露点以下，相对湿度等于或超过100%，仍不能产生凝结。只有水汽压达到饱和水汽压的3~5倍，相对湿度为400%~600%时，方有可能发生凝结。如果在纯净空气中投入少量尘埃、烟粒等物质，当相对湿度为100%~120%，甚至小于100%时，就能产生凝结现象。这些吸湿性质点，就是水汽开始凝结的核心，称为凝结核。

凝结核主要起两个作用：一是对水汽的吸附作用；二是使形成的滴粒比单纯由水分子聚集而成的滴粒大得多，使之处于潮湿环境中，有利于水汽继续凝结。凝结核数量多而吸水性好的地区，即使相对湿度不足100%，也可能发生凝结。

大气中的凝结核是比较丰富的，但随地区不同而有很大的差异。它主要来自地面，随高度增加而减少，一般是陆上多海上少，城市多乡村少，工业区最多。重庆是我国重工业城市，凝结核丰富，据近年观测，相对湿度在70%时，即可生成雾。因此，重庆素有雾都之称。

（二）凝结现象

大气中水汽凝结现象主要有以下几种。

1. 雾

雾是低层大气的凝结现象，其下限直接与地面接触。是当近地面空气温度降到露点以下，低空水汽凝结成极细小的水滴悬浮在低层大气中，使大气呈现混浊状态，水平能见度降低的一种天气现象。雾对能见度的影响很大，常妨碍交通，尤其是对航空运输影响较大。当空气中烟、尘等微粒较多时，也能导致空气能见度变坏，这种现象称为霾。

依据不同的成因，雾可分为辐射雾、平流雾、蒸汽雾、上坡雾和锋面雾5种。

①辐射雾：由于地面辐射冷却，使近地层空气变冷，水汽凝结形成的雾，称为辐射雾。辐射雾在大陆上最为常见，一般多出现于秋冬季节，常出现于晴朗、微风、近地面水汽较充沛的夜间或早晨。因为是晴空，有效辐射大，有利地面辐射冷却；微风，

则气层稳定。故有"十雾九晴"的谚语。盆地、谷地、山坡等地势冷空气沿坡面下沉极易形成辐射雾，日出后地面增温，乱流加强，雾从下而上逐渐减弱消散或抬升为低云。

②平流雾：由于暖湿空气流到冷的下垫面上，冷却降温，水汽发生凝结形成的雾，称为平流雾。形成平流雾的有利条件是：空气湿度大，空气与流经下垫面之间的温度差异大，有适宜的风速，气层稳定。但只要暖湿空气来源中断，雾则立即消散。因此，平流雾常在以下几种情况下形成：冬季热带暖湿气团向高纬寒冷地区移行时；春、夏季大陆暖气团移行到较冷的海面上时；秋、冬季海洋暖湿气团移行到较冷的陆地时；海洋上暖湿空气移行到较冷海面，冷暖洋流交汇时。这些情况下，因冷暖温差大，风力适中（2～7m/s），能形成一定强度的乱流，又能不断输送暖湿空气，便容易生成平流雾。

一般地说，平流雾比辐射雾范围广、厚度大、持续时间长，但日变化不如辐射雾明显。平流雾多出现于沿海地区、海面、冷暖流交汇处。如沿海地区、西欧地区是世界上平流雾的多发区域。

③蒸汽雾：冷空气移动到暖水面上时形成的雾，称为蒸汽雾。这种雾可在一日中任何时间形成，也可终日不消散。蒸汽雾在北冰洋的冬季较为常见，叫做极地烟雾或北极烟。深秋或初冬的早晨，见于河面、湖面的轻雾，则称河、湖烟雾。

④上坡雾：潮湿空气沿山坡上升使水汽凝结而产生的雾，称为上坡雾。但潮湿空气必须处于稳定状态，山坡坡度也不能太大，否则就会发生对流而成为层云。上坡雾在我国青藏高原、云贵高原的东部经常出现。

⑤锋面雾：发生于锋面附近的雾，称为锋面雾。主要是暖气团的降水落入冷空气层时，冷空气因雨滴蒸发而达到过饱和，水汽在锋面底部凝结而成。我国江淮一带梅雨季节常常出现锋面雾。

雾的地理分布，一般是沿海多于内地，高纬地区多于低纬地区。因为沿海地区水汽较内陆丰富，而高纬地区比低纬地区气温低，这些都有利于近地面气层达到饱和状态。我国四川、贵州一带雾日较多，则是由于受当地特殊的盆地地形和云贵高原的影响，水汽充足且不易流走，具有形成雾的有利条件所致。雾对植物的生长有益，可以增加土壤水分，减少植物蒸腾。例如，云南南部高原盆地有明显的干季，但此时多辐射雾，对植物和热带作物生长十分有利；皖南山区河谷地河漫滩上茶叶质量较高，也与秋冬季节多河谷烟雾有关。

2. 云

相对于雾而言，高悬于空中的称为云；飘浮于近地面，使水平能见度小于1km的称为雾；1～10km的称为轻雾（或霭）。因此，云是高空大气中水汽凝结现象。它由水滴或小冰晶，或二者混合组成。空气的冷却主要是通过空气块上升运动，例如局部地区的热力对流，气流遇山地被迫抬升，冷暖气流相遇时暖空气被抬升等。但是气流上升冷却必须达到一定的凝结高度，这一高度的气温如果大于0℃，一般凝结为小水滴；如果低于0℃，通常凝结为小冰晶。

云的外貌是多种多样的。自然界的上升绝热过程有热力对流、动力抬升（系统性抬升，强迫上升）、波状运动等。这些上升运动的形式及规模各不相同，所形成的云状、云高、云厚也不一样。一般地说，它们反映着当时当地的大气物理状态，预示着未来天气可能发生的变化。由于对流运动而形成的云，主要是积状云；由于系统性上升运动形成的云，主要是层状云；由于波状运动而形成的云，主要是波状云。由于地形的作用比较复杂，既有积状云，也有层状云和波状云，通称地形云。

自然界的云千姿百态，变幻无穷，但仍可找出规律来对云进行分类。按云体的温度可分为冷云和暖云；按云的相态可分为水成云、冰成云和混合云。在气象的实际观测工作中，根据云的形状和云底离地面的高度，可把云分成3族10属（见表2.9）。积状云厚度较大，多是块状；波状云多是羽毛状、片状或纤维状，云层较薄且能透光；层状云多为帷幕状。

表2.9 云 的 分 类

云族	云属	符号	高度/m	特　征
低云	积　云	Cu	云底 500~1 500	由水滴组成，常产生大量降水，云底平坦，垂直向上发展，产生阵性降水
	积雨云	Cb	云底 100~2 000	
	层积云	Sc	1 000~2 000	
	层　云	St	一般<2 000	
	雨层云	Ns	一般<2 000	
中云	高层云	As	2 000~5 000	由水滴与冰晶组成，加厚可发生降水或转变为雨层云
	高积云	Ac	3 000~6 000	
高云	卷　云	Ci	7 000~8 000	由微小冰晶组成，一般不产生降水
	卷层云	Cs	6 000~8 000	
	卷积云	Cc	6 000~8 000	

天空被云遮蔽的程度叫云量，用0~10的成数表示。

天空完全被云遮蔽，云量为10；天空一半为云遮蔽，云量为5；云遮蔽1/10天空，云量为1。云量的分布与纬度、海陆分布、气流运动等有关。一般来说，上升气流为主的区域云量大；下沉气流为主的区域云量小；海洋上云量高于大陆。大气环流特征与云量关系也十分密切。例如我国西南季风地区，雨季云量显著增大；干季云量明显减小。根据气温、气流运动特点，全球可大致划分以下几个云量带。

①赤道多云带：全年以上升气流为主，气温高，对流旺盛，水汽来源充沛，平均云量约为6。

②纬度20°~30°少云带：全年以下沉气流为主，空气干燥，是两个相对明净带。平均云量为4左右，荒漠地带不足2。

③中高纬多云带：气团、锋面活动频繁，高纬地带还因气温低，是全球高云量带。平均云量为6.5~7。

从本质上说，雾与云没有区别，都是由水汽凝结（凝华）而成的细小水滴或冰晶组成的可见集合体。形成条件差不多，都是要有充沛的水汽、有利的冷却条件和有凝结核。但对形成云来说，降温是主要的条件，而且以绝热降温为主；而对形成雾来说，降温与增湿同样重要，而且大气层结要稳定。

在地面上水汽的凝结现象主要有以下几种。

①露和霜。日落以后，由于地面冷却，近地面层气温逐渐下降。当气温下降至露点时，空气中水汽达到饱和，便凝结附于地表或地表物体面上。若当时地面温度大于0℃，水汽凝结成液态水滴，这就是露；如地面温度低于0℃，则水汽直接凝华形成白色疏松结构的结晶体，这便是霜。晴朗有微风的夜间，由于地面长波辐射强烈，冷却迅速，往往有利于霜或露的形成。

在秋、冬季，气象台站预报的"霜冻"与霜是两个不同的概念。霜冻是指温度下降到足以引起农作物受害或死亡的低温。有霜一般会发生霜冻，因为多数作物的临界生长点是0℃以上。但有霜冻未必有霜，因为有的作物气温未到0℃即开始枯萎或死亡，如有些热带作物。当贴地层气温虽然低于0℃但空气未饱和，没有白色晶体凝结出现，此叫黑霜；霜冻同时有霜，叫白霜或盐霜。我们要防御的只是霜冻而不是霜。

霜期的长短在农业上具有重要意义。霜期内多数作物停止生长，而无霜期则是作物的生长期。一般来说，纬度越低，无霜期越长；在同纬度地区，高度越高，无霜期越短；同一山地，同一高度，向阳坡的无霜期比阴坡要长。

②雾凇和雨凇。雾凇是一种白色固体凝结物，由过冷雾滴附着于地面物体或树枝迅速冻结而成，俗称"树挂"。多出现于寒冷而湿度高的天气条件下。雾凇和霜形状相似，但形成过程有别。霜主要形成于晴朗微风的夜晚，而雾凇可在任何时间内形成。霜形成在强烈辐射冷却的水平面上，而雾凇主要形成在垂直面上。

雨凇是形成在地面或地物迎风面上的，透明或毛玻璃状的紧密冰层，俗称"冰凌"。雨凇多半在温度为0~-6℃时，由过冷却雨、毛毛雨接触物体表面形成；或是经长期严寒后，雨滴降落在极冷物体表面冻结而成。雨凇可发生在水平面上，也可发生在垂直面上，并以迎风面聚集较多。

雾凇和雨凇通常都形成于树枝、电线上，严重时可压断电线，折损树木。特别是雨凇的破坏性更大，如坚硬的冰层使被覆盖的庄稼糜烂，牲畜无草可吃；道路变滑，农牧业和交通运输受损。

五、降水

(一) 降水的含义及其表示方法

降水是降水物或降水过程的简称。常见的有雨、雪、冰雹、霰等，称为垂直降水。也有的把近地气层、地面和地物上的水汽凝结物，如雾、露、霜、雾凇等称为水平降水。我国地面气象观测规范规定，降水量仅指垂直降水。

降水的多少用降水量表示。降水量是指在一定时间内降落到地面上的雨、雪等，在无蒸发和渗透流失情况下，积聚在水平面上的水层厚度（固态水需融化折合成液态水）。降水量的单位以 mm 表示，它的数位用雨量筒（或雨量计）来测定。降水和热量一样，是地球表面一切生命过程的基础，是塑造自然地理环境和影响人类活动的重要因素。森林、草原、荒漠的差别，主要是因水分条件不同而造成的。水分条件指的是降水量与实际蒸发量之差。降水量大于蒸发量，气候就湿润；反之则干燥。

单位时间内的降水量，称为降水强度。单位为 mm/h 或 mm/d。气象部门为了说明在一定时间内大气降水的数量特征，并用来预报未来天气的降水变化趋势，将降水强度分为若干等级，如表2.10。

表2.10   **降水强度划分标准**

划分标准	雨		雪
	mm/d	mm/h	mm/d
降水强度等级	小雨<10 25>中雨≥10 50>大雨≥25 100>暴雨≥50 200>大暴雨≥100 特大暴雨≥200	小雨<2.5 8.0>中雨≥2.5 16.0>雨≥8.0 暴雨≥16.0	小雪<2.5 5.0>中雪≥2.5 大雪≥5.0

表中数据说明，在单位时间内降水量愈多，降水强度愈大；反之愈小。我国降水最大强度的出现通常与强台风登陆、夏季强冷空气活动或二者结合有关，因此，在地区分布上多在东部和沿海地区。

（二）降水的发生过程

水汽是形成降水的"原料"，所以要降水首先大气中要有充足的水汽。水汽在上升过程中，因周围气压逐渐降低，体积膨胀，温度降低而逐渐变为细小的水滴或冰晶飘浮在空中形成云。当云滴增大到能克服空气的阻力和上升气流的顶托，且在降落时不被蒸发掉才能形成降水。水汽分子在云滴表面上的凝聚，大小云滴在不断运动中的合并，使云滴不断凝结（或凝华）而增大。云滴增大为雨滴、雪花或其他降水物，最后降至地面。人工降雨是根据降水形成的原理，人为地向云中播撒催化剂促使云滴迅速凝结、合并增大，形成降水，所以形成降水的关键在于使云滴增大成为雨滴。有两种方式可以实现这一过程，一种是凝结（凝华）增长，另一种是碰并增长。

①云滴的凝结（凝华）增长：在云的发展阶段，云体上升绝热冷却，或不断有水汽输入，使云滴周围的实际水汽压大于其饱和水汽压，云滴就会因水汽凝结或凝华而逐渐增大。当水滴和冰晶共存时，在温度相同的条件下，由于冰面饱和水汽压小于水面饱和水汽压，水滴将不断蒸发变小，而冰晶则不断凝华增大，这种过程称为冰晶效应（图2.49）；当大小或冷暖不同的水滴在云中共存时，也会因饱和水汽压不同而使小或暖的水滴不断蒸发变小，大或冷的水滴不断凝结增大。上述几种云滴增长条件中，以冰水云滴共存的作用最重要。

②云滴的碰并增长：云滴大小不同，相应具有不同的运动速度。云滴下降时，个体大的降落得快，个体小的降落得慢，于是大云滴将"追上"小云滴，碰撞合并成为更大的云滴（图2.50）。云滴增大，横截面积变大，下降过程中又能碰并更多的小云滴。云中含水量愈大，云滴大小愈不均匀，相互碰并增大愈迅速。这些冰粒如在较暖的气层中融化，就会以雨的形式降落到地面；如来不及融化，则会以雪、霰、雹等固体形

式降落。

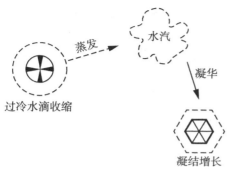

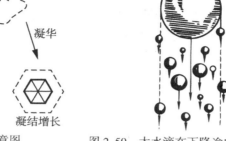

图 2.49　冰晶效应示意图　　　　图 2.50　大水滴在下降途中碰并小水滴

低纬度地区，云中出现冰水共存的机会不多，所以对气温大于 0℃的暖云降水而言，云滴碰并增大显得尤为重要。

目前国内外都在开展人工降水试验研究，即借助催化剂改变云滴的性质、大小和分布状况，创造云滴增大条件，以达到降水的目的。

冷云人工降水一般采用在云内播撒干冰（固体 CO_2）和 AgI。干冰升华将吸收大量热能，使紧靠干冰外层的温度迅速降低，从而使云中的水汽、过冷却水滴凝华或冻结成冰晶。碘化银微粒是良好的成冰核，只要其温度达到 $-5℃$，水汽就能以它为核心凝华成冰晶并继续增大，产生降水。暖云人工降水主要是在云内播撒氯化钠、氯化钾等粉末。钠盐、钾盐吸湿性很强，是很好的凝结核，吸收水分后能迅速成长为大云滴，合并其他云滴而形成降水。

（三）降水类型

降水的类型可以按不同的方法进行划分，如按降水物的物态形状可分雨、雪、霰、雹等；按降水强度可分小雨、中雨等（见表 2.10）；按降水性质又可分阵性降水和连续性降水，等等。这里主要按降水成因将降水分为 4 种基本类型。

1. 对流雨

对流雨是大气对流运动引起的降水现象。由于近地面层空气受热或高层空气强烈降温，引起不稳定的对流运动，促使低层空气强烈上升，气温急剧下降，水汽冷却凝结达到过饱和，就会产生对流雨。对流雨又称热雷雨。对流雨来临前常有大风，多以暴雨形式出现，并伴随闪电雷声，有时还下冰雹。在空气湿度很大、热力对流旺盛的时间和地区，易产生对流雨，因此，对流雨以低纬度地区出现最多，降水时间一般在午后，特别是在赤道地区，降水时间非常准确。赤道地区全年多对流雨，而我国多见于夏季。对流雨对形成热带雨林有着重大贡献。

2. 锋面雨

锋面活动时，暖湿气流在上升过程中，由于气温不断降低，水汽就会冷却凝结，成云致雨，这种雨称锋面雨。两种物理性质不同的气流相遇，它们的交界面叫锋面。在锋面上，暖、湿、较轻的空气被抬升到冷、干、较重的空气上面去。在抬升的过程中，空气中的水汽冷却凝结，形成降水。由于空气块的水平范围大，气流向上滑行速度较慢，因此锋面雨一般具有水平范围大、持续时间较长的特点。这种雨在广大的温带地区（包括我国大部分地区）占有极为重要的地位。

随着锋面平均位置的季节性移动，降水带的位置也随之移动。例如，我国从冬季到夏季，降水带的位置逐渐向北移动，5月份在华南，6月上旬到南岭-武夷山一线，6月下旬到长江一线，7月到淮河，8月到华北。从夏季到冬季，降水带则向南移动，在8月下旬从东北华北开始向南撤，9月即可到华南沿海，所以南撤比北进快得多。锋面降水持续时间长，短则几天，长则10天半个月以上。有时长达1个月以上。"清明时节雨纷纷"，就是对我国江南春季的锋面降水现象的准确而恰当的描述。

3. 地形雨

当潮湿的气团前进时，遇到高山阻挡，气流被迫缓慢上升，引起绝热降温，发生凝结，这样形成的降雨，称为地形雨。因此，地形雨多降在迎风面的山坡（迎风坡）上，背风坡面则因空气下沉引起绝热增温，反使云量消减，降雨减少。世界上降水最多的地方基本上都和地形有关，例如，印度的乞拉朋齐年平均降水量在10 000mm以上，该地正处在喜马拉雅山东段转折处的南坡，来自印度洋的湿热气流，遇山地阻挡抬升，产生丰富的降水。

4. 台风雨

台风是产生在热带海洋上的一种空气漩涡。台风中有大量暖湿空气上升，可产生强度极大的降水。台风活动带来的降水现象，称为台风雨。台风雨和对流雨的性质比较近似，对流雨较普遍但一般强度较弱，范围较小，台风扰动剧烈且范围很大，半径可达数百千米。台风雨的产生仅限于夏、秋季，有时会造成灾害。

（四）降水的分布变化

1. 降水的日变化

一天内的降水变化，在很大程度上受地方条件制约，可大致分为两种类型：

①大陆型：中纬度大陆性气候条件下，降水特点是有两个最大值，分别出现在午后和清晨；两个最小值，分别出现在夜间和午前。这是因为午后上升气流最为强盛，多对流雨；清晨则相对湿度最大，云层较低，稍经扰动即可降雨。午夜前后，气温直减率小，气层稳定，降水机会少；上午8~10时左右，相对湿度已没有早晨大，对流未达到最盛，所以降水可能性亦小。

②海洋或海岸型：其特点是一天只有一个降水最大值，出现在清晨，降水最小值则出现在午后。因为午后海面温度低于气温，大气低层稳定，难以形成云雨；夜间，海面温度高于气温，大气不稳定，易促使对流发展，产生云雨。

2. 降水的季节变化

降水季节变化因纬度、海陆位置、大气环流等因素而不同。一些地方年内降水量分配比较均匀，一些地方不均匀；一些地方降水集中在夏季，一些地方降水则集中在冬季。全球降水的年变化大致可分为以下几种：

①赤道型：全年多雨，其中有两个高值与两个低值时期。春分、秋分之后，降水量最多；冬至、夏至之后，降水量出现低值。这种类型分布在南北纬10°以内的地区。

②热带型：位于赤道南北两侧。由于太阳在天顶的时间不像在赤道上间隔相等，随着纬度的增加，两段最多降水量时间逐渐接近，至回归线附近合并为一。

③副热带型：副热带全年降水只有一个最高值，一个最低值。大陆东岸降水量集中于夏季（季风型），大陆西岸则冬季多雨（地中海型）。

④温带及高纬型：内陆及东海岸以夏季对流雨为主，西海岸则以秋冬气旋雨为最重要。

降水量的季节变化规律，反映出它所受的纬度、海陆位置、大气环流等因素的影响。因此，在专题气候图组中要反映某地降水量年分布情况时，常用单站降水直方图表示。某地的年降水直方图与年气温曲线相结合，常常用来说明该地的气候特征，如图2.51所表示的就是地中海型气候区某地的年降水量分布和气温变化情况。

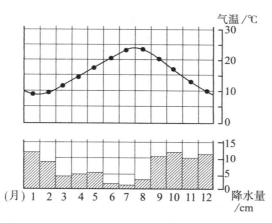

图2.51 地中海型气候的年气温与年降水的变化

3. 降水的地理分布

降水量在空间上的分布主要受纬度和大气环流的控制，而海陆位置、地形、局部地区气流运动等因素都是在前两个主导因素控制下起作用的。

从全球来看，世界年平均降水量按纬度分布，大致可分为四个降水带（图2.52）。

（1）赤道多雨带

在赤道及其两侧地带，这里终年高温、对流旺盛、水域辽阔，是全球年降水量最多的地带，年降水量一般在2 000~3 000mm，至少也在1 500mm以上。如果个别地区的地形与气流运动方向配合得好，则可形成更大量的降水，如南美洲哥伦比亚中部年降水量达7 139mm，非洲喀麦隆山地西坡达10 470mm。

（2）副热带少雨带

在纬度20°~30°一带受副高控制，下沉气流占优势，因此降水较少，尤其是大陆西岸及大陆内部地区降水更少，年降水量一般不超过500mm。但这一纬度带内的个别地区，由于受地理位置、季风环流、地形等因素影响，也可以形成降水丰富的地区，如乞拉朋齐。我国大部分属这一纬度带，因受东亚季风和台风影响，东南沿海一带年降水量也可达1 500mm左右。

（3）温带多雨带

在纬度35°~60°之间，由于多锋面和气旋活动，故降水较副热带地区丰富，一般为

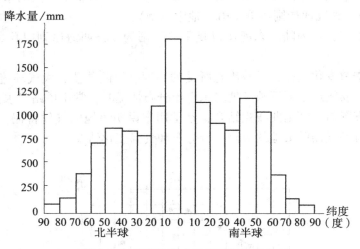

图 2.52　年平均降水量随纬度的分布

500~1 000mm。同时，这一带又处在西风环流控制下，因此，大陆西岸比大陆东岸降水更丰富，如智利西海岸（42°~54°S）年降水量可达 3 000~5 000mm。

（4）极地少雨带

这里因纬度高，全年气温很低，蒸发微弱，固降水偏少，一般年降水量少于 300mm。表 2.11 列出了北半球各纬度带的平均年降水量值。

表 2.11　　　　　　　　　　北半球各纬度带平均年降水量/mm

纬度带	0°~10°	10°~20°	20°~30°	30°~40°	40°~50°	50°~60°	60°~70°	70°~80°
年降水量	1 677	763	513	501	561	510	340	194

六、湿润系数

一个地方的年降水量表示该地的水分收入状况，蒸发量说明该地的水分支出状况。某地是湿润还是干旱，就要视当地降水量（P）与蒸发量（E）二者的对比关系，常用湿润系数表示，即

$$K = \frac{P}{E}。$$

当 $P \geq E$ 时，表明水分收入大于等于支出，属于湿润状况；当 $P < E$ 时，反映水分收入小于支出，属于半湿润、半干旱或干旱。例如，在副热带高压区年降水量（500mm）虽然大于高纬度地带年降水量（300mm），但前者气温高，蒸发能力强，入不敷出，故为干旱或半干旱地区；而后者气温低，蒸发弱，蒸发量小于降水量，因而为湿润区。湿润系数的大小，对自然景观结构特征的形成有着深刻的影响。水分的收支状况在自然环境中具有重要意义。

第三节　天气系统

大气的三个物理过程——受热过程、运动过程和降水过程，反映大气物理状态中的气温、气压和湿度三个气象要素。它们彼此联系，相互影响。天气是指一定的短时间内、一定地点气象要素的综合状况，它包含着大气物理过程与天气现象（晴、阴、风、雨等）两个方面，并经常处于运动与变化之中。

天气系统通常指引起天气变化和分布的高压、低压和高压脊、低压槽等具有典型特征的大气运动系统。气象卫星观测资料表明，大大小小的天气系统是相互交织、相互作用的，并在大气运动过程中演变着。天气系统的分布状况称为天气形势，而天气或天气系统的发生、发展、演变的过程称为天气过程。气压的高低，主要受气温状况的支配，气压支配气流运动，而气流运动又对水分的输送起着重要的作用，大气中的水分又因气温的改变而在不断地变化着。于是，气压、气温、水分三者相互依赖、相互矛盾，并在斗争中进行着一系列大气物理过程，产生相应的天气系统，反映出不同的天气状况。这里，起支配地位的仍然是气温。下面介绍几种主要的天气系统。

一、气团及其分类

（一）气团的概念

气团是指气象要素（主要指温度和湿度）水平分布比较均匀的大范围的空气团。在同一气团中，各地气象要素的重点分布几乎相同，天气现象也大致一样，因此气团具有明显的天气意义。气团的水平范围可从几百千米到几千千米，垂直高度可达几千米到十几千米，常常从地面伸展到对流层顶。不同气团有不同的物理属性。

大气的热量主要来自地球表面，空气中的水汽也来自地球表面水分的蒸发，所以下垫面是空气最直接的热源，也是最重要的湿源。气团形成的条件首先需要有大范围的性质比较均匀的下垫面，如广阔的海洋、冰雪覆盖的大陆、一望无际的沙漠等，都可作为形成气团的源地。此外，气团形成还应具备适当的流场条件，使大范围的空气能在源地上空停留较长的时间或缓慢移动，通过大气中各种尺度的湍流、对流、辐射、蒸发和凝结及大范围的垂直运动等物理过程与地球表面进行水汽与热量交换，从而获得与下垫面相应的比较均匀的温、湿特性。

适当的流场通常是指准静止的大型的高压流场。在准静止的高压控制下，高压中的辐散下沉运动，可以使大气中的温度、湿度的水平梯度减小，增加大气中温、湿特性的水平均匀性，同时稳定的环流可使空气较长时间地缓慢移动在温、湿特性比较均匀的下垫面上，使空气有足够长的时间取得下垫面的温、湿特性。气团发生的区域称为气团源地。在永久性或半永久性的高压系统的环流条件下，空气运动速度非常缓慢，风力微弱，为大块空气获得与地表物理性质相一致的属性提供了有利的环境。例如，西伯利亚地区冬季为一个不大移动的高压所盘踞，是形成干冷气团的源地。在中国东南方向的辽阔海洋上常有太平洋高压存在，是形成暖湿气团的源地。

大气处在不断的运动中。当气团在广阔的源地上取得大致与源地相同的物理属性后，若环流条件发生变化，气团就要离开源地移至与源地性质不同的下垫面，二者间又发生了热量与分的交换，则气团的物理属性又逐渐发生变化，这个过程称为气团的变性。

对于不同的气团来说，其变性的快慢是不同的。一般说来，冷气团移到暖的地区变性快，而暖的气团移到冷的地区变性慢。这是因为，当冷气团离开源地后，气团低层要变暖、增温，逐渐趋于不稳定，对流易发展，能很快地把低层的热量和水汽向上输送，因此，气团变性快；相反，当暖气团离开源地后，由于气团低层不断变冷，气团逐渐趋于稳定，对流不易发展，因此，气团变性较慢。新区域地表性质与源地差异愈明显，则气团变性愈快；反之，则愈慢。当然，气团移动速度的快慢，与气团变性的程度有一定的关系。

（二）气团的分类

气团的分类方法主要有三种。第一种是按气团的热力性质不同，划分为冷气团和暖气团；第二种是按气团的湿度特征的差异，划分为干气团和湿气团；第三种是按气团的发源地，划分为冰洋气团、极地气团，热带气团、赤道气团。

1. 气团的热力分类

气团的热力分类，是根据气团移动时，气团内的物理属性（主要是温度）与其所经过的下垫面之间的温度对比区分确定的。据此，气团分为暖气团与冷气团两种。

暖气团是指气团本身的温度高于它所移经的下垫面温度，因此，它可使到达地区（或移经地区）增温，而气团自身则逐渐向冷变性。一般地讲，这种气团往往是由低纬度地区移向高纬度地区的，或者在冬季从海洋移到大陆上的气团（夏季相反）。当暖气团移动与冷的下垫面接触时，气团与地面进行热量交换，并滑行在较冷气团之上，往往造成连绵阴雨天气。

冷气团是指气团本身的温度低于移经地区下垫面的温度，使移经地区或到达地区降温，而气团本身由下层向上逐渐变暖。一般来说，由高纬度移向低纬的气团，或冬季由大陆移向海洋的气团，均属冷气团。当其前进时，前方较暖气团被迫抬升，往往造成阵性降水天气。

2. 气团的地理分类

气团的地理分类是依据气团源地的特点来进行的，可分为如表 2.12 所列类型。

表 2.12　　　　　　　　　　气团的地理分类

名　　称	符号	主要特征天气	主要分布地区
冰洋（北极、南极）大陆气团	A_c	气温低，水汽少，气层非常稳定，冬季入侵大陆会带来暴风雪天气	南极大陆，65°N 以北冰雪覆盖的极地地区
冰洋（北极、南极）海洋气团	A_m	性质与 Ac 相近，夏季从海洋获得热量和水汽	北极圈内海洋上，南极大陆周围海洋
极地（中纬度或温带）大陆气团	P_c	低温，干燥，天气晴朗，气团低层有逆温层，气层稳定，冬季多霜、雾	北半球中纬度大陆上的西伯利亚、蒙古、加拿大、阿拉斯加一带
极地（中纬度或温带）海洋气团	P_m	夏季同 P_c 相近，冬季比 P_c 气温高，湿度大，可能出现云和降水	主要在南半球中纬度海洋上，以及北太平洋、北大西洋中纬度洋面上

续表

名　　　称	符号	主要特征天气	主要分布地区
热带大陆气团	T_c	高温，干燥，晴朗少云，低层不稳定	北非、西南亚、澳大利亚和南美一部分的副热带沙漠区
热带海洋气团	T_m	低层温暖、潮湿且不稳定，中层常有逆温层	副热带高压控制的海洋上
赤道气团	E	湿热不稳定，天气闷热，多雷暴	在南北纬10°之间的范围内

冰洋气团（A）：根据源地又可分为冰洋大陆气团（Ac）和冰洋海洋气团（A_m）。此气团形成于极地高压系统。特点是气温低，水汽含量少，气层稳定。北极地区的冰洋气团冬季入侵大陆时，常会形成严寒的暴风雪天气。对于我国的天气变化，冰洋气团影响不大。

极地气团（P）：极地气团又称中纬度气团。根据源地性质不同，它又可分为极地大陆气团（P_c）和极地海洋气团（P_m）。P_c气团主要形成于45°~70°N的亚洲大陆（如西伯利亚）、北美加拿大和阿拉斯加等地区。冬季，P_c气团势力强大，特别活跃，其移经时气温低而干燥，对我国影响极大，是冬季风的主要来源。其实，形成于西伯利亚蒙古一带的P_c气团，在南侵我国时已有一定程度的变性，因此，确切地说，影响我国冬季天气的主要是变性极地大陆气团（NP_c）。P_m气团多属由P_c气团移至海洋上变性而成。

热带气团（T）：它按源地性质也可分为热带大陆气团（T_c）和热带海洋气团（T_m）两类。T_c形成于副热带欧亚大陆的大部分地区，以及北非、阿拉伯半岛和北美西南部等地，冬季见于北非。其特点是气温高而干燥。我国云南、川西等地冬季常受该气团影响。T_m形成于副热带海洋上，北太平洋夏威夷群岛附近和北大西洋亚速尔群岛附近两个副热带高压中心是它的主要发源地。其特点是低层温度较高，湿度较大，气层不太稳定。夏季该气团很活跃，对我国影响很大，是夏季风的主要来源，并对我国夏季降水及其地理分布有特别重要的影响。

赤道气团（E）：形成于赤道地带，那里大陆面积小，海洋面积大，源地属性基本一致，不必再分大陆气团与海洋气团。由于赤道带的地理环境，决定了该气团温度高、湿度大，水汽含量丰富，气层不稳定。因此，在它控制下的天气常表现为闷热多雷阵雨。在盛夏季节里，E气团可以北侵我国华南与西南一带，并伴以一定量的降水。

气团的分类，反映出气团在物理属性上的差异。对某一地区来说，不同属性气团的交替及气团的变性，是导致该地区天气变化的重要原因之一。而气团的活动情况，因地因季节的差异而不同。在我国，冬季主要受P_c（或NP_c）控制，T_m仅影响华南、华东、云南等地。夏季P_c退居长城以北，T_m影响我国大部，这两种不同性质气团交绥，是形成夏季降水的主要原因，也是产生冬季风与夏季风的主要原因。T_c气团影响西南地区，形成酷暑天气。

二、锋与天气

（一）锋的概念

锋由两种物理性质不同的气团相接触形成，其水平范围与气团水平尺度相当，长达几百千米到几千千米。水平宽度在近地面层一般为几十千米，窄的只有几千米，宽者也不过几百千米，到高空增宽，可达 200~400km，甚至更宽些。

锋区是指冷、暖气团间狭窄的过渡地带；由于锋区的宽度同气团宽度相比显得很狭窄，因而常把锋区看成是一个几何面，称为锋面。它在空中是倾斜的，如图 2.53 所示。锋面与地面的交线称为锋线。锋面和锋线统称锋。

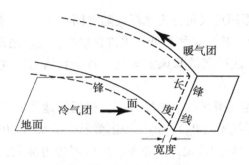

图 2.53　锋在空间的状态

（二）锋的分类与天气

根据形成锋的气团源地类型（图 2.54），锋可分为冰洋锋、极锋、赤道锋 3 种类型。

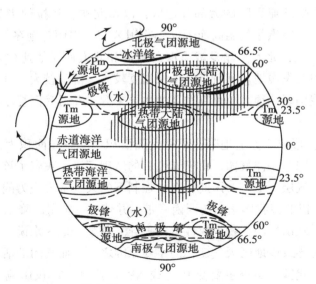

图 2.54　气团和锋的地理分布

①冰洋锋：冰洋气团与极地气团之间形成的锋称为冰洋锋（A/P）。

②极锋：极地气团与热带气团之间形成的锋称为极锋（P/T）。极锋两侧气团的物理属性差异较大，因此，锋面上气旋活动频繁。

③赤道锋：由热带气团与赤道气团相接触而形成的锋称为赤道锋（T/E）。

我国东部地区以极锋活动平均到达位置作为划分季风影响范围的界限。冬季风南界，按极锋向南扩展的位置，可达15°N的南海中部；夏季风北界，按极锋北撤的位置，可达内蒙古与黑龙江最北部。

根据锋两侧冷、暖气团移动方向和结构状况，一般又把锋分为冷锋、暖锋、准静止锋和锢囚锋4种类型。

①暖锋：暖锋是暖气团推动着锋面向冷气团一侧移动的锋。暖气团温度高，湿度较大，密度较小，因此暖气团总是缓慢地滑行在冷气团之上，云层从地面锋位置往前伸展很远，出现的顺序为：卷云、卷层云、高层云、雨层云（图2.55）。锋面的倾斜度很小，约1/150，故暖锋（面）掩盖的地面范围较广，宽度约300～400km。由于暖气团滑行上升的速度缓慢，所以降水强度小，常为连续性降水，历时长、雨区广，云量也大。降水带出现在锋前冷区里，称锋前雨（图2.55）。暖锋过境后，该地区降水停止，气温回升。在我国，暖锋活动范围不广，常见于东北、长江以南和渤海地区，冬季较少，春季较多。

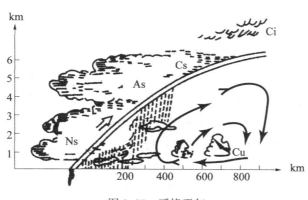

图2.55　暖锋天气

②冷锋：冷锋是冷气团推动着锋面向暖气团一侧移动的锋。冷锋又因移动速度快慢不同，分为一型（慢速）冷锋和二型（快速）冷锋。

第一型冷锋或称缓行冷锋，冷气团驱使暖气团前进，暖气团被迫抬升上滑。又由于冷气团插入暖气团之下前进，受地面摩擦影响，近地面层空气总是落后于上层，因此，冷锋锋面的倾斜度比暖锋要大，坡度约为1/100，锋面上的云区和降水区比暖锋要窄，云雨天气主要发生在地面锋后，紧接锋后为低云雨区，雨带宽约300km。离锋愈远，冷空气愈厚，云层也由雨层云逐渐抬高为高层云、高积云和卷云，最后不再受锋面影响，转为晴朗少云天气。这类冷锋的天气分布模式如图2.56（a）所示。

第二型冷锋亦称急行冷锋，锋面坡度约为1/50~1/70。锋前暖空气被激烈抬升，实际天气往往与暖空气性质有关。夏季，暖空气较潮湿，因此，在锋前区产生强烈的对流过

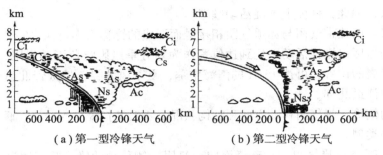

（a）第一型冷锋天气　　　　　　（b）第二型冷锋天气

图 2.56　冷锋天气

程，在冷空气冲击下，并产生对流性积雨云和浓积云。同时，因为这类锋的坡度较陡，故雨区沿锋延伸得很窄（仅几十千米）。这类冷锋称为急进冷锋。它过境时常伴随狂风骤雨，产生阵性降水和阵风，降水强度大，持续时间短，有时还出现雷暴雨天气，在夏季还有可能出现灾害性的冰雹天气（图 2.56（b））。冬季，暖空气较干燥，地面锋前只出现层状云，锋面移近时才有较厚云层，冷锋过境后，天气转晴，气温下降。

冷锋在我国活动范围甚广，是影响我国最重要的天气系统之一。它活动于我国绝大部分地区，甚至能影响到南海。冬半年活动尤为频繁（寒潮）。北方地区更为常见，夏半年也有它的活动。冷锋对我国东部广大地区的冬半年降水有重要意义，华北地区夏季暴雨天气的出现也常与冷锋活动有关。

③准静止锋：准静止锋是冷、暖气团势力相当或有时冷气团占主导地位，有时暖气团又占主导地位，锋面很少移动或处于来回摆动状态的锋。多出现连续性降雨天气。准静止锋的形成情况与暖锋类似，但与暖锋相比较，其锋面坡度更小（一般为 1/250 左右），云区与雨区更广（一般大于 400km），而降水强度很小，历时更长，常出现阴雨连绵的天气。事实上，绝对的静止是没有的。气象预报上一般把天气图上 6 小时内锋面位置无大变化作为判断准静止锋的依据。影响我国的准静止锋主要有：华南准静止锋、江淮准静止锋、昆明准静止锋、天山准静止锋。例如，初夏，江淮准静止锋——江淮地区的梅雨天气（黄梅时节家家雨）；春季，华南准静止锋——清明时节的连阴雨天气（清明时节雨纷纷），常是暖锋或静止锋天气。冷锋移行受阻而停滞，也可转变成准静止锋，如冬季，昆明准静止锋——贵阳的阴雨天气（地无三尺平，天无三日晴）；天山准静止锋——冬季天山北坡微雪和阴雾天气。

④锢囚锋：暖气团、较冷气团和更冷气团相遇时先构成两个锋面，然后其中一个锋面追上另一个锋面，即形成锢囚锋。我国常见的是锋面受山脉阻挡所形成的地形锢囚；或冷锋追上暖锋，或两条冷锋迎面相遇形成的锢囚。它们迫使两锋间暖空气被抬离地面锢囚到高空。我们将冷锋后部冷气团与锋面前面冷气团的交界面称为锢囚锋。锢囚锋具有冷暖锋的特点，其云系也具有两种锋面的特征，锋面过境时，两侧均为降水区，先是暖锋云系和连续性降水，然后转为冷锋云系和阵性降水（图 2.57）。由于大范围暖空气被迫上升，锋面两侧降水强度往往很大。我国东北地区是锢囚锋活动最多的地区，其多数是从蒙古和俄

罗斯贝加尔湖一带移来的。冬春季我国东北地区多出现暖式锢囚锋，华北地区则多出现冷式锢囚锋。

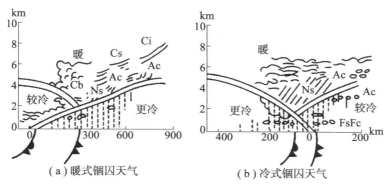

图 2.57　锢囚锋天气

三、气旋和反气旋

（一）气旋和反气旋的概念与机制

1. 气旋的概念与机制

气旋是指北（南）半球，大气中水平气流呈逆（顺）时针旋转的大型涡旋。在同高度上，气旋中心的气压比四周低，又称低压。它在等高面图上表现为闭合等压线所包围的低气压区，在等压面图上表现为闭合等高线所包围的低值区。气旋近似于圆形或椭圆形，大小悬殊。小气旋的水平尺度为几百千米，大的可达三四千千米，属天气尺度天气系统。气旋中，天气常发生剧烈的变化，是人们最关心和最早研究的天气系统。

地面气旋中心及其前方，低层气流辐合，高层辐散，盛行上升运动。当高层辐散大于低层辐合时，气压下降，气旋加深；反之，气压上升，气旋就被填塞。因此对流层上部的强烈辐散，是气旋发生和发展的重要条件。对流层上部低压槽的槽前为辐散区，槽后为辐合区。

2. 反气旋的概念与机制

反气旋是指中心气压比四周气压高的水平空气涡旋，也是气压系统中的高压。北半球反气旋中，低层的水平气流呈顺时针方向向外辐散，南半球反气旋则呈逆时针方向向外辐散。由于反气旋中的空气向四周辐散，形成下沉气流，因此，反气旋控制时，一般天气都比较好。冬季多晴冷天气，夏季多晴热高温天气，春、秋两季多风和日丽、秋高气爽的天气。反气旋的水平尺度比气旋更大，如冬季的蒙古-西伯利亚高压占据亚洲大陆面积的 1/4。

图 2.58（a）表示地球上无地转风向力时大气的辐合与辐散情况，图 2.58（b）、（c）分别表示当存在地转风向力时北、南半球的大气辐合与辐散情况。图 2.59 表示大气的辐散和辐合、气旋与反气旋的相互关系（侧视图）。

（二）气旋

气旋是由锋面上或不同密度空气分界面上发生波动形成的、占有三度空间、中心气压

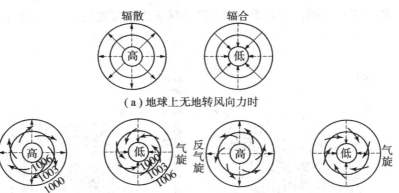

图 2.58　大气的辐散和辐合、气旋与反气旋（俯视图）

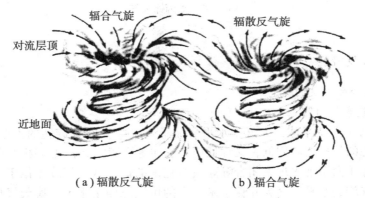

图 2.59　大气的辐散和辐合、气旋与反气旋的相互关系（侧视图）

比四周低的水平空气涡旋，见图 2.59（a）。其中心气压一般在 970～1 010hPa，最低值可低至 887hPa。北半球气旋空气按反时针方向自外围向中心运动，强大的气旋，地面风速可达 30m/s 以上。气旋直径在两三百到两三千千米之间。

根据地理位置，气旋可分为温带气旋（发生在极锋上）和热带气旋（发生在赤道锋上）两类。

1. 温带气旋

温带气旋即锋面气旋，一般活动于中纬度地区。图 2.60 是一幅地面天气图，从中可清楚地看出两个锋面气旋活动。一个在我国华北和东北地区，中心气压值低于 995hPa，表示发展成熟，规模大而势力强；另一个在江淮下游地区，处于开始形成阶段。

由于气旋是一个低压区，因此气旋中有强烈的上升气流，有利于云和降水的形成，常表现为阴雨天气。锋面气旋天气比较复杂，既有气团天气，也有锋面天气。强烈的上升气流有利于云和降水的形成，气旋前部天气更坏。气团湿度大更易发生降水；气团干燥则仅形成一些薄云。气团层结稳定，暖气团得到系统抬升，产生展状云系和连续降水；气团层结不稳定则利于对流发展，产生积状云和阵性降水。气旋区内如有冷暖锋，则气旋前方是宽广的暖锋云系和连续性降水，后方是较狭窄的冷锋云系和阵性降水（图 2.61）。

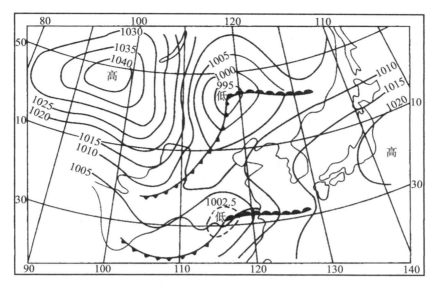

图 2.60 地面天气气旋活动实例（hPa）

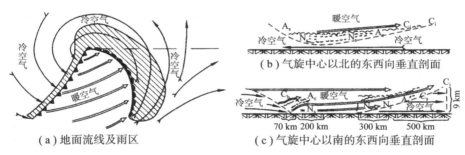

图 2.61 气旋模式

  温带气旋主要出现在东亚、北美、地中海等地区。东亚锋面气旋生成在 25°～35°N 间，即我国江淮地区，称江淮气旋；生成在 45°～55°N 间，即蒙古中部至我国大兴安岭一带，称东北低压。

  2. 热带气旋

  生成于热带海洋上的强大而深厚的气旋性空气涡旋，称热带气旋。

  热带气旋中心附近最大风力≤7 级（≤17.1m/s）的称为热带低压；8～9 级（17.2～24.4m/s）的称为热带风暴；10～11 级（24.5～32.6m/s）的称为强热带风暴；≥12 级（≥32.7m/s）的称为台风（或飓风）。

  为了标识风力强大的热带风暴和台风，1998 年 12 月，马尼拉国际台风委员会第 31 届会议决定，从 2000 年 1 月 1 日起，对西太平洋和南海出现的热带风暴强度以上的热带气旋，将采用新的命名方法（见表 2.13）。新的命名表共有 140 个名称，分别由台风委员会的成员国各提供 10 个组成。它们共分 5 列。今后将按顺序给热带气旋命名，循环使用。

  台风是最强的热带气旋，它的结构和天气，可以说是热带气旋结构和天气的典型。根据台风中的风、云、雨等在水平方向上的分布特征，可将台风分为大风区、暴雨区和台风眼区（图 2.62）。

大风区：自台风边缘到最大风速之间的区域，风速在 8 级以下，向中心急增。

暴雨区：从最大风速区，到台风眼壁，有狂风、暴雨、强烈的对流等，台风中最恶劣天气均集中出现其间。

台风眼区：台风眼是由于外围的气流旋转太急，无法侵入而造成的，半径约 5～20km。台风眼内气流下沉，风速迅速减弱或静风，天气晴好。

台风的生命期一般为 3~8 天，直径一般为 600~1 000km，最大可达 2 000km，最小只有 100km。就全球来说，平均每年出现 80 次台风（包括热带风暴），北半球占 73%，南半球占 27%。在北半球，一年四季都有台风（包括热带风暴）活动，最多出现在夏、秋季节，尤以 8 月和 9 月最集中。在南半球，绝大多数台风发生在 1~3 月，尤以 1 月最多。1970 年 11 月 2 日，在孟加拉湾出现的一次台风，海水上涨把一个岛淹没了，使 30 万人丧生，这是世界上台风危害最严重的一次。

表 2.13　台风委员会西北太平洋和南海热带气旋命名表（自 2000 年 1 月 1 日起执行）

第 1 列		第 2 列		第 3 列		第 4 列		第 5 列		备　注
英文名	中文名	英文名	中文名	英文名	中文名	英文名	中文名	英文名	中文名	名字来源
Damrey	达维	Kong-rey	康妮	Nakri	娜基莉	Krovanh	科罗旺	Sarika	沙莉嘉	柬埔寨
Longwang	龙王	Yutu	玉兔	Fengshen	风神	Dujuan	杜鹃	Haima	海马	中国
Kirogi	鸿雁	Toraji	桃芝	Kalmaegi	海鸥	Maemi	鸣蝉	Mcari	米雪	朝鲜
Kai-tak	启德	Man-yi	万宜	Fung-wong	凤凰	Choi-wan	彩云	Ma-on	马鞍	中国香港
Tembin	天秤	Usagi	天兔	Kammuri	北冕	Koppu	巨爵	Tokage	蝎虎	日本
Bolaven	布拉万	Pabuk	帕布	Phanfone	巴蓬	Ketsana	凯萨娜	Nock-ten	洛坦	老挝
Chanchu	珍珠	Wutip	蝴蝶	Vongfong	黄蜂	Parma	芭玛	Muifa	梅花	中国澳门
Jelawat	杰拉华	Sepat	圣帕	Rusa	沙鹿	Melor	茉莉	Merbok	苗柏	马来西亚
Ewiniar	艾云尼	Fitow	菲特	Sinlaku	森拉克	Ncpartak	尼伯特	Nanmadol	南玛都	密克罗尼西亚
Bilis	碧利斯	Danas	丹娜丝	Hagupit	黑格比	Lupit	卢碧			菲律宾
Kaemi	格美	Nari	百合	Changmi	蔷薇	Sudal	苏特	Talas	塔拉	韩国
Prapiroon	派比安	Vipa	韦帕	Megkhla	米克拉	Nida	妮妲	Noru	奥鹿	泰国
		Francisco	范斯高	Higos	海高斯	Omais	奥斯	Kularh	玫瑰	美国
Maria	玛莉亚	Lekima	利奇马	Bavi	巴威	Conson	康森	Roke	洛克	越南
Saomai	桑美	Krosa	罗莎	Maysak	美沙克	Chanthu	灿都	Sonca	桑卡	柬埔寨
Bopha	宝霞	Haiyan	海燕	Haishen	海神	Dianmu	电母	Nesat	纳沙	中国
Wukong	悟空	Podul	杨柳	Pongsona	凤仙	Minduie	蒲公英	Haitang	海棠	朝鲜
Sonamu	清松	Lingling	玲玲	Yanyan	欣欣	Tingting	婷婷	Nalgae	尼格	中国香港
Shanshan	珊珊	Kajilki	剑鱼	Kujira	鲸鱼	Kompasu	圆规	Banyan	榕树	日本
Yagi	摩羯	Faxai	法西	Chan-hom	灿鸿	Nantheun	南川	Washi	天鹰	老挝
Xangsane	象神	Vamei	画眉	Linfa	莲花	Malon	玛瑙	Mtsa	麦莎	中国澳门
Bebinca	贝碧嘉	Tapah	塔巴	Nangka	浪卡	Meranti	莫兰蒂	Sanvu	珊瑚	马来西亚
Rumbia	温比亚	Mitag	米娜	Seudelor	苏迪罗	Ranamim	云娜	Mawar	玛娃	密克罗尼西亚
Soulik	苏力	Hagibis	海贝思	Imbudo	伊布都	Malakas	马勒卡	Guchol	古超	菲律宾

| 第 1 列 | | 第 2 列 | | 第 3 列 | | 第 4 列 | | 第 5 列 | | 备　注 |
英文名	中文名	英文名	中文名	英文名	中文名	英文名	中文名	英文名	中文名	名字来源
cimaron	西马仑	Noguri	浣熊	Koni	天鹅	Megi	鲇鱼	Talim	泰利	韩国
Chebi	飞燕	Ramasoon	威马逊	Hanunan	翰文	Chaba	暹芭	Nabi	彩蝶	泰国
Durian	榴莲							Khanun	卡努	
Utor	尤特	Chataan	查特安	Etau	艾涛	Kodo	库都	Vicente	韦森特	美国
Trami	潭美	Halong	夏浪	Vamco	环高	Songtla	桑达	Saola	苏拉	越南

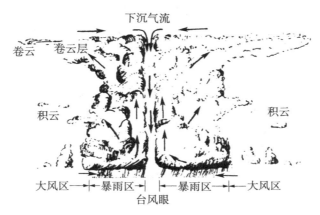

图 2.62　台风结构示意图

热带气旋的形成是有一定环境条件的，如海面温度要高，必须超过 26.5℃，纬度要偏低，但又不可能在赤道洋面处形成，因为那里地球偏转力为零。因此，热带气旋常发生在 5°~20°N 的洋面上，尤以 10°~15°N 为多。这里除满足上述两个条件外，更重要的是，北半球夏季，这里正是西南季风与由副高吹向低纬的东北信风的热带辐合带。在此辐合带上有强烈的上升气流，容易生成涡旋，形成反时针方向的气旋。愈近中心气压愈低，于是便发展成为热带气旋。

热带气旋形成后要发生移动。移动的方向和速度取决于热带气旋的动力。动力分内力和外力两种。内力主要是由地转偏向力差异引起的向北和向西的合力。外力是热带气旋外围环境流场对涡旋的作用力。在西太平洋地区的热带气旋移动，大致有 3 条路径。一是西移路径（Ⅰ）：热带气旋从菲律宾以东洋面一直向西移动，经南海在海南岛或越南登陆；二是西北路径（Ⅱ）：热带气旋向西北偏西方向移动，在中国台湾登陆，然后穿过台湾海峡，在浙闽一带登陆；三是转向路径（Ⅲ）：热带气旋从菲律宾以东海面向西北移动，然后转向东北方向移去，路径呈抛物线型，对中国东部沿海地区及日本影响较大。

（三）反气旋

反气旋是和高压区紧密联系相伴出现的大型空气旋涡，见图 2.59（b）。气流由中心向四周旋转运动，旋转方向在北半球为顺时针，在南半球为逆时针。反气旋中心气压值一般为 1020~1030hPa，最高达 1 083.8hPa。反气旋中风速较小，地面最大风速也只有 20~30m/s，中心区风力微弱。反气旋的直径小的几百千米，大的可与最大的大陆相比，例如冬季亚洲大陆反气旋可笼罩整个亚洲大陆面积的3/4。

根据热力结构，反气旋可分为冷性反气旋和暖性反气旋；按形成原因和主要活动的区域，反气旋可分为副热带反气旋、温带反气旋。活动在高纬度大陆近地层的反气旋，多属冷性反气旋，即温带反气旋。活动于副热带区域的反气旋，则属暖性反气旋。

1. 冷性反气旋

冷性反气旋，也称冷高压。它发生于中、高纬度地区，如北半球格陵兰、加拿大、西伯利亚和蒙古等地。冬半年活动频繁，势力强大，影响范围广泛，往往给活动地区造成降温、大风和降水，是中高纬度地区冬季最突出的天气系统。

冷性反气旋内部空气比较干冷，空气下沉，云雨不易形成，在它的控制下较多出现晴冷少云的天气，易发生霜冻。当高空形势改变时，受高空气流引导而向东向南移动，又称移动性反气旋。

冷性反气旋地面气压虽然很高，但气压垂直梯度大，所以只出现于近地面气层中，垂直厚度通常只有1~1.5km。活动于我国境内的冷性反气旋冬季最强，春季最多。冬半年大约每3~5天就有一次冷性反气旋活动。强烈的冷性反气旋带来冷空气入侵，形成降温、大风天气，易使越冬作物受到低温冻害。冬半年，冷性反气旋活动频繁。强烈的冷高压南移时，造成大规模的冷空气入侵，引起大范围地区剧烈的降温、霜冻、大风等严重的灾害性天气，称为寒潮。

2. 暖性反气旋

暖性反气旋形成于副热带地区，是常年存在的稳定少变高压区。厚度可达对流层上层；冬季位置偏南，夏季偏北。反气旋的路径没有气旋路径清楚。由于南、北纬25°~30°空气下沉，在近地面扩散形成反气旋，因此在海洋上，全年都存在副热带反气旋。在大陆上，副热带反气旋冬季月份往往发展得很好；夏季由于温度高，形成各类季风，反气旋带破碎。夏季，暖性反气旋控制下的地区往往出现晴朗炎热天气。盛夏，北太平洋副热带高压强大西伸时，我国东南部地区在其控制下盛行偏南气流。东南气流尽管来自海洋，空气湿度大，但因下沉气流阻碍地面空气上升，难以形成云雨，天气更显闷热。长江中下游河谷夏季酷暑天气的出现与副高暖性反气旋活动有重要关系。当副高势力强大、位置少移动时，其控制地区将出现持续干旱现象。

（四）气旋和反气旋的判断

可以根据"左右手定则"来判断气旋、反气旋的气流运动方向。采用"南左北右"规则，见图2.63。

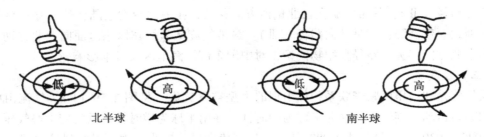

图2.63 气旋、反气旋气流运动方向的判定

南半球气旋、反气旋用左手表示：左手半握，大拇指向上，表示气旋中心气流上升，其他 4 指表示气流呈顺时针方向旋转流动，东部吹偏南风，西部吹偏北风；大拇指向下，表示反气旋中心气流下沉，其他 4 指表示气流呈逆时针方向旋转流动，东部吹偏北风，西部吹偏南风。

北半球气旋、反气旋用右手表示：右手半握，大拇指向上，表示气旋中心气流上升，其他 4 指表示气流呈逆时针方向旋转流动，东部吹偏南风，西部吹偏北风；大拇指向下，表示反气旋中心气流下沉，其他 4 指表示气流呈顺时针方向旋转流动，东部吹偏北风，西部吹偏南风。

四、影响我国的主要天气过程

（一）寒潮

寒潮是冬季的一种灾害性天气，人们也习惯上把寒潮称为寒流。所谓寒潮，就是北方的冷空气大规模地向南侵袭我国，造成大范围急剧降温和偏北大风的天气过程。寒潮一般多发生在秋末、冬季、初春时节。在北极地区由于太阳光照弱，地面和大气获得热量少，常年冰天雪地。到了冬天，太阳光的直射位置越过赤道，到达南半球，北极地区的寒冷程度更加增强，范围扩大，气温一般都在零下四五十度以下。范围很大的冷气团聚集到一定程度，在适宜的高空大气环流作用下，就会大规模向南入侵，形成寒潮天气。

我国位于欧亚大陆的东南部。从我国往北去，就是蒙古国和俄罗斯的西伯利亚。西伯利亚是气候很冷的地方，再往北去，就到了地球最北的地区——北极。北极比西伯利亚地区更冷，寒冷期更长。影响我国的寒潮就是从那些地方形成的。在一定的环流条件下，侵入西伯利亚或蒙古，并加强势力，南下入侵我国境内。每一次寒潮爆发后，西伯利亚的冷空气就要减少一部分，气压也随之降低。但经过一段时间后，冷空气又重新聚集堆积起来，孕育着一次新的寒潮的爆发。冬季，一次冷高压活动，同时也就带来一股冷空气的侵袭。当强大的冷空气南下时，使经过地区气温急剧下降，甚至出现严重霜冻，并伴随大风或雨雪的天气过程。冷空气的前缘，称为寒潮冷锋。寒潮天气是冷锋下形成的典型天气。

我国中央气象台规定，以一次冷空气南下，能使长江中下游及其以北地区 48 小时内降温 10℃以上，长江中下游（春秋季改为江淮地区）最低气温≤4℃，陆上 3 个大行政区有 5 级以上大风，渤海、黄海、东海先后有 7 级以上大风，作为寒潮警报标准。如果达不到上述标准，则为"冷空气活动"。可见，并不是每一次冷空气南下都称为寒潮。由于我国幅员辽阔，有些省份另外制定发布寒潮的标准，以适应当地生产的需要。

根据资料统计，95%左右的冷空气都要经过西伯利亚中部（70°~90°E，43°~65°N）地区并在那里积累加强。这个地区就称为寒潮关键区。从关键区入侵我国主要有 4 条路径：

①西北路（中路）：冷空气从关键区经蒙古到达我国河套附近南下，直达长江中下游及江南地区。循这条路径下来的冷空气，在长江以北地区所产生的寒潮天气以偏北大风和降温为主，到江南以后，则因南支锋区波动活跃可能发展为伴有雨雪天气。

②东路：冷空气从关键区经蒙古到我国华北北部，在冷空气主力继续东移的同时，低空的冷空气折向西南，经渤海侵入华北，再从黄河下游向南可达两湖盆地。循这条路径下来的冷空气，常使渤海、黄海、黄河下游及长江下游出现东北大风，华北、华东出现回

流，气温较低，并有连阴雨雪天气。

③西路：冷空气从关键区经新疆、青海、西藏高原东南侧南下，对我国西北、西南及江南各地区影响较大，但降温幅度不大，不过当南支锋区波动与北支锋区波动同位相而叠加时，亦可以造成明显的降温。

④东路加西路：东路冷空气从河套下游南下，西路冷空气从青海东南下，两股冷空气常在黄土高原东侧，黄河、长江之间汇合，汇合时造成大范围的雨雪天气，接着两股冷空气合并南下，出现大风和明显降温。

寒潮和强冷空气通常带来的大风、降温天气，是我国冬半年主要的灾害性天气。寒潮带来的雨雪和冰冻天气对交通运输危害不小。

很少被人提起的是，寒潮也有有益的影响。地理学家的研究分析表明，寒潮有助于地球表面热量交换。随着纬度增高，地球接收太阳辐射能量逐渐减弱，因此地球形成热带、温带和寒带。寒潮携带大量冷空气向热带倾泻，使地面热量进行大规模交换，这非常有助于自然界的生态保持平衡，保持物种的繁茂。气象学家认为，寒潮是风调雨顺的保障。我国受季风影响，冬天气候干旱，为枯水期。但每当寒潮南侵时，常会带来大范围的雨雪天气，缓解了冬天的旱情，使农作物受益。"瑞雪兆丰年"这句农谚为什么能在民间千古流传？这是因为雪水中的氮化物含量高，是普通水的 5 倍以上，可使土壤中氮素大幅度提高。雪水还能加速土壤有机物质分解，从而增加土中有机肥料。大雪覆盖在越冬农作物上，就像棉被一样起到抗寒保温作用。有道是"寒冬不寒，来年不丰"，同样有其科学道理。农作物病虫害防治专家认为，寒潮带来的低温，是目前最有效的天然"杀虫剂"，可大量杀死潜伏在土壤中过冬的害虫和病菌，或抑制其滋生，减轻来年的病虫害。据各地农技站调查数据显示，凡大雪封冬之年，农药可节省 60% 以上。寒潮还可带来风资源。科学家认为，风是一种无污染的宝贵动力资源。举世瞩目的日本宫古岛风能发电站，寒潮期的发电效率是平时的 1.5 倍。

（二）梅雨

梅雨（黄梅天），指中国长江中下游地区、台湾地区、日本中南部、韩国南部等地，每年 6 月中下旬至 7 月上半月之间持续天阴有雨的气候现象，此时段正是江南梅子的成熟期，故称其为"梅雨"。梅雨季节中，空气湿度大，气温高，衣物等容易发霉，所以也有人把梅雨称为同音的"霉雨"。连绵多雨的梅雨季过后，天气开始由太平洋副热带高压主导，正式进入炎热的夏季。

一般认为，梅雨是极锋活动的产物，是变性极地大陆气团（NP_c）南下到江淮一带与热带海洋气团（T_m）交绥，形成对峙状态的准静止锋。锋面气旋活动频繁，造成持续阴雨天气。因此，暖空气的活动是产生梅雨期降水的前提，冷空气南下则是必要的条件。

梅雨到来前，云量增多，湿度增大，风力小，天气闷热，然后是大范围大型的降水或暴雨；有时天气呈时晴时雨、时冷时热现象。梅雨期的降水量可占当年总雨量的 40% 左右。梅雨结束后，雨带北移到华北黄河流域一带，江淮流域受副高控制，以晴天为主，转入盛夏高温季节。

梅雨出现的早晚、持续期的长短，与当年 NP_c 和 T_m 气团的势力强弱有关，与副高活动有着重要联系。当副高稳定在 20°~25°N 时，江淮之间梅雨期会过长，如 1954 年江淮梅雨持续 49 天（6 月 12 日~7 月 30 日），造成江淮地区特大洪水。当副高势力弱且位置偏东时，则华北、华中可能出现干旱；当副高势力强大迅速北上时，则长江流域及以南地区可能出现严重干旱，而北方出现洪涝。如1963年江淮梅雨仅持续8天（6月22日~29日），锋面迅速北上，酿成华北水灾。这是我国经常出现的"北旱南涝"和"北涝南旱"的主要原因。

梅雨与我国东部广大地区的农业生产关系甚密，因这时正值南方夏收夏种，适时适量的降水对农业十分有利，可谓风调雨顺。如遇反常年份，则将引起程度不同的自然灾害。

（三）热带气旋

我国南部和东南部邻近热带气旋多发区，常受台风袭扰，台风中心气压很低，并有强烈上升气流，水汽十分充沛。热带气旋天气的最主要特征是狂风暴雨，多属暴雨、大暴雨和特大暴雨，日最大降水量可达200~1 000mm甚至更高。据统计，每年平均在我国登陆的热带气旋有6~7次（最多11次，最少3次），约有60%在浙江温州与广东汕头之间的沿海登陆；有35%在汕头以南的沿海登陆；有15%在温州以北沿海地区登陆。1934年7月19日，台湾的高雄遭台风暴雨袭击，12小时降水量达1 127mm。台风在海上能掀起巨大的波浪，最大浪高达10.1m。故强台风是我国东南沿海及华南地区的一种灾害性天气。当然，适时和适当强度的热带气旋登陆，对缓解东南沿海常常出现的伏旱和秋旱有一定作用，同时高温天气也可以得到缓和。

第四节 气候类型

一、气候的概念及分类方法

（一）气候的概念

气候是地球上某一地区各种天气过程长时期的综合表现，包括天气多年的平均状态和极端状态。研究气候的科学是气候学。时间尺度为月、季、年、数年到数百年以上。一般用某一地区各种气候要素（气温、湿度、气压、风、降水等）的统计量来表示该地区的气候特征。世界气象组织建议将30年作为描述气候的标准时段，用气候要素30年的平均值作为气候的特征值。

（二）气候的分类

世界各地的气候错综复杂，各具特点，既具有差异性，又具有相似性。遵循舍小异、存大同的原则，将全球气候按某种标准划分成若干类型，叫气候分类。同一类型的气候，其热量、水分等特征均符合同一规定的范围。由于对气候分类的标准有不同的理解，气候分类的方法多达数十种，但大体上可归纳为三大类，即实验分类法（也称经验分类法）、成因分类法和理论分类法。

实验分类法根据大量观测记录，以某些气候要素的长期统计平均值及其季节变化，并与自然界的植物分布、土壤水分平衡、水文情况及自然景观等相对照来划分气候类型。柯本、桑斯威特、沃耶伊柯夫和杜库恰耶夫等分别为这一分类法的代表。

成因分类法根据气候形成的辐射因子、环流因子和下垫面因子来划分气候类型。一般是先从辐射和环流来划分气候带，然后再就大陆东西岸位置、海陆影响、地形等因子与环流相结合来确定气候型。其代表主要有斯查勒分类法、弗隆分类法、阿里索夫分类法等。

理论分类法则是以水、热平衡为基础进行的气候分类法。

1. 柯本气候分类法

柯本气候分类法是以气温和降水两个气候要素为基础，并参照自然植被的分布而确定的。他首先把全球气候分为 A，B，C，D，E 五个气候带，其中 A，C，D，E 带为湿润气候，B 带为干旱气候，各带之中又划分为若干气候型，用小写英文字母表示，如表 2.14 所示。

表 2.14　柯本气候分类法（表中 r 表示年降水量（cm），t 表示年平均气温（℃））

气候带	特征	气候型	特　征
A 热带	全年炎热，最冷月平均气温≥18℃	Af 热带雨气候	全年多雨，最干月降水量≥6cm
		Aw 热带疏林草原气候	一年中有干季和湿季，最干月降水量小于 6cm 亦小于 $10-\dfrac{r}{25}$cm
		Am 热带季风气候	受季风影响，一年中有一特别多雨的雨季，最干月降水量<6cm 但大于 $10-\dfrac{r}{25}$cm
B 干带	全年降水稀少，根据一年中降水的季节分配，分冬雨区、夏雨区和年雨区来确定干带的界限	Bs 草原气候	冬雨区*　　年雨区*　　夏雨区* $r<2t$　　$r<2(t+7)$　　$r<2(t+14)$
		Bw 沙漠气候	$r<t$　　$r<t+7$　　$t<t+14$
C 温暖带	最热月平均气温>10℃，最冷月平均气温在 0~18℃之间	Cs 夏干温暖气候（又称地中海气候）	气候温暖，夏半年最干月降水量<4cm，小于冬季最多雨月降水量的 1/3
		Cw 冬干温暖气候	气候温暖，冬半年最干月降水量小于夏季最多雨月降水量的 1/10
		Cf 常湿温暖气候	气候温暖，全年降水分配均匀，不足上述比例者
D 冷温带	最热月平均气温在 10℃以上，最冷月平均气温在 0℃以下	Df 常湿冷温气候	冬长、低温，全年降水分配均匀
		Dw 冬干冷温气候	冬长、低温，夏季最多月降水量至少 10 倍于冬季最干月降水量
E 极地带	全年寒冷，最热月平均气温在 10℃以下	Et 苔原气候	最热月平均气温在 10℃以下，0℃以上，可生长些苔藓、地衣尖植物
		Ef 冰原气候	最热月平均气温在 0℃以下，终年冰雪不化

＊夏雨区指一年中占年降水总量≥70%的降水，集中在夏季 6 个月（北半球 4~9 月）中降落者；冬雨区指一年中占年降水量≥70%的降水，集中在冬季 6 个月（北半球 10 月至次年 3 月）中降落者；年雨区指降水全年分配均匀，不足上述比例者。

为了便于在气候型内更详细地区分气候，柯本又在气候型内根据温度、温度较差、湿度在该区域内的差异，在一个气候型内又分两个或几个不同的气候副型，这些气候副型既具有气候型内主要气候特征的普遍性，而各个气候副型之间又具有不同的特殊特征。为此，柯本在气候型后又加上第三个小写英文字母表示这种气候副型。在气候副型之后添加第四个小写英文字母表示气候分型。图 2.64 是假设的平坦、表面性质均匀的理想大陆上，柯本气候分类法中主要气候类型的分布图。

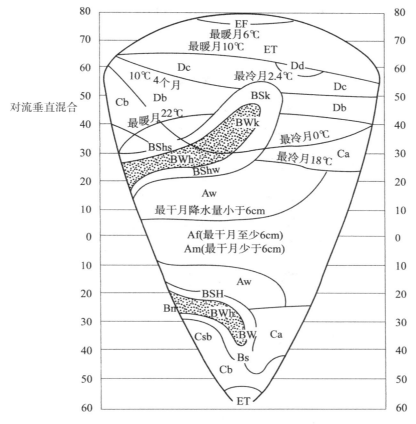

图 2.64 理想大陆上柯本气候分类模型

柯本气候分类法的优点是系统分明，各气候类型有明确的气温或雨量界限，易于分辨；用符号表示，简单明了，便于应用和借助计算机进行自动分类和检索；所用的气温和降水量指标是经过大量实测资料的统计分析，联系自然植被而制定的，与自然景观森林、草原、沙漠、苔原等对照比较符合。柯本气候分类法被世界各国采用，迄今未衰。

柯本气候分类法的缺点主要表现在 3 个方面。首先是只注意气候要素值的分析和气候表面的描述，忽视了气候的发生、发展和形成过程。其次是干燥带的划分并不合理，A，C，D，E 等四带是按气温来分带的，大体上具有与纬线相平行的地带性，而干燥气候由于形成的原因各不相同，出现在不同的纬度带上，不具有纬度地带性，因而不宜列为气候带。同时，柯本用年平均降水量与年平均温度的经验公式来计算干燥指标，也是十分牵强的。再次就是忽视高度的影响，只注意气温和降水量等数值的比较，忽视了由于高度因素造成的气温、降水变化与由于纬度因素造成的气温、降水变化的差异。

2. 斯查勒气候分类法

斯查勒认为天气是气候的基础，而天气特征和变化又受气团、锋面、气旋和反气旋所支配。因此，他首先根据气团源地分布、锋的位置和它们的季节变化，将全球气候分为三大带（图2.65），再按桑斯维特气候分类原则中计算可能蒸散量E_p和水分平衡的方法，用年总可能蒸散量E_p、土壤缺水量D、土壤储水量S和土壤多余水量R等项来确定气候带和气候型的界限，将全球气候分为3个气候带、13个气候型和若干气候副型，高地气候则另列一类。

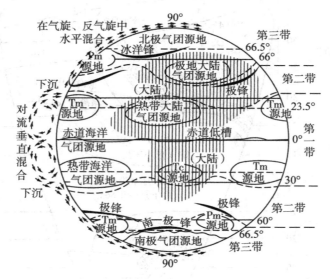

Pm：极地海洋气团；Tm：热带海洋气团；Tc：热带大陆气团

图 2.65 斯查勒气候分带简明图示

可能蒸散量E_p指在水分供应充足的条件下，下垫面最大可能蒸散的水分。E_p值主要取决于所在地的热量条件，因此E_p等值线分布基本上与纬线平行。根据世界13 000多个测站的测算资料，对照地球三个气候带确定以E_p值为130cm这条等值线作为低纬度与中纬度气候的分界线，E_p为52.5cm这条等值线作为中纬度与高纬度气候的分界线。在三个气候带内，再以土壤年总缺水量（D）15cm等值线作为干燥气候与湿润气候的分界线。有的地区一年中有的季节很潮湿，有的季节则非常干燥，则属于干湿季气候型。在湿润气候中，又因土壤多余水量R的不同分为三个副型。在干燥气候中也因土壤储水量S的多少再分三个副型。此外，还有高地气候一类。

斯查勒气候分类法的优点是重视气候形成的因素，把高地气候与低地气候区分开来，明确了气候的纬度地带性以及大陆东西岸和内陆的差异性。同时，又和土壤水分收支平衡结合起来，界限清晰，干燥气候与湿润气候的划分明确细致，具有实用价值。斯查勒气候分类法比柯本气候分类法更简单明了，是目前比较好的一种世界气候分类法。

斯查勒气候分类法的缺点，主要是对季风气候没有足够的重视。在东亚、南亚和澳大利亚北部是世界季风气候最发达的区域，在应用动力方法进行世界气候分类时季风这个因子是不容忽视的。在斯查勒气候分类中把我国的副热带季风气候、温带季风气候与北美东部的副热带湿润气候、温带大陆性湿润气候等同起来。又把我国南方的热带季风气候与非洲、南美洲的热带干湿季气候等同起来，这些都是不妥当的。

二、纬度气候带

决定太阳辐射强度的主要因素是太阳高度角，它主要受纬度的影响，因此，从全球来看，热量分布的总趋势与纬度大致相平行，由低纬向高纬呈带状排列，形成了地球上的7个纬度气候带，即赤道带、热带、亚热带、温带、亚寒带、寒带和极地带。图2.66就是按纬度划分的气候带。

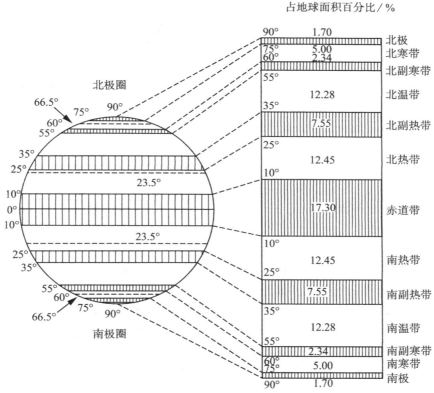

图2.66 纬度气候带

①赤道带：在南、北纬10°之间，占全球面积的17.36%，此带内全年正午太阳高度角大，昼夜长度几乎相等。全年太阳辐射强，热量丰富，太阳辐射日变化大，年变化小。

②热带：在纬度10°~25°之间，在南北半球各占全球面积的12.45%。此带内的辐射特征与赤道带相似，热量丰富但有季节变化。

③副热带：位于纬度25°~35°之间，在南北半球各占全球面积的7.55%，是热带与温带之间的过渡带，有明显的季节变化。天文辐射的季节变化大于赤道带和热带。

④温带：位于纬度35°~55°之间，在南北半球各占全球面积的12.28%，全年天文辐

射的季节变化最显著，有四季分明的特点。

　　⑤副寒带：位于纬度 55°~60°之间，在南北半球各占全球面积的 2.34%，是温带与寒带的过渡带，此带昼夜差别大，但无极昼和极夜现象。因全年太阳高度角均很低，太阳辐射能已大为减少，热量明显不足。

　　⑥寒带：位于纬度 60°~75°之间，在南北半球各占全球面积的 5.00%，此带一年中昼夜长度差别更大，在极圈内有极昼和极夜现象。全年天文辐射总量显著减小。

　　⑦极地：纬度 75°~90°之间，在南北半球各占全球面积的 1.70%，此带昼夜差别最大，在极点半年为昼，半年为夜。天文辐射日变化最小，年变化最大，是全球热量最少的地带，地表全年为冰雪所覆盖。

三、世界气候类型

　　周淑贞认为，世界气候分类应从发生学的观点出发，综合考虑气候形成的诸因子，同时也应从生产实践观点出发，采取与人类生活和生产建设密切相关的要素来进行分类。气候带与气候型的名称应以气候条件本身来确定。按照上述原则，周淑贞以斯查勒气候分类法为基础，加以适当修改，主要是增加了季风气候类型，将全球气候分为 3 个气候带、16个气候型，另列高地气候一大类。

　　下面介绍按照周淑贞气候分类法划分的世界气候类型。

　　（一）低纬度气候带

　　低纬度的气候主要受赤道气团和热带气团所控制。影响气候的主要环流系统有赤道辐合带、瓦克环流、信风、赤道西风、热带气旋和副热带高压。全年地气系统的辐射差额是盈余的，因此气温全年皆高，最冷月平均气温在 15~18℃，全年水分可能蒸散量在 130cm以上。本带可分为 5 个气候型，其中热带干旱与半干旱气候型又可划分为 3 个亚型。

　　1. 赤道多雨气候

　　分布于赤道及其南、北 5°~10°以内，宽窄不一，主要分布在非洲扎伊尔河流域、南美亚马孙河流域和亚洲与大洋洲间的从苏门答腊岛到伊里安岛一带。这里全年正午太阳高度都很大，因此长夏无冬，各月平均气温在 25~28℃，年平均气温在 26℃左右。气温年较差一般小于 3℃，日较差可达 6~12℃。由于全年皆在赤道气团控制下，风力微弱，以辐合上升气流为主，多雷阵雨，因此全年多雨，无干季，年降水量在 2 000mm以上，最少月在 60mm 以上。但降水量的年际变化很大，这与赤道辐合带位置的变动有关。

　　2. 热带海洋性气候

　　分布在南、北纬 10°~25°信风带大陆东岸及热带海洋中的若干岛屿上。这里正当迎风海岸，全年盛行热带海洋气团，气候具有海洋性，最热月平均气温在 28℃左右，最冷月平均气温在 18~25℃，气温年较差、日较差皆小。由于东风（信风）带来湿热的海洋气团，所以除对流雨、热带气旋雨外，还多地形雨，降水量充沛。年降水量在 1 000mm 以上，一般以 5~10 月较集中，无明显变化。

　　3. 热带干湿季气候

　　大致分布在南、北半球 5°~25°。这里当正午太阳高度较小时，位于信风带下，受热带大陆气团控制，盛行下沉气流，为干季。当正午太阳高度较大时，赤道辐合带移来，有潮湿的辐合上升气流，为雨季。一年中至少有 1~2 个月为干季。湿季中蒸散量小于降水量。全年降水量在 750~1 600mm，降水变率很大。全年高温，最冷月平均气温在 16~18℃，干季之末，雨季之前，气温最高，是为热季。

4. 热带季风气候

分布在纬度 10°到回归线附近的亚洲大陆东南部如我国台湾南部、雷州半岛和海南岛，中南半岛，印度半岛大部，菲律宾、澳大利亚北部沿海等地。这里热带季风发达，一年中风向的季节变化明显。在热带大陆气团控制时，降水稀少。而当赤道气团控制时，降水丰沛，又有大量的热带气旋雨，年降水量多，一般在 1 500~2 000mm，集中在 6~10 月（北半球）。全年高温，年平均气温在 20℃以上，年较差在 3~10℃左右，春秋极短。

5. 热带干旱与半干旱气候

分布在副热带及信风带的大陆中心和大陆西岸。在南、北半球各约以回归线为中心向南北伸展，平均位置在纬度 15°~25°。因干旱程度和气候特征不同，可分为热带干旱气候（5a）、热带（西岸）多雾干旱气候（5b）和热带半干旱气候（5c）三个亚型。5a，5c 是热带大陆气团的源地，气温年较差、日较差都大，有极端最高气温。5a 终年受副热带高压下沉气流控制，因此降水量极少。5c 位于 5a 的外缘，大半年时间受副热带高压控制而干燥少雨，在太阳高度角大的季节，赤道低压槽移来，有对流雨，因此出现一短暂的雨季。5b 位于热带大陆西岸，有冷洋流经过，终年受海洋副热带高压下沉气流影响，多雾而少雨，降水量极小，但气温较凉，气温年较差、日较差皆小。

（二）中纬度气候带

这里是热带气团和极地气团相互角逐的地带。影响气候的主要环流系统有极锋、盛行西风、温带气旋和反气旋、副热带高压和热带气旋等。该地带一年中辐射能收支差额的变化比较大，因此四季分明，最冷月的平均气温低于 15°~18℃，有 4~12 个月平均气温大于 10℃。全年可能蒸散量在 130~52.5cm。天气的非周期性变化和降水的季节变化都很显著。再加上北半球中纬度地带大陆面积较大，受海陆的热力对比和起伏多变的地形的影响，使得本带气候更加错综复杂。本带共分 8 个气候型。

6. 副热带干旱与半干旱气候

分布在热带干旱气候向高纬度的一侧，在南北纬 25°~35°的大陆西岸和内陆地区。它是在副热带高压下沉气流和信风带背岸风的作用下形成的。因干旱程度不同可分为干旱 6a 与半干旱 6b 两种亚型。

6a 副热带干旱气候具有少云、少雨、日照强和夏季气温特高等特征。但凉季气温比 5a 型低，气温年较差较 5a 型大，达 20℃以上。凉季有少量气旋雨，土壤蓄水量略大于 5a 型。6b 副热带半干旱气候位于 6a 区外缘，夏季气温比 6a 型低，冬季降水量比 6a 型稍大。

7. 副热带季风气候

分布于副热带亚欧大陆东岸，约以 30°N 为中心，向南北各伸展 5°左右。这里是热带海洋气团与极地大陆气团交绥角逐的地带，夏秋季节又受热带气旋活动的影响，因此夏热湿、冬温干。最热月平均气温在 22℃以上，最冷月平均气温为 0°~15℃，气温年较差为 15°~25℃。降水量为 750~1 000mm。夏雨较集中，无明显干季。四季分明，无霜期长。

8. 副热带湿润气候

分布于南北美洲、非洲和澳大利亚大陆副热带东岸，南北纬 20°~35°。冬季受极地大陆气团影响，夏季受海洋高压西缘流来的潮湿海洋气团的控制。由于所处大陆面积小，未形成季风气候，冬夏温差比季风区小，降水的季节分配比季风区均匀。

9. 副热带夏干气候（地中海气候）

分布于副热带大陆西岸 30°~40°之间的地带。这里受副热带高压季节移动的影响，在夏季正位于副高中心范围之内或在其东缘，气流是下沉的，因此干燥少雨，日照强烈。冬季副高移向较低纬度，这里受西风带控制，锋面、气旋活动频繁，带来大量降水。全年降水量为 300~1 000mm。冬季气温比较温和，最冷月平均气温为 4~10℃。因夏温不同，分为两个亚型。9a 凉夏型，贴近冷洋流海岸，夏季凉爽多雾、少雨，最热月平均气温在 22℃以下，最冷月平均气温在 10℃以上。9b 暖夏型，离海岸较远，夏季干热，最热月平均气温在 22℃以上，冬季温和湿润，气温年较差稍大。

10. 温带海洋性气候

分布在温带大陆西岸 40°~60°的地带。这里终年盛行西风，受温带海洋气团控制，沿岸有暖洋流经过。冬暖夏凉，最冷月平均气温在 0℃以上，最热月平均气温在 22℃以下，气温年较差小，为 6~14℃。全年湿润有雨，冬季较多。年降水量为 750~1 000mm，迎风山地可达 2 000mm 以上。

11. 温带季风气候

分布在亚欧大陆东岸 35°~55°的地带。这里冬季盛行偏北风，寒冷干燥，最冷月平均气温在 0℃以下，南北气温差别大。夏季盛行东南风，温暖湿润，最热月平均气温在 20℃以上，南北温差小，气温年较差比较大。全年降水量集中于夏季，降水分布由南向北，由沿海向内陆减少。天气的非周期性变化显著，冬季寒潮爆发时，气温在 24 小时内可下降10℃甚至 20℃以上。

12. 温带大陆性湿润气候

分布在亚欧大陆温带海洋性气候区的东侧、北美 100°W 以东的温带地区。冬季受极地大陆气团控制而寒冷，有少量气旋性降水。夏季受热带海洋气团的侵入，降水较多，但不像季风区那样高度集中。这里季节鲜明，天气变化剧烈。

13. 温带干旱与半干旱气候

分布在 35°~50°N 的亚洲和北美洲大陆中心部分。由于距离海洋较远或受山地屏障，受不到海洋气团的影响，终年都在大陆气团的控制下，因此气候干燥，夏热冬寒，气温年较差很大。因干旱程度不同可分为温带干旱气候（13a）和温带半干旱气候（13b）两个亚型。

（三）高纬度气候带

高纬度气候带盛行极地气团和冰洋气团，冰洋锋上有气旋活动。这里地气系统的辐射差额为负值，所以气温低，无真正的夏季。空气中水汽含量少，降水量小，但蒸发弱，年可能蒸散量小于 52.5cm。本带可分为三个气候型。

14. 副极地大陆性气候

分布在 50°N 或 55°N~65°N 的地区。这里年可能蒸散量在 35~52.5cm。冬季长，一年中至少有 9 个月为冬季。冬季黑夜时间长，正午太阳高度小，在欧亚大陆中部和偏东地区又为冷高压中心，风小、云少，地面辐射冷却剧烈，大陆性最强，冬温极低。夏季白昼时间长，7 月平均气温在 15℃ 以上，气温年较差特大。全年降水量甚少，集中于暖季降落，冬雪较少，但蒸发弱，融化慢，每年有 5~7 个月的积雪覆盖期，积雪厚度在 600~700mm 左右，土壤冻结现象严重。由于暖季温度适中，又有一定降水量，适宜针叶林生长。

15. 极地苔原气候

分布在北美洲和欧亚大陆的北部边缘、格陵兰沿海的一部分和北冰洋中的若干岛屿中。在南半球则分布在马尔维纳斯群岛（福克兰群岛）、南设得兰群岛和南奥克尼群岛等地。年可能蒸散量小于 35cm。全年皆冬，一年中只有 1~4 个月月平均气温在 0~10℃。其纬度位置已接近或位于极圈以内，所以极昼、极夜现象已很明显。在极夜期间气温很低，但邻近海洋比副极地大陆性气候稍高。最冷月平均气温为 -40~-20℃。最热月平均气温为 1~5℃。在 7、8 月份，夜间气温仍可降到 0℃ 以下。在冰洋锋上有一定降水，一般年降水量为 200~300mm。在内陆地区尚不足 200mm，大都为干雪，暖季为雨或湿雪。由于风速大，常形成雪雾，能见度不佳，地面积雪面积不大。自然植被只有苔藓、地衣及小灌木等，构成了苔原景观。

16. 极地冰原气候

分布在格陵兰、南极大陆和北冰洋的若干岛屿上。这里是冰洋气团和南极气团的源地，全年严寒，各月平均气温皆在 0℃ 以下，具有全球的最低年平均气温。一年中有长时期的极昼、极夜现象。全年降水量小于 250mm，皆为干雪，不会融化，长期累积形成很厚的冰原。长年大风，寒风夹雪，能见度极低。

四、局地气候

气候，根据它的区域差异性，可以分为大气候、地方气候和小气候三种。大气候决定于太阳辐射、大气环流、海陆分布、洋流、大地形和广大冰雪覆盖等，其气温的水平差异和垂直梯度都比较小。地方气候决定于范围比较小的气候形成因素，如大片森林、湖泊、中等地形、城市等。它的气温和湿度的水平梯度和垂直梯度比相应的大气候梯度超过好多倍。小气候指的是近地面 1.5~2.0m 以下的贴地层和土壤上层的气候。它的温度和湿度的垂直梯度更大。但目前也有很多人的意见是把由于下垫面结构不均一性所引起的局地气候特点称为小气候或局地气候，不另划分出地方气候一级。

（一）森林气候

森林覆盖地区的特殊局地气候称为森林气候。森林是一种特殊的下垫面，它除了能影响大气中 CO_2 的含量以外，还能够影响附近相当大范围地区的气候条件和形成独具特色的森林气候。

森林地区具有两层活动面，一层是林冠，另一层是林下地表。林冠能大量吸收太阳入射辐射，用以促进光合作用和蒸腾作用，使其本身气温增高不多；林下地表在白天因林冠的阻挡，透入太阳辐射不多，气温不会急剧升高。夜晚因有林冠的保护，有效辐射不强，所以气温不易降低。因此，林内气温日（年）较差比林外裸露地区小，气候的大陆度明显减弱。

森林树冠可以截留降水，林下的疏松腐殖质层及枯枝落叶层可以蓄水，减少降雨后的地表径流量，因此森林可称为"绿色蓄水库"。雨水缓缓渗透入土壤中使土壤湿度增大，可供蒸发的水分增多，再加上森林的蒸腾作用，导致森林中的绝对湿度和相对湿度都比林外裸地大。

森林可以增加降水量。当气流流经林冠时，因受到森林的阻碍和摩擦，有强迫气流上升的作用，并导致湍流加强，加上林区空气湿度大，凝结高度低，因此森林地区降水机会比空旷地多，雨量亦较大。按实测资料，森林区空气湿度可比无林区高 15%～25%，年降水量可增加 6%～10%。

森林有减低风速的作用。当风吹向森林时，在森林的迎风面，距森林 100m 左右的地方，风速就发生变化。在穿入森林后，风速很快降低，如果风中挟带泥沙的话，会使流沙下沉并逐渐固定。穿过森林后在森林的背风面在一定距离内风速仍有减小的效应。在干旱地区森林可以减小干旱风的袭击，能防风固沙。在沿海大风地区，森林可以防御海风的侵袭，保护农田。

森林根系的分泌物能促使微生物生长，可以改善土壤结构。森林覆盖区气候湿润，水土保持良好，生态平衡良性循环，可称为"绿色海洋"。所以，有计划地大规模营造森林是改善气候的有效措施之一。

（二）农田气候

农作物生长的高度一般不超过 2m，它的生长受人工的影响强烈。所以，农田小气候一方面具有其固有的（自然的）特征，属于低矮植被的气候；另一方面，它又是一种人工小气候。

农田的辐射状况：白天由于太阳总辐射量在中午较大，辐射差额中午最大。农田中近地层辐射差额值较小，上部辐射差额值较大。而且辐射差额最大值的高度随着太阳高度的增大而下降。其主要原因可能是由于植被上部入射辐射削弱较小，而下部的反射受植株影响而出不去的缘故。在夜间，作物的辐射差额轮廓线都呈现递增的趋势，辐射差额值从植株上部向下逐渐增加。农田中不同高度上都有明显的辐射差额日变化，其变化趋势与裸地一样，只是其变化幅度从植被上部到下部迅速减小。

农田的温度状况：农作物的存在，改变了农田中的热状况与温度分布。在比较稠密的植被中，白昼由于作物减弱了太阳辐射使温度较裸地低；夜间作物田中，土壤表面温度高于裸地。农田温度的垂直廓线也具有鲜明的特点：白天的最高温度和夜间的最低温度均不出现在地面上；最高温度出现在太阳辐射最强而湍流交换最好的高度；最低温度出现在长波散热较大、冷空气下沉聚集的高度上。

农田的蒸发和湿度：农田的总蒸发包括植物蒸腾和土壤蒸发两项。对于不是充分湿润的地区，农田的总蒸发量总是比休闲地的大。农田中的湿度状况主要决定于总的蒸发量和空气温度。通常农田中由于总的蒸发增大，且湍流交换减弱，地面和植物表面蒸发的水汽不易散出，空气湿度总要比裸地大一些。农田与裸地空气湿度的差异发生在蒸发强烈且温度差异最大的日间。夜间，由于蒸发减弱，温度下降，农田内外的温差已不大，所以无论绝对湿度或相对湿度差别都比白天要小。作物间空气湿度的铅直分布一般为干型分布。绝对湿度随离地高度而减小，在日间递减率最大，夜间在一定高度以上递减率很小。

（三）城市气候

城市气候是在区域气候背景下，经过城市化后，在人类活动影响下而形成的一种特殊局地气候。因此，各地的城市气候既具有当地气候的基本特点，又由于城市下垫面性质的改变、空气组成的变化、人为热等的影响，表现出明显的与郊区不同的城市气候的特征。其主要表现在城市温度场、湿度场、风场、降水和能见度及雾等方面。

1. 城市热岛效应

大量观测事实证明，城市气温经常比其四周郊区高。在气温的空间分布上，城区气温高，好像一个"热岛"矗立在农村较凉的"海洋"之上，这种现象称为城市热岛效应或城市热岛。这是城市气候最典型的特征之一。世界上大大小小的城市，无论其纬度位置、海陆位置、地形起伏有何不同，都能观测到热岛效应（图2.67）。

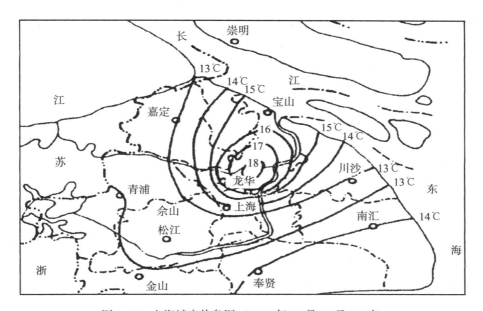

图 2.67　上海城市热岛图（1984 年 10 月 22 日 20 时）

城市热岛的形成有多种因素，其中城市特殊的下垫面、大量的人为热和温室气体的排放及天气条件是主要因素。通常用城市内最高温度地区的温度与郊区农村的同期温度之差来表示城市热岛强度。城市热岛强度与城市的规模、结构、天气有着十分密切的关系。此外，有明显的日变化和年变化。通常城市的规模愈大、人口愈密集、人为热愈多，城市热岛强度愈大。在高压系统控制下，天气晴好、层结稳定、风力较弱和静风时，城市热岛强度较大。相反，在大风或层结极不稳定时热岛强度较小，甚至消失。在晴天稳定的天气条件下，城市热岛强度大多是夜晚至凌晨强，白昼午间弱。城市热岛强度的年变化也较显著。在我国通常是冬季大、夏季小，但在西欧有些国家的城市热岛强度最大值则出现在夏季。

2. 城市干岛和湿岛效应

由于城市的下垫面性质及天气条件的变化，在我国许多城市经常会在 4~11 月的暖季出现昼夜交替的城市干岛与城市湿岛，这是城市气候中普遍的特征。

在白天太阳照射下，对于下垫面通过蒸散过程而进入低层空气中的水汽量，城区（绿地面积小，可供蒸发的水汽量少）小于郊区。特别是在盛夏季节，郊区农作物生长茂密，城、郊之间自然蒸散量的差值更大。城区由于下垫面粗糙度大，又有热岛效应，其机械湍流和热力湍流都比郊区强，通过湍流的垂直交换，城区低层水汽向上层空气的输送量又比郊区多，这两者都导致城区近地面的水汽压小于郊区，而形成城市干岛。到了夜晚，风速减小，空气层结稳定，郊区气温下降快，饱和水汽压减低，有大量水汽在地表凝结成露水，存留于低层空气中的水汽量小，水汽压迅速降低。城区因有热岛效应，其凝露量远比郊区小，夜间湍流弱，与上层空气间的水汽交换量小，城区近地面的水汽压乃高于郊区，出现城市湿岛。这种由于城、郊凝露量不同而形成的城市湿岛，称为凝露湿岛，且大都在日落后若干小时内形成，在夜间维持。在日出后因郊区气温升高，露水蒸发，很快郊区水汽压又高于城区，城市湿岛又转变为城市干岛。在城市干岛和城市湿岛出现时，必伴有城市热岛，这是因为城市干岛是城市热岛形成的原因之一，而城市湿岛的形成又必须先具备城市热岛存在的条件。城区平均水汽压比郊区低，加上有热岛效应，其相对湿度比郊区显得更小。即使在水汽压分布呈现城市湿岛时，在相对湿度的分布上仍是城区小于四周郊区。

3. 城市混浊岛效应

城市混浊岛效应主要有四个方面的表现。首先，城市大气中的污染物质比郊区多，污染物质的平均浓度是郊区的几倍。大城市的凝结核数量是海洋上凝结核数量的 100 倍至 150 倍。其次，城市大气中因凝结核多，低空的热力湍流和机械湍流又比较强，因此其低云量和以低云量为标准的阴天日数（低云量≥8 的日数）远比郊区多。第三，城市大气中因污染物和低云量多，使日照时数减少，太阳直接辐射（S）大大削弱。而因散射粒子多，其太阳散射辐射（D）却比干洁空气中强。在以 D/S 表示的大气混浊度（又称混浊度因子）的地区分布上，城区明显大于郊区，呈现出明显的"混浊岛"。第四，城市混浊岛效应还表现在城区的能见度小于郊区。这是因为城市大气中颗粒状污染物多，它们对光线有散射和吸收作用，有减小能见度的效应。同时，由于城市的凝结核增多，使得城市的雾日增多。如重庆就是我国著名的雾都。

4. 城市雨岛效应

城市对降水的影响问题，在国际上存在不少争论。但多数人认为城市有使城区及其下风方向降水增多的效应，大量的事实和研究都证实了这一点。城市影响降水的机制主要有：①城市热岛效应，空气层结较不稳定，有利于产生热力对流。②城市阻障效应，城市粗糙度大，不仅能增加机械湍流，而且对移动滞缓的降水系统可使其减慢，延长降水时间。③城市凝结核效应。上述因素的影响，会"诱导"暴雨最大强度的落点位于市区及其下风方向而形成雨岛。如上海市对降水的影响就以汛期（5~9 月）暴雨比较明显。

（四）高地气候

全球的高地以不同走向分布于各个纬度带，故其气候差异甚大。这里的高地指西藏高原及其毗连山地、欧洲的阿尔卑斯山、东非高原的山地、北美落基山与内华达山和南美的安第斯山等海拔较高的山地。在高地地带随着高度的增加，气候诸要素也随着发生变化，导致高山气候具有明显的垂直地带性。为了区分因高度影响和因纬度等因素影响的气候，也因为高山气候仅限于局部范围，所以高地气候单列为一大类而没有包括在低地分类系统内。

高地气候具有明显的垂直地带性，这种垂直地带性又因高山所在地的纬度和区域气候条件而有所不同。其特征如下：

①山地垂直气候带的分异因所在地的纬度和山地本身的高差而异。在低纬山地，山麓为赤道或热带气候，随着海拔的增加，地表热量和水分条件逐渐变化，垂直气候带依次发生。这种变化类似于低地随纬度的增加而发生的变化。如果山地的纬度较高，气候垂直带的分异就减少。如果山地的高差较小，气候垂直带的分异也就较小。

②山地垂直气候带具有所在地大气候类型的"烙印"。例如，赤道山地从山麓到山顶都具有全年季节变化不明显的特征。珠穆朗玛峰和长白山都具有季风气候特色。

③湿润气候区山地垂直气候的分异主要以热量条件为垂直差异的决定因素，而干旱半干旱气候区，山地垂直气候的分异，与热量和湿润状况都有密切关系。这种地区的干燥度都是山麓大，随着海拔的增高，干燥度逐渐减小。

④同一山地还因坡向、坡度及地形起伏、凹凸、显隐等局地条件不同，气候的垂直变化各不相同，山坡暖带、山谷冷湖即为一例。山地气候确有"十里不同天"之变。

⑤山地的垂直气候带与随纬度而异的水平气候带在成因和特征上都有所不同。

☞ **复习思考题**

1. 为什么在对流层顶，低纬的温度低于高纬的？

2. 一天中，正午太阳辐射最强，为什么最高气温却出现在午后 2 时左右？

3. 地面和大气之间通过哪些方式进行热量交换？

4. 为什么干绝热递减率大于湿绝热递减率？

5. 试绘图说明自转且地表均匀的全球上，气压带与风带的分布。

6. 大气环流形成的原因是什么？

7. 简述热力季风的成因、分布和特征。

8. 为什么海水获热升温慢，失去热量后，降温也慢；而陆地获热升温快，失去热后，降温也快？

9. 绘图说明海陆风是如何形成的。

10. 绘图说明山谷风的形成过程。

11. 简述东亚季风和南亚季风在成因和特征上有何差异。

12. 试述饱和水汽压与温度之间的关系。

13. 什么叫冰晶效应？

14. 为什么晴朗无风的夜间往往比阴雨的夜间多霜雾？

15. 为什么暴雨总是发生在夏季？

16. 简述热带气旋的分类标准和台风的结构。

17. 简述热带气旋的形成条件。

18. 高山气候有何特点？

19. 青藏高原对气候有何影响？

20. 全球气候变化有什么特征？

21. 为什么地中海式气候在地中海地区最典型？

22. 影响气候形成和变化的主要因素是什么？

23. 气候变暖将对地球生态环境产生什么影响？

24. 海洋性气候与大陆性气候有何异同？

25. 大陆东西两岸都濒临海洋，为何气候却截然不同？

第三章 水 圈

　　水是地球上分布最广泛的物质之一。地球表面积的 71% 被水覆盖，因此地球也有"水球"之称。地球上的水以气态、液态和固态三种形式存在于空中、地表与地下，成为海洋水、河流水、湖泊水、沼泽水、土壤水、地下水、冰川水、大气水以及存在于动、植物有机体内的生物水。这些水体，通过水循环组成了一个统一的相互联系的包围地球的水圈。其中，海水构成水圈的绝大部分，其次为分布在极地及陆地上的冰川固态水，而陆地上的河、湖、土壤水、地下水分布很广，但其所占比重却很小。地球上各种形态的水，在太阳辐射、重力等作用下，通过蒸发、水汽输送、凝结降水、下渗以及径流等环节，不断地发生相态转换和周而复始运动的过程，称为水循环。地球上各类水体，通过水循环形成了一个连续而统一的整体。

　　水循环按不同途径与规模，分为大循环和小循环。大循环又称外循环或海陆间循环，指发生在全球海洋与陆地间的水交换过程。海洋表面蒸发的水汽，随着气流运动被输送到陆地上空，在一定条件下形成降水降落到地面。落到地面的大气降水，一部分被植物截流，大部分沿地表流动，形成地表径流；还有一部分下渗形成地下径流。在这个过程中，除一部分通过蒸发返回大气外，绝大部分最终都流回海洋，从而实现海陆间循环，维持着海陆间水量的相对平衡。小循环又称内部循环，是指发生于海洋与大气之间，或陆地与大气之间的水交换过程。前者称海洋小循环，后者称陆地小循环。海洋小循环是指从海洋表面蒸发的水汽，在海洋上空凝结致雨，直接降落到海面上的过程；陆地小循环指陆地表面和植物蒸腾蒸发的水汽，在陆地上空成云致雨，降落至地表的循环过程。这种循环由于缺少直接流入海洋的河流，因此与海洋水交换较少，具有一定的独立性。

　　水量平衡是指水分循环过程中，蒸发、降水、径流三大环节在数量上的收支关系。地球上的水虽不断地运动着、变化着，但参与自然界水分循环的水量，如果从全球而论，大体上是多年不变的，即全球大气中的水汽和陆地水、海洋水总值基本保持一个恒量。依据质量守恒定律，任何区域，在任一时段内其收入的水量与支出的水量之间的差额，必等于这一地区这一时段内蓄水量的变化量，即全球或任一区域水量都应保持收支平衡，这就叫水量平衡。从宏观上来看，区域内的蓄水变化量趋向于零，即收入水量约等于支出水量，说明水循环过程中收支平衡，这就是水量平衡原理。根据这一原理可求出海洋、陆地及全球的水量平衡方程式：在海洋上，多年平均蒸发量（E_o）等于多年平均降水量（P_o）与多年平均大陆径流量（R_o）之和，即 $E_o = P_o + R_o$。在陆地上，多年平均蒸发量（E_c）等于多年平均降水量（P_c）与多年平均大陆径流量（R_o）之差，即 $E_c = P_c - R_o$。全球水量平衡方程式：$E_o + E_c = P_o + P_c$，$E_{全球} = P_{全球}$，全球降水量等于全球蒸发量。无论是在海洋上或陆地上，不同纬度的降水量和蒸发量都有差异。

第一节　陆　地　水

一、河流

（一）河流、流域和水系

大气降水至地表后，除蒸发、渗透和生物获取一部分外，其余的水在重力的作用下，沿着地表流动，在流动过程中的片流、细小水流不断兼并扩大，最后汇集到较大的线状凹槽中流动。凡具有向某一方向倾斜的线状凹槽，其中有稳定水流的称为河流。

河流是陆地上分布范围最广的水体，占全球总水量虽少，但与人类关系最为密切。它是地表重要的淡水资源，在灌溉、发电、养殖、航运及城市供水等方面都发挥着巨大的作用。但河流也常给人类带来洪涝等灾害。因此，了解河流水体的动态变化及专题地图中正确表示河流水情要素是十分重要的。

流域是指一条河流的集水区域，某一河流在这个集水区域内获得水量补给的范围就叫流域，单位以 km^2 计。我国流域面积大于 $100km^2$ 的河流有 50 000 余条，流域面积大于 1 000km^2 的有 1 600 多条，大于 10 000km^2 的有 79 条。两相邻流域间地面高程最高点的连线，就是这两个水系的分水线。

河流能直接或间接流入海洋的称外流河，其流域称为外流流域；有些不能入海或中途消失在内陆或沙漠之中的河流，称为内流河，其流域称为内流流域。我国外流流域占全国流域总面积的 63.6%，内流流域占全国流域总面积的 36.4%。而在外流流域中主要是太平洋流域，占全国流域总面积的 56.8%，属于印度洋流域的占全国流域总面积的 6.4%，属于北冰洋流域的只占 0.4%。

在流域内，大大小小的河流构成脉络相通的系统，称为水系。如果流域内有湖泊与河流相通，也应把这些湖泊归于同一水系内，例如洞庭湖就属长江水系。

水系通常用两种方法来表示干、支流的相互关系。一是分支法，以某干流开始将直接入干流的河流称为一级支流，如汉江就是长江的一级支流；注入一级支流的河流称为二级支流（图 3.1），如丹江、白河等注入汉江，是长江的二级支流。依此类推到河源，可表示某河流系统由几级支流组成。但这种表示法会把一些大小很不相同的河流纳入同一级支流。

另一种是分级法，从源头最小河流开始，称为一级河流，以后把两条一级河流汇合后的河段称为二级河流，依此类推到更高级别的河流。可以看到，河流分级法所确定的各级河流有相近的客观特征。

水系的特征主要包括河流长度、河网密度及平面结构等。

河流长度是指河源到河口的轴线长度，通常在大比例尺地图上，可用曲线仪计量取得。

河网密度是指流域内干、支流的总长度与流域面积之比，即单位流域面积内河流的总长度。

水系平面结构按形态一般可分树枝状、平行状、格子状、长方状、放射状、环状等。水系的平面结构形式与岩性、地质构造、地貌、气候等密切相关。树枝状水系一般发育在

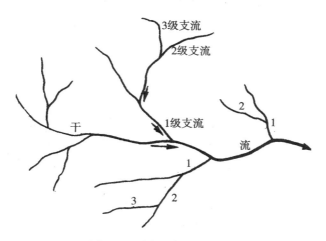

图 3.1 干流、支流示意图

抗侵蚀能力比较一致的沉积岩或变质岩区；格状水系经常出现在岩层软硬相间、地下水源比较丰富的平行褶皱构造区；长方形水系则往往和巨大的断裂构造相联系；扭曲状水系多见于局部扭曲构造区；分散洼地状水系多发育于大陆冰川作用过的冰蚀洼地、石灰岩区的溶蚀洼地、冻土区的融冻洼地；环状水系多发育于穹隆山地外围和火山周围；放射状水系常见于穹隆山地和火山锥分布区。水系的平面结构不同，便有不同的水情特征。例如扇状水系，河流从谷口或三角洲顶点向外呈面状散开，当全流域发生暴雨时，各支流同时发生洪水，在汇合点下游同时接纳全流域的暴雨洪流，易发生洪水灾害。因此，编制水系流域图时，必须反映水系的平面结构类型。保持河网的相对密度。制图综合时必须考虑气候、地质构造、岩性、地貌对水系平面形态的影响。

（二）河流的水情要素

反映河流水流运动状态特征的指标有水位、流速和流量，称为水情三要素，它们是专题地图中表示河流水情动态的重要数量指标。

1. 水位

水位是指河流在某一地点、某一时刻的水面高程。这个水面高程是以一定的零点作为起算标准的，此标准面称为基面。基面有两种：一种是绝对基面，是以某一河流入海口的平均海平面为零点，如我国青岛基面和吴淞基面等；另一种是测站基面，是采用观测点最低枯水位以下 0.5~1m 处作为零点来计算水面高度，这种基面是水文站常用的一种固定基面，但在进行全河流水文资料整理时，必须换算到全流域的统一基面。为了反映水位变化情况，常用水位过程曲线图来表示。水位过程曲线是以时间为横坐标、以水位为纵坐标绘成的曲线，它反映了水位随时间变化的情况。根据需要可绘制不同时段（年、月、日）的水位过程曲线，用来研究河流的水源、汛期、河床冲淤情况和湖泊的调节作用。

2. 流速

流速是指河流中水质点在单位时间内移动的距离。

由于河床纵剖面的倾斜、起伏、粗糙程度以及断面水力条件等的差异，天然河道断面上各部分流速的分布是不一致的。一般情况下，流速从水底向水面和从岸边向主流线递增。因河流表面与空气有摩擦，流速的绝对最大值往往出现在水深的 0.1~0.3m 处，平均流速出现于水深的 0.6m 处，弯曲河道最大流速接近凹岸处。反映河流水情的流速一般取平均流速。

3. 流量

流量是指单位时间内通过某一过水断面的水量，用 Q 表示，单位 m^3/s。

流量与水位的关系，也可用一条曲线来表示，称为水位流量关系曲线。其作法是：以纵坐标表示水位，横坐标表示流量，将各次实测的流量及相应的水位点绘在计算纸上，连接各点即成水位流量关系曲线。它在水文学上应用很广，因为在流量实测中不可能连续地施测，所以可以通过水位资料推求出流量来。

4. 河流的分段

一条河流根据其地理-地质特征，分为河源、上游、中游、下游和河口五段。

河源指河流最初具有地表水流形态的地方，因此也是全流域海拔最高的地方，通常与山地冰川、高原湖泊、沼泽和泉相联系。河源的确定通常是根据"河源唯远"和"水量最丰"的原则。其余各段的划分则应以河流的主要自然特征为依据。但实际上，由于不同研究者分别着重考虑地貌、水文或其他特征，因此，一条河流上、中、下游的划分常常是不一致的。

(三) 河川径流

1. 径流的形成和集流过程

径流的形成是一个连续的过程（图 3.2），但可以划分为几个特征阶段。了解这些阶段的特点，对于水文分析是很重要的。

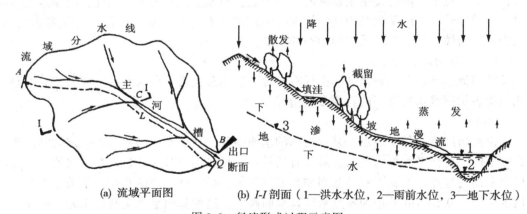

(a) 流域平面图　　(b) I-I 剖面（1—洪水水位，2—雨前水位，3—地下水位）

图 3.2　径流形成过程示意图

①停蓄阶段：降水落到流域内，一部分被植物截留，另一部分被土壤吸收，然后经过下渗，进入土壤和岩石孔隙中，形成地下水。所以，降水初期不能立即产生径流。降水量超过上述消耗而有余时，便在一些分散洼地停蓄起来，这种现象称为填洼。对于径流形成而言，停蓄阶段是一个耗损过程；但从增加雨水对地下水的补给和减少水土流失来说，这个阶段具有重要意义。

②漫流阶段：植物截留和填洼都已达到饱和，降水量超过下渗量时，地表便开始出现

沿天然坡向流动的细小水流,即坡面漫流。坡面漫流逐渐扩大范围,并分别流向不同的河槽里,叫漫流阶段。这个阶段只有下渗起着削减径流形成的作用。而土壤、岩石的下渗强度,从开始下渗即逐步减小,一定时间后常成为稳定值,这个稳定值称为稳渗率。所以漫流阶段的产流强度,决定于降水强度和土壤稳渗率之差。各种土坡的下渗强度不同,故产流情况也不一样。在同样降水强度下,砂质土地区产流强度较小,而壤土地区产流强度较大。

坡面漫流是地表径流向河槽汇集的中间环节,分为片流、沟流和壤中流三种形式。其中,沟流是主要形式。水在地表纹沟中流动,流速一般不超过 1~2m/s,但流速和流量都从坡顶向坡底增加,冲刷力也相应地向坡底增强。片流并不多见。壤中流是指水在地表下数厘米的土壤中流动,其速度不大,开始时间也比较晚,但降水停止后仍可持续一段时间。地表土壤物质往往由这种坡面漫流带入河槽。

③河槽集流阶段:坡面漫流的水进入河道中,沿河网向下游流动,使河流流量增加,叫做河槽集流。河槽集流阶段,大部分河水流出河口,小部分渗入河谷堆积物补给地下水。待洪水消退后,地下水又反过来补给河流。河槽集流过程在降水停止后还将持续很长时间。这个阶段包括雨水由坡面进入河网,最后流出出口断面的整个过程,是径流形成的最终环节。

上述三个阶段是指长时间连续降水下发生的典型模式。实际上,由于每次降水的强度和持续时间不同,各流域自然条件也不一样,无论是不同流域,或是同一流域在不同降水过程中的径流形成,都可能有差别。

2. 径流计量单位

在研究某时段内河流水量变化和比较各河流的径流量时,都必须采用适当的量值来计算。常用的量有以下几种:

(1)径流总量 W

在一特定时段内流过河流测流断面的总水量,称为径流总量(m^3 或 km^3),例如年径流总量。

(2)径流模数 M

单位时间、单位面积上产出的水量称为径流模数($m^3/t \cdot km^2$)。

(3)径流深度 y

研究河流径流时,需要把径流量与降水量进行比较。降水量是以毫米为单位的,径流量也须以毫米为单位。流域面积除该流域一年的径流总量,即得到径流深度。

(4)径流变率(模比系数)K

任何时段的径流值 M_1,Q_1 或 y_1 等,与同时段多年平均值 M_0,Q_0 或 y_0 之比,称为径流变率或模比系数。

(5)径流系数 α

一定时期的径流深度 y 与同期降水量 x 之比,称为径流系数。径流系数常用百分数表示。降水量大部分形成径流则 α 值大,降水量大部分消耗于蒸发和下渗则 α 值小。

3. 径流的变化

①径流的季节变化:随着气候条件的周期性变化,一年中河流补给状况、水位、流量也会相应地发生变化。根据一年内河流水情的变化特征,可将河流分成若干个水情特征时

期，如汛期、平水期、枯水期或冰冻期。中国受季风影响的地区，一般是夏秋季为汛期或洪水期，冬春季为枯水期。

②径流的年际变化：指径流多年的变化。径流量的年际变化往往是由于降水量的年际变化引起的。通常以径流的离差系数来表示年径流的变化程度，影响年径流的离差系数的主要因素有年径流量、径流补给来源和流域面积大小。我国中等河流的离差系数，大致有从南向北增长的趋势，与我国降水量变率的分布趋势基本一致。

4. 特征径流

①洪水位：流水位达到某一高度，致使沿岸城市、村庄、建筑物、农田受到威胁时，称为洪水位。连续的强降水是造成洪水的主要原因，积雪融化也可以造成洪水。流域内的降水分布、强度、降水中心移动路线，以及支流排列方式，对洪水性质有直接影响。由于洪水形成条件不同，洪水过程线也有单峰、双峰、肥瘦等差别。

②枯水：一年内没有洪水时期的径流，称为枯水径流。枯水期径流呈递减现象，久旱之后，可能出现年内最小流量。枯水径流主要来源于流域的地下水补给。

（四）河流的补给

1. 河流补给的形式

降水、冰川积雪融水、地下水、湖泊和沼泽，都可以构成河流的水源。不同地区的河流从各种水源中得到的水量不同，即使同一条河流，不同季节的补给形式也不一样。这种差别主要是由流域的气候条件决定的，同时也与下垫面性质和结构有关。例如，热带没有积雪，降水成为主要水源；冬季长而积雪深厚的寒冷地区，积雪在补给中起主要作用；发源于巨大冰川的河流，冰川融水是首要补给形式；下切较深的大河能得到地下水的补给，下切较浅的小河很少或完全没有地下水补给；发源于湖泊、沼泽或泉水的河流，主要依靠湖水、沼泽水或泉水补给。此外，人类通过工程措施，也可以给河流创造新的人工补给条件。

2. 各种补给的特点

①降水补给：雨水是全球大多数河流最重要的补给来源。流域内降水量及其变化与河流水量及变化十分密切。例如，我国地处东部季风区，降水相对集中在夏秋季节，且多暴雨，因而夏秋两季发生洪水次数较多，汇水过程迅速且来势凶猛。

②融水补给：以融水补给为主的河流的水量及其变化，与流域的积雪量和气温变化有关。这类河流在春季气温回升时，常因积雪融化而形成春汛。春季气温和太阳辐射不像降水量变化那样大，所以春汛出现的时间较为稳定，变化也较有规律。我国东北北部地区有的河流融水补给占全年水量的20%，黑龙江、松花江、辽河、黄河的融水补给，可以形成不太突出的春汛。高山及高纬度地区，在春、夏季，往往有冰川融水补给河流，如我国西部高山冰川夏季融化补给河流。高山冰川的融水补给时间略迟，常和雨水一起形成夏季洪峰。冰川补给河流水量与流域内冰川永久积雪量及气温高低关系密切，因而河流的水情变化与气温变化密切相关。

③地下水补给：大气降水下渗到地下成为地下水，再由地下水补给河流，称地下水补给。地下水是河流较通常的水源，一般约占河流径流总量的15%~30%。地下水补给具有稳定和均匀两大特点。深层地下水因受外界条件影响较小，其补给通常没有季节变化，浅层地下水补给状况则视地下水与河流之间有无水力联系而定。

④湖泊与沼泽水补给：某些位于山地高原的湖泊沼泽，本身就是河流的发源地，直接补给河流；有的湖泊汇集了若干河流来水后，又转而补给河流，如鄱阳湖、洞庭湖等。湖泊、沼泽水补给量的大小和变化，取决于湖泊和沼泽对水量的调节作用。湖泊面积愈大，水量愈多，调节作用就愈显著。一般说来，湖泊沼泽补给的河流，水量变化缓慢而且稳定。

⑤人工补给：从水量多的河流、湖泊中，把水引入水量缺乏的河流，向河流中排放废水等，都属于人工补给范围。

当然，一条河流的河水补给来源往往不是单一的，而是以一种形式为主的混合补给形式，对流域自然条件复杂的大河流来说尤其如此。例如，我国长江上游地区除雨水、地下水补给外，高原、高山上冰川、积雪在夏季融化也补给河流。

（五）河流的分类

我国绝大多数河流分布在东部和南部，以属太平洋流域的为最多、最大；属印度洋流域的较少；属北冰洋的最少。此外，我国还有一个广阔的内陆流域。

我国常以河流径流的年内动态差异为标志进行河流分类。这种分类反映了各类型河流的年内变化特征及其分布规律。

1. 东北型河流

包括东北地区的大多数河流。其主要水文特征是：

①由于冰雪消融，水位通常在 4 月时开始上升，形成春汛，但因积雪深度不大，春汛流量较小。

②春汛延续时间较长，可与雨季相连续，春汛与夏汛之间没有明显的低水位。春汛期间因流冰阻塞河道形成的高水位，在干旱年份甚至可以超过夏汛水位。

③河水一般在 10 月末或 11 月初结冰，冰层可厚达 1m。结冰期间只依靠少量地下水补给，1~2 月份出现最低水位。

④纬度较高、气温低、蒸发弱，地表径流比我国北方其他地区丰富，径流系数一般为 30%，全年流量变化较小。如哈尔滨松花江 7 洪枯水量之比为 15：1。

2. 华北型河流

包括辽河、海河、黄河以及淮河北侧各支流。其主要特征是：

①每年有两次汛峰，两次枯水，3~4 月间因上游积雪消融和河冰解冻形成春汛，但不及东北型河流显著。

②夏汛出现于 6 月下旬至 9 月，和雨期相符合，径流系数 5%~20%，夏汛与春汛间有明显枯水期，有些河流甚至断流，造成春季严重缺水现象。

③雨季多暴雨，洪水猛烈而径流变幅大，如黄河陕县站最大流量与枯水期流量之比为 110：1。

3. 华南型河流

包括淮河南侧支流，长江中下游干支流，浙、闽、粤沿海及我国台湾省各河流，以及除西江上游以外的珠江流域大部分。其特征是：

①地处热带、亚热带季风区，有充沛的雨量作为河水主要来源，径流系数超过 50%，汛期早，流量大。

②雨季长，汛期也长，5~6 月有梅汛，7~8 月出现台风汛。

③最大流量和最高水位出现在台风季节，当台风影响减弱时，雨量减小，径流量亦减小，可发生秋旱。

4. 西南型河流

包括中、下游干支流以外的长江、汉水、西江上游及云贵高原的河流，一般不受降雪和冰冻的影响。径流与降水变化规律一致，7~8月洪峰最高，流量最大，2月份流量最小。河谷深切，洪水危害不大。

5. 西北型河流

主要包括新疆和甘肃河西地区发源于高山的河流。其特征是：

①主要依靠高山冰雪补给，流量与高山冰川储水量、积雪量和山区气温状况有密切关系。10月至次年4月为枯水期，3~4月有不明显的春汛，7~8月间出现洪峰。

②产流区主要在高山区，出山口后河水大量渗漏，愈向下游水量愈少。大多数河流消失于下游荒漠中，少数汇入内陆湖泊。

6. 阿尔泰型河流

我国境内属于此型的河流很少，以积雪补给为主，春汛明显，汛期一般出现在5~6月。

7. 内蒙古型河流

以地下水补给为主，或兼有雨水补给；夏季径流明显集中，水位随暴雨来去而急速涨落，雨季的几个月中都可以出现最大流量；冰冻期可长达半年。

8. 青藏型河流

青藏高原内部河流以冰雪补给为主，东南边缘的河流主要为雨水补给，7~8月降雨最多，冰川消融量最大，故流量也最大。春末洪水与夏汛相连。11月至次年4~5月为枯水期。

二、湖泊与沼泽

（一）湖泊

1. 湖泊的成因和类型

地面洼地积水形成较为宽广的水域称为湖泊。

天然湖泊的形成主要包括湖盆的形成和湖盆积水过程两方面。湖盆是湖泊形成的前提。根据湖盆的成因，湖泊可分为下列几种主要类型。

（1）内力地质作用形成的湖盆

主要是指由于地壳运动及火山活动所形成的湖盆。包括构造湖和火山湖。

（2）外力地质作用形成的湖盆

在地表外力作用下，也能形成湖盆洼地。外力作用形式主要有河流作用、冰川作用及岩溶作用等，它们分别形成了河成湖、冰成湖及岩溶湖等。

2. 湖水的性质

湖水的性质包括：

①颜色和透明度；②温度；③化学成分

3. 湖泊对自然地理环境的影响

湖泊是陆地地表水体之一，湖泊水与其他自然要素一起共同参与了自然地理过程，从而影响着区域自然地理环境。湖面水分蒸发改善了湖区周围的气温和湿度，从而形成了湖区小气候。湖泊水与地表径流及地下水有着一定的补给关系。与河流有补给关系的湖泊，对河流洪、枯水位的调节起着重要作用，改变了径流的分配过程，湖泊通过径流调节作用可达到防洪、航运等多项效益。与地下水有补给关系的湖泊，同时也是湖区周围地下水水源的重要来源。

（二）沼泽

通常把较平坦或稍低洼而过度湿润的地面称为沼泽。沼泽中生长着各种喜湿植物，并有泥炭层。在沼泽物质中，水占 85%～95%，干物质（主要是泥炭）只占 5%～10%。水分条件是沼泽形成的首要因素。只有过多的水分才能引起喜湿植物侵入，导致土壤通气状况恶化，并在生物作用下形成泥炭层。

沼泽形成过程基本上有两种情况，即水体沼泽化和陆地沼泽化。

三、地下水

（一）岩石的水理性质

松散岩石存在孔隙，坚硬岩石中有裂隙，易溶岩石有孔洞。水以不同形式存在于这些空隙中。岩石与水作用时，表现出不同的容水性、持水性、给水性、透水性等，这就是岩石的水理性质。

（二）地下水按埋藏条件的分类

地下水按埋藏条件可分为上层滞水、潜水和承压水三类；按其埋藏深度可以分为浅层地下水和深层地下水（浅层地下水又称潜水，深层地下水承压喷出的称为自涌水）；按其储存空隙的种类又可分为孔隙水、裂隙水、岩溶水。

1. 上层滞水

上层滞水是存在于包气带中局部隔水层之上的重力水。一般分布范围不广，补给区与分布区基本一致，主要补给来源为大气降水和地下水，主要耗损形式是蒸发和渗透。上层滞水接近地表，受气候、水文影响较大，故水量不大而季节变化强烈。

坡度较陡的地区，大部分降水以地表径流的方式流走，因而不易形成上层滞水。但在坡度较小处，尤其是能汇集雨水的洼地，却最易形成上层滞水。

上层滞水矿化度比较低，但最容易受到污染。

2. 潜水

潜水是埋藏在地表下第一个稳定隔水层上具有自由表面的重力水。这个自由表面就是潜水面。从地表到潜水面的距离称为潜水埋藏深度。潜水面到下伏隔水层之间的岩层称为含水层，而隔水层就是含水层的底板。潜水面以上通常没有隔水层，大气降水、凝结水或地表水可以通过包气带补给潜水。所以大多数情况下，潜水补给区和分布区是一致的。

潜水面的位置随补给来源变化而发生季节性升降。潜水面的形状可以是倾斜的、水平的或低凹的曲面。当大面积不透水底板向下凹陷，而潜水面坡度平缓，潜水几乎静止不动时，就形成了潜水湖；当不透水底板倾斜或起伏不平时，潜水面有一定坡度，潜水处于流动状态，此时就形成了潜水流（图 3.3）。

3. 承压水

充满两个隔水层之间的水称承压水。承压水水头高于隔水顶板，在地形条件适宜时，

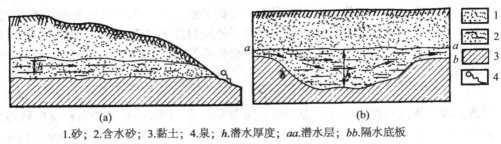

1.砂；2.含水砂；3.黏土；4.泉；*h*.潜水厚度；*aa*.潜水层；*bb*.隔水底板

图 3.3　潜水流和潜水湖

其天然露头或经人工凿井喷出地表称自流水（泉）。隔水顶板妨碍含水层直接从地表得到补给，故自流水的补给区和分布区常不一致。

在适当的地质构造条件下，孔隙水、裂隙水和岩溶水都可以形成自流水。在盆地、洼地或向斜中，出露于地表的含水层，海拔较高部分成为地下水的补给区，海拔较低部分成为排泄区。在补给区和排泄区之间的承压区打井或钻孔，穿过隔水顶板之后，水就涌到井中。单斜构造也可以构成自流含水层。当单斜含水层的一侧出露地表成为补给区，另一侧被断层切割，而断层构成水的通道时，则成为单斜含水层的自流排泄区，此时承压区介于补给区与排泄区之间，情况与自流盆地相似（见图 3.4（a））；当含水层一端出露于地表，另一端在某一深度上尖灭或被断层切割而不导水时，一旦补给量超过含水层容水量，水就从含水层出露带的较低部分外溢，其余部分则成为承压区（见图 3.4（b））。

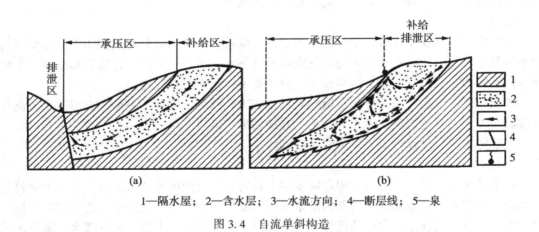

1—隔水屋；2—含水层；3—水流方向；4—断层线；5—泉

图 3.4　自流单斜构造

第二节　海　洋

一、海与洋

洋远离大陆，面积广阔，深度大，较少受大陆影响，具有独立的洋流系统和潮汐系统。大洋中海水的物理性质和化学成分大体上是一致的。洋是世界大洋的中心部分和主要部分，约占海洋总面积的89%。世界大洋是互相连通的，但是它们的各部分仍有局部差异。根据海岸线的轮廓、海底起伏和水文特征，世界大洋分成四大洋：太平洋、大西洋、印度洋和北冰洋。它们之间没有天然的界线，只能以经线或水下的海岭划分：太平洋和大西洋以通过南美洲合恩角的67°W的经线为界；太平洋与印度洋以通过澳大利亚南部塔斯马尼亚岛的147°E经线为界；大西洋与印度洋以通过非洲南端的厄加勒斯角的20°E经线为界；大西洋与北冰洋则以汤姆逊海岭为界。

大洋的边缘因为接近或伸入陆地而或多或少与大洋主体相分离的部分称为海。海的存在总是与陆地，包括大陆和岛屿对大洋的分隔相联系的。所以，海从属于洋，或者说是洋的组成部分。海的面积和深度都远小于洋。河水的注入使海的许多重要特征，如海水物理化学性质、生物发育状况等均有别于洋。此外，海基本上没有自己独立的洋流系统和潮汐，也不具有洋那样明显的垂直分层。依据海与大洋分离的情况和其他地理标志，海可分为：内海、边缘海、外海和岛间海。

二、海水的主要性质

（一）海水的化学成分

海水含有各种盐类和气体，还有少量有机或无机悬浮固体物质存在于海水中。在海洋总体积中，水约占96.5%，溶解于水的各种化学元素和其他物质约占3.5%。目前人们已发现海水中的天然化学元素有80余种，但它们在海水中含量差别很大。通常把每升海水中含100mg以上的元素，叫常量元素，不足100mg的叫微量元素。所有常量元素都已经过精确测定，微量元素经过测定的也达到40余种。在海水的主要盐类中，氯化物在各种化合物中占整个溶解物重量的55%，而钠（Na）占31%，还有镁（Mg）、钙（Ca）、硫（S）和钾（K）4种元素。此外，还有溴（Br）、碳（C）、锶（Sr）、硼（B）、硅（Si）和氟（F）等微量元素。

海水不停地运动，使不同海域的化学成分的含量相差很小，因此海洋中各种主要化学成分的比例几乎是不变的，这一特征除对计算海水的盐度具有重要意义外，还对保持海洋生物的化学环境也有其重要作用。

溶解于海水中的气体以氧（O_2）和二氧化碳（CO_2）为主。海水中的氧（O_2）主要来自大气和海洋植物的光合作用；二氧化碳（CO_2）主要来自大气、海洋生物的呼吸作用，以及生物残体的分解。据测定，这些气体在海水上层的光亮带中其含量均超过大气中的含量，而接近于饱和程度。这一特点为海洋生物的有机过程提供了必要条件。同时，由于海上下的垂直混合作用，使深海中也含有一定数量的溶解气体，这对底栖生物的生存具有重大意义。

（二）海水的盐度及其地理分布

海水运动使不同区域中海水主要化学成分含量的差别减小到最低限度，因而其含量具有相对的稳定性。海水的这一性质是建立盐度、氯度和密度相互关系的基础。根据这一性质，可以通过任何一种主要盐分的含量估算其他所有主要成分的含量。

海水的盐度是指每1kg海水中所含全部溶解盐类的总克数，通常以千分比表示。海水的主要溶解固体含量是稳定的，可以利用其中的一种元素作为衡量其他元素和盐度的标准。氯离子含量大且较易准确测定。每千克海水中所含氯的克数，称海水的氯度。标准海水的氯度为 19.381‰。知道了氯度，可按下式计算盐度：盐度 = 1.806 5×氯度。如果考虑降水量和蒸发量的因素，以 P 代表降水量，E 表示蒸发量，可依据下列经验公式计算任一地的海面盐度：盐度 = 34.6+0.0175（$E-P$）。

世界大洋表层平均盐度为 34‰，但各海区盐度并不一致。盐度的变化和分布主要受降水、蒸发及陆上流入海洋的径流等因素的影响。其水平分布规律：盐度从亚热带海区向高低纬海区递减。赤道及其附近海区盐度小，虽气温高，蒸发旺盛，但降水量大于蒸发量，使海水盐度下降，一般为 34‰；副热带高气压带控制下的海区，因气流下沉，降水少，蒸发又强烈，所以海水盐度高，一般为 36‰~37‰；在高纬度海区，气温低，蒸发微弱，加上冰雪融化及陆地水流入使海水淡化，故海水盐度偏低，一般<34‰。所以，大洋表层水的盐度分布具有纬度地带性规律。形成此规律的根本原因是，蒸发与降水之差随纬度变化。世界各海区中盐度最高区在雨量少、蒸发大的亚热带的红海，其盐度值高达 40‰以上；盐度最低的是波罗的海，那里盐度低、蒸发量小，而且有大量河流注入，其盐度值<10‰。此外，暖流流经的海区盐度高，寒流流经的海区盐度低。沿海地带由于江河径流的注入，盐度<32‰，我国长江口外<25‰。

（三）海水的温度、密度和透明度

1. 海水的温度

海水的温度决定于其热量收支状况。太阳辐射是海水最主要的热量来源。大气对海面的长波辐射，海面水汽凝结，暖于海水的降水和大陆径流，以及地球内部向海水放出的热能，也是海水热量来源。海水热量消耗则以海面蒸发为主。此外，海面向空气的长波辐射和海面与冷空气的对流热交换，也可使海水消耗热量。海洋表层接收太阳热能后，可通过热传导和海水运动传播至深处。

海水温度有明显的季节变化和日变化。海水表层平均温度变化于-1.7~30℃之间，最高水温出现在赤道以北，称为热赤道。水温从热赤道向两极逐渐降低。由于陆地集中于北半球，故北半球海水等温线分布不规则，而南半球等温线近似平行于纬线。同时，北半球水温略高于南半球同纬度水温。不同温度性质的洋流交会处，海水温度梯度最大，等温线特别密集。

海洋是地理环境中热量的巨大储存库，全球海洋表层的年平均水温为 17.4℃，比近地面年平均气温高 3℃。从整个海域来看，年平均水温高于 20℃的海域占整个海洋面积的一半以上，而高于 25℃的海域占 1/3 以上。由此可见，海洋是很温暖的，加上海洋巨大水体的热容量比陆地大得多，比土壤大 2~3 倍，比岩石约大 5 倍，比空气大 3 000 多倍，因此，海洋就成为大气热量的一个重要热源。在太阳强烈辐射的夏季，海水吸收大部分辐射能，并储存在海洋内部，但它的温度仍比陆地低；而在太阳辐射削弱的冬季，海水接受太阳辐射能大为减弱，但由于热储量高，所以温度仍比陆地高，并能把储存的大量热量释放出来。这样，在夏季海洋相对大陆而言成为"冷源"，在冬季成为"热源"。因此，海洋对大陆和全球的气温有着重要的调节作用，是大气温度的调节器。

2. 密度

单位体积中的海水质量就是海水的密度 ρ，单位是 g/cm³。海水密度值约为 1.022~1.028，它是温度、盐度和压力的函数。温度升高时密度减小，盐度增加时，密度增大。

纯水密度在温度为 4℃时最大，海水最大密度的温度则随盐度增加而降低。结冰温度也随盐度增加而降低，但比较和缓。当盐度为 24.7‰时，最大密度的温度与结冰温度均为 −1.332℃。通常情况下海水盐度为 34.6‰，所以，最大密度的温度比结冰温度低。

　　3. 颜色与透明度

　　海水的颜色决定于海水对阳光的吸收和反射状况。太阳光中的红光、橙光和紫光进入海水后，在水深 20m 以内即被吸收。绿光、黄光伸入略深，极少量蓝光能伸入 1 000m 以上。射入海水的光线除被吸收外，还要受到悬浮微粒和水分子的散射，最后只剩下蓝光，所以海水呈现蓝色。

　　海水透明度以直径 30cm 的白圆盘投入水中的可见深度来表示。海水颜色、悬浮物质、浮游生物、海水涡动、入海径流，甚至天空的云量都对透明度有影响。一般愈靠近大陆透明度愈低，愈靠近大洋中部透明度愈高。大西洋中部马尾藻海表层缺乏上涌海水带来的营养盐分，浮游生物极少，因而颜色最蓝，且透明度最大，约为 66.5m。黄海只有 3~15m。

三、洋流

　　辽阔的海洋存在着沿一定方向、以一定的速度流动着的水体，好比海洋中的"河流"，称为洋流，亦称海流。

　　（一）洋流的成因和类型

　　洋流按成因可分为摩擦流、重力-气压梯度流和潮流三种类型。

　　1. 摩擦流

　　在摩擦流中最重要的是风海流。行星风系的存在是风海流形成的主要动力。海水在稳定的盛行风的吹动下，风以压力和摩擦的形式把能量传递给海水，迫使海水沿风向移动。海水一旦产生流动，就要受到地转偏向力的作用，所以海水流向与风向并不完全吻合，在北半球表层洋流偏离原风向向右偏转，在南半球偏离原风向向左偏转。

　　从海面垂直向下，因受地转偏向力与海水内部摩擦力的作用，这一偏向角将随深度的增加而逐渐增大，但流速却随深度的增加而减小，当到达某一深度处，其流速只有表面流速的 1/23 时，这一深度称为摩擦深度，它表示风海流所能到达的下限，一般水深约为 100~300m。从海面到摩擦深度的海水运动，称为风海流（或漂流）。在浅海区，因水浅和海底摩擦力的影响，风海流偏离风向很小，甚至与风向完全一致。

　　2. 重力-气压梯度流

　　重力-气压梯度流包括密度流、倾斜流和补偿流等。由于各海域海水的温度、盐度、压力等各不相同，使海水的密度分布不均。在密度小的地方，海面较高；反之，海面就较低，从而引起海面倾斜造成海水运动。例如，地中海因蒸发旺盛，盐度高，密度大，海水面低，而大西洋盐度低，密度小，就导致大西洋表层海水由直布罗陀海峡流入地中海，而地中海的海水由底部流入大西洋。这种因密度差异引起的海流，称为密度流。倾斜流可由风力作用、陆上河流注入海洋或气压分布不均等原因而引起。例如，在水平方向上，如果在离岸风的吹袭下，近岸海水就要离岸而去，邻近海水就会流来补偿；在某些大河入海处，河口水面高于海水面，就会在重力、惯性力的作用下形成倾斜流。补偿流是由于某种原因海水从一个海区大量流出，而另一个海区海水流来补充而形成的。补偿流既可以在水平方向上发生，也可以在垂直方向上发生；垂直补偿流又可以分为上升流和下降流，如秘鲁寒流就属于上升补偿流。必须指出，一条洋流的产生，往往是多种因素共同作用的结果，但定向风是形成洋流的主要动力。

3. 潮流

潮汐现象是指海水在天体（主要是月球和太阳）引潮力作用下所产生的周期性运动。习惯上把海面垂直方向的涨落称为潮汐，把海水在水平方向的流动称为潮流，既由于月球和太阳引潮力引起的周期性海水水平流动。在近海和大洋，潮流受地转偏向力的作用形成旋转流，在北半球按顺时针方向旋转，在南半球按逆时针方向旋转。在河口、海峡等狭窄水道，因受地形影响无法旋转而变为一来一往的往复流。

作用于洋流的力主要有风对海水的应力和海水的压强梯度力。在这些力的作用下，当海水运动起来后，还会产生一系列派生的力，如摩擦力、地转偏向力和离心力等。在这些力的综合作用下，形成复杂的洋流系统。

（二）洋流运动的机理

1. 埃克曼输送

瑞典物理学家埃克曼首次将风海流和地球自转联系起来，对南森的观测结果作了数学上的解释。根据他的理论，在任一深度的海水都经常受到其上覆水的应力（在水面是风应力）、其下伏水的应力和地转偏向力三种力的作用。由于风和水面之间的摩擦，一些空气的动能传给了水的上层，随着上层海水的移动，拖曳其下层的水运动，该层又依次拖曳再下层的水运动，如此延续。可见，水的运动是以许多很薄的、相互独立的水层的运动显示出来的，动能则沿着水柱向下传递。但是，随着动能的传递，摩擦会使一部分能量以热的形式消耗掉，因此，水层的运动速度随深度的增加而按指数规律减小。同时，每一个水层的运动都受到地转偏向力的影响，使北半球水流的方向指向其上层水流向的右方，而南半球水流的方向指向其上层水流向的左方（对于表层水流来说，则是风向的右方和左方）。随着深度的增加，海流的方向越来越向右或向左偏离，从而产生一种螺旋效应，称为埃克曼螺线。

埃克曼理论预言，在开阔海洋中的持续强风作用下：①表层洋流将沿风向的45°角方向流动；②流向将在大约表层以下100~200m之间发生倒转，即该深度的洋流方向正好与表层流相反；③在该深度的流速显著降低，大约只有表层流速的4%。完整的埃克曼螺线结构从来没有在海洋中被观测到过，部分原因可能是这种理论所基于的假设条件（持续强风，无限和均匀的海洋，无其他作用力）无法满足。然而，对远离陆地的表面海流的观测表明，其流速与埃克曼所推测的流速是相似的，并且其方向在北半球偏于风的右方，但通常小于45°。此外，观测还证实了埃克曼理论的一个推论，即当螺线中所有单个水层的运动叠加后，水的净输送方向与风向呈直角（90°），这种水的净位移称为埃克曼输送。在北半球副热带顺时针涡旋中，埃克曼输送的结果正是将水推向涡旋的中心。在南半球副热带逆时针涡旋中，埃克曼输送的结果同样如此，因为地转偏向力的方向是指向海流的左侧。

在大洋中，有的地方发生水体的辐合，有的地方必然会发生水体的辐散。例如，在北半球的赤道大西洋上，东北信风的驱动产生向西流动的北赤道洋流，这时，埃克曼输送垂直于北赤道洋流的右方，将大量水体向北运送。相反，在南半球，东南信风的驱动产生向西流动的南赤道洋流，这时，埃克曼输送垂直于南赤道洋流的左方，将大量水体向南运送。因此，在赤道附近的海域便发生了水的辐散。辐合和辐散都可以在大洋沿岸一带发生，在那里，由于风向和洋流流向的不同，埃克曼输送既可能将水推向大陆（辐合），也可能将水推离大陆（辐散）。在世界大洋中，重要的辐散区域出现在北美的西南海岸和非洲北部的西海岸，因为这些区域盛行偏东风和向南运动的洋流。相似的辐散区域出现在南美的西北海岸和非洲南部的西海岸，那里向北运动的洋流具有同样的效应。

2. 垂直升降流

海水的水平运动与垂直运动是相互联系着的。在辐合区域，表层海水堆积，使海面上升和表水层变厚，从而导致水的下沉，称为下沉流；在辐散区域，表层海水疏散，使海面下降和表层水变薄，下层的水必须上升来补充，由于深层海水比表层海水冷，所以，冷水上升到海面替代了辐散的暖水，称为上升流。另外，深层海水富含营养物质，因此，上升流将这些富含营养物质的水带到了表层。上述大陆西岸表层洋流的辐散区域也正是上升流盛行的区域。

3. 地转流

副热带海洋中洋流以一种非常独特的涡旋形式运动的原因是地转流的存在。海水的辐合和辐散产生了洋盆范围内各处海平面高度的微小变化，从而使海平面实际上具有一定的坡度。这种海平面高度的差异很小，大约只相当于水平方向每 $10^2 \sim 10^5 \mathrm{km}$ 升降数米的数量级（坡度为 $1/10^5 \sim 1/10^8$）。然而，由于重力的作用，这些微小的高度梯度便足以引起沿坡度向下的力。以北半球副热带海洋来说，东北信风的驱动产生了向西运动的北赤道洋流，而中纬度西风的驱动则产生了向东运动的洋流。涡旋的形成有赖于海水沿着大洋边缘岸线的偏转。表层的埃克曼输送导致海洋中部水的辐合和堆积，尽管涡旋中心的海面仅比其边缘高出大约50cm，但作用在这部分水体上的重力仍然会引起一种压力梯度力，它从涡旋中心指向外侧。当海水沿着压力梯度力方向流动时，它就要受到地转偏向力的作用，直到两种力达到平衡为止。这两种作用方向相反的力使海水在北半球流向压力梯度力的正右方，在南半球则流向压力梯度力的正左方。至此，我们得到海水大致平行于洋面坡度绕涡旋流动的结论，这种海流便称为地转流，它在北半球绕涡旋呈顺时针流动，在南半球绕涡旋呈逆时针流动。实际上，地转流与压力梯度力之间的夹角略小于 $90°$，因此当海水沿涡旋移动时，水流趋向于一种螺旋形向内的运动，并且在涡旋中的辐合导致下沉流的产生。

（三）洋流模式和主要洋流

在大气运动所产生的风应力的作用下，大气不断地向水体（尤其是水体表层）输送动量，使水体（尤其是表层水体）产生运动。表层水体的运动，受大气运动、大气环流的影响极大，常常产生与大气环流方向一致的定向运动。洋流的形成直接与大气环流有关。表层洋流具有以副热带高压为中心旋转的性质，与近地面大气环流（风系）分布模式非常相似。

根据行星风系理论，地球上实际存在的洋面风，在北半球有纬度 $0° \sim 30°$ 的东北风、$30° \sim 60°$ 的西南风和 $60°$ 至极地的东北风。南半球的洋面风向与北半球相差 $90°$。由行星风系可以推论出如下三种洋面流模式：

1. 副热带环流

　　围绕南、北半球副热带高压中心，形成副热带大洋环流。在北半球，环流呈顺时针方向流动（反气旋式）；在南半球，呈逆时针方向流动。此环流在大陆东岸为暖流，大陆西岸为寒流。

　　①北半球的风吹动洋面最终是输送一层方向偏右 90°、厚约 100m 的上层洋流。0°~30°N 间为东北风，上层水流向西北。同样，30°~60°间为西南风，上层水流向东南，这样两种水流输送的结果必然在以 30°N 为中心的区域内涌成一个水堆。在水位造成的压力下，水堆上层从中心外溢，并在科里奥利力影响下于纬度 0°~30°间流向西南，而于 30°~60°间流向东北，成为地转流。地转流受到大洋两侧大陆的阻碍后，就成为以水堆为中心的顺时针副热带环流。

　　②30°~60°N 的西南风使上层水流向东南，60°~90°的东北风又使上层水流向西北，导致上层水流以 60°N 为中心形成一个低凹。由于大洋两侧大陆的存在，最终又必然围绕这个低凹形成反时针方向的（气旋式）亚极地环流。

　　2. 亚极地环流

　　在北半球中高纬海区，围绕副极地低压中心，形成亚极地大洋环流。在南半球中高纬海区，因无陆地阻隔，三大洋连成一片，因此不能形成环流，而被西风漂流代替。该环流在北半球大陆东岸为寒流，西岸为暖流。

　　赤道无风带两侧，因北半球的东北风和南半球的东南风的共同作用，上层水流必然从赤道向外流动。围绕赤道低压系统，北半球部分的洋面流最终将呈反时针方向（气旋式），而南半球部分则是顺时针方向。由于二者的方向相反，因而就形成两个赤道环流。

　　3. 赤道环流

　　在赤道无风带两侧，围绕赤道低压系统，在北半球形成反时针方向的赤道环流，在南半球则出现顺时针方向的赤道环流。

　　洋流分布有以下特点：

　　①以南北回归线的副热带高压为中心形成反气旋型大洋环流。

　　②以北半球中高纬度海上低压区为中心形成气旋型大洋环流。

　　③南半球中高纬度为西风漂流，围绕南极大陆形成绕极环流。

　　④北印度洋形成季风环流。冬季北印度洋盛行东北季风，形成逆时针方向的东北季风漂流。夏季，北印度洋盛行西南季风，形成顺时针方向的西南季风漂流。

　　在全球洋流系统中，黑潮暖流和墨西哥湾暖流是两支规模最大、影响最显著的洋流，现简介如下。

　　黑潮是世界海洋中第二大暖流。黑潮从卫星像片看是一条蜿蜒在西太平洋上的蓝色水带，因其水色深蓝，盐度大，海水看似蓝若靛青，几乎呈黑色，故称"黑潮"。其实，它的本色清白如常，只是由于海的深沉，水分子对折射光的散射，藻类等水生物的作用等，使得它看起来好似披上了黛色的衣裳。

　　黑潮由北赤道发源，经菲律宾棉兰老岛东侧向北，紧贴中国台湾东部进入东海，然后经琉球群岛，沿日本列岛的南部流去，于东经 142°、北纬 35°附近海域结束行程。其中在琉球群岛附近，黑潮分出一支来到中国的黄海和渤海湾。渤海湾的秦皇岛港冬季不封冻，就是受这股暖流的影响，它的主支向东，一直可追踪到东经 160°；还有一支在北纬 40°附近，日本本州岛东北海域先向东北，与亲潮①汇合后转而向东。黑潮系统包括黑潮和北太平洋洋流。黑潮的总行程有 6 000km。在台湾东部，黑潮宽约 100～200km，水层厚约 200m。

黑潮是一支强大的海流。据估算，黑潮在东海的流量大致为长江口流量的 1 000 倍。相当于全球各河流总流量的 20 倍。它每年输送的热量为 $6.7×10^{24}$J，约相当于燃烧 $268×10^8$t 标准煤所放出的热量。夏季，它的表层水温达 30℃，到了冬季，水温也不低于 20℃，水温向北递减。黑潮盐度为 34.2‰～34.85‰。这些说明黑潮是个巨大的热量资源库。黑潮是一支在流量、流速和路径、流束位置等都有较大变化的洋流系统，其变化周期不等。黑潮路径多次出现周期为几年或十几年的"大弯曲"现象。受黑潮暖流的影响，其流经的附近海域及途经其上方的气团，均增温、增湿。影响中国的洋流有黑潮及季风漂流等。

墨西哥湾暖流是大西洋洋流系统中最强大的一支暖流，简称"湾流"。它由几支暖流汇集而成。北赤道暖流与南赤道暖流汇合后，其中一部分通过温德华群岛间的水道进入加勒比海，称加勒比洋流；另一部分沿安的列斯群岛北部海岸北流。加勒比洋流流经墨西哥湾，流出佛罗里达海峡后和安的列斯暖流汇合，然后转入湾流系统，即包括佛罗里达流、湾流和北大西洋流。它的表层流很大，在新英格兰沿岸其流量达 $100×10^6$m³/s，相当于全球河流径流总量的 100 倍以上。湾流系统也起源于赤道暖水，水温较高，对北美东部的中低纬度地区和西欧的气候有着显著的影响。

（四）大洋环流体系

在大洋深层环流系的垂直结构中，可分出暖、冷两种环流系统和五个基本水层（表层、次层、中层、深层和底层）。世界大洋环流体系由表层（包括次表层水）环流、中层环流、深层和底层环流所组成。表层环流主要是风成环流。中层水、深层水和底层水均为盐度环流。表层水、次层水、中层水、深层水和底层水在其运动过程中，进行着全球性的水量交换与循环，这构成世界大洋中统一的环流体系。

（五）洋流在地理环境中的作用

1. 洋流对气温的影响

由低纬地区向中高纬地区输送的热量，除 80% 靠大气环流输送外，剩下的 20% 靠洋流输送，可见洋流对气温所起的调节作用。

由于洋流在各大洋的分布不同，使高低纬地区大洋东西两岸气温差异十分显著。大致在南北纬 40° 之间，大陆东岸由于暖流影响，气温较高。在亚洲东岸（太平洋西岸）虽然也受黑潮暖流影响，但因岛弧众多，暖流难以接近大陆，且冬季又多离岸风，故得不到暖流调剂，冬季仍相当寒冷。南北纬 40° 之间的大陆两岸受寒流作用，气温偏低。与此相反，40° 以上的中高纬地区，大陆东岸受寒流影响，西岸为暖流流经，冬季二者温差可达 18～20℃。

洋流中的暖流输送的热量是十分惊人的，有人计算，湾流每年供给北欧 1cm 长的海

---

① 北太平洋西北部寒流。源于白令海区，自堪察加半岛沿千岛群岛南下，对沿途的气温有降温、减湿的作用。南下的亲潮与黑潮相遇，并入东流的北太平洋暖流，流向美国和加拿大方向。亲潮主干流速在每秒 1m 以下，表面水温低、水色浅，透明度小。寒流密度较大，潜入暖流水层之下。在其前缘与黑潮之间鱼类饵料极其丰富，成为世界著名渔场。

岸线的热量，大约相当于燃烧 600 t 标准煤所放出的热量，使欧洲西北部冬季比同纬度其他地区平均温度高 16~20℃，沿海海水冬季不结冰，最冷月气温也在 0℃以上。例如，位于北纬 70°的摩尔曼斯克，由于暖流的影响使其成为不冻港。湾流对西欧典型的海洋性气候的形成起着巨大的作用。

2. 洋流对降水的影响

凡暖流流经地区，因有热量与水汽向上输送，空气暖湿而且不稳定，因此在暖流附近的迎风沿海地区，一般都有丰沛的降水。分析世界降水量分布图可发现，在北美、东亚、南美、南非与澳大利亚的热带与亚热带东岸都是多雨区，其中就有暖流的作用。相反，在寒流影响的地区，大气中水汽含量少，下层变冷，形成逆温，大气处于稳定状态，降水稀少，有些地区竟成为沙漠。此外，在暖寒流交汇海区，浮游生物丰富，为渔场的形成提供了有利的条件。

3. 洋流对海洋生物资源尤其是渔场分布的影响

在寒暖流交汇的海区，海水受到扰动，可以把下层丰富的营养盐类带到表层，使浮游生物大量繁殖，各种鱼类到此觅食。同时，两种洋流汇合可以形成"潮峰"，是鱼类游动的障壁，使鱼群集中而形成渔场。世界著名的三大渔场——日本的北海道渔场、西北欧的北海渔场和加拿大的纽芬兰渔场都是处在寒暖流交汇的海域。此外，有明显上升流的海域也形成渔场，如秘鲁渔场。

4. 洋流对海洋航运的影响

一般海轮顺洋流航行时，航速要比逆洋流航行快得多。当然，有些洋流对海上航行也会带来一些麻烦。例如，北大西洋西北南下的拉布拉多寒流在纽芬兰岛东南海域同北上的墨西哥湾暖流相遇，冷暖流交汇，使这里形成一条茫茫的海雾带，影响海上航运。另外，从北冰洋或格陵兰海每年带来数百座高大的冰山漂浮南下，有的进入湾流或北大西洋暖流中，也给海上航运带来严重的威胁。

5. 洋流对海洋污染物的影响

陆地上的许多污染物随着地表径流进入海洋，洋流又把污染物携带到更加广阔的海洋中，从而加快了污染物的净化。但同时，由于洋流的运动，近岸海域的污染物被输送到远离陆地的大洋中，从而扩大了海洋污染的范围。

6. 洋流对大气环流的影响

大气环流导致了洋流的产生。洋流的运动与变化，反过来又影响和改变了大气环流和气候。最为明显的是：当水体的温度发生明显改变时，常常促使水体上空的大气环流发生相应的改变，甚至产生环流变异。如厄尔尼诺-南方涛动现象（ENSO）就是大气环流变异的典型，它已成为气候几个月到几年时间变化尺度的最重要的信号。

拉尼娜与厄尔尼诺："厄尔尼诺"一词源自西班牙文 El Nin°，原意是"圣婴"，现用来表示在南美洲西海岸（秘鲁和厄瓜多尔附近）向西延伸，经赤道东太平洋至日期变更线附近的海面温度异常增暖的现象。在正常年份，此区域东向信风盛行。赤道表面东风应力把表层暖水向西太平洋输送，在西太平洋堆积，从而使那里的海平面上升，海水温度升高。而东太平洋在离岸风的作用下，表层海水产生离岸漂流，造成这里持续的海水质量辐散，海平面降低，下层冷海水上涌，导致这里海面温度的降低。上涌的冷海水营养盐比较丰富，使得浮游生物大量繁殖，为鱼类提供充足的饵料。鱼类的繁盛又为以鱼为食的鸟类提供了丰盛的食物，所以这里鸟类甚多。由于海水温度低，水温低于气温，空气层结稳定，对流不宜发展，赤道东太平洋地区降雨偏少，气候偏干；而赤道西太平洋地区由于海水温度高，空气层结不稳定，对流强烈，降水较多，气候较湿润。当东向信风异常加强时，赤道东太平洋海水上翻异常强烈，降水异常偏少；而赤道西太平洋海水温度异常偏高，降水异常偏多。这就是所说的拉尼娜事件。可是每隔数年，东向信风减弱，西太平洋冷水上翻现象消失，表层暖水向东回流，导致赤道东太平洋海平面上升，海面水温升高，秘鲁、厄瓜多尔沿岸由冷洋流转变为暖洋流。下层海水中的无机盐类营养成分不再涌向海面，导致当地的浮游生物和鱼类大量死亡，大批鸟类亦因饥饿而死，形成一种严重的灾害。与此同时，原来的干旱气候转变为多雨气候，甚至造成洪水泛滥。这就是厄尔尼诺现象（图3.5）。

图3.5　厄尔尼诺和拉尼娜现象

南方涛动：与厄尔尼诺事件密切相关的环流还有南方涛动（Southern Oscillation，SO）。南方涛动是指热带东太平洋地区和热带印度洋地区气压场反相变化的跷跷板现象。这里的"南方"是相对于北半球而言的，"涛动"的意思是振荡，因为这种跷跷板现象大约3~7年会重现。当印度洋海平面气压出现正距平（气压升高）时，东太平洋地区的海平面气压出现负距平（气压降低）；反之亦然。

通常利用东太平洋和印度洋海平面气压的差值，即南方涛动指数（SOI）来描述南方涛动的性质，目前普遍采用塔希提岛与达尔文站之间的标准海平面气压差代表SOI。SOI为负值表示东太平洋气压低于印度洋气压，SOI为正值则表示东太平洋气压高于印度洋气压。

近年来的观测研究发现，在低纬度太平洋上不仅在南半球存在着以180°日界线为零线的东西气压的反相震荡，在北太平洋亦有类似的震荡，称为"北方涛动"，可总称为"低纬度涛动"。

以上分析可见，所谓ENSO现象，并不是哪一个半球的行为，而是两个半球在大气环流作用下，低纬度大气、海洋相互作用的现象。大气环流（信风强度）的改变，引起洋流的变化、海平面的升降、海水的上翻或下沉，导致海面水温的变化。海面水温的变化，又反过来引起大气环流的变化（气流上升或下沉），从而导致气候的变化（干旱或湿润）。

厄尔尼诺现象对气候的影响，以环赤道太平洋地区最为显著。在厄尔尼诺年，印度尼西亚、澳大利亚、南亚次大陆和巴西东北部均出现干旱，而从赤道中太平洋到南美西岸则多雨。许多观测事实还表明，厄尔尼诺事件通过海气作用的遥相关，还对相当远的地区，甚至对北半球中高纬度的环流变化也有一定影响。研究发现，当厄尔尼诺现象出现时，将促使日本列岛及我国东北地区夏季发生持续低温，有的年份还使我国大部分地区的降水有偏少的趋势。

上述分析从一个侧面说明，地球表层环境的整体性——一个圈层的变化会导致其他圈层的变化，一个地区的变化会引起其他地区的变化，局部区域的变化也会引致半球甚至全球环境的变化。

☞ **复习思考题**

　　1. 研究水量平衡有何重要性？

　　2. 影响潮汐变化的因素有哪些？

　　3. 上层滞水具有哪些特征？

　　4. 承压水具有哪些特征？

　　5. 试根据泉水出露性质和泉水补给来源给泉分类。

　　6. 试述湖泊对自然地理环境的影响。

　　7. 海洋表面盐度分布有何规律？

　　8. 简述潮汐的成因。

　　9. 世界大洋表层环流结构的特点有哪些？

　　10. 水资源有哪些特性？

第四章 岩 石 圈

第一节 地 质 作 用

促使地壳物质成分、地壳构造和表面形态等不断变化和发展的各种作用，称为地质作用。产生地质作用的力，称为地质动力。由地质作用所形成的各种现象，叫做地质现象。

任何地质作用的产生都需能量，地球上能量的主要来源是太阳能和地球内能。根据引起地质作用的能量的来源不同，地质作用分为内力地质作用（简称内力作用）和外力地质作用（简称外力作用）两大类。

一、内力地质作用

内力地质作用是来自地球内部的能所引起的地质作用。地球内部能主要由地球自转产生的旋转能和放射性元素蜕变产生的热能所引起。内力作用具体表现形式有地壳运动、岩浆活动、地震和变质作用四种类型。

1. 地壳运动

在内力作用下引起的地壳结构的改变和地壳内部物质变位的运动过程，称为地壳运动。按照地壳运动性质的不同，可以分为垂直运动（升降运动）和水平运动两种基本形式。

2. 岩浆活动

在地壳运动的影响下，地壳深部的岩浆（主要由硅酸盐组成的熔融体）沿地壳薄弱带（如破裂带）向上侵入所导致的岩浆运动、变化和冷凝等各种作用，称为岩浆活动。岩浆活动又可分为喷出作用（火山作用）和侵入作用两种类型。

3. 地震

地震是由岩浆活动或地壳运动引起的地壳急剧的颤动，是地壳物质迁移和地表形态变化的地质作用。地震按成因的不同可分为构造地震、火山地震和陷落地震。

4. 变质作用

在地壳运动和岩浆活动的过程中，地壳中原已生成的岩石，由于受到高温、高压和外来物质的加入等因素的影响，在成分、结构、构造上形成一系列变化，促进这种变化过程的作用，称为变质作用。由变质作用所形成的岩石，叫做变质岩。

二、外力地质作用

外力地质作用是由地球以外的能源——太阳辐射所引起的地质作用。这种作用主要是通过流水、波浪、潮汐、冰川、风和生物活动等形式，作用于地壳表层，使地表岩石风化破碎、搬运、沉积，形成新的沉积物，最终改变了地表形态和面貌。按其作用方式，外力作用可分为风化作用、剥蚀作用、搬运作用、沉积作用和固结成岩作用。

1. 风化作用

组成地壳的矿物和岩石，经长期暴露地表，在太阳辐射热能、大气、水和生物等的作用下，原来的矿物和岩石物理性质或化学成分发生改变，促使发生这种改变的作用，称为风化作用。风化作用按其性质可以分为物理风化作用、化学风化作用和生物风化作用三种基本类型。风化作用是很普遍的一种地质作用。上述物理、化学和生物风化作用，并非孤立地存在着，而是彼此相互联系、相互影响的，只是在不同的自然地理环境和不同的阶段，风化类型有主次的差异。

2. 剥蚀作用

岩石遭受风化之后，风、流水、波浪、潮汐及冰川等在运动状态下对地表岩石及其风化产物的破坏作用，称为剥蚀作用。按动力来源，剥蚀作用分为风的吹蚀作用、流水的侵蚀作用、地下水的潜蚀作用和冰川的刨蚀作用等。

3. 搬运作用

风化、剥蚀作用的产物，经风、流水、波浪、潮汐、冰川等动力将它们从原地搬运到沉积地区的作用，称为搬运作用。按照搬运的动力不同，搬运作用分为风的搬运作用、地面流水的搬运作用、地下水的搬运作用、波浪及潮汐的搬运作用和冰川的搬运作用等。

4. 沉积作用

岩石风化剥蚀的产物，在搬运途中，当搬运动能减小或由于搬运介质的物理化学条件改变，被搬运的物质就在新的环境下堆积下来，这种作用称为沉积作用。按沉积方式可分为机械沉积、化学沉积和生物沉积三类。

风化、侵蚀、搬运和沉积作用，是相互联系的统一过程。风化作用结果，为侵蚀作用提供了有利条件，风化、侵蚀产物又为搬运作用提供了物质来源，而沉积作用则是搬运作用的结果。由侵蚀到沉积，以搬运作为纽带，把它们联系在一起。风化、侵蚀、搬运和沉积作用，它们各自以自己的作用力对地表进行塑造、修饰、加工和重建，改造原来的地表形态，重建新的地表形态，总的趋势是使地表起伏趋向缓和。

5. 固结成岩作用

母岩经风化、搬运、沉积作用，堆积下来的松散沉积物，经一系列的变化和改造，转变为固结岩石的作用，称为固结成岩作用。它包括压固作用、胶结作用和重结晶作用（见图 4.1）。例如，沉积岩中的砂岩、页岩和砾岩等就是这样形成的。

总之，内力地质作用和外力地质作用在时间和空间上是普遍存在的，它们是相互联系、相互制约的矛盾统一体。内力作用的进行往往造成了地壳的升降变化和海陆的变迁，使地球表面起伏加大；通过各种外力作用，可削平山岭、填平洼地，使地表起伏变得缓和，修饰由内力作用造成的形态，重建新的地表形态。如内蒙古高原由内力作用抬升，又在外力作用下长期侵蚀、剥蚀、夷平，形成起伏平缓的准平原化高原。

内力作用与外力作用不能截然分开。例如华北平原沉积物厚度在某些地方达 5 000 多米，这看起来似乎是外力作用的结果。实际上华北平原正是我国东部沉降带的一部分，如果华北平原地壳不下沉，就不可能有这么厚的沉积物，沉降则是内力作用的结果。地球表面形态正是内力作用与外力作用在长期矛盾斗争中形成和发展起来的。例如，黄山本来是地球深处岩浆侵入地壳上部而形成的花岗岩侵入体。后来，地壳抬升和覆盖在上面的岩石被风化侵蚀掉，花岗岩侵入体被暴露在地表，由于黄山花岗节理特别发育，在外力因素长期雕琢下，才形成引人入胜的奇峰怪石。

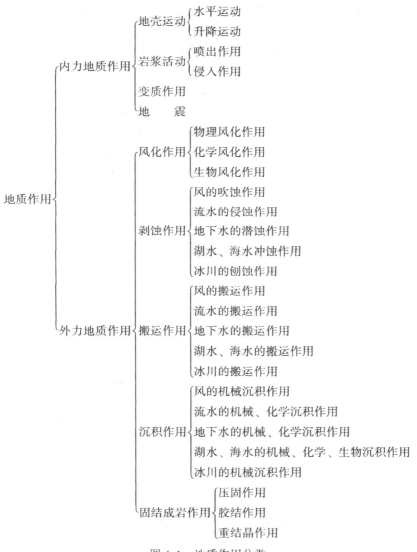

图 4.1　地质作用分类

　　总的说来，内力作用居于主导和支配地位，外力作用则是在其基础上进行破坏和改造的。但外力作用也影响着内力作用的进行，如一地的剥蚀或沉积作用的长期进行，又会改变地壳重力状况，从而导致地壳运动的进行。在内、外力长期的共同作用下，不断地推动着地壳的发展和变化。

第二节 地壳的组成物质与岩石

一、地壳的组成物质

(一) 化学成分

在 108 种已知化学元素中，自然界存在 92 种，并有 300 余种同位素。1924 年，克拉克（F. W. Clark）与华盛顿依据来自世界各地的 5 159 个岩石样品首次测定了 16km 厚度内地壳中的 63 种化学元素的平均重量百分比，即元素的丰度，所获数值后来被命名为克拉克值。由于地壳组成的复杂性，克拉克值只是个近似值。它阐明了地壳中化学成分及其分布的一般规律，在理论上和实践上都有重大意义。

其后半个世纪中，一些学者重新测定后对克拉克值进行了修正，但除碳的排序后移外，其余主要元素的丰度并没有大的变化（表 4.1）。克拉克值表明氧与硅两元素共占地壳总重量的 74% 左右，铝、铁、钙、钠、钾、镁 6 元素共占 24% 左右，即八大元素的丰度共占 98%，其他所有元素不超过 2%。地壳上部以氧、硅、铝为主，下部以氧、硅、镁、铁为主。

表 4.1　　　　　　　　　　地壳中主要元素的克拉克值

元素	丰度/%	元素	丰度/%	元素	丰度/%
氧（O）	46.71	钠（Na）	2.750	磷（P）	0.130
硅（Si）	27.69	钾（K）	2.580	碳（C）	0.094
铝（Al）	8.070	镁（Mg）	2.080	锰（Mn）	0.090
铁（Fe）	5.050	钛（Ti）	0.620	硫（S）	0.052
钙（Ca）	3.650	氢（H）	0.140	钡（Ba）	0.050

地壳中的化学元素绝大多数以化合物的形式出现，以氧化物最常见。其中分布最广的是硅和铝的氧化物，其次是钙、钠、钾、镁的氧化物。少数元素以单质矿物形式出现，如金、石墨等。

(二) 矿物

矿物是具有一定化学成分、一定的化学性质和物理性质的自然产物。它具有一定化学成分，可用化学式表示，如岩盐的化学式是 $NaCl$，单质矿物自然金和自然铜的化学式分别是 Au 和 Cu。

目前，已知矿物有三千余种，其中绝大多数是化合物，仅少数以单质矿物出现。大部分矿物是固态，少数呈气态或液态，如水、天然气、石油等。固体矿物中大多数是结晶质，即矿物内部的原子、离子或分子都是有规律地在三维空间成周期性重复排列。

1. 矿物的基本特征

（1）矿物的形状

结晶质矿物具有一定的形状。非晶质矿物由于内部质点排列无规律，因此没有一定的形状。矿物的形状包含两种意义，一是指矿物的单体（晶体）形状，另一是指同种矿物单体聚集在一起所成的集合体形状。

结晶矿物的个体形态，根据其单个晶体在三度空间各方向上的发育程度，大致可分为以下三类：

①一向伸长型：晶体向一个方向发展，这类矿物单体形状以细长为特征。如石英呈六方柱状，角闪石呈细长柱状，辉石呈短柱状，石棉呈针状。

②二向伸长型：晶体向两个方向发展，矿物单体形状以板状、片状为主要特征。如长石、石膏常呈板状，云母呈薄片状。

③三向伸长型：晶体同时向三个方向发展，矿物单体以粒状为主要特征。如岩盐呈立方体（图4.2（a）），磁铁矿呈八面体（图4.2（b）），石榴子石呈菱形十二面体（图4.2（c））。

在自然界中，矿物晶体常常聚集在一起，以集合体状态出现。例如云母呈片状集合体，石英晶体常丛生在同一基底上，形成晶簇（图4.3）。

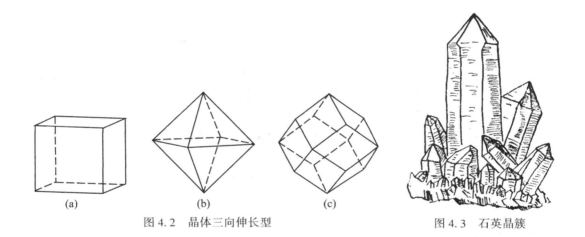

图4.2　晶体三向伸长型　　　　　　　　图4.3　石英晶簇

非晶质矿物单体没有一定外形，它的矿物集合体形状主要取决于矿物形成时的环境。主要有鲕状（状如鱼卵）、豆状、肾状、钟乳状等。

自然界有许多晶体，形状相同，但化学成分不同，因而属于不同类的矿物。也有些同类矿物在不同条件下形成不同的形状。因此，单纯依靠肉眼（或借助放大镜）根据晶体形状来确定矿物的方法，在有些情况下是不可靠的。

（2）矿物的颜色

矿物颜色是指矿物新鲜面上的颜色，是矿物对光线吸收和反射的一种表现。矿物固有的颜色叫自色，如石英晶体是无色透明的。矿物颜色是鉴定矿物常用的一个标志，例如白云母和黑云母，前者无色透明，后者呈褐色或黑色透明或半透明。又如正长石和斜长石，前者呈肉红色、玫瑰色，后者往往呈白色或灰白色。矿物的颜色经常受到其他外来因素的影响而发生变化，例如当矿物含有杂质或遭受风化以及受到光的干涉现象的影响时，都会使矿物原来的颜色改变。

（3）矿物的硬度

矿物新鲜平整表面抵抗摩擦和刻划的能力叫硬度。它只反映矿物的相对硬度。表 4.2 所列摩氏硬度计反映了常见的十种矿物硬度的相对大小。

在野外经常用手指甲（硬度约 2.5 度）、小刀（硬度约 5.5 度）、玻璃片（硬度约 6.5 度）对矿物进行粗略的硬度测定。例如石英和方解石两种矿物，其外形常常同是粒状聚集体，颜色均为白色，根据矿物形状和颜色很难区别。若以小刀刻画，在方解石面上必然留下刻槽和粉末，而在石英矿物的表面，则不会出现被刻蚀的痕迹，利用硬度的刻画就能很简便地鉴别石英和方解石。

表 4.2　　　　　　　　　　　　　　　　摩氏硬度计

硬度	矿物名称	硬度	矿物名称
1 度	滑　石	6 度	正长石
2 度	石　膏	7 度	石　英
3 度	方解石	8 度	黄　玉
4 度	萤　石	9 度	刚　玉
5 度	磷灰石	10 度	金刚石

"摩氏硬度计"中所列出的矿物硬度顺序是相对比较而言的，不是绝对值。实际上金刚石硬度的绝对值比刚玉高五倍，比滑石则高出五千倍。

（4）矿物的解理和断口

矿物受外力打击后，具有沿一定方向规则地裂开的性质，称为解理。裂开面称解理面。

若矿物受打击后，不是沿一定方向裂开，而是形成不规则、不平整的破裂面，这种破裂面称断口。解理和断口两者是互为消长的关系。若矿物解理发育，断口就变为次要的；若断口明显，解理就不显著。

相互平行的一系列解理面算作一组解理或一向解理。根据解理面的多少可分二组（向）解理、三组（向）解理……

解理面的光滑程度反映了矿物的解理性质，因此可根据其光滑程度分为极完全解理、完全解理、中等解理、不完全解理等。极完全解理是矿物极易沿一定方向裂开，解理面极为光滑，例如云母。完全解理是解理面光滑平整，如三组（向）解理的方解石。中等解理是矿物受击后基本上有规则裂开，但解理面不平整，如角闪石、辉石。不完全解理是解理面不清楚。

根据断口的形状可将断口分为三种：贝壳状断口（如石英）、粗糙断口（如长石）、锯齿状断口（如石膏）。

除上述特征外，某些矿物还具有其他一些典型的性质，如磁性（磁铁矿）、弹性（云母）、气味和味道（硫磺、岩盐）等。

2. 常见的几种矿物

（1）石英（SiO_2）

石英是硬度很大的矿物（硬度约为 7 度），断口呈贝壳状。晶体呈六方柱双锥状，柱面上有平行的横纹。常见的石英多呈粒状或块状集合体，一般呈乳白色。无色透明的石英称为水晶。石英常因含杂质而呈紫色、烟黑色、玫瑰色等。石英在物理和化学性质上都很稳定，是一种很难被破坏的矿物。

（2）赤铁矿（Fe_2O_3）

常见的赤铁矿呈致密块状、鲕状、豆状。颜色暗红。板状或片状的赤铁矿较少见。硬度为 2.5~6 度，无解理，粗糙断口。赤铁矿是重要的铁矿石。

（3）磁铁矿（Fe_3O_4）

常见的磁铁矿呈致密块状、粒状。颜色铁黑。无解理。硬度为 5.5~6 度。具有强磁性。

（4）褐铁矿（$Fe_2O_3 \cdot nH_2O$）

褐铁矿呈块状、土状或结核状。颜色为褐色和黑褐色。硬度为 1~5.5 度。无解理。

（5）萤石（CaF_2）

常见的萤石为块状或粒状集合体。一般颜色为绿色、紫色、黄色。硬度为 4 度。性脆，透明。四组完全解理。

（6）石膏（$CaSO_4 \cdot 2H_2O$）

石膏晶体为板状，常呈致密块状和纤维状集合体。颜色为白色或浅灰色，也有无色透明的。硬度为 2 度。一组解理。

（7）方解石（$CaCO_3$）

方解石晶体为菱面体，三组完全解理。常呈粒状、致密块状、晶簇和钟乳状。纯净无色透明者叫冰洲石，是制造光学仪器的贵重材料。方解石性脆，硬度为 3 度，遇稀盐酸起泡。

（8）白云石（$CaCO_3 \cdot MgCO_3$ 或 $CaMg(CO_3)_2$）

白云石与方解石物理性质类似，但遇稀盐酸作用微弱，略有气泡。

（9）橄榄石（$(Mg, Fe)_2[SiO_4]$）

橄榄石呈粒状，橄榄绿色，透明，硬度为 6~7 度，贝壳状断口。

（10）普通辉石（$(Ca, Na)(Mg, Fe, Al)[(Si, Al)_2O_6]$）

普通辉石呈晶体短柱状，横断面为八边形，集合体为致密粒状，颜色为灰黑色，硬度为 5~6 度。

（11）普通角闪石（$Ca_2Na(Mg, Fe)_4(Al, Fe)[(Si, Al)_4O_{11}]_2[OH]_2$）

普通角闪石晶体为长柱状，横断面为六边形。一般呈绿黑至黑色。硬度为 5~6 度。

（12）白云母（$KAl_2[AlSi_3O_{10}][OH, F]_2$）

白云母常呈鳞片状集合体。无色，薄片透明，具有弹性。硬度为 2~2.5 度。一组极完全解理。

（13）黑云母（$K(Mg, Fe)_3[AlSi_3O_{10}](OH, F)_2$）

黑云母常呈鳞片状集合体。黑色、褐色，薄片透明，具有弹性。硬度为 2~2.5 度。一组极完全解理。

（14）正长石（$K[AlSi_3O_8]$）

正长石晶体常呈柱状、厚板状，颜色肉红，硬度为 6~6.5 度，有两组正交的解理。

（15）斜长石（$Na[AlSi_3O_8]$-$Ca[Al_2Si_2O_8]$）

斜长石呈薄板状或粒状晶体，颜色灰白，两组斜交的解理（交角为86°），硬度为6~6.5度。

(16) 高岭石（$A1_4[Si_4O_{10}][OH]_8$）

高岭石呈土状或块状，颜色灰白、浅黄，硬度为1~2.5度，吸水后有塑性，手搓之有滑感。

二、岩石

矿物绝大多数不是独立存在的，而是依一定的规律结合在一起。由一种或多种矿物聚集在一起的集合体就称为岩石。

根据岩石的成因（形成方式），可将其分为岩浆岩、沉积岩和变质岩三大类。就它们在地壳中所占的体积而言，岩浆岩约占64.7%，沉积岩约占7.9%，变质岩约占27.4%。但是从分布的面积来看，沉积岩占了很大比例。据估计，沉积岩约占陆地表面面积的75%，我国沉积岩所覆盖的面积约占全国地表的77.3%。

（一）岩浆岩

1. 岩浆活动和岩浆岩产状

（1）岩浆活动

处在地壳下面的熔融物质称为岩浆。它的主要成分是硅酸盐，还有其他金属硫化物、氧化物和挥发物质（如 H_2O，CO_2，SO_2）等。

岩浆活动：地壳深处的岩浆在物理、化学条件发生变化的情况下产生运动，这种运动称为岩浆活动。

火山活动：岩浆冲破上覆岩层喷出地表，这种活动称火山活动。

岩浆活动中，喷出的岩浆因温度和压力骤降，其中挥发成分迅速逸散，所剩下的高温液体称为熔岩，冷却后形成的岩石称为喷出岩；若岩浆活动只侵入地壳的其他岩体中，而没有喷出地表，这种活动称为侵入活动。由此冷凝结晶而成的岩石称为侵入岩；喷出岩和侵入岩统称为岩浆岩，由于它们各自形成的环境条件差别很大，因而具有不同的结晶形式。

（2）岩浆岩产状

岩浆岩在地壳中所占空间的形状以及它与周围岩石接触的关系称为岩浆岩产状。喷出活动的结果主要是形成各种形式的火山（将在第四章第二节详细讨论）。

根据岩浆侵入地壳距离地表的深度，侵入岩可分为深成岩和浅成岩。深成侵入体的规模很大，主要有岩基和岩株两种。浅成侵入体的产状复杂多样，岩性变化大，侵入体的规模较小。主要形式有岩盘（岩盖）、岩床、岩墙等。

2. 岩浆岩的矿物组成

组成岩浆岩的矿物成分十分复杂，主要有石英、正长石（钾长石）、斜长石（钠斜长石、钙斜长石）、角闪石、辉石、橄榄石、黑云母等。前三种矿物 SiO_2，Al_2O_3 含量高，颜色浅，统称为浅色矿物；后几种矿物中 FeO，MgO 含量高，硅、铝含量少，所以矿物颜色较深，称为暗色矿物。地壳中矿物以硅、铝的氧化物为主，其中尤以 SiO_2 含量最高。因此可根据岩浆岩中 SiO_2 含量变化划分岩浆岩的种类。在一般情况下，岩石中 SiO_2 含量高，浅色矿物就多，暗色矿物相对较少；岩石中 SiO_2 含量低，浅色矿物含量就少，暗色矿物相对增多。表 4.3 是根据 SiO_2 含量所划分的岩浆岩类型。

表 4.3   岩浆岩类型

岩浆岩类别	SiO_2 含量	主要矿物	代表性岩石	岩石颜色
酸性岩	>65%	正长石、石英	花岗岩	由
中性岩	52%~65%	斜长石、角闪石	闪长岩	浅
基性岩	45%~52%	辉石、斜长石	辉长岩	至
超基性岩	<45%	橄榄石、辉石	橄榄岩	深

从表 4.3 可以看出，酸性岩浆岩 SiO_2 含量大，其中主要矿物均为浅色（正长石为浅红色或肉红色，石英为无色透明或白色），所以酸性岩浆岩颜色很浅，一般呈肉红、浅灰色。中性岩的 SiO_2 含量为 52%~65%，与酸性岩相比，中性岩暗色矿物（角闪石和辉石）明显增多，岩石颜色一般呈灰或灰黑色。白色的斜长石和绿黑色角闪石是中性岩的主要矿物。基性岩的 SiO_2 含量为 45%~52%。如果说在中性岩内尚能出现少量的石英颗粒的话，那么在基性岩中是看不到石英颗粒的。基性岩以暗色矿物（辉石）为主，岩石常呈深灰或灰黑色。超基性岩 SiO_2 含量小于 45%，仅有极少量钙性斜长石，甚至没有，几乎完全由暗黑色的橄榄石和辉石组成。

3. 岩浆岩的结构和构造

（1）岩浆岩的结构

岩浆岩中矿物结晶程度、颗粒大小以及相互关系总称为岩浆岩结构。岩浆岩结构反映了岩石形成的环境特点，是划分深成岩、浅成岩、喷出岩的主要依据之一。

①根据矿物结晶程度，可分为显晶质结构、隐晶质结构、玻璃质结构；

②根据矿物晶粒的相对大小，可分为等粒结构、不等粒结构、斑状结构。

（2）岩浆岩的构造

岩浆岩的构造是指岩石中不同矿物和其他组成部分的排列与充填方式所反映出来的岩石外貌特征。常见的岩浆岩构造：块状构造、气孔状构造、流纹状构造。

根据岩浆岩的矿物成分、结构、构造的特征，可以对岩浆岩进行一个简略的分类，其名称和分类指标如图 4.4 所示。

图上水平坐标表示不同的矿物成分含量变化，垂直坐标反映岩浆岩的结构变化。下面结合图 4.4 介绍几种常见的岩浆岩。

4. 几种常见的岩浆岩

（1）花岗岩

从图 4.4 可以看出，花岗岩主要由长石、石英、云母组成。长石中以肉红色的钾长石为主，另有白色的酸性斜长石（钠斜长石）。由于花岗岩中主要矿物均以浅色为主，只有少量暗色矿物（黑云母和绿黑色的角闪石），所以花岗岩是一种浅色的岩石。随着其中钾长石含量的变化，花岗岩的颜色也相应改变。当钾长石含量比例高时，岩石呈现粉红或浅红色，而当钾长石数量相对减少时，岩石呈现灰或灰白色。

花岗岩是一种酸性深成岩，具有显晶质等粒状结构，块状构造。有些花岗岩具有长石

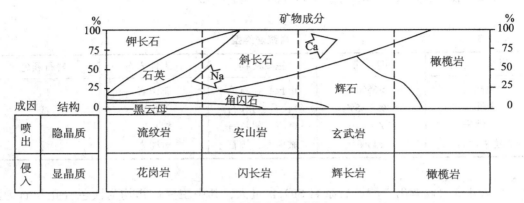

图 4.4 岩浆岩的分类指标

斑晶,嵌在细粒石英、云母和后期形成的长石组成的基质中,形成斑状结构,这种岩石称为斑状花岗岩或花岗斑岩,属浅成岩。

花岗岩比重较小,约为 2.7,是组成大陆地壳的主要成分。

（2）闪长岩

图 4.4 中清楚地显示了斜长石是闪长岩的主要矿物成分,角闪石也是闪长岩重要的组成部分,此外还有少量的辉石。石英和钾长石的含量是很少的,有的闪长岩中几乎没有石英和钾长石。

闪长岩以浅灰色为主。由于角闪石颜色呈绿黑色,所以闪长岩有时呈现出灰绿色。

闪长岩是一种中性深成岩,具有显晶质等粒状结构,块状构造。

（3）辉长岩

辉长岩是一种基性的深成岩,分布不广。它的结构和构造与花岗岩、闪长岩相似。辉长岩的矿物几乎完全由灰黑色的辉石和灰白色的基性斜长石（钙斜长石）组成,此外含有少量的橄榄石。岩石颜色常呈灰黑色或黑色。

（4）流纹岩

流纹岩是酸性喷出岩,色浅灰或灰红,隐晶斑状结构。斑晶是石英等浅色矿物,基质是玻璃质或隐晶质暗色矿物。具有流纹状构造,也常有气孔状或杏仁状构造。

（5）玄武岩

玄武岩是常见的基性喷出岩,它是一种隐晶质颗粒极细的岩石。玄武岩熔岩流喷出后常覆盖地表形成熔岩高原或熔岩台地。玄武岩比重较大,约为 3.2,大洋地壳均由玄武岩组成。

玄武岩主要由钙斜长石、橄榄石、辉石组成。岩石颜色为褐色或黑色。在某些情况下,玄武岩具有斑晶结构,辉石、橄榄石大晶体构成斑晶。在熔岩流表面的玄武岩常具有玻璃质结构,还具有气孔状构造和杏仁状构造。

（二）沉积岩

在地表条件下,由沉积物经一系列地质作用形成的岩石称为沉积岩。沉积物是地表母岩（岩浆岩、变质岩和早先形成的沉积岩）风化剥蚀所形成的物质。它是形成沉积岩的物质基础。

沉积物和沉积岩是有区别的。一般沉积物内部富含水和气体，孔隙度高。从沉积物转变为沉积岩，经历了一个相当复杂的物理、化学过程，这个过程称为硬结成岩作用（简称成岩作用）。

成岩作用是通过压紧、胶结、重结晶等三种方式来完成的。压紧作用是成岩作用的一个重要方式。随着沉积物的不断加厚，下部沉积物承受的压力愈来愈大，于是沉积物颗粒之间的气体和水分被排挤出来，沉积物由原先的松散状态变得十分紧密。单纯的压紧并不能使沉积物变为沉积岩，因为这一过程并没有改变沉积物的性质。对碎屑沉积岩而言，成岩作用的主要过程是胶结和再结晶作用。胶结作用就是胶结物质填充到沉积物颗粒之间的孔隙中，把沉积物的颗粒胶合在一起。胶结物的成分主要是钙质、硅质、铁质、泥质等。胶结物质的来源，一方面是沉积物在压紧过程中，颗粒表面在温度、压力不断增大的情况下发生复杂的化学作用而产生的，另一方面是来自外部相邻沉积层中的盐类和有机质等溶液。此外，矿物的重结晶作用也能使沉积物固结。重结晶作用是在温度和压力作用下，沉积物中一些矿物质颗粒溶解消失，另一些矿物颗粒不断发育壮大。这种作用尤其在成分均一、颗粒细小的有机沉积物和化学沉积物中最易进行。上述压紧、胶结和重结晶作用，使疏松的沉积物转变成致密的沉积岩。

1. 层理构造

层理是沉积岩特有的构造。它是由先后沉积下来的沉积物的颗粒大小、成分和颜色的不同而显示出来的成层现象。通常，在沉积环境比较平静、稳定的情况下，层理呈近似水平状态，层与层彼此平行，在沉积环境不稳定的条件下，则往往形成斜层理或交错层理。

2. 沉积岩的产状

沉积岩产状是指层（或层面）的空间位置。层与层之间的接触面称为层面。两层面之间的岩层在横向分布上颗粒大小、成分、颜色一般很稳定。由于沉积时间、物质来源等变化，层的厚度也有变化。岩层厚度大于 1m 的称为块层，1~0.5m 为厚层，0.5~0.1m 为中厚层，0.1~0.01m 为薄层，<0.01m 则是微层。

沉积岩的原始产状是近于水平的。由于地壳运动的影响，沉积岩层发生了各种各样的弯曲、断裂，形成各种地质构造。

3. 沉积岩的结构特征

沉积岩的结构可分为碎屑结构、泥质结构、生物结构、化学结构等。

4. 常见的几种沉积岩

（1）砾岩和角砾岩

由直径大于 2mm 的圆形或次圆形砾石胶结而成的岩石称为砾岩。砾岩中大于 2mm 的砾石占 50%以上，其他是砂和泥等颗粒较小的碎屑。砾石是岩石经历长期侵蚀过程形成的，一般都是坚硬而稳定的。砾岩的胶结物质通常有硅质、铁质、钙质、泥质等。由带棱角的砾石经胶结而成的砾岩称为角砾岩。带棱角的砾石反映岩石风化剥蚀或断裂作用所形成的碎屑岩块，未经长距离的搬运和磨蚀，因而保持了带棱角的外形特征，如断层角砾岩。

（2）砂岩

砂岩是最常见的沉积岩之一，它是由直径为 0.1~2mm 的碎屑经胶结而成的。碎屑成分以石英为主，它抵抗机械磨蚀和化学侵蚀的能力很强，性质较稳定。

（3）粉砂岩

粉砂岩的碎屑直径为 0.01～0.1mm，颗粒细小，肉眼难以分辨。主要成分是石英，其次是长石、云母。

以上三种均为碎屑沉积岩。它们以超过 50% 以上含量的碎屑颗粒命名，如直径 0.1～2mm 的碎屑占 50% 以上的沉积岩，称为砂岩。为了更明确地反映岩石性质，有时把碎屑的主要成分和胶结物的性质加在名称上，例如石英砂岩，表示砂岩的主要碎屑成分是石英。又如铁质长石砂岩，表示碎屑主要成分是长石颗粒，由铁质胶结。

（4）泥岩和页岩

泥质结构的岩石主要是由黏土矿物组成的泥岩和页岩，它们是由粒径小于 0.005mm 的碎屑组成的。这类岩石质地软弱，易受侵蚀。层理不好、质地不坚的黏土质岩称泥岩。层理好的黏土质岩称为页岩。其中含碳成分很高的叫碳质页岩，含石油和沥青的叫油页岩。

（5）石灰岩

石灰岩是化学沉积岩或生物沉积岩。它主要由碳酸钙（$CaCO_3$）组成。岩石新鲜面呈白或灰白色，性脆，遇稀盐酸起反应产生二氧化碳气泡。含泥质成分较多的石灰岩称为泥灰岩。

除上述沉积岩外，还有一些对国民经济具有重要意义的化学沉积岩和生物沉积岩，如钾盐、岩盐、石膏、苏打、芒硝、硼砂等盐岩及铁质岩、锰质岩、磷质岩以及煤、石油等。

（三）变质岩

1. 变质作用和类型

由于地壳运动或岩浆活动引起的高温、高压以及从岩浆中分异出来的化学性质活泼的气体和热液的作用，使原有岩石（包括岩浆岩、沉积岩、变质岩）的结构、构造和矿物成分发生变化的过程，称为变质作用。经过变质作用的岩石称为变质岩。变质作用是在地下深处进行的。岩石发生变质的主要因素是高温和高压。在高温条件下，矿物分子的运动能力增加，物质的溶解度增大，加速了化学反应过程。这些原因促使矿物重结晶，并且产生高温环境下稳定的矿物等一系列变化。如石灰岩在热力作用下转变为大理岩，原来的碳酸钙经重结晶变为方解石。又如一些常温、常压条件下稳定的黏土矿物在高温下转变为长石和云母等。

变质作用可分为接触变质作用和区域变质作用两种类型。接触变质发生在岩浆侵入地壳与围岩接触的地方，如果围岩仅受高温的焙烤而使矿物重新结晶，但岩石化学成分没有变化的变质作用称为热变质作用或接触热变质作用。如果围岩与岩浆之间还发生物质（气体、溶液）交换，从而引起围岩化学成分和矿物成分的变化，这种变质作用称为交代作用或接触交代作用。显然，接触变质影响的范围是有限的。这种接触变质带宽度可达数百至数千米。区域变质是由地壳运动产生的强大应力使岩石发生变质的作用，变质作用影响范围大，可达数百甚至数千平方千米。经区域变质作用的岩石往往具有明显的片理构造和片麻状构造。

2. 变质岩的构造特征

变质作用是在固态条件下进行的，因此，变质岩仍保留了其原先岩石的某些特征，从外貌上看，与岩浆岩、沉积岩无显著差别。例如石灰岩经变质作用形成大理岩，花岗岩变质而成片麻岩，变质前后岩石外貌和地貌形态都很难区别。但是如果我们仔细观察岩石内部，就会看到变质作用给予岩石的影响，例如大理岩以其明显的方解石晶粒不同于石灰岩，而片麻岩以其矿物呈条带状排列区别于花岗岩。

变质岩特有的构造就是片理构造。片理构造表现为岩石中矿物呈一定方向平行排列。特别是当岩石中存在大量的片状、针状或柱状矿物时，片理构造更为明显。根据矿物片状排列的清晰程度可分片理构造为千枚状、片状、片麻状三种。千枚状构造特征是矿物定向排列，极易劈开成许多细小薄片，劈开面具有典型的丝绢光泽。片状构造是指大量片状矿物平行排列成薄层片状的一种构造。片麻状构造是由晶体较粗的粒状浅色矿物（如长石、石英）和片状（或柱状）深色矿物（如黑云母、角闪石）大致相间平行排列成不同颜色、不同宽窄的条带，但很难劈开成薄片。

3. 常见的几种变质岩

（1）片麻岩

片麻岩是一种粗粒状的变质岩。浅色矿物和深色矿物交互成层，形成片麻状构造。主要矿物是石英、长石和铁镁矿物。片麻岩是在高强度的区域变质中形成的。

（2）片岩

片岩具有片状构造，以片状矿物为主（如云母、滑石、绿泥石），此外还有石英、角闪石、长石等矿物。

（3）千枚岩

岩石呈薄片状，硬度很小，薄片面上呈现鳞片似的丝绢光泽。

（4）石英岩

石英岩由砂岩变质而成，质地十分坚硬。主要成分是 SiO_2。质纯的石英岩呈白色或乳白色，若含氧化铁或其他矿物，颜色变红或变为其他颜色。石英岩虽是变质岩，但无片理构造。石英岩抵抗风化侵蚀的能力特别强。在一个区域内往往成为非常突出的地貌形态。

（5）大理岩

石灰岩经变质作用形成大理岩。碳酸钙经重结晶形成等粒状晶体的方解石，因而大理岩没有片理构造。方解石晶体通常很大，并且密集穿插，形成质地致密的大理岩。有的大理岩含有机质和其他杂质，使大理岩中呈现各种颜色的条纹。

第三节　地壳运动与地质构造

由地壳运动所产生的地质构造的各种形态是控制地表基本轮廓的主导因素，如海洋和陆地的分布、高原和山地的隆起、盆地和平原的形成，无不受到它们的制约。同时，它们也是影响河流发育与展布、地下水汇集与运动的重要因素。从另一方面来讲，地壳运动与地质构造对地表物质的迁移、水热条件在空间上的再分配也有深远影响。因此，地壳运动与地壳的发展历史的重大变化，将影响甚至导致整个自然地理环境的变迁。

一、地壳运动概述

地壳自形成以来，一直在不断地运动、发展和变化着。地壳运动不仅改变着地表海陆分布的轮廓，同时也改变着地壳上岩层的原始产状，从而形成各种各样的构造形态，如褶皱构造和断裂构造等。因此，地壳运动又称为构造运动。地壳运动是指由于地球内部动力引起的地壳的机械运动。在地壳运动的力的作用下，发生变形或变位的各种形迹，称为地质构造，亦称构造变动。

地壳运动包括水平运动和垂直运动两种基本形式。

水平运动是指地壳物质沿着大地水准球面切线方向，即大致平行于地球表面的运动。地壳的水平运动主要表现为地壳岩层的水平移动，并使地壳岩层在水平方向上遭受不同程度的挤压力和引张力，从而形成巨大而强烈的褶皱、断裂等构造，如挤压褶皱、逆掩断层和平移断层等。我国的昆仑山、祁连山等以及世界上许多山脉，就是通过积压褶皱而形成的。所以有人将水平运动称为造山运动。

垂直运动是指地壳物质沿地球半径方向，即垂直于地球表面的运动。这种运动主要表现为地壳的缓慢上升或下降运动的长期交替进行。地壳的升降运动则主要引起地壳的隆起或凹陷，并引起地势高低的变化和海陆的变迁，故有人将垂直运动称为造陆运动。

地壳上的沉积物的厚度与地壳运动的关系极为密切，在地壳强烈上升区往往由于地表长期遭受风化和剥蚀作用，而没有沉积物的堆积；相反，地壳的下降，则使沉积物的粒度由粗变细，其沉积厚度加大。

地壳的水平运动与地壳的垂直运动是相互联系和相互影响的，它们可以发生在同一地区，对某一阶段来讲，总是某一种运动占优势，而另一种运动居于次要地位。但从地壳总的发展历史来看，日益增多的证据说明，水平运动是主导的，而垂直运动则处于派生和次要的地位。

地壳运动根据其发生的时间和特点，可分为古构造运动和新构造运动两类。古构造运动是指新第三纪以前各地质时期所发生的一切构造运动；新构造运动是指新第三纪末和第四纪的构造运动。

二、水平岩层、倾斜岩层和岩层产状

（一）水平岩层

在海洋、湖泊或盆地中心沉积的岩层，在其形成以后，如果未遭受显著的地壳运动的影响，一般保持原来的水平状态，这种岩层称为水平岩层。由于盆地的沉积环境的影响，绝对的水平岩层是少有的，一般把倾斜不超过5°的岩层，都视为水平岩层。水平岩层的分布，一般局限于地壳运动影响较轻微的地区，或主要以大面积的升降运动为主的地区。

水平岩层出露地区，岩层在垂直方向上的分布特点，总是地质时代较新的岩层位于较老的岩层之上。如地形平缓、地面切割轻微时，地面出露为同一地质时代的最新岩层，随着地形切割深度的加大，时代较老的下伏岩层就依次出露，即不同高度上，分布着不同时代的新老岩层。岩层愈老，出露位置愈低；岩层愈新，出露位置愈高（图4.5）。

图 4.5　水平岩层的露头

（二）倾斜岩层与岩层产状

1. 倾斜岩层

水平岩层由于地壳运动的影响，改变原来的产状，就形成了倾斜岩层。在一定的地区内，其倾斜方向和倾角基本一致的一套岩层，称为单斜岩层。单斜岩层往往属于其他构造的一部分，如褶皱的一翼或断层的一盘（图4.6）。

图 4.6　倾斜岩层——褶皱的一翼或断层的一盘

2. 岩层的产状要素

岩层的产状是指岩层的空间位置。倾斜岩层的空间位置，是用岩层的走向、倾向和倾角（称为岩层的产状要素）来表示的。

①走向：岩层层面与水平面相交的线，称为走向线（图4.7中 AOB），它是同一层面上等高两点的连线。走向线的方位角，叫岩层的走向。它表示岩层的空间水平延伸方向。

②倾向：垂直于走向线，沿层面倾斜向下引出的一条直线叫倾斜线（图4.7中 OD），倾斜线在水平面上的投影线的方位角即为倾向（图4.7中 OD'）。倾向是岩层层面倾斜的方向，它与走向相垂直。

③倾角：岩层层面与水平面之间的最大夹角，即岩层的倾斜线与其水平投影线之间的夹角（图4.7中 α），叫岩层倾角。倾角的大小表示岩层的倾斜程度。

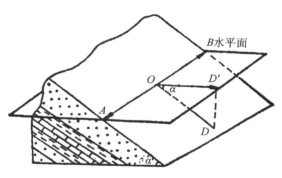

α—倾角；AOB—走向线；OD—倾斜线；
OD'—倾斜线的水平投影，箭头指向倾向
图 4.7　岩层的产状要素

三、褶皱构造

地壳中原始产状的岩层，在地壳运动影响下，形成一系列连续的波状弯曲，称为褶皱构造，它是岩层受力塑性变形的结果。褶皱是地壳中最常见的一种地质构造形态。岩层的弯曲，一般都是向上或向下弯曲连续相间出现的。每一个单独的向上或向下的弯曲，叫做褶曲。褶曲是褶皱构造的基本单位。两个或两个以上的褶曲组合而成褶皱。

（一）褶曲要素

褶曲的组成部分叫做褶曲要素，它包括以下几个部分。

①核部：指褶曲的中心部分，即褶曲两侧同一岩层之间的部位（图 4.8 中 B）。

②翼部：指褶曲核部两侧的岩层（图 4.8 中的 EF 与 EG）。

③轴面：它是一个把褶曲对称分成两部分的假想面（图 4.8 中的 $ABCD$）。轴面可以是平面，也可以是曲面。轴面的产状可以是直立的，也可以是倾斜的，甚至是水平的。

④轴：轴面与水平面的交线叫做轴，又称轴线（图 4.8 中的 BC）。轴的方位角叫做轴向。它表示褶曲在平面上延伸的方向。随着轴面的变化，轴线可以是一条水平的直线，或者是一条水平的曲线。

⑤枢纽：轴面与岩层层面的交线叫枢纽（图 4.8 中的 EC）。枢纽可以是水平的，也可以是倾斜的或波状起伏的。它用以表示褶曲在其延长方向上产状的变化。如果枢纽倾斜，两翼岩层在 C 处汇合并倾没于地下，则 C 点称为倾伏端。

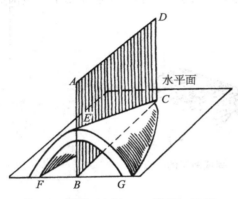

核：B；两翼 EF 与 EG；轴面：$ABCD$；
轴：BC；枢纽：EC；倾伏端：C
图 4.8 褶曲形态要素示意

⑥转折端：指从褶曲的一翼向另一翼的过渡部分（图 4.8 中的 E）。它可以是一段圆滑的曲线，也可以是一点。

（二）褶曲的类型和特征

1. 褶曲的基本类型

根据组成褶曲核部和两翼岩层的相互关系，可分为：

①背斜：指外形上向上突出的弯曲，两翼岩层自中心向外倾斜。组成褶曲的岩层时代，核部较老，两翼较新。两翼岩层对称出现（图 4.9）。

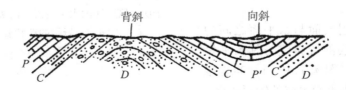

图 4.9 背斜与向斜示意图

②向斜：指外形上向下突出的弯曲，岩层自两翼向中心倾斜。核部为时代较新的岩层，两翼为时代较老的岩层，两翼岩层对称出现。

2. 褶曲的形态分类

根据轴面产状，可分为下列几种褶曲。

①直立褶曲：轴面直立，两翼岩层倾向相反，倾角大致相等。如图 4.10（a）。

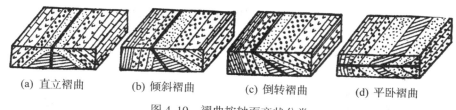

(a) 直立褶曲　　(b) 倾斜褶曲　　(c) 倒转褶曲　　(d) 平卧褶曲

图 4.10　褶曲按轴面产状分类

②倾斜褶曲：轴面倾斜，两翼岩层倾向相反，但倾角不等。如图 4.10（b）。

③倒转褶曲：轴面倾斜，两翼岩层倾向相同，即一翼岩层为正常产状，而另一翼老岩层位于新岩层之上，出现了岩层倒转。如图 4.10（c）。

④平卧褶曲：轴面和两翼岩层产状水平或近于水平，一翼层位正常，另一翼层位发生倒转。如图 4.10（d）。

根据转折端形状，褶曲可分为下列几种。

①箱形褶曲：两翼岩层产状较陡，甚至直立，转折端平缓而开阔（图 4.11）。

②扇形褶曲：两翼岩层均倒转，即在背斜中两翼向轴面倾斜；在向斜中两翼自轴面向外倾斜，转折端呈宽广的扇形变化（图 4.12）。

图 4.11　箱形褶曲

根据枢纽产状，褶曲又可分为下列几种。

①水平褶曲：枢纽水平，两翼岩层走向平行。

②倾伏褶曲：枢纽倾伏，两翼岩层走向不平行。褶曲枢纽倾伏的向斜和背斜，分别称为倾伏向斜和倾伏背斜。

根据枢纽形态还可把褶曲分为长轴褶曲、短轴褶曲、等轴褶曲。

①短轴褶曲：如图 4.13 所示，褶曲枢纽向一端倾伏，所以又名倾伏褶曲。两翼岩层在倾伏端相交倾没于地下。由倾伏背斜与倾伏向斜组成的倾伏褶皱，在航空像片上反映出弧形或"之"字形的不同色调的带状影像。

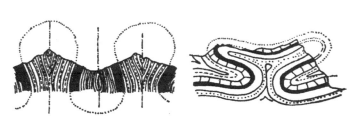

图 4.12　扇形褶曲

图 4.13　短轴褶曲（倾伏褶曲）

②长轴褶曲：又名线状褶曲，如图 4.14 所示。褶曲的枢纽基本近于水平，两翼岩层走向平行，褶曲延伸范围很长。在没有其他因素（如断层）干扰的情况下，长轴褶曲在航空像片上的影像表现为有规律地重复出现的平行条带图案。

③等轴褶曲：又称为穹形褶曲或穹隆（图 4.15）。穹隆一般形态比较孤立。规模巨大的穹隆构造通常是由岩浆侵入地壳使上部岩层拱起而形成的。方向直交的褶皱运动互相干扰也能使岩层形成穹形隆起。穹隆褶曲的特征是岩层向四周倾斜。

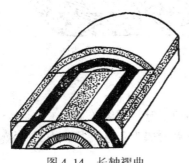
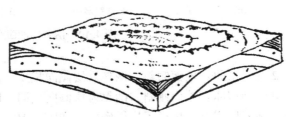

图 4.14 长轴褶曲　　　　　　　　　图 4.15 等轴褶曲

四、断裂构造

岩石因所受应力强度超过自身强度而发生破裂，使岩层连续性遭到破坏的现象称为断裂。断裂构造按其沿断裂面两侧岩层有无明显的相对位移，分为节理和断层两种基本类型。

（一）节理

岩层断裂后，断裂面两侧岩层没有发生明显的位移或只有微小的错开，称为节理（又称裂隙）。节理的大小不一，长度有的仅数厘米，有的可达几十米，甚至更长。节理分布的疏密程度也极不均一，有的地方比较密集，有的地方则较稀疏，这与岩石性质及受力情况有密切关系。

节理面可光滑平直，亦可粗糙弯曲，有张开的也有闭合的。在重力和风化作用下，节理可逐渐扩大。风景名胜区的所谓"试剑石"、"一线天"等，绝大多数都是张开的节理面。

节理的产状是以节理面的走向、倾向和倾角来确定的。节理面有直立的、水平的和倾斜的。节理的发育不但降低了岩石的强度，节理发育的地貌部位以及节理的组合形式，对于局部地貌的形成和发展有着直接的影响，如一些河流和水系的发育明显受节理类型的控制。

（二）断层

岩层沿着断裂面发生显著位移的断裂构造称为断层。

1. 断层要素

断层也同褶曲构造一样，它包括若干组成部分，称为断层要素。它主要包括以下几个要素（图 4.16）。

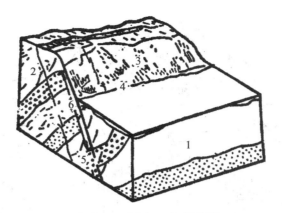

1—上盘；2—下盘；3—断层面；
4—断层线；5—破碎带；6—断距
图4.16　断层要素

①断层面：两个断块发生相对位移的破裂面叫做断层面。它可以是平面，也可以是弯曲的或波状起伏的曲面。断层面一般是倾斜的，有些是直立的，它的产状也是用走向、倾向和倾角来表示的，其测量方法和测量岩层产状要素一样。大规模的断层，往往不止一个破裂面，而是由许多大致平行的破裂面组成一定宽度的破碎带，称为断层破碎带。

②断层线：断层面和地面的交线，称为断层线。它表示断层的延伸方向。断层线的形状决定于断层面及地表起伏的形状，可以是直线，也可以是曲线。

③断盘：指断层面两侧的岩块。当断层面倾斜时，位于断层面之上的岩块叫上盘，位于断层面之下的岩块叫下盘。当断层面直立时，断盘可按方位来表示，如断层面之东的岩块为东盘，断层面西边的岩块即为西盘。

2. 断距

断层两盘岩层相对位移的距离，称为断距。断层上下盘沿断层面发生相对位移的实际距离，叫总断距（图4.17中的AA'）。断层上下盘在垂直方向上的相对位移，叫垂直断距（图4.17中的BC）。断层上下盘在水平方向上的相对位移，叫水平断距（图4.17中的AC）。垂直岩层层面的断距，叫地层断距。

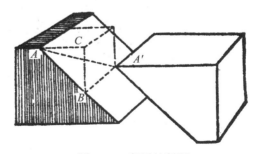

图4.17　断层的断距

3. 断层的基本类型

按断层两盘相对位移的方式，断层可以分为正断层、逆断层和平移断层三种基本类型（图4.18）。

①正断层：指上盘下降、下盘上升的断层。它是受引张力和重力作用形成的。断层面一般较陡（大于45°），或近于直立，断层线比较平直。正断层往往成群出现，形成断层

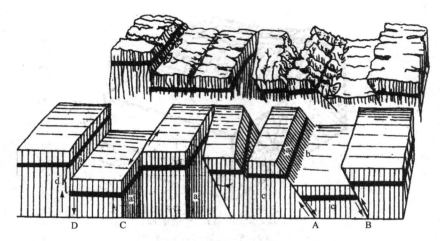

a—断层面；b—断层线；c—断盘；d—断距；
A—正断层；B—逆断层；C—平移断层；D—垂直断层
图4.18　断层要素与断层主要类型

的各种组合形式，常见的有阶梯状断层、地垒和地堑等。阶梯状断层是两条或两条以上的
倾向相同而又互相平行的正断层，其上盘依次下降呈阶梯状（图4.19）。地垒是指被两个
断层所切，中央部分相对上升、两侧相对下降的构造。地堑是指被两个断层所切，中央部
分相对下降，两侧相对上升的构造（图4.20）。

图4.19　阶梯状断层（广东仁化）

　　②逆断层：指上盘相对上升、下盘相对下降的断层。这种断层主要是挤压力作用产生
的。常与褶皱同时伴生，并多在褶皱翼部平行于褶曲轴发育。
　　③平移断层：指断层两盘沿着断层面在水平方向发生相对位移的断层。它是受水平扭
力作用而形成的，多与褶曲轴斜交，断层面近于直立，沿断层面常有近水平的擦痕（图
4.21）。
　　根据断层走向与褶曲轴向或区域构造线延伸方向的关系，断层可分为纵断层、横断层
与斜断层三种。纵断层的走向与褶曲轴向或区域构造线走向基本平行；横断层两者走向垂
直；斜断层两者走向斜交。

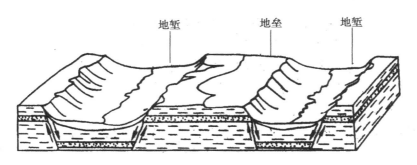

图 4.20　地垒与地堑

图 4.21　平移断层造成的岩层错动

五、火山与地震

火山与地震都是快速构造运动，不仅发生在地壳中，还涉及更深的构造圈。火山与地震是人们可以直接观察和感知的自然现象，对自然环境和人类生活都有不利影响。

（一）火山

岩浆喷出地表是地球内部物质与能量的一种快速猛烈的释放形式，这称为火山喷发。火山喷出物既有气体、液体，也有固体。气体以水蒸气为主，并有氢、氯化氢、硫化氢、一氧化碳、二氧化碳、氟化氢等。液体即熔岩，固体则指熔岩与围岩的碎屑，如火山灰、火山渣、火山豆、火山弹、火山块等。

1. 火山的成因

火山的形成涉及一系列物理、化学过程。地壳上地幔岩石在一定温度、压力条件下产生部分熔融并与母岩分离，熔融体通过孔隙或裂隙向上运移，并在一定部位逐渐富集而形成岩浆囊。随着岩浆的不断补给，岩浆囊的岩浆过剩，压力逐渐增大。当表壳覆盖层的强度不足以阻止岩浆继续向上运动时，岩浆通过薄弱带向地表上升。在上升过程中溶解在岩浆中的挥发成分逐渐溶出，形成气泡；当气泡占有的体积超过 75% 时，禁锢在液体中的气泡会迅速释放出来，导致爆炸性喷发，气体释放后岩浆黏度降到很低，流动转变成湍流性质的。如若岩浆黏滞性较低或挥发成分较少，便仅有宁静式溢流。从部分熔融到喷发一系列的物理化学过程的差别形成了形形色色的火山活动。

2. 火山的喷发类型

纵观世界火山的喷发类型，其决定因素一是岩浆的成分、挥发成分含量、温度和黏度，如玄武质岩浆含 SiO_2 成分低，含挥发成分相对少，温度高、黏度小，因此岩浆流动性大，火山喷发相对较宁静，多为岩浆的喷溢，可形成大面积的熔岩台地和盾形火山；流纹质和安山质岩浆富含 SiO_2 和挥发成分，其温度低、黏性大、流动性差，因此火山喷发猛烈，爆炸声巨大，有大量的火山灰、火山弹喷出，常形成高大的火山碎屑锥，并伴有火山碎屑流和发光云现象，往往造成重灾。决定因素之二是地下岩浆上升通道的特点，若岩浆囊中的岩浆沿较长的断裂线涌出地表，即形成裂隙式喷发；若沿两组断裂交叉而成的筒状通道上涌，在岩浆内压力作用下，便可产生猛烈的中心式喷发。决定因素之三是岩浆喷出的构造环境，看其是在陆地还是水下；是在洋脊还是在板块内；是在岛弧还是在碰撞带，等等。火山所处的大地构造环境不同，火山喷发类型的特点也大不相同。火山喷发型式有两类。一是裂隙式喷发，多见于大洋中脊的裂谷中，是海底扩张的原因之一。陆上则仅见于冰岛拉基火山等个别地方。二是中心式或管状喷发，又可分为：①夏威夷型或宁静式，只喷发熔岩而没有火山碎屑。②培雷型或爆炸式，喷发时产生猛烈爆炸现象。岩浆酸度愈高、气体含量愈多，其爆炸性也愈强。③中间型，喷发特点介于前两者之间，依喷发力递增顺序又可分为斯特朗博利型、武尔卡诺型、维苏威型等。

中国火山分布在成因上与两大板块边缘有关：一是受太平洋板块向西俯冲的影响，形成我国东部大量的火山；另一是受印度板块碰撞的影响，形成了青藏高原及周边地区的火山的分布。我国的火山以台湾一带最为活跃，自钓鱼岛至小兰屿就有 20 余座火山。云南腾冲、新疆于田以南昆仑山中也有小型火山。

（二）地震

1. 地震的概念

地壳的快速震动现象，叫做地震。它是地壳运动的一种形式。当地球聚集的应力超过岩层或岩体所能承受的限度时，地壳发生断裂、错动，急剧地释放积聚的能量，并以弹性波的形式向四周传播，引起地表的震动。据统计，全世界每年要发生约 500 万次地震，其中大部分是人们不易觉察的小地震，人们能够感觉到的地震（即有感地震）约 5 万次。所以说地震是一种很普遍的地质现象。

地震只发生在深度为 700km 以内的脆性圈层中。地震时，地下岩石最先开始破裂的部位叫做震源。按其深度可分为浅源地震（深约 70km 以内）、中源地震（70~300km）和深源地震（300~700km）。震源在地面上的垂直投影位置叫震中。从震源发出的地震波在地球内部传播的称为体波，体波又可分为横波和纵波。地震时，纵波较快传播到地面。沿地面传播的波称为面波，实际上是一种特殊横波，对地表建筑物破坏性最大。地震除直接给人类带来灾害外，还往往伴生火灾、水灾与海啸。

2. 地震的类型

地震按其发生的原因，可以分为三类：①由地壳运动引起的构造地震；②由火山喷发引起的火山地震；③由地面塌陷和山崩等引起的陷落地震。此外，还有其他激发因素所引起的地震，其中由于水库蓄水引起的地震，称为水库地震。这种地震一般是在水库蓄水达一定时间而发生的，多分布在水库下游或水库区，有时在水库大坝附近，发生的趋势是最初地震小而少，以后逐渐增多，强度增大，出现大震，然后再逐渐减弱。

3. 地震震级

地震震级是用来说明地震大小和强度的，即表示地震本身大小的等级。地震释放能量的大小用震级表示，地震时震源释放出的能量越多，震级就越大。通常采用美国里克特（C. F. Richter）提出的标准来划分。

地震震级也叫地震强度，是根据地震仪记录到的地震波幅确定的（表4.4）。

表4.4 　　　　　　　　　　　　　　　**地震震级能量表**

震　级	能　量（J）	震　级	能　量（J）
1	2.0×10^6	6	6.3×10^{13}
2	6.3×10^7	7	2.0×10^{15}
3	2.0×10^9	8	6.3×10^{16}
4	6.3×10^{10}	9	2.0×10^{17}
5	2.0×10^{12}	10	1.0×10^{18}

4. 地震烈度

地震对地面的影响和破坏程度称为地震烈度，通常分为12级。烈度的大小与震源、震中、震级、构造和地面建筑物等综合特性有关。震源愈浅，或距震中愈近，或震级愈大，烈度也愈大。但一次地震在影响范围内的不同地区却可以有不同烈度。

地震震级和地震烈度是两个不同的概念，一次地震只有一个震级，但在同一次地震距离震中远近不同的地区，却有不同的烈度。

目前世界上许多国家都有自己的烈度表，烈度划分及其标准是不一致的。我国使用的烈度表共划分为12度。判断烈度的大小是根据人的感觉、器物动态、不同建筑物遭破坏程度及其他自然现象表现的程度等情况综合确定的。

5. 地震的分布

世界地震区呈带状分布并与板块边界非常一致，但扩张型边界上地震带较窄，即最集中，汇聚型边界上较宽，大陆碰撞型边界上尤其分散。全球地震能量的95%都是通过板块边界释放的，其中很大部分又来自汇聚型边界。在汇聚型边界上震源深度与洋壳俯冲深度有关，即从海沟附近至岛弧内震源深度逐渐增加。可见板块间的相互作用是引起地震的主要因素。主要地震带包括：①环太平洋地震活动带。全世界地震释放总能量的80%来自这个带，大约80%的浅源地震和90%的中源地震以及几乎全部深源地震都集中在这里。它与环太平洋火山带密切相关，但"火环"与"震环"并不重合。地震多分布于靠大洋一侧的海沟中，火山则多分布于靠陆地一侧的岛弧上。②地中海-喜马拉雅带。大致沿地中海经高加索、喜马拉雅山脉，至印度尼西亚和环太平洋带相接。这个带以浅源地震为主，多位于大陆部分，分布范围较宽。③大洋中脊带。地震活动性较弱，释放的能量很小，均为浅源地震。因板块厚度小，形成年代新，热流值高，故多为小震，较大的地震分布于转换断层处。④东非裂谷带。地震活动性较强，均为浅源地震。

我国地处环太平洋带和地中海-喜马拉雅带之间，是地震较多的国家之一。台湾省位于环太平洋带上，为我国地震最多的地方。东部其他地区的地震主要发生于河北平原、汾渭地堑、郯城-庐江大断裂带（北起沈阳、营口，南经渤海至山东郯城、安徽庐江，直达湖北黄梅）等地。我国西部属于或接近地中海-喜马拉雅地震带，地震活动性较东部强烈，主要分布于青藏高原四周、横断山脉、天山南北、祁连山地区以及银川-昆明构造线一带。深源地震仅见于黑龙江、吉林一带；中源地震只有台湾东部、雅鲁藏布江以南和新疆西南部；其余地方均为浅源地震。

六、地质年代

地层是地壳发展过程中形成的各种成层岩石的总称。它包括沉积岩地层、火山岩地层和变质岩地层。从时代上讲，地层有老有新，具有时间的概念，不同的时代以及不同的地质环境下形成的地层是不一样的。因此，地层是研究地壳发展历史的依据。通常以地质年代表示这种演化的时间与顺序，而地质年代有相对年代与绝对年代之分。

1. 相对年代法或古生物地层法

依据地层下老上新的沉积顺序、地层剖面中的整合与不整合关系、标准古生物化石与生物群体进行对比，确定某个地层或事件的相对年代的方法，称为相对年代法或古生物地层法。

根据地壳运动及生物演化阶段等特征，可以把地质历史划分为许多大小不同的时代单位，称为地质时代。最大的地质时代单位是宙，其次是代。在每个代中又划分出若干个纪，每个纪再分为几个世，世以下还可以再分出期。宙、代、纪、世、期是地质历史的时间单位。相应于代、纪、世、期这个时间里形成的地层，分为界、系、统、阶，它们是地层单位。其对应关系是：

时代划分：宙、代、纪、世、期。

地层划分：宇、界、系、统、阶。

代、纪、世和其相对应的界、系、统是国际性单位，全世界是一致的；期和其相对应的阶是全国性或大区域的地质时代和地层单位。把地质时代单位和地层单位从老到新按顺序排列起来，就形成了目前国际上大致通用的地质年代表（表4.5）。

在地质年代表中，还可列入地壳运动的几个主要构造期，即吕梁运动、加里东运动、海西运动、燕山运动、喜马拉雅运动。地壳运动是划分地层时代的分界标志，次一级的地壳运动往往作为纪的分界标志。

2. 绝对年代法

相对年代法虽能分清地质事件的先后，却不能确定其具体时间。后来随着科学技术的发展而兴起的同位素年龄测定方法很好地弥补了这一缺陷。这一方法的特点是通过矿物或岩石的放射性同位素的测定，依据放射性元素蜕变规律计算其绝对年龄，即距今天的年数。目前的同位素测年法有些适用于较长年代的测定，有些则适用于较短年代的测定。

表 4.5 地质年代及地壳发展历史简表

相对时代			符号	距今年数 (×10⁶a)	生物发展阶段		主要构造运动	
宙	代	纪			动物界	植物界	中国	西欧
显生宙	新生代	第四纪	Q	2~3	人类时代	被子植物时代	喜马拉雅运动	阿尔卑斯运动
		新第三纪	N	26	哺乳动物时代			
		老第三纪	E	70			燕山运动	
	中生代	白垩纪	K	138	爬行动物时代	—		
		侏罗纪	J	190		裸子植物时代	印支运动	
		三叠纪	T	230			华力西运动 (或海西运动)	华力西运动 (或海西运动)
	上古生代	二叠纪	P	275	两栖动物时代	陆生孢子植物时代		
		石炭纪	C	330				
		泥盆纪	D	385	鱼类时代	半陆生孢子植物时代	加里东运动	
	下古生代	志留纪	S	435	海生无脊椎动物时代			加里东运动
		奥陶纪	O	500				
		寒武纪	Ⅎ	600		海生藻类时代		
隐生宙	元古代	震旦纪	Z	1 500?	低级原始动物		蓟县运动	
		前震旦纪	Aₕ		原始菌藻类时代		吕梁运动	
	太古代			4 600?	基本上无生命		五台运动	
地球最初发展阶段								

七、土壤

土壤是人类重要的生产资料，也是自然地理环境的重要组成部分，是存在于自然界的自然体，也是地球上生物生活的重要环境。同时，它又是地表物质循环与能量转化交换的活跃场所，是一个无机物和有机物，非生物和生物相结合的物体。

（一）土壤的物质组成

1. 土壤的基本概念

土壤是指陆地表面具有肥力的疏松表层，它是自然环境的重要组成部分。土壤位于风化壳的最表层，处于岩石圈、水圈、大气圈和生物圈的交接地带，它是在无机界和有机界之间物质循环与能量转化下，经长期发展而成的自然产物。

土壤的基本组成包括固相、液相和气相等三相物质。其中固相部分是组成土壤的基本物质，它包括矿物质颗粒、土壤有机质和土壤微生物。液相和气相物质主要是指土壤中的水分和空气。

土壤形成过程中，受到气候、地貌、地质、水文及生物等自然地理因素的综合影响，因此，土壤的分布具有明显的地带性差异。土壤对其他自然地理因素的发展具有极为深刻的影响。

土壤是影响自然界水循环的重要环节，土壤的性质与地表径流有密切的关系。

2. 土壤的物质组成

土壤的组成包括矿物质、有机质、水分和空气四种物质。这些组成物质之间的分配比例是不相同的,固相物质部分是组成土壤的基本成分,约占土壤总体积的一半,其中矿物质占绝对优势。土壤中有机质含量集中在土壤表层,也是土壤的重要成分,它直接影响土壤肥力的形成和发展。

土壤水分和土壤空气有很大的流动性,它的含量变化决定于土体中孔隙的多少和大小。在自然条件下,水分和空气的比例是经常变动的。

土壤的四种组成部分不是简单的混合物,而是相互联系、相互制约的统一体,从而表现出土壤的各种性状。现将土壤矿物质及土壤水分简述如下。

(1) 土壤矿物质

土壤矿物质是土体的主要物质基础,是构成土壤的骨架。土壤中矿物质的重量,占土壤固体物质总重量的90%以上。一般地说,土体中的矿物质含量自上而下逐渐增高。土壤矿物质是土壤中养分的主要来源之一,矿物质的成分和性质对土壤的形成和性质都有很大的影响。土壤矿物质主要来源于岩石风化产物。

(2) 土壤质地

土壤中的矿物颗粒不可能全属于一个粒级,而是由若干不同的粒级混合在一起的。土壤中各粒级之间的组合比例(相对含量),称为土壤的机械组成或土壤质地。

土壤质地分类,以土壤中各粒级含量的相对百分比作为标准,目前我国采用的土壤质地分类如表4.6所示。

表4.6 我国土壤质地分类

质地组	质地名称	颗粒组成(粒径/mm)(%)		
		沙粒(1~0.05)	粉沙粒(0.05~0.01)	黏粒(<0.01)
砂 土	粗砂土	>70	—	
	细砂土	60~70		
	面砂土	50~60		
壤 土	砂粉土	>20	>40	<30
	粉 土	<20		
	粉壤土	>20	<40	
	黏壤土	<20		
	砂黏土	>50	—	>30
黏 土	粉黏土	—	—	30~35
	壤黏土			35~40
	黏 土			>40

土壤质地对土壤性质的影响是多方面的,它常常是决定土壤的蓄水、供水、保肥、保温、导温和耕作性能等的重要因素。不同土壤质地对土壤水分状况的影响尤为明显。

(3) 土壤剖面

土壤在母质、气候、生物、地形及时间等成土因素的综合影响下,逐步产生土壤发育层次，形成特定的土壤形态，这种特定的形态表现在土壤的剖面上。所谓土壤剖面是指从地表到成土母质的垂直断面。土壤剖面形态是长期成土过程的产物。不同的土壤类型，具有不同形态的土壤剖面。在土壤形成过程中，由于物质的迁移和转化，土体分化成一系列组成和性质互不相同的层次，称为发生层，简称土层。土壤剖面按其形成特点，一般可以分为下列三个基本层次。

①表土层（A）：即腐殖质-淋溶层，也是熟化土壤的耕作层。该层一方面有腐殖质的积累，一方面也进行着物质的淋溶。腐殖质的含量、土层厚度、物质淋溶情况和性状因土而异。

②心土层（B）：它是表土层与底土层之间的过渡层次。其中许多物质是从表土层淋溶下来淀积在这里的，故又叫淀积层。该层由于淀积物质的不同，反映的颜色、形态和化学组成都可能有很大的差异，这主要决定于剖面上层各种可移动物质的溶解度和淋溶程度。

③底土层（C）：该层也称母质层。它位于淀积层之下，为岩石风化后的残积物或其他成因的沉积物。这一层受成土作用影响很小，是土壤发育的母体。在土层中受潜水影响而出现潜育化现象时，可称为潜育层（G）。

④底土层之下为未风化的基岩。

（二）土壤分布

自然界中土壤的发育和形成受自然地理环境及成土因素所控制。由于自然条件的复杂多样及成土过程的差异，就形成了不同的土壤。在一定气候和生物条件下，也就形成了相应的土壤类型以及不同的土壤组合。自然土壤类型很多，但它们在整个地球表面的分布，具有一定的地理规律性，这种规律性，称为土壤分布的地带性。土壤地带性表现在土壤分布的水平地带性、垂直地带性和区域性三个方面。

①土壤分布的水平地带性：这种地带性主要表现为土壤的纬度地带性，即土壤随纬度的不同而变化；随着纬度的差异，引起水热条件的改变，进而影响气候、生物的特点及分布，因而各纬度所发育的土壤也就不一样。这种随纬度的变化，使土壤由南至北或由北至南呈有规律的带状分布现象，称为土壤的纬度地带性。例如，这种分带性在亚欧大陆中部及非洲大陆平坦地区，表现都比较明显。我国东部湿润地区，土壤分布也表现出一定的纬度地带性。

②土壤分布的垂直地带性：它是指土壤随地形高度的不同出现的变化。由于山地的高度变化，引起了气候和生物的垂直变化，土壤也由下而上出现有规律的垂直分布现象，称为土壤的垂直地带性。垂直土壤带的实例在世界各高山地区都能见到。山体愈高，相对高度愈大，土坡垂直带的结构也就愈完整。例如，喜马拉雅山的珠穆朗玛峰土壤垂直分布为：由基带的红壤、黄壤，经山地黄棕壤、山地酸性棕壤、山地漂灰土、黑毡土与草毡土，直达高山寒漠土与冰雪线，形成较完整的土壤垂直带（图4.22）。

③土壤的区域性：在同一地带内由地区因素造成的土壤空间分布的差异，称为土壤的区域性。这种分布主要是由中、小地形及成土母质、人为改造地形而形成的。它主要表现为水平土壤带中，常镶嵌着一些非地带性土壤与耕种土壤，从而构成土壤的地域分布特点。

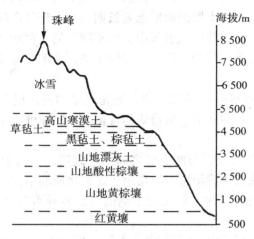

图 4.22 喜马拉雅山的土壤垂直带谱

（三）我国主要的土壤类型及分布

我国幅员辽阔，自然条件复杂，土壤类型多样。现将我国土壤的主要类型及分布介绍如下。

1. 我国东部寒、温带至热带森林地区的土壤类型

①棕色针叶林土：又称漂灰土，过去也称灰化土，主要分布在东北大兴安岭北部的寒温带山地。棕色针叶林土分布区的气候特点是低温潮湿，冬季气温低达 -50℃ ~ -30℃，夏季较温和，年降水量在 600mm 左右。植被主要为原始针叶林。这种土壤的主要特征是在 A 层下部有明显的灰化层，灰化层主要是钙、镁、铁、钾的化合物被淋洗到下层所留下的白色硅质粉末。表层腐殖质含量高，下层多砾石，土层较薄，剖面颜色呈暗棕色，酸性反应。

②暗棕壤（暗棕色森林土）：分布于大小兴安岭和长白山脉。该地区冰冻季节长，气温低。植被为温带针阔叶混交林。地表枯枝落叶层厚，表土呈暗棕灰色，腐殖质含量高；心土层暗棕色，质黏；底土层为棕色半风化碎屑，土层厚度一般在 1m 以下。

③棕壤（棕色森林土）：主要分布于辽东、山东等地低山丘陵地带。植被为温带落叶阔叶林。棕壤的剖面层次、色调较一致，除表层有机质含量较高、呈深灰棕色外，均以棕色或浅褐色为主。棕壤的上层较粗，下层较细，淀积层发育良好。土壤呈中性至微酸性。土层较厚，自然肥力较高。

④褐土：分布于黄土高原以东的华北地区，属暖温带半湿润气候。山区植被以落叶阔叶林为主，丘陵区常为灌木或草丛。表土层不厚；心土层较黏重，常有铁锰胶膜淀积；底土层有钙质淀积。土壤呈微碱性至碱性反应。

⑤红壤与黄壤：分布于我国东部长江以南至南岭山地、台湾省北部、云南、贵州中北部山地、四川南部的低山丘陵，红壤遍布于南方 12 个省（自治区）。天然植被为常绿阔叶林。在热量充足、雨水充沛的气候条件下，生物作用强烈，风化壳遭到强烈的淋溶。红壤发育于较深厚的红色风化壳黏土层上，含铁铝较多，黏土矿物以高岭土为主；土层基本

呈红色或棕红色。发生层次分异不显著，心土和底土有铁锰结核淀积，下部土层有杂色交织的网状斑纹，土壤呈酸性。

　　黄壤分布于海拔较高的山地与高原（主要分布在云贵高原），这里气候常年湿润。土壤中因氧化铁受到强烈的水化作用，因而使土壤呈黄色。黄壤的剖面特征是：全土层较薄，表层腐殖质层一般厚 20~30cm。剖面下部质地黏重，常有潜育化特征，剖面中有时出现铁质结核。

　　南岭以南和台湾、云南热带及亚热带地区尚有砖红壤化红壤及砖红壤分布。砖红壤主要分布于海南岛、雷州半岛，云南西南部、广东、广西及台湾南部也有少量分布。

　　（2）我国北部湿润草原至荒漠的土壤类型

　　①黑土：分布于东北小兴安岭一带。该地区气候湿润，植被为草原化草甸。土壤呈暗灰色，腐殖质层较厚，结构良好，土层疏松多孔，有较好的透水性和持水性。土壤一般呈中性至微酸性反应，自然肥力很高。

　　②黑钙土：分布于大兴安岭的丘陵及松嫩平原西部半湿润草原地区。表土黑色，腐殖质层厚 30~40cm，心土层浅灰棕或黄棕色，母质层较厚，土质肥沃。

　　③栗钙土：分布于内蒙古高原东部及南部、大兴安岭附近地区，植被为温带半干旱草原。土壤剖面分化明显，由栗色或灰棕色腐殖质层和灰白色碳酸钙淀积层组成。

　　④棕钙土及灰钙土：主要分布于内蒙古高原中西部、新疆准噶尔盆地北部和天山、祁连山附近。灰钙土主要见于黄土高原西部、河西走廊东段，以及祁连山与贺兰山一带。这些地区气候干旱，植被为旱生的荒漠草原及草原化荒漠类型。这类土壤土层一般较薄，呈灰棕色，质地为砂壤土，含有砾石，土层松散，腐殖质及水分含量都少。

☞ **复习思考题**

　　1. 组成地壳最主要的化学元素有哪些？如何从矿物及岩石的成分中体现出来？

　　2. 何谓地质作用？它包括哪些主要类型？为什么说地质作用之间既是相互联系又是相互制约矛盾的统一体？

　　3. 岩浆岩的结构、构造是怎样反映出岩浆岩生成时的环境的？

　　4. 岩浆岩分类的依据是什么？它们之间有什么内在联系？举例说明。

　　5. 简述岩石的岩性对地貌形态特征的影响。

　　6. 简述地壳的运动方式及对地貌的基本形态的影响。

　　7. 简述地球的内力作用与外力作用的表现形式。

　　8. 阐述地球的内力作用与外力作用的关系。

　　9. 说明地壳运动的概念及地壳运动类型是如何划分的。

　　10. 岩层产状要素有哪些？野外如何进行测量？

　　11. 褶曲的要素包括哪些？

　　12. 说明褶曲基本类型的划分及其主要特征。

　　13. 说明断裂构造的概念及断裂构造的分类。

　　14. 节理按其力学性质分为哪几类？其特征如何？

　　15. 断层要素包括哪些？

　　16. 根据断层两盘相对位移方式，断层分为哪几类？

17. 什么叫地震震级和地震烈度？二者有何区别？
18. 说明土壤的概念及其组成物质。
19. 土壤剖面的基本层次及其特点如何？
20. 简述我国主要土壤类型及其分布。
21. 土壤主要有哪些性质？

第五章 生 物 圈

在地球上存在有生物并受其生命活动影响的区域叫做生物圈，它包括大气圈的下层、整个水圈和岩石圈的上部，厚度约达 20km。实际上生物的大部分个体集中分布于地表和海洋表面上下约 100m 的范围内，形成包围地球的一个生命膜。

第一节 生物群落和生态系统

一、地球上的生物界

20 世纪 60 年代末，美国魏泰克（Whittaker，1969）把生物划分为原核生物、原生生物、植物、真菌和动物 5 个界（图 5.1）。

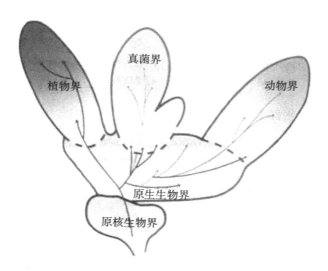

图 5.1 生物五界系统

1. 原核生物界

原核生物是一类起源古老、细胞结构简单、不具备核膜，没有明显细胞核的原始生物，包括细菌和蓝藻。

细菌是自然界中分布最广、繁殖最快、个体数量最多的一类单细胞微生物。

蓝藻是一类细胞中含有叶绿素和藻蓝素，可进行光合作用的自养生物。

2. 原生生物界

原生生物是由原核生物进化而来的另一类微生物，有机体以单细胞为主，也有一些群体，细胞内都具有由核膜包围起来的真正的细胞核，属真核生物。

3. 植物界

这是一类真核多细胞生物，单细胞者很少。绝大多数植物的细胞中含有叶绿素和其他色素，属于能够利用太阳能制造有机物质的自养生物，极少数为非绿色的寄生物。包括藻类和高等植物。

4. 真菌界

真菌也属于真核生物，有机体大多是由多细胞的菌丝聚集在一起而形成的菌丝体，外表呈灰色、黑色、褐色或红色等。大多数真菌的细胞壁是由几丁质（甲壳质）组成，细胞内储存的物质主要是脂肪和肝糖，并以各种孢子进行繁殖为特征。发酵用的酵母菌、使水果和食物腐败的根霉、产生青霉素的青霉菌以及木耳、蘑菇、灵芝草等都是本界生物。

5. 动物界

动物也是属于体内不含光合色素的真核异养生物，不同于植物界和真菌界的特点是构成躯体的细胞没有细胞壁；体内的细胞因生理功能不同发生了分化，形成许多组织，一定种类的组织联合起来具有某种生理机能而成为器官，许多不同的器官再联结为器官系统，后者是植物和真菌所没有的，因此动物的躯体构造十分复杂；另外，为了觅食、寻找配偶或为了逃避天敌的袭击，它们都具有迁移运动的习性，其营养方式以摄食为主。

动物界的种类非常繁多，形体构造与进化程度差异也很大，因此又被划分成许多类群。其中，主要有环节动物，如蚯蚓、蚂蟥等；软体动物，如蜗牛、河蚌、乌贼等；节肢动物，如虾、蟹、各种昆虫；脊索动物，如鱼、蛇、蛙类、鸟类和各种哺乳动物等。上述各类动物中，以节肢动物中的昆虫种类最多，广泛分布于各种环境中；而哺乳类动物又是进化程度最高的类群，尤以灵长目的大猩猩、黑猩猩等是最近似于人类的高等动物。

二、生物种群和生物群落

自然界任何生物种的个体都不可能单一地孤立生存，它们总是以同种的许多个体或不同种的许多个体形成群体而出现在一定空间中，这样的群体就是生命自然界层次序列中的种群和群落。种群和群落是生态学研究的两个重要对象，前者多偏重于动物，后者主要应用于植物。

1. 种群及其一般特征

地球上任何一种动物或植物都是由许多个体组成的，这些个体在地表总是占据着一个分布区域，在其分布区域内既有适合生存的环境，也有不适合生存的环境。因此，个体在物种的分布区域里便形成大小不等的个体群，生态学家把占据着一定空间或地区的同一种生物的个体群叫做种群。实际上，科学家在具体研究某个种群时，其空间界限的多少是随工作的方便而划定的。

种群是由个体组成的。但是当生命组织进入种群水平时，生物的个体已成为较大和较复杂生物系统中的一部分，此时作为整体的种群出现了许多不为个体所具有的新属性，如出生率、死亡率、年龄结构、性别比例、分布格局和某些动物种群独有的社群结构等。

2. 生物群落

自然界很难见到哪一个生物种群是单独地占据着一定的空间或地段，而是若干个生物种群有规律地结合在一起，形成一个多生物种的、完整而有序的生物体系，即生物群落。群落是种群的集合体，但不是种群的简单集合，它是经过生物对环境的适应和生物种群之间相互适应而形成的有规律的组合，是一个比种群更复杂、更高一级的生命组建层次。

群落由于组成成分中生物类别的不同而有不同的类型和名称，如植物群落、动物群落、微生物群落等，它是人们为了研究方便而有条件地从生物群落中划分出来的。

生物群落虽是存在于自然界的整体，但其中以植物群落最为突出而引人注目，同时在生物群落的结构和功能中所起作用也最大，尤以陆地植物群落为著。一个地区全部植物群落的总体叫做该地区的植被。如北京的植被、秦岭山地的植被都是指该地区范围内分布的全部植物群落。

三、生态系统

1. 生态系统的概念

自然界生物有机体的发生和发展，与周围的环境是息息相关的。生物有机体与其非生物环境相互联系和相互作用构成的、占有一定空间、具有一定结构和功能的自然体，叫做生态系统。任何生物群体与其生态环境的组合，都可称为生态系统。例如，一个池塘、一段河溪、一块草地、一片森林等，都可看作一个生态系统。

任何一个能够维持其机能正常运转的生态系统必须依赖外界环境提供输入（能量和物质）和接受输出（热量、生物的代谢产物等），其行为经常受到外部环境的影响，所以生态系统是一个开放系统，而不是封闭系统。

生态系统主要由两大部分组成，即生物有机体和非生物物质，其中非生物部分供给系统中的生物部分以能量、原料和生活空间；生物部分一方面是系统的核心，另一方面也作为环境本身的一部分而起作用。

生态系统概念的提出，使我们对生命自然界的认识提到了更全面和更高一级的水平。它的研究为我们观察分析复杂的自然界和解决人地关系矛盾提供了有力手段。

2. 生态系统的组分和结构

生态系统不管其范围大小、简单还是复杂，都具有一定的组成成分和结构。成分好比是零件，它们按照一定的方式组合起来形成结构，通过结构生态系统执行着一定的功能。

（1）生态系统的组分

一个完全的生态系统由四类成分构成，即非生物成分和生物成分因获取能量的方式与所起作用的不同被进一步划分为生产者、消费者和分解者三个类群。

①非生物成分：包括太阳辐射能、H_2O、CO_2、O_2、各种无机盐类和蛋白质、脂肪、糖类、腐殖质等有机物质。

②生产者：包括所有的绿色植物、蓝藻和为数不多的光合细菌与化学能合成细菌。

③消费者：包括各类动物，属于异养生物。

④分解者：主要指细菌、真菌和一些原生动物。

（2）生态系统的结构

生态系统的结构除了形态结构外，以食物或营养关系把各类生物有机体联结起来形成的营养结构即食物链和食物网是最重要的。

①食物链：在生态系统中以生产者植物为起点，一些生物有机体以吃和被吃的关系，

即通过食物的关系彼此联结而形成的一个能量与物质流通的系列即为食物链，如草→兔→狐狸；草→昆虫→小鸟→蛇→鹰（图5.2）。

图5.2　能量沿着一个陆地食物链流动

②食物网：在自然界生物间的取食和被取食关系并不像食物链所表达的那么简单。各个食物链彼此交织、错综联结形成复杂的能量与物质流通的网络，此即食物网（图5.3），它就是生态系统的营养结构。

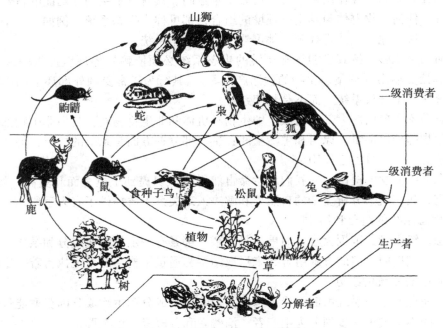

图5.3　一个简化的陆地生态系统食物网

食物链和食物网的复杂程度常常决定着生态系统的稳定性程度。一般来说，生态系统的食物链越长，食物网的结构越复杂，抵抗外力干扰的能力也越强，它的稳定性就越大。反之，生态系统就容易发生波动或被毁灭。

③营养级：为了使生物之间复杂的营养关系变得更加简明和便于进行定量的能流分析与物质循环的研究，生态学家在食物链和食物网概念的基础上又提出了营养级的概念。

在生态系统的食物网中，凡是以相同的方式获取相同性质食物的植物类群和动物类群可分别称为一个营养级。换句话说，在食物网中从生产者植物起到顶部肉食动物止，在各食物链上凡属同一级环节上的所有生物种就是一个营养级。绿色植物是生产者，它们都位于各食物链的第一个环节上，属于第一营养级；一级消费者植食动物都位于第二个环节上，属第二营养级；依次类推（图 5.3、图 5.4）。不同的生态系统常常具有不同数目的营养级。营养级的位置越高，属于这个营养级的生物种类和数量就越少，以致不可能再维持一个更高的营养级及其中生物的生存。相反，离基本能源（绿色植物）越近的营养级，其中的生物受到被捕食的压力也越大，因而这些生物的种类和数量就越多，生殖能力也越强，以此补偿因遭强度捕食而受到的损失。

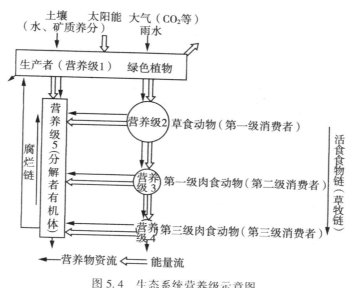

图 5.4　生态系统营养级示意图

食物链和食物网以及营养级是生态系统在长期发展过程中逐渐形成的，其中各种生物之间、生物与环境之间处于相互适应、彼此协调的状态，从而维持着生态系统的稳定和平衡。

从污染生态学来看，食物链的研究也具有十分重要的意义。因为污染物通过食物链产生逐级富集的现象，即生物放大作用。营养级越高的生物体内所含有的污染物的数量或浓度越大，从而严重地危害高营养级生物的生长发育或人体健康。

3. 生态系统的功能

像其他系统都执行着一定的功能一样，生态系统也有其基本功能，这就是单向的能量流动、循环式的物质流动和信息的传递。鉴于生态系统中信息传递的研究是一个刚刚起步的新领域，尚未有完整的理论体系，这里主要介绍能量流动和物质循环。

（1）生态系统有机物质的生产

生态系统有机物质的生产包括初级生产和次级生产两个主要过程。

①绿色植物的初级生产：生态系统中的物质生产首先开始于绿色植物，通过植物的光合作用生产有机物质并固定太阳能，为系统的其他成分和生产者本身所利用，维持生态系统的正常运转，称为初级生产或第一性生产。

②消费者动物的次级生产：生态系统中除了植物进行的初级生产之外，各级消费者动

物直接或间接利用初级生产的物质进行同化作用，把植物性物质转化为动物性物质，使自身得到生长、繁殖和物质与能量的储存，即经过了一个物质再合成的过程，这是动物性有机物质的生产，统称为次级生产或第二性生产。

（2）生态系统的能量流动

生态系统中的能量来自于太阳，它以两种不同的形式自外界输入系统内，即日光能的输入和现成有机物质（潜能）的输入（图 5.5）。

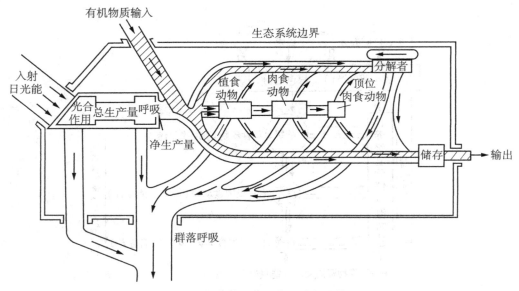

图 5.5　一个普通的生态系统能流模型

由于受能量传递效率的限制，沿着营养级序列向上，能量或生产力急剧地、梯级般地递减，称能量或生产力金字塔。生物的个体数目和生物量也出现顺序向上递减的现象，形成个体数目金字塔和生物量金字塔，三者合称生态金字塔（图 5.6）。在海洋和夏季温带森林生态系统中，可能分别出现生物量和个体数目的倒金字塔现象，但能量金字塔不会是这样的。

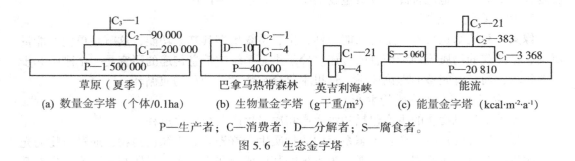

(a) 数量金字塔（个体/0.1ha）　　(b) 生物量金字塔（g干重/m²）　　(c) 能量金字塔（kcal·m⁻²·a⁻¹）

P—生产者；C—消费者；D—分解者；S—腐食者。

图 5.6　生态金字塔

（3）生态系统的物质循环

维持生态系统除了需要能量外，物质是能量进行流动的运载工具。因此，对生态系统来说物质同能量一样重要。在生态系统中能量以物质作为载体，同时又推动着物质的运动。所以，能量流与物质流不能截然分开，而是紧密地结合在一起同时进行流转的（图 5.7）。

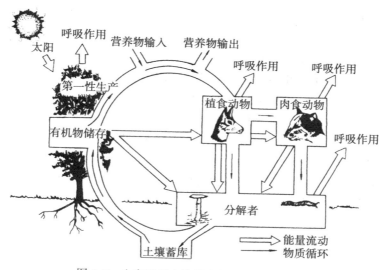

图 5.7 生态系统中能量流与物质流的关系

在整个地球上，极其复杂的能量流和物质流网络把各种自然成分和自然地理单元联系起来，形成更大更复杂的整体——地理壳或生物圈。

从上述生态系统的组分、结构和功能的特点可以看出，构成生态系统的成分是多种多样的，内部的结构也十分复杂。它还不断地借助于生产者植物引入负熵流，在内部流通、转化、做功，并逐渐以热的形式消耗散失，从而降低了系统的总熵，使系统处于有序状态，并保持其相对的稳定。所以，生态系统是一个多成分、多变量、具有耗散结构的开放系统。

4. 生态系统的自动调节与生态平衡

像自然界任何事物一样，生态系统也处在不断变化发展之中，它是一种动态系统。

当生态系统处于相对稳定状态时，生物之间和生物与环境之间出现高度的相互适应与协调，种群结构与数量比例持久地没有明显变化，能量和物质的输入与输出大致相等，以及结构与功能之间相互适应并获得最佳协调关系，这种状态就是生态平衡。

生态系统是个动态系统，构成它的各种成分常常发生某些变化，还有一些外来的干扰。那么，生态系统为什么还能够保持其相对稳定与平衡呢？这是由于它是一种控制系统，好像弹簧一样，通过反馈机制使它具有自我调节能力，因此对形成系统的自我调节功能具有很重要的意义。

生态系统具有一种内部的自动调节能力，但这种自动调节能力是有限的，超出限度，生态平衡就要遭到破坏。人类对自然界的利用和改造，必然改变着自然界原有的生态平衡，人类的活动如果超过了自然规律所允许的范围，自然界就会给人类带来一定的危害。例如，天然植被的毁坏、土地的大面积的垦殖，使自然生态平衡遭到破坏，引起地方气候恶化、水土流失现象加剧、河川水源减少、河床淤积等一系列不良后果，导致自然环境向着不利于人类生存的方向发展。此时，系统结构被破坏，功能受阻，以致整个系统受到伤害甚至崩溃而不能恢复到原初稳定状态。

人既是生态系统的成员，受一般自然规律的制约；人又是支配生态系统最活跃、最积极的因素。人类应当对各类生态系统的结构、功能、调节机制和稳定性极限进行深入研究，以便能够预测在采取某些措施后，生态系统可能产生的反应格式，免受不必要的损失，否则大自然将对人类进行报复。

人类一旦认识和掌握了生态系统的特性并运用科学方法施行管理，就能够防止系统的逆行演替，维持其平衡；或者创造出具有良好生态效益与经济效益的新系统，建立起新的生态平衡。我国云南热带的人工多层复合林、珠江三角洲的桑基鱼塘等都是具有结构比较合理、功能较为完善、生态经济效益明显的人工生态系统的良好典型。

5. 城市生态系统

城市生态系统是人类通过社会经济活动在改造和适应自然环境的基础上建立起来的一种典型的社会—经济—自然复合生态系统或人工生态系统。与自然生态系统相比，城市生态系统的组分、结构和功能等都发生了本质变化，因此它便具有一系列不同于自然生态系统和农业生态系统的特点。城市生态系统的特点如下：

①是以人为主体的生态系统；

②整体结构相当复杂；

③能量和物质流量巨大、转换迅速；

④依赖性强、独立性弱、自我调节能力小；

⑤是人类对陆地自然生态系统影响最强烈、改造得最彻底的地方。

例如空气中有较多的悬浮物质，尘埃比郊外一般多10倍，云量比郊外多5%~10%，太阳总辐射比郊外少15%~20%；风速和相对湿度都低于郊外；而人为热的大量释放，引起城市局地升温，使年平均气温一般比郊外原野高1~2℃，出现热岛效应。由于上述自然因素和人为因素的影响，城市的环境与郊外其他生态系统的环境具有显著差异。

城市生态系统集中了大量的人口、物质财富、智力资源与信息，是一个国家或地区的精华所在。为了使其社会经济得到持续发展，为了给人类创造更加适宜的生存环境，在改造老城市、规划建设新城市时，除了要考虑其他许多重要原则外，还必须具备生态学观点，也就是要按照生态学原理建立起一个社会、经济、自然协调发展，物质、能量、信息高效利用，生态良性循环的人类聚居地，从而走向生态城。

第二节 植　被

一、植物群落

1. 植物群落的概念

地表的植物都是在一定的环境中生长和发育的。地球表面适宜的环境条件，是产生生物有机体的基础。所谓环境，就是指生物生存空间所存在的一切作用因素和条件的总和，包括大气、土壤、岩石、地形、水和其他生物等。环境对植物的影响是很大的。自然界的植物，在长期的生长和发育过程中，在一定的地区，某些植物种就适应了所在地区的环境条件而被选择，被选择的植物种形成一个植物组合；在另一种环境条件下，又有别的一些植物种适应了当地的环境而被选择，形成另一种植物组合。不同的环境条件下，具有不同的植物组合，它们具有不同的外貌特征和结构特征。植物具有适应环境的能力，如果环境条件相同（属于不同地区），同一个植物组合就可以重复出现。这种具有一定的种类成分、一定的外貌和结构特征的植物种的集合体，称为植物群落。例如，在干旱的环境下，一些耐旱、抗盐的植物种形成了荒漠植物群落。

2. 植物群落的结构

在同一环境条件下生长的植物，都会形成其特有的结构，而成为这一植物群落的特征。植物群落的结构主要是指群落的外貌、种类成分、层态、郁闭度和盖度等。

每一个植物群落都是由一定的种类所构成的。一般来说，环境条件愈优越，组成植物群落的种类就愈多，一个复杂的植物群落，常常包括很多的种类，单纯由一个植物种类构成的自然植物群落是极少见的。一个植物群落只由少数种类组成的，称为单纯群落；由多数种类组成的，称为混生群落。种类成分的差异必然引起外貌特征的不同。群落的外貌主要包括植物种类、植株高度、分布密度等因素。

复杂的植物群落在垂直结构上分化成许多高低排列的层次，称为层态或成层现象（例如一般的森林都有乔木层、灌木层、草本层及苔藓层等）。

植物群落中植株的地上部分（树冠）相互衔接的程度，叫郁闭度。郁闭度通常以小数表示，由 0.1~1.0 或小于 0.1 不等。完全衔接的为 1.0，郁闭一半的为 0.5，郁闭 3/10 的为 0.3，依次类推。

热带雨林郁闭度最高，常绿林郁闭度较热带雨林要低，落叶阔叶林郁闭度有明显的季节变化，夏季比冬季郁闭度高。

植物群落中各种植物的覆盖程度叫盖度。通常以植物遮盖地面（即垂直投影）的面积占整个群落面积的百分比来表示。盖度的大小与群落中植物个体数目、枝叶的茂盛程度有关。盖度的大小与降水的再分配过程有一定关系，对调蓄地表径流有一定的作用。

二、植被类型

植物形成群落被覆在地球表面，称为植被。植被与自然环境有着密切的联系，在一定的自然环境条件下，有着相应的植被类型。自然环境是复杂的，所以地球上的植被类型也是多种多样的。每一种植被类型都占有广阔的面积，并且是在各区域主要气候条件下产生和演化而成的。

现将主要植被类型以及在我国的分布介绍如下。

1. 热带雨林

热带雨林主要分布于赤道两侧的湿润地区。这里终年气温高，雨量丰富，湿度大，水热条件结合最好。在这种气候条件下，植物能全年茂盛生长。热带雨林植物种类特别丰富，乔木分层，通常可分 4~5 层，结构十分复杂，多寄生、附生植物，不少乔木树种具有板根和老茎生花的现象。世界上典型的热带雨林分布在南美亚马孙河流域、非洲的扎伊尔河流域、印度尼西亚及马来西亚等地。我国台湾省东南部及海南岛东南部、云南省南部也有分布。

2. 亚热带常绿阔叶林

常绿阔叶林分布于湿润的亚热带气候区。这里气候具有热带与温带过渡的特征，夏季较湿热，冬季较干凉，没有明显的干季，年降雨量在 1300mm 以上。常绿阔叶林林相全年保持绿色，树叶大，呈椭圆形，坚硬而具革质，叶面有蜡质层。常绿阔叶林植物种类较多，林内有一定层次结构，林下有灌木层和草本层。

常绿阔叶林在我国分布很广，秦岭以南、南岭以北属于这种类型分布区。常见的以樟科、山毛榉科、山茶科的常绿树种为主。

3. 温带落叶阔叶林

落叶阔叶林主要分布于温暖湿润的温带地区。这里冬季温度低，水分不足，夏季温度较高，雨量较多。落叶阔叶林季相变化明显，春季树木发芽，呈现鲜绿，夏季林叶茂盛，秋季林叶枯黄，冬季树叶脱落。树种比较单一，优势种比较明显，林下植物不发达。我国秦岭、淮河以北的华北山地，山东辽东半岛等地，都属于落叶阔叶林分布区。落叶阔叶林主要由山毛榉、栎、榆、桦等树种组成，也有油松、赤松、侧柏等针叶树木，但面积不大。东北小兴安岭和长白山地区是北方针叶林向温带落叶阔叶林的过渡地带，分布着以红松、落叶松为主并混生有多种阔叶树的温带针叶-落叶阔叶混交林。

4. 寒温带针叶林

寒温带针叶林分布在全年气温较低、降水量较少、夏季温暖而潮湿、冬季严寒而干燥的寒带向温带的过渡区。针叶林由松属、云杉属、冷杉属构成，种类单纯，结构较简单，林下草本植物不发达。针叶林的树叶为针形，为适应严寒气候，常具有厚角质层。

在我国主要分布于大兴安岭地区，西北地区的天山和阿尔泰山也有针叶林分布。

5. 草原

草原主要分布在内陆和荒漠外围的半干旱地区，降水量稀少且分配很不均匀。降水主要在夏秋两季，年变率大，且多为暴雨，不易为植物所吸收。草本植物发育，以多年生的禾草为主，季相变化明显。温带草原根据水分条件的不同，一般分为草甸草原（例如东北松嫩平原上分布的草原）、典型草原（例如内蒙古东部草原）和荒漠草原（由草原向荒漠的过渡类型，特点是结构稀疏，间有旱生灌木，例如内蒙古西部草原）。

6. 荒漠

荒漠植被多分布于干燥少雨（年雨量不超过 250mm）、干旱荒漠地区。荒漠可分为热带荒漠、亚热带荒漠和温带荒漠。

我国西北的荒漠属于温带荒漠，主要分布在新疆、甘肃和内蒙古的西部，以及宁夏和青海的部分地区。这里由于气候干旱，水分不足，因此植物稀少，多为旱生耐盐碱的灌木，覆盖度很小。代表性植物种属有怪柳、梭梭等灌木。

三、植被对降水的重新分配作用

1. 植物的蒸腾

大气降水降落地面后，一部分下渗成为地下水，一部分被植物根系吸收，然后输送到植物叶面，又通过蒸腾作用散发到大气中，这种植物体表面的水分蒸发过程称为植物的散发或蒸腾。植物吸收的水分除极少量用于光合作用外，其余绝大部分消耗于蒸腾作用。

降在陆地上的雨量，1/2~6/7 是经地面蒸发和植物蒸腾返回大气中的，其中通过植物的蒸腾作用所失去的水分要比直接由地面蒸发的多三倍以上。

不同的植物具有不同的蒸腾量，一般来说，阔叶林年蒸腾量要多于灌木和针叶林。资料表明，各种植物被覆带的蒸腾量，如以草原为100%，则在同样温度和降水条件下，其他植物地带如针叶林带为80%～90%，半沙漠及苔藓地带仅为70%。

2. 植被对降水的截留作用

大气降水到达地面之前，有植被覆盖的地区，由于植物（包括乔木、灌木、草本和地表枯枝落叶层）阻截而耗损一部分雨量，这种作用称为植物的截留作用。被植物暂时存留的雨量，称为截留雨量。它一部分为植物所吸收，一部分为植物表面所蒸发，其余因重力作用或受风的影响向地面跌落，或沿树干流下。

植被截留雨量的计算，一般用截雨系数 K（%）表示，即

$$K(\%) = \frac{Q - Q_h}{Q},$$

式中，Q：大气降雨量；Q_h：植被下地表测得的雨量。

根据一些观测资料，不同植被类型对大气降水的截留百分数如下：

针叶林32%；针阔叶混交林27%；阔叶林20%；松林或疏林15%。

3. 植被对径流的调节作用

沿地面或地下运动着的水流，称为径流。按径流存在的空间位置，可分为地表径流和地下径流。地表径流是指降水经消耗后的水量沿地表运动的水流。

植被对径流的调节作用是十分明显的，主要表现为植被的截流作用上。大面积的山地区域，在有森林覆盖的情况下，森林截留作用，实际上起着延长下渗时间、延缓产流（降雨满足了截留、下渗、填洼和雨期蒸发之后形成的径流量）和推迟径流形成的作用。森林、灌木、草本等对地表水起着涵养作用，特别是森林对水源所起的涵养作用尤其显著。森林覆盖较好的流域，在洪水期由于森林的截留与对水源的涵养作用，可延迟洪峰到来，并能明显地削弱洪峰；在枯水期，有较丰富的地下水补给河流。

植被对径流的调节作用，实际上也就是对水土起着保持作用。大量实测资料证明，只要有植被覆盖，覆盖度愈大，郁闭度愈高，水土流失现象就愈不明显，所在流域的河流含沙量也愈少。

☞ **复习思考题**

1. 简述植物群落的概念和我国的主要植被类型。

2. 植被对地表径流有何影响？

第六章　自然地理环境的基本规律

第一节　自然地理环境的整体性规律

一、自然综合体—地理系统—地理耗散结构

部门自然地理学研究自然环境中的个别组成要素或个别运动形式；自然地理学则以整体自然地理环境及其中的"一系列相互联系和相互转化的运动形式"作为研究对象。这个整体曾经有过许多名称，例如地理壳、景观层、活动层、道库恰耶夫覆盖层、自然地理面等，但应用最广的是自然地域综合体，或自然地理系统，或地理耗散结构。地理环境整体性观念经历了三个发展阶段，即自然综合体阶段、地理系统阶段和地理耗散结构阶段，并分别以从要素相互联系、环境结构、功能和非平衡开放系统角度认识自然地理环境的整体性为特征。

二、自然地理环境的组成与能量基础

1. 物质组成

化学元素组成是最基本的层次。化学元素不是单独地参与地理环境组成，而是形成以气体物质为主的大气圈、以液态物质为主的水圈、以固态物质为主的岩石圈、以有机物质为主的生物圈等参与地理环境组成的。三个无机圈层和一个有机圈层作为整体的动态变化和相互作用，使地理环境形成各种地貌、气候、水文、生物群落和土壤，它们自然成为地理环境的组成要素，这些要素不同于某个单独的物质体系，而是若干物质体系在能量推动下相互作用的产物。例如，地貌是由内外两类动力推动大气圈-水圈-岩石圈相互作用形成的；土壤由无机圈层与有机圈层相互作用派生；水文是水圈物质在其他圈层影响下的动态变化现象等。

在化学元素组成、圈层组成、要素组成三个层次中，要素组成最适应自然地理环境复杂巨系统研究的需要。各要素都有自己的发展规律，但并非孤立地存在于地理环境中，而是相互依存和相互制约，并力图相互适应的。正是自然地理要素间以物质能量交换为特征的相互作用，使自然地理环境获得了整体性特征，形成了自然综合体、地理系统或地理耗散结构。

2. 能量基础

地理环境主要的和稳定的能量供给来自太阳辐射。自地球形成之时起，太阳辐射能在地理环境的发展中始终占据主导地位，而且随着地球内部核转变能的衰减，辐射能的主导地位愈来愈牢固。

太阳辐射能在地理环境中的分布因纬度而异，总辐射量自北半球回归高压带向两极递减，即以赤道略偏北为轴线在南北两半球呈对称分布。辐射量等值线基本上沿纬线延伸，同一纬度带总辐射量相对一致。陆地反射率（17%）高出大洋反射率10个百分点，且有地形因素等干扰，因而总辐射量等值线、辐射平衡等值线或多或少偏离纬线方向，同纬度辐射平衡值也比大洋低。

地理环境的次要能源包括宇宙射线、月球-太阳重力场引起的潮汐能、构造作用转化而成的势能、太阳辐射通过蒸发作用转化而成的势能等。它们所占份额极低，释放速度较慢。地球内部核转变能目前主要在火山活动区、地热分布区。

3. 自然地理环境中的能量转化

进入地理环境的太阳辐射能，包括直接辐射和散射两部分，合称总辐射。总辐射是绝大多数自然地理过程，如大气环流过程、洋流、地表径流、成土过程、绿色植物生产过程以及外力地貌过程的动力学基础。太阳辐射进入地理环境后，被大气、水、地面和土壤吸收并转化为热能，并最终返回宇宙空间，而地理环境则始终保持能量收支平衡。

太阳辐射到达大气圈后，除反射和散射部分外，其余均被吸收并大部用于对流层增温，同时转化为大气长波辐射能源，再次被水蒸气、二氧化碳和尘埃吸收。地面长波辐射、水汽凝结热和乱流输送的热能均可进入大气，并与太阳辐射热一起，最终以大气长波辐射输出。水圈面积广阔而反射率低，吸收的太阳辐射量大大超过陆地，辐射平衡相当于陆地的3.67倍。辐射能影响的深度、热量交换强度均超过岩石圈，参与交换的热量约占辐射收入的20%。因而水面温度高、变化速度缓慢且变幅较小。

陆地表面暖季和白昼接受辐射较多，热流自地表指向地下；冷季和夜晚接收辐射少，热量自下而上传递。年变化深度在热带5～10m，中纬区15～20m，高纬区20～30m，昼夜变化深度则仅有0.7～1.0m。陆地表面吸收的热量主要消耗于地面长波辐射、蒸发及冰雪冻土消融，但参与交换的热量只及接收辐射量的1%。植物截留太阳辐射用于自身增温、水分蒸腾和通过光合作用制造有机物质，并将大约1%的热能固定在有机体内。

三、地理环境各要素的物质交换

物质交换是各自然地理要素间相互作用和相互联系的主要表现形式之一。物质是能量的载体，因此物质交换与能量传递总是同时进行的。现代大气组成是大气圈与其他地圈长期进行物质交换的结果。例如，氮是由微生物破坏岩石中含氮化合物后进入大气，并成为其主要成分的。氧是绿色植物光合作用的产物，二氧化碳和其他许多气体也具有生物成因。水分来自海洋和陆面蒸发及植物蒸腾，尘埃和悬浮物体则直接来自岩石圈。

作为水圈主体的世界大洋与外界物质交换的规模很大。每年有 $48×10^4$ ～ $52×10^4 km^3$ 水分自海洋蒸发进入大气，同时有 $42×10^4 km^3$ 降水自大气降入海洋。陆地不仅以地表径流弥补海洋水分消耗，每年还携带 $130×10^8 t$ ～ $500×10^8 t$ 固体悬移物质和 $25×10^8$ ～ $55×10^8 t$ 可溶性盐进入海洋。海洋每年接受大气尘埃更高达 $100×10^8$ ～ $1\ 000×10^8 t$。目前海水中含有溶解物质 $5×10^{16} t$，早已不是单纯意义上的水，而成了包容气体、岩石物质和有机物的溶液。

岩石圈表层既有来自大气的氮、氧、二氧化碳和水蒸气等气体，也有来自大气降水的 Ca^{2+}、Na^+、Mg^{2+}、CO_3^{2-}、Cl^-、NO_3^- 等离子。正是因为岩石圈物质与大气和水圈物质的相互交换和渗透，岩石圈表层才成为地理环境各要素相互作用的积极参与者，并通过风化、剥蚀、搬运、再堆积过程不断改变自身面貌，通过成土过程形成派生的自然地理要素——土壤圈。

有机界与其他要素的物质交换同样具有持续不断、规模巨大和影响深远的特点。有机体的组成以碳、氢、氧为主，同时包含许多来自大气、水圈和岩石圈的物质。在生物出现近 40 亿年来，生物已极大地改变了大气、水和沉积岩的组成。除了人们熟知的生物创造了全部游离氧和氮等事实外，自地球出现生命以来，创造生物物质累计已达 $4 \times 10^{19} t$，相当于对流层质量的 1 万倍、海水质量的 30 倍和沉积岩质量的 16 倍以上。地理环境中的所有物质体系，包括沉积岩都已反复被生物加工。可见，有机体的全部活动都无一例外地同全部自然地理要素相联系。

第二节　自然地理环境的地域分异规律

所谓地域分异规律，也称空间地理规律，是指自然地理环境整体及其组成要素在某个确定方向上保持特征的相对一致性，而在另一确定方向上表现出差异性，因而发生更替的规律。一般公认的地域分异规律包括纬度地带性和非纬度地带性两类，分别简称地带性规律和非地带性规律。后者又包括因距海远近不同而形成的气候干湿分异和因山地海拔增加而形成的垂直带性分异两个方面。土壤和生物（首先是植物）的纬向地带性更是地带分异的集中表现和具体反映。不同地域的特定水热组合长期与地表物质作用就形成该地域中有代表性的植被和土壤类型。土壤的纬向地带性表现在土壤的水热和盐分状况、淋溶程度、腐殖质含量、种类和组成等方面。与此相联系，风化过程和风化壳类型也具有明显的地带性差别。植物的纬向地带性最为鲜明，不同地带具有显著不同的植被外貌和典型植被型。植被的种类、组成、群落构造、生物质储量、生产率等也都受到地带性规律的制约。地理环境的发展进入了一个新的更加高级的阶段。

一、地带性分异规律

1. 地带性规律学说的本质含义

B. B. 道库恰耶夫（1849—1903 年）是地带学说的创立者。道库恰耶夫自然地带学说，即纬度地带性规律学说的要点可以概括为：

①太阳辐射能是自然带和自然地带形成的能量基础；

②由宇宙—行星因素如日地距离、地球形状和黄赤交角等引起的太阳辐射能在地表不同纬度区域的不均匀分布，是形成自然带和地带的动力学原因；

③带和地带只在理想状况下呈东西方向延伸，并具有环球分布特点，同时沿南北方向发生更替；

④地带性规律并非唯一的空间地理规律，客观上应存在另一种规律。

2. 地带性规律研究的近期发展

地带性学说问世后，一方面在 20 世纪前半叶长期受到怀疑，另一方面也在实践中不断得到充实、完善和发展。具体表现在：

①阐明了不仅各自然地理要素如地貌、气候、水文、土壤、植被和动物界具有地带性

特征，而且由这些要素组成的自然地理环境整体也具有地带性，从而形成了一系列大致呈东西向延伸的地带性自然区域；

②对地带性规律的研究由陆地扩展到海洋，并在海洋上发现了大量地理地带性证据，Д. В. 波格丹诺夫并据此划分出了 11 个世界大洋自然带；

③突破了单纯考虑热量的局限性，发现了水分尤其是水热组合关系在地带和亚地带地域分异中的重要作用；

④揭示了沿岸和内陆腹地纬度地带谱全然不同的事实，П. С. 马克耶夫并以欧亚大陆为样本，建立了理想大陆各自然地带相互关系的图式，修正了自然地带环球分布的观念；

⑤确认了非地带性区域内仍有地带性分异存在。例如，东亚季风区作为亚欧大陆东海岸最高级的非地带性区域，其境内因地带性分异而形成了自泰加林到热带雨林的非常完备的纬度地带谱。俄罗斯平原、西西伯利亚低地和中西伯利亚高地都是非地带性区域，其内部同样表现出地带性分异。由于这类分异所形成的自然带或地带只是该纬度上相应的带或地带的一个分离的段落，因此被称为带段或地带段。非地带性区域内的地域分异也就被称为带段性分异。

⑥许多学者致力于地带性规律的量化和模型化研究。

二、非地带性规律

地带性规律毕竟不是唯一的空间地理规律。越来越多偏离纬度现象的发现，使一些学者认识到非地带性规律的存在。地球的内能是非地带性地域分异的能量基础。这种核转变能导致海底增生、板块移动、碰撞和大陆漂移，形成地球表面海洋与陆地的随机分布，致使地壳断裂、褶皱、隆升或沉降，形成巨大的山系、高原和沉陷-断陷盆地等。因此，海陆分异，海底地貌分异，陆地上大到沿海-内陆间的分异，小到区域地质、地貌、岩性分异，以及山地、高原的垂直分异等，这就是非地带性分异。

1. 海陆分异

海陆分布乃是地球表面最大尺度的非地带性地域分异——海陆分异的外在表现形式。地壳大洋化既造成该部分地壳变薄，又使之下沉，而陆壳则既厚又大，多处于隆升状态，其结果是形成了地球表面两个最大的自然地域系统：海洋地域系统与陆地地域系统。

海洋与陆地的分化过程、海陆平面形态、海陆面积比、大陆瓣组合形式、海洋平均深度与大陆平均高度等，均与太阳辐射的纬度差异无关，因此毫无疑问是纯粹的非地带性分异。

2. 陆地干湿度分带性与所谓 "经度地带性"

陆地自然界的干湿度分带性，主要是指在热量背景相同或近似的纬度区域内部，年降水量由沿海向大陆腹地方向递减，所引起的区域自然景观及其各组成要素的变化。中纬度沿海地区多为森林地带，随着向内陆的深入，自然景观依次转变为森林草原地带、草原地带、荒漠草原地带和荒漠地带。年降水量自沿海向内陆递减和干燥度递增的结果，与经度位置完全无关。干湿度分带性又叫省性或相性分异，是地域分异的一种表现形式。为便于理解，本书不采用 "省性" 和 "相性" 称谓。

有必要强调指出，大约在 20 世纪 20 年代初，几乎与非地带性概念出现的同时，地理文献中出现了"经度地带性"概念，并迅速被许多学科广泛采用。我国的许多地理类著述，包括一些经典著作、辞书以及大学、中学地理教科书中也频繁使用这一术语，并将之与纬度地带性概念相提并论，甚至把这个所谓的"经度地带性"当做地带性的一种，因而有所谓的"广义地带性"和"狭义地带性"之分的说法，这是极不妥当的。普遍的误识加上广泛的误导，已经造成了地域分异理论研究的混乱，这里有必要予以澄清。

如前所述，地带性就是指纬度地带性，而非地带性则包括干湿度分带和垂直带性。

纬度地带性概念的科学性在于，由辐射平衡值和物质能量交换强度决定的地带性景观特征，尽管在这里或那里不免受到非地带性因素的干扰，但总体上仍与特定纬度值保持着确定性关系。例如，当人们提及北纬 5°、25°或 65°时，自然就会联想到赤道雨林、回归线、沙漠或苔原带。然而，地表自然界的干湿度分带性与任何经度值都没有这种确定性关系。当提到东经 90°线时，面对割据经线的极地冰雪带、苔原、森林苔原、泰加林、温带草原、荒漠以及青藏高原上的高寒荒漠、高寒草原、高寒草甸等众多纬度和非纬度自然地带，经度对自然界的地域分异究竟能起什么作用就一目了然了。实际观察到的干湿度分带界线绝不与经线平行，却与海岸线轮廓有着某种近似；地带更替方向绝不与经线垂直，却或多或少与海岸线垂直。经度地带性概念不能反映地域分异的客观实际，不具备科学性，我们主张予以摈弃。

3. 具有构造-地貌成因的区域性分异

一般情况下，大地构造总是有其地貌表现，一个大地构造单位总不免有其相应的地貌单元。例如，强烈隆升的地块表现为大高原，相对下沉的地块表现为盆地或平原，巨大的板块缝合带或地槽褶皱带表现为大山系，即一个大地构造单位首先形成一个地貌区。其发生统一性导致区域特征的相对一致性，进而形成一个自然区。每一地貌类型都是具有特殊构造-地貌分异背景的自然区。山地、高原和平原内部的次级构造——地貌分异，同样可以形成次级自然区。任何大高原或大平原都绝不可能保持同样的平面性质，任何大山系也都不可能在其延伸的全部距离上保持相同的海拔、走向和其他山系特征，因此，发生次级分异并形成次级自然区乃是必然现象。

4. 具有地方气候背景的地域分异

近海岸区、湖区、森林区、灌区与城市都有各自气候特点，这类地方气候造成的地域分异，涉及范围虽然较小，但其作用仍不可忽视。

除去东北信风作用下的非洲西海岸外，海岸带一般比较湿润，在海陆风影响下气温变幅也较小；湖区有湖陆风形成，除相对湿度较高外，热量特征更接近偏低纬度的地区；林区和灌区的地方气候与海岸带和湖区相似；城市气温比所在地区偏高，风速减小而降水量偏多。所有这些地方气候都可导致特殊自然地理环境的形成。

在有些地区，地方风也是一个重要的地域分异因素。地方风对地表自然界的地域分异有着特殊的影响。地方风塑造的地貌景观常常成为一个区域的标志性特征，从而有别于另一区域。毛乌素沙地中沙带与洼地的分布，就是地方风作用的结果。一些著名风区如我国西北的老风口、阿拉山口、达坂城、七角井、罗布泊、玉门镇、西柴达木等，均以多风为特色，其中的大部分地区还广泛发育风蚀地貌。撒哈拉沙漠的西蒙风、喀新风，中亚卡拉库姆沙漠的阿富汗风等，对当地的地域分异也有显著影响。

5. 垂直带性分异

垂直带性分异是山地特有的地域分异现象。当山地具有足够的海拔和相对高度时，随着地面高度的增加，气温递降，一定范围内降水量递增，不同高度层带水热组合特征各异，首先形成气候垂直带，进而导致其他自然地理要素发生相应变化，形成地貌、植被、土壤等垂直带和自然景观垂直带。

山麓所在的水平地带就是垂直带的基带。基带以上各垂直带按一定顺序排列，则构成垂直带谱。垂直带谱的性质可概括为以下几点：

①若基带为海洋性纬度地带，则垂直带谱也将具有海洋性特征。即各类森林带在带谱中占显著优势；反之，若基带为荒漠或半荒漠带，则垂直带谱呈大陆性特征，即森林带或完全缺失，或带幅十分狭窄。

②垂直带谱中不出现比基带纬度和海拔偏低的带。因此，在山地海拔相同和其他条件相近的情况下，低纬区山地垂直带数量较多；高纬区山地垂直带数量较少；山麓海拔低、相对高差大的山地垂直带谱结构较山麓海拔高、相对高差小的山地更完备而复杂。亚热带高山通常有8~9个垂直带；高纬区高山若以泰加林或苔原为基带，则至多只有两个垂直带。例如，大雪山有8个垂直带；与之海拔相近，但山麓过高的唐古拉山北坡，通常不超过3个垂直带。

③垂直带谱上部是否出现高山冰雪带，取决于山地海拔是否突破当地的雪线高度。雪线一方面受太阳辐射影响，因而总体上呈自赤道向极地降低的趋势；另一方面受固体降水量多寡的制约，因而事实上不是最热的山地而是最干旱的山地成为雪线位置最高的地方。所以，某些发育海洋性垂直带谱的山地，3 000~4 000m以上即为高山冰雪带，而另一些极旱山地，超过5 000m仍只有高山寒漠。

④山地垂直带在数千米高度内完成了水平地带需要数千千米才能完成的地带更替。但垂直带遵循自身的发育规律，并不是纬度地带的缩影。珠穆朗玛峰南坡垂直带几乎完全不能与珠峰以北直到极地的纬度地带相对应即是一例。全球分布最广的苔原和泰加林两个地带，在任何中低纬山地中都不以垂直带出现又是一例。

⑤同一山地的不同地段和坡向，带谱组成或同一垂直带的分布高度都有很大差别。垂直带谱的比较研究是山地景观研究的重要途径之一。

这里以我国的长白山为例：长白山的垂直带谱（温带）：600~1 600m（基带），温带针叶与落叶阔叶混交林带；1 600~1 800m，山地寒温针叶林带；1 800~2 000m，山地寒冷矮曲（岳桦）林带；2 000m以上，山地寒冻苔原带。

关于垂直带性有两个重要概念需要说明：

● 树线：森林上限是垂直地带谱中一条重要的生态界线，常称为树线。这条界线以下发育着以乔木为主的郁闭的森林带；而界线以上则是无林带，发育着灌丛或草甸，常形成垫状植物带，在海洋性条件下有的可发育成高山苔原带。树线对环境临界条件变化的反应十分敏锐，其分布高度主要取决于温度和降水，强风的影响也很显著。树线通常与最热月平均气温10℃的等值线相吻合。在干旱区，树线受水分条件影响较大，林带高度与最大降水带高度相当。

　　● 雪线：雪线是永久冰雪带的下界。其海拔高度受气温与降水的共同影响，一般气温高的山地雪线也高，而降水多的山地雪线又低。因此，雪线高度是山地水热组合的综合反映。例如，喜马拉雅山南坡虽然日照高于北坡，但有丰富的降水，所以雪线低于北坡。

三、地域分异的尺度

　　上述两种地域分异规律同时对地表自然界发生作用，但其表现形式和影响范围却不同。有的地域分异不分海陆，涵盖全球；有的分别涉及整个海洋或整个大陆；有的影响到一个广大的区域。所有这些都可视为大尺度地域分异。有的地域分异只在一个自然带或地带内部、一个山地、盆地或平原内部发生作用，可称为中尺度地域分异。还有一些仅仅表现在一个谷地或丘陵内、一片绿洲或小沙漠内、一个洪积倾斜平原内、一块干三角洲内，甚至一面山坡、一组河谷阶地间，则是小尺度地域分异。

四、地域分异规律的相互关系

　　地带性与非地带性地域分异规律虽然互不从属，却总是共同对一个区域起作用，并总是相互制约和相互干扰。因此，实际表现的地域分异现象非常复杂。但无论起因于地带性分异还是非地带分异，水热组合关系的变化都是促使自然地带在水平方向上发生更替的直接原因。当热量分异起主要作用时，水平地带强烈表现出纬度地带性质；当水分分异起主要作用时，水平地带实际上成为干湿度地带。

　　水平地带与垂直带的关系非常复杂。表面上看来，从低纬向高纬的纬度地带性变化，或山地自下部向上部的垂直带性变化都以温度递减为主要原因，而一个水平地带既是由此向高纬更替的起始地带，又是山地垂直带的基带。似乎两类带谱就应该完全相同，只是一个在南北方向上延伸数千千米，另一个在垂直方向上延伸数千米，后者仅仅是前者的浓缩。但事实不然。第一，温度的纬度变化缘于太阳辐射的纬度变化，温度的垂直变化却并非由太阳高角度大小不同所引起，而是因海拔愈高接受地面长波辐射愈少所致。第二，降水量的纬度分布与垂直分布遵循完全不同的规律。第三，山地地貌的复杂性导致气候特征趋向复杂化，使得垂直带中出现一系列纬度地带不可能具有的特征。

　　综上所述可知，地域分异表现形式多样，相互关系复杂，它们共同作用于地表，形成水平地域结构、垂直结构及水平地带与垂直带相结合的多维空间结构（表6.1）。在大陆水平地域结构中，纬度地带性与干湿度分带性是两种基本表现形式。但纬度地带性结构中有省性表现，非地带性结构中又有带段性表现。

　　景观水平结构中反映地带性特征为主的地域，称为显域性地域；反映非地带性特征为主的地域称为隐域性地域或内地带性地域。垂直带性也是一种隐域现象，即具有地带性烙印的非地带性现象。总之，凡是由地势起伏而导致水平地域结构发生异化的现象，都可称为隐域性。

表 6.1　　　　　　　　　　　　　地域分异规律的对比

地域分异规律		分布特征		影响		典型地区	图示
		延伸方向	更替方向	主导因素	重要因素		
地带性	水平地带性	由赤道到两极的地域分异	纬线方向（东西方向）	纬度变化方向（南北方向）	热量	水分	低、高纬度的低平地区	
		从沿海向内陆的地域分异	经线方向（南北方向）	经度变化方向（东西方向、沿海→内陆）	水分	热量	中纬度的低平地区	
	垂直地带性		大致沿等高线方向延伸	从山麓到山顶更替	水热条件的差异和变化		中、低纬海拔较高的山地	
非地带性			自然带的延伸和更替方向并不一致		海陆分布、地形起伏、洋流等		比较普遍	

第三节　自然地理环境基本规律的应用

地表自然界受不同尺度的地带性与非地带性地域分异规律的作用，分化为不同等级的自然区。

以地域分异规律学说为理论依据，以自然区内部整体的一致性、相似性为主要特征，并将其作为一个整体来研究，就称为自然区划。

划分自然区，并力求反映客观实际，自然区内部都具有相对一致性，自然区之间都存在特征差异性。

区域概念应有最小限度，因此自然区并非无限可分，而应该有一个最低级的基本单位。我国把这个基本单位称为自然县。基本单位内不再进行区划，而是划分土地类型。

自然区划因目的与对象不同而有部门区划与综合区划之别。

以个别自然地理要素为对象的是部门自然区划；以整体自然地理环境为区划对象的则称综合自然区划。

一、自然区划原则

1. 发生统一性原则

发生统一性即必须保证每一个自然区具有发生上的统一性。任何自然区都是地域分异因素作用下历史发展的产物，发展道路相同，"年龄"相同，因此应以区域发展的共同性作为区划的基础。

2. 相对一致性原则

相对一致性即必须保证每个自然区的自然地理特征具有相对一致性。有三层含义：①

179

强调区内特征的相对一致性，也就是强调区间特征的差别性，大差异内部存在小差异；②一致性具有相对的性质，即自然区内还存在着等级系统，高级区可以划分为一系列低级区；③不同等级自然区的一致性有不同标准。

3. 空间连续性原则

空间连续性原则亦称区域共轭性原则，要求所划分的区域作为个体保持空间连续性，不分离，不重复。

4. 综合性原则与主导因素原则

任何自然区的差异都表现在地域分异差异和整体自然特征的差异上。

进行区划时必须全面分析区域整体特征和各自然要素的区间差异性、区内相对一致性，以及作为其根源的地域分异因素，尤其是主导因素。

二、自然区划方法

区划方法是贯彻区划原则的必要手段。

自然区客观上具有一定的等级系统，因此，无论自上而下划分或自下而上合并，都必须按顺序进行。

顺序划分法：这一方法的实质是在拟进行区划的区域，如大陆、国家或地区内，依据大中尺度地域分异规律，按照区间差异性和区内相对一致性原则，从高级区开始逐级向下划分中低级自然区（图6.1）。

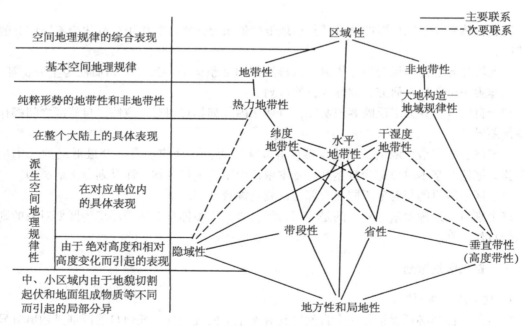

图 6.1 大陆空间地理规律性相互关系

顺序合并法：从确定基本土地类型开始，依据土地类型分布状况合并为低级自然区，而后再顺序合并为中级和高级自然区（图6.2）。这种方法对于范围较小而要求精度很高的详细区划是必须采用的，但因工作量极大，在大范围自然区划中很少采用。

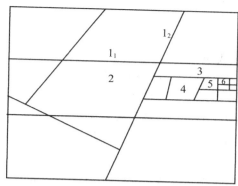

1—根据最大尺度的地带性和非地带性分异划分热量
带和大自然区（1₁：热量带界限；1₂：自然大区界限）；
2—热量带和大自然区互相叠置，得出地区级单位，
地区也可视为热量带内的高级省性分异单位；
3—根据地区里的带段性差异划分地带、亚地带；
4—根据地带、亚地带内的省性差异划分自然省；
5—自然省划分为自然州；
6—自然州划分为自然地理区
图6.2　自然区划等级系统逐级划分图示

　　部门区划图叠置法：通过叠置同比例尺地貌区划、气候区划、水文区划、土壤区划和植被区划图，分析和比较其区界，确定自然区界线，常常能很好地体现综合性原则，即使部门自然区划详略程度不一，区划方法不同，也具有较大参考价值。

　　地理相关分析法：主要是利用资料、文献、统计数据和专门地图分析自然地理要素的相互关系，然后进行区划的较为传统的方法，在区划实践中运用很广。

　　主导标志法：是自然区划中使用最广的方法，选取反映地域分异主导因素的指标作为确定区界的主要依据。

三、自然区划的等级系统

　　自然区划的等级系统是地域分异规律的客观反映。

　　地域分异的结果使地表自然界分化为一系列不同等级的自然区域。

　　"双列系统"观点：任何一级自然区都是同时在地带性和非地带性规律作用下形成的，但其中一部分主要取决于地带性规律，另一部分则主要取决于非地带性规律。因此，客观上应该存在两类区域单位和两种等级系统。

　　"单列系统"观点：自然区划等级系统应同时反映地带性和非地带性两类地域分异因素和规律的作用，由"完全综合的"区域单位构成。

　　双列系统和单列系统对区划工作都有重要意义。

　　1. 地带性区划单位

区划单位主要依据区域的地带性属性划分。这类区域单位被认为是"不完全综合的"单位。地带性区域具有大致沿纬线方向延伸，呈带状分布，且在南北两半球基本上对称分布的特点。主要的地带性区域单位包括带、地带、亚地带和次亚地带四级。

（1）带

带是最高级的地带性区划单位。

在区划中，带是指作为自然综合体的地理带或景观带而并非单纯的热量带。

地带性区划单位间具有逐渐过渡的性质，很难截然分开，故有必要适当划分过渡带。全球最初曾划分五个带，即一个热带、两个温带和两个寒带。在增加若干过渡带后，目前共划 15 个带，即一个赤道带和两个热带、亚热带、暖温带、中温带、寒温带、亚寒带、寒带。

中国境内则分为寒温带、温带、暖温带、亚热带、热带和赤道带 6 个带。

（2）地带

地带性分异规律是通过地带集中表现出来的，因此地带是最基本的地带性区划单位。

地带间也常存在过渡地带，区划中可依据具体情况，或将其平分归入两个地带，或将其上升为独立的地带，或降低为亚地带。地带内部存在南北差异时，还可进一步划分为南、中、北三个亚地带。

（3）亚地带和次亚地带

地带内部各自然要素进一步发生地带性变化，而其中部分要素的变化属于质变时，将形成若干亚地带。亚地带内自然要素和整体特征的更次级的、局部地带性变化，则形成次亚地带。亚地带与次亚地带的划分多以土壤、植被为依据。

2. 非地带性区划单位

非地带性地域分异如海陆分异、陆地干湿度分异、具有大地构造背景的地貌分异、垂直带性分异、地方气候分异等，使地表自然界分化为一系列具有非地带性属性的区域单位，并构成另一个等级系统。目前常用的非地带性区划单位等级系统包括大区、地区、亚地区和州四级。

（1）大区

作为第一级非地带性区划单位的大区，是与基本地质构造单元相关的，具有独特大气环流特征和纬度地带性结构的"大陆的巨大部分"。每个大区都至少相当于一个巨大的古地块或造山带，并在全球大气环流系统中占有独特的位置。各大区之间气候干湿程度、内部纬度气候特点、自然带段和地带段数量都有明显差异。

（2）地区

地区是大区的组成部分，其范围大致相当于二级地质构造单元，具有统一的地质基础和地质发展共同性，地貌特征相对一致，边界明显；降水量、气候大陆度、植被群系组合及土壤变种组合特征近似，纬度地带性结构相对一致。地区划分主要以地质基础与地貌特征为依据。

（3）亚地区

亚地区是地区在最近地质历史时期中因构造运动差异、气候省性差异等非地带性因素作用分化而成的。

（4）州

州是低级非地带性单位，主要以亚地区内的地质地貌差异及由它引起的其他自然条件的变化为依据划分。

3. 综合性区划单位

地带性和非地带性两类区划单位都是客观存在的，但运用双列系统进行自然区划殊非易事。例如，同一张区划图很难表示一个区的双重归属，还有命名和界线不一致等困难。任选其中一个单位系统，又将不可避免失之片面。于是，通过双列系统中等级相当的地带性区域与非地带性区域单位的叠置，建立完全综合的等级系统就成为必然趋势。

景观是自然区划的下限单位，其地带性与非地带性属性已趋于一致。景观内部的地带性分异与非地带性分异都不显著，而是只存在地方性分异。景观界线与最小的地貌区、气候区、植被区、土壤区等界线大致吻合。作为区域而不是类型的景观是个体的和不可重复的，具有发生同一性、组成要素特征的相对一致性和结构的同一性。

进行自然区划需要大量资料，包括地形图、地质图、航空像片、卫星图像、专题地图，以及有关自然条件、自然资源、社会经济甚至环境保护等方面的文献、数据等。收集和分析这些资料，掌握地域分异规律，是进行区划的首要步骤。然后应拟订计划，进行实地考察。最后总结阶段则应编制适当比例尺的区划图，编写区划报告。

四、世界自然区划

按照赫柏森的自然区划分类法，世界自然区划中把带分为五类，把青藏高原作为特殊高山区，与带并列。这样便有六类：极带、冷温带、暖温带、热带、青藏高原高山区和赤道带。他把大自然区分为a，b，c，d四类，其意义因所属带不同而略有不同。冷温带的a是大陆西海岸型，b是大陆东海岸型，c是内陆低地型，d是内陆高地型。

五、中国的自然区划

关于中国的自然区划，由于人们对于中国的地域分异规律的认识以及所用的区划原则与方法的不同，产生了不同的自然区划方案。其中，赵松乔（1983）、席承藩（1984）、丘宝剑和黄秉维（1988）的方案，将中国划分出三个大自然区：东部季风区、西北干旱区和青藏高原区（高寒区）。这三个大自然区真正体现了中国的地域分异格局，反映了中国的自然地理特征（表6.2）。

表6.2　　　　　　　　　　　**中国三个大自然区的主要特征**

大自然区	东部季风区	西北干旱区	青藏高寒区
占全国总面积（%）	47.6	29.8	22.6
气候	季风，雨热同期，局部有旱涝	干旱，水分不足限制了温度发挥作用	高寒，温度过低限制了水分发挥作用
地貌	以平原、丘陵为主，地势低平，大部分地面在500m以下	高大山系分割的盆地、高原，局部窄谷和盆地	海拔4 000m以上的高原和山系

续表

大自然区	东部季风区	西北干旱区	青藏高寒区
地带性	纬向为主	经向或同心圆状	垂直带性和高原带性
水文	河系发育，以降水补给为主，南方水量充沛，北方稀少	绝大部分为内流河，雨水补给为主，湖泊水含盐	西部为内流河，东部为河流发源地，冰雪融水补给为主
土壤	南方酸性、黏重、北方多碱性；平原有盐碱，东北有机质丰富	多含有盐碱和石灰，有机质含量低，质地轻粗，多风沙土	有机质分解慢，作草甸状盘结，机械风化强
植被	热带雨林、常绿阔叶林、针叶林、落叶阔叶林至落叶针叶林，草甸草原	干草原、荒漠草原、荒漠，局部山地为针叶林	高山草甸、高山草原、高山荒漠，沟谷中有森林
土地利用情况	粮食生产为主，林、牧、渔业综合发展	以牧为主，绿洲农业，山地发展林牧业	高原牧业，沟谷及低海拔高原发展农业、高原牧业

东部季风区，是世界上最强的季风地区之一。由于季风的强盛，改变了原来行星风系控制下的地带性规律，原来的副热带干旱地带变成了温暖湿润的亚热带，形成了新的以湿润、半湿润为特征的纬向为主的地带性分布格局。该区雨热同季、地形平坦（以平原和丘陵为主）、水系发育，是我国的主要粮食生产基地。

西北干旱区，是亚洲中部干旱区和北半球中纬度干旱带的一部分。水分不足限制了温度发挥作用。地貌上盆地与山系相间，水文方面以内流水系和盐湖为特征。植被稀疏、土壤贫瘠，土地利用以牧业为主，也是这一地区地理特征的真实写照。

青藏高原区（高寒区），最大的特征是海拔高度大和气候寒冷。青藏高原在世界上独一无二，构成了中国自然地理环境的特色，还表现在它对区域环境乃至世界环境分异与变化的影响。该区海拔大多在 4 000m 以上，并且高大山系比较多，是亚洲众多河流的发源地。温度低，融冻作用和冰川作用强，垂直地带性和高原地带性明显，是该区的特色。

我国的三大自然区界线，主要包括：

①东部季风区与西北干旱半干旱区的界线：400mm 等降水量线；

②青藏高寒区与东部季风区的界线：3 000m 等高线；

③青藏高寒区的北部与西北干旱半干旱区的界线：大体从昆仑山向东经过阿尔金山、祁连山一线。

这三个大自然区在成因上是有联系的。青藏高原的形成，是东部季风区和西北干旱区形成的必要或重要条件。研究表明，青藏高原的抬升，激发或加强了中国东部的季风，也导致了西北地区的干旱化。

因此，从对这三个大自然区成因和特征的理解出发，加上纬度地带性、湿度分带性和垂直带性在中国的应用，就可以基本上把握中国自然环境的空间格局、特征和规律。

东部季风区，从北到南可以依次划分出寒温带、中温带、暖温带、北亚热带、中亚热带、南亚热带、边缘热带、中热带和赤道热带；西北干旱区可以划分出干旱中温带和干旱暖温带；青藏高原区可以划分出高原寒带、高原亚寒带、高原温带（席承藩，

1984 年方案）。

我国的自然地区内部界线主要包括：

（1）东部季风区内部自然地区界线

①南方地区和北方地区界线（华北暖温带湿润地区与华中亚热带湿润地区）：秦岭—淮河（1 月 0℃ 等温线，日平均气温>10℃，积温 4 500℃ 等值线）；

②东北温带湿润、半湿润地区与华北暖温带湿润、半湿润地区界线：日平均气温>10℃ 的活动积温 3 200℃ 等值钱；

③华中亚热带湿润地区与华南热带湿润地区界线：日平均气温>10℃，积温 7 500℃ 等值线。

（2）西北干旱半干旱区内部自然地区界线

内蒙古温带草原地区与西北温带及暖温带荒漠地区的界线：贺兰山一线，相当于 200mm 等降水量线。

☞ **复习思考题**

1. 简述自然地理环境的整体性规律。

2. 自然地理环境的地域分异规律主要有哪些？

3. 简述自然区划的基本原则和方法。

中　编

地貌及其形态特征

第七章 地貌要素与地貌形态

第一节 地貌要素与地貌表示方法

一、地貌的有关概念

地形是地物和地貌的总称。地物指的是地球表面各种自然物体和人工建（构）筑物，地貌是指地球表面高低起伏的形态。

1. 地貌要素

地貌要素就是组成地貌形态特征的特殊点、线、面。山峰的顶点、盆地的最低点、山脊线、谷底线、坡面或平面等都是地貌要素。地貌形态是地貌要素的组合。图 7.1 表示地貌形态与地貌要素的关系。图上表示的是一个孤立的山体，可以分解成 $AA'B'B''$、ABB' 等各种斜面，AA'，$B'B''$，AB，AB'，$A'B''$ 等各种线，A，A' 两个最高的峰顶，这些就是地貌要素。在地图上正确反映组成地貌形态的这些基本地貌要素，对于提高地貌表示的精度具有实际意义。

图 7.1 地貌形态与地貌要素的关系

2. 主要地貌结构线

构成地貌主要形态特征的框架称地貌结构线。在测绘实践中，正确标出主要地貌结构线对于认识地貌形态特征以及用等高线正确表示地貌都具有实际意义。

主要地貌结构线有分水线、谷底线、坡度变换线、棱线等（图 7.2）。

（1）分水线

分水线是分开两反向斜坡表面水流的线。在山区，分水线一般与山脊线相重合。

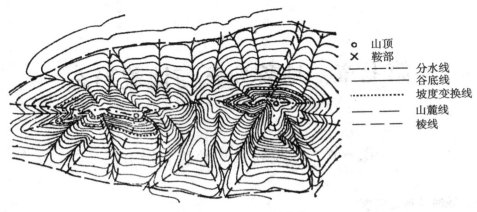

图7.2　主要地貌结构线

（2）谷底线

谷底线是谷地中最低点的连线，它与河床底部相重合。谷地两侧的谷坡以谷底线为界相向倾斜。自然界几乎没有一条谷地是笔直的，因此，谷底线也都是弯曲的。在地形图上，谷地横向的宽窄和纵向的陡缓是通过等高线图形反映的。等高线通过谷底时近于垂直，反映谷底平坦；谷地两坡同一高程的等高线距离谷底愈近，反映谷底愈狭窄。谷地纵向陡缓是通过过谷底的不同高程的等高线距离变化来反映的。

（3）坡度变换线

坡度变换线是上下相邻的两个斜面的交线。在这条交线的两侧，地面坡度发生明显的变化，表现在地形图上，等高线间的距离有明显的相对密集和稀疏的变化。

（4）棱线

棱线是两个向不同方向倾斜的坡面的交线。在松散物质组成、地面切割强烈的地段，地貌的棱线一般是十分明显的。棱线是一种斜坡转向线，在该线的两侧，斜坡向不同方向倾斜。

二、地貌表示方法

图上不仅表示出地物的位置，而且还用特定符号把地面上高低起伏的地貌表示出来，这种图称为地形图。

在测量工作中，常用等高线来表示地貌。

1. 等高线的概念

地面上高程相等的相邻各点连接而成的闭合曲线，称为等高线（图7.3）。

2. 等高距和等高线平距

相邻等高线之间的高差称为等高距，也称为等高线间隔，用 h 表示（图7.4）。

分相邻等高线之间的水平距离称为等高线平距，用 d 表示。

坡度表示地表单元陡缓的程度，通常把坡面的垂直高度 h 和水平距离 l 的比叫坡度（或坡比）用字母 i 表示。

3. 等高线的分类

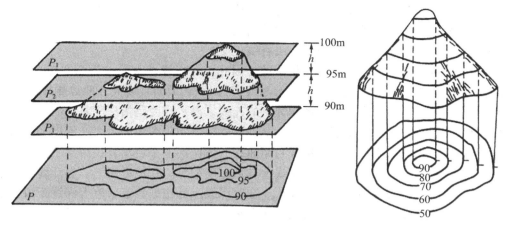

图 7.3　等高线示意图

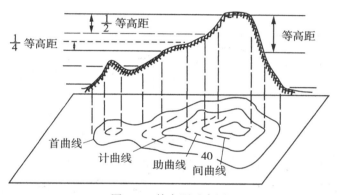

图 7.4　等高距示意图

为了更详尽地表示地貌的特征，地形图上常用下面四种类型的等高线。

①首曲线：在同一幅地形图上，按规定的基本等高距描绘的等高线称为首曲线，也称基本等高线。首曲线用 0.15mm 的细实线描绘。作用：用于显示地貌的基本形态。

②计曲线：凡是高程能被 5 倍基本等高距整除的等高线称为计曲线，也称加粗等高线。计曲线要加粗描绘并注记高程。计曲线用 0.3mm 粗实线绘出。作用：便于查取高程。

③间曲线：为了显示首曲线不能表示出的局部地貌，按二分之一基本等高距描绘，这样的等高线称为间曲线，也称半距等高线。间曲线用 0.15mm 的细长虚线表示。作用：用于显示首曲线不能显示的局部地貌。

④助曲线：用间曲线还不能表示出的局部地貌，可按四分之一基本等高距描绘，这样的等高线称为助曲线。助曲线用 0.15mm 的细短虚线表示。作用：用于显示间曲线仍不能显示的局部地貌。

4. 等高线的特性

①同一条等高线上各点的高程相同；

②等高线必定是闭合曲线。如不在本图幅内闭合，则必在相邻的图幅内闭合。所以，在描绘等高线时，凡在本图幅内不闭合的等高线，应绘到内图廓，不能在图幅内中断；

③除在悬崖、陡崖处外，不同高程的等高线不能相交；

④山脊、山谷的等高线与山脊线、山谷线正交；

⑤在同一幅地形图上，等高距是相同的。因此，等高线平距大（等高线疏），表示地面坡度小，地势平坦；等高线平距小（等高线密），表示地面坡度大，地势陡峻。

说明：等深线是指深度相等的各相邻点的连线。海水深度是指深度基准面与海底之间的垂直距离，通常采用平均低潮面为深度基准面。主要用于图中表示海洋深度和地形。在海洋或湖泊中，相同深度的各点连接成封闭曲线，按比例缩小后垂直投影到平面上，所形成的曲线，称为等深线。在同一条等深线上各点深度相等。在地形图上，等深线可表示海洋或湖泊的深度，海底或湖底地形的起伏。在等深线上标注的数字为该等深线距海平面的距离。等高线和等深线的区别：等高线是在海平面以上，等深线是在海平面以下。

5. 几种基本地貌的等高线

几种基本地貌的等高线如图 7.5 所示。

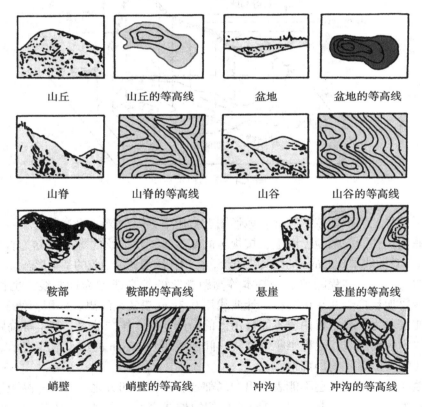

山丘	山丘的等高线	盆地	盆地的等高线
山脊	山脊的等高线	山谷	山谷的等高线
鞍部	鞍部的等高线	悬崖	悬崖的等高线
峭壁	峭壁的等高线	冲沟	冲沟的等高线

图 7.5 基本地貌的等高线

6. 高程的起算

高程指的是某点沿铅垂线方向到绝对基面的距离，称绝对高程，简称高程。某点沿铅垂线方向到某假定水准基面的距离，称假定高程。

我国以黄海平均海水面为高程的起算基准。由于计算这个基面所依据的青岛验潮站的资料系列较短（1950—1956 年）等原因，中国测绘主管部门决定重新计算黄海平均海面，以青岛验潮站 1952—1979 年的潮汐观测资料为计算依据，并用精密水准测量接测位于青岛的中华人民共和国水准原点，得出 1985 年国家高程基准高程和 1956 年黄海高程的关系为：

1985 年国家高程基准高程 = 1956 年黄海高程 −0.029m。

1985 年国家高程基准已于 1987 年 5 月开始启用，1956 年黄海高程系同时废止。

与高程相关的术语：

①高程——某点到某一起算面的垂直距离；

②高差——起算面相同的两点间高程之差；

③比高——由所在地面起算的高度。

我国的国家水准原点：青岛观象山。在测绘中，高程测量的方法有水准测量和三角高程测量。水准测量是精密测定高程的主要方法。水准测量是利用能提供水平视线的仪器（水准仪）测定地面点间的高差，进而推算高程的一种方法。

三、测绘中地貌特征点的选择和勾绘

在测绘中，常用碎步测量的方法。地貌碎部点的选择，即地貌特征点应选在最能反映地貌特征的山脊线、山谷线等地性线上，如山顶、鞍部、山脊和山谷的地形变换处、山坡倾斜变换处和山脚地形变换的地方。为了能真实地表示实地情况，在地面平坦或坡度无明显变化的地区，碎部点的间距、碎部点的最大视距和城市建筑区的最大视距均应符合相应的规定。

地貌主要用等高线来表示。对于不能用等高线表示的特殊地貌，如悬崖、峭壁、陡坎、冲沟、雨裂等，则用相应的图式规定的符号表示。等高线是根据相邻地貌特征点的高程，按规定的等高距勾绘的。等高线的勾绘方法有内插法和目估法等。

说明：中华人民共和国国家标准 1：500、1：1 000、1：2 000 地形图图式，GB/T 7929—1995，该图式规定了 1：500、1：1 000、1：2 000 地形图表示各种地物、地貌要素的符号、注记和整饰标准，以及使用符号的原则、方法和要求。本标准适用于国民经济建设各部门测制和编绘 1：500、1：1 000、1：2 000 地形图，也是各部门利用地形图进行规划、设计、施工、管理、科研和教学等的基本依据之一。

第二节 主要地貌形态

一、地貌形态

一般所指的山、谷等都是地貌形态，它们具有一定的形状，与其他地貌形态有明显的区别。地貌形态是指具有一定外形的地表起伏，它是构成地貌的基本单元。

（一）陆地地貌主要形态

地球上的陆地并不是一个整体，而是被分为一些四周由海洋包围着的大块陆地或小块

陆地，大块的陆地称大陆，小块的陆地叫岛屿。但是，面积大小只是相对的比较，没有绝对的标准。通常把澳大利亚（面积760万平方千米）看成最小的大陆，而把格陵兰（面积220万平方千米）当做最大的岛屿。前者面积是后者的3.5倍。这样的划分虽是人为的，却也是合情合理的。

全球的大陆共分七大洲，它们是亚洲、欧洲、非洲、北美洲、南美洲、大洋洲（澳洲）和南极洲。其中除大洋洲的澳大利亚大陆与南极洲大陆的界线比较明显外，其他大陆自然界线常常不明显，只有人为的界线。亚洲大陆与非洲大陆通常以苏伊士地峡（现以苏伊士运河）为界；北美洲大陆与南美洲大陆则以巴拿马运河划定。至于欧洲与亚洲的界线，除在土耳其有自然分离处（博斯普鲁斯海峡和达达尼尔海峡）外，其他地方完全是人为划定的，实际上它们形成一个统一的大陆——欧亚大陆。

根据大陆表面各部分海拔高度和形态变化的差异，可把陆地地貌划分为下列几种主要类型，即山地、高原、丘陵、平原、盆地等。

1. 山地

这里所说的山地，是一个统称。它是低山、中山和高山的总称。

全球高大的山地大致分布在两个地带：环太平洋两岸以及横贯亚洲、欧洲南部和北非的略呈东西向地带。这些高大的山地大多是在地质时期的近期地壳活动特别强烈的地带，因此，也是现今地球上火山、地震活动最剧烈、最频繁的地区。据统计，全世界约有95%的构造地震发生在上述两个地带。

根据山地的外貌、海拔高度（绝对高度）、相对高度和山坡坡度，结合具体情况，可以将我国的山地划分为下列几种形态类型：

①低山：低山的海拔高度为500~1 000m，相对高度为200~500m。山坡坡度一般在5°~10°。切割较深的低山，山坡坡度可能较陡，可以超过10°。

②中山：中山的海拔高度为1 000~3 500m，相对高度为500~1 000m，山坡坡度一般为10°~25°。

③高山：高山具有3 500~5 000m的海拔高度和1 000m以上的相对高度，山坡坡度一般大于25°。海拔高度大于5 000m的为极高山。这一界线大致与现代冰川和雪线的高度相吻合，在那里，塑造地貌的外力主要是冰川和寒冻风化作用。

2. 高原

高原是陆地上海拔高度600m以上、相对高度200m以上的顶面平坦（或略有起状）的宽阔高地。高原的四周常由坡地与较低一级的地形单元相连。

3. 丘陵

丘陵是一种起伏不大（一般相对高度在200m以下）的高地。它多半是由低山、高原经长期外力侵蚀作用形成的。丘陵个体低矮，分布零乱，无明显延伸规律，具有浑圆顶部和平缓斜坡，坡麓不明显。

4. 平原

平原是地面高度变化微小的一种地貌类型，表面平坦或有轻微的波状起伏。平原按海拔高度可分为低平原、高平原和洼地平原三种类型。通常把海拔高度小于200m、地势平缓的沿海平原称为低平原；海拔高度大于200~500m的切割很浅的平地称为高平原，所以有些高原可属于这种类型，如我国内蒙古高原的大部分属于高平原；绝对高度在海平面以下的平坦的内陆低地称为洼地平原，如我国叶鲁番洼地等。根据平原的表面形态还可以将平原分为平坦平原、波状平原、倾斜平原、凹状平原等几种。

5. 盆地

盆地是四周被山地或高原所围，中央低平（或略有起状），外形似盆状的地形，如我国的四川盆地、柴达木盆地等。

地貌形态是内力和外力互相作用于地表物质的结果，因此，按成因可分为以内力为主形成的地貌和以外力为主形成的地貌。以内力为主形成的地貌是指反映构造变动与地质构造的地貌，即通常所指的构造地貌（包括火山地貌）；以外力为主形成的地貌类型很多，根据外力作用的方式，有河流、地下水、冰川、风、海浪等作用形成的各种地貌类型，相应地称为流水地貌、冰川地貌，等等。此外还有一种小型的陆地——岛屿，是四周被水体环绕的小型的（相对大陆而言）陆地。岛屿可分为大陆岛和海洋岛两大类。全球的岛屿总面积约为地球陆地总面积的 10%。岛屿按其成因分为大陆岛、火山岛和珊瑚岛。

（二）洋底地貌主要形态

海底和陆地一样是起伏不平的，有高山、深谷，也有广阔的平原和盆地。海底靠近大陆、并作为大陆与大洋盆地之间过渡地带的区域称为大陆边缘。在构造上大陆边缘是大陆的组成部分。大陆边缘主要包括大陆架、大陆坡和大陆隆三个地貌类型（图 7.6）。在真正的大洋盆地中，除深海平原外，还有大洋中脊、大洋隆起等地貌类型。

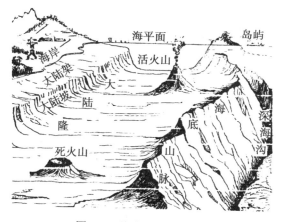

图 7.6　海底地貌示意图

1. 大陆架

大陆架，又称大陆棚、大陆浅滩，是大陆边缘的水下平台。它是大陆边缘在海面以下的延续部分，在形态和地质构造上仍都属于大陆的一部分。

大陆架表面比较平坦，平缓地向海洋方向倾斜，平均坡度约 0.7°，水深一般为 0~200 米，个别外缘可达 500~600m。平原海岸边缘的大陆架宽度较大，坡度较小；陡峭的岩岸边缘，大陆架宽度较小，坡度较大。大陆架最窄处不足 1km，最宽处（如北冰洋）可超过 1 000km，平均宽度为 71km。我国沿海的大陆架是世界上最宽广的大陆架之一，宽度由 100km 到 500km，水深一般在 50m 左右，最深达 180m。

2. 大陆坡

大陆坡是大陆架的外缘坡度突然转折变陡的部分，在地形上它是大陆的边缘，也可以说是大陆与海洋的真正分界处。大陆坡的平均坡度为 4°~7°，有时可达 10°~20°。它包括水深由 200m 到 2 500m 的区域，平均宽度约 28km，犹如一个条带围绕着大陆架。

3. 大陆隆

大陆坡下部与深海底之间，坡度转缓后形成的平缓隆起地带称为大陆隆（大陆基），在大陆坡麓附近，坡度最大为 2.5°，水深 2 000~5 000m，其面积约占海底总面积的 5%，是大陆水下边缘的最大地貌形态。大陆隆在大多数情况下表现为倾斜平原，它与大陆坡的麓部连接，宽度 80~1 000km，呈带状延伸。它像陆地上的滑坡地貌，只是形态表现更巨大。

4. 深海盆地与海沟

大陆坡以下深度介于 2 500~6 000m 的广阔水域称为深海盆地，或称洋盆、海盆。它是海洋的主体部分，约占海洋总面积的 80%，海洋岛大多数分布在这里。在洋底尚有海底山脉、海底平顶高地、海沟等。

海沟是深海盆地中呈一长条状延伸的负向凹地，它是洋盆中最深的地方，深度常超过 6 000m，最深处达 11 034m（马里亚纳海沟）。海沟不在大洋的中央部分而在边缘上，或者靠近大陆沿岸，或者靠近一连串的岛屿，同岛弧相邻近。典型的海沟，通常位于大洋的边缘。海沟分布的地区正是地壳剧烈变动的不稳定地带，这里常有强烈的地震和火山活动。

（三）地球表面的海陆分布及大陆轮廓的明显特征

地球表面的海陆分布及大陆的轮廓，具有如下一些明显特征：

①各大陆形状多是北部较宽而南部狭窄，状如倒三角形。澳大利亚不甚明显，大体上也是如此。唯南极大陆是个例外，它所处的位置也与众不同。大陆狭窄的南端有向东弯曲的倾向。这个特征以南北美洲最明显。从现象上看，美洲大陆似乎有向西移动的倾向，其狭窄的南端在前进中被"挪后"了。类似这样的情况，在东南亚的马来半岛和巽（音"训"）他群岛对亚洲大陆的关系上，也容易看出来。

②较大的岛屿群大多位于大陆东岸。亚洲东岸有萨哈林岛（库页岛）、日本群岛、我国的台湾岛和海南岛、菲律宾群岛、大巽他群岛和斯里兰卡岛；非洲东岸有马达加斯加岛；北美洲东岸有格陵兰、大安的列斯群岛；南美洲东岸有马尔维纳斯群岛（福克兰群岛）；澳大利亚东岸有新西兰和塔斯马尼亚岛。明显的一个例外是欧洲西海岸的不列颠群岛。

③大陆东岸不仅岛屿多，且有系列岛弧分布。其中最明显的首推亚洲东岸的岛弧群，自北至南有阿留申群岛、千岛群岛、日本群岛、琉球群岛和菲律宾群岛等，一个连接一个，花彩纷呈，故地理学上有"花彩列岛"之称。此外，如澳大利亚东岸有所罗门群岛、新赫布里底群岛；北美洲东岸有巴哈马群岛和大、小安的列斯群岛。大陆西岸虽也有一些群岛，但很少成花彩岛屿。

④大西洋两岸的轮廓十分相似，一个大陆的凸出部分，正好是另一个大陆的凹进部分。这特别清楚地表现在，南美洲东岸伸入大西洋的巴西东部，恰巧可以嵌进非洲西岸的几内亚湾，非常吻合。

⑤大陆的东西边缘多有降起的高山，中部有低陷的平原。这在南北美洲表现得最明显：西部有纵贯南北的科迪勒拉山系（北美的落基山脉和南美的安第斯山脉）；东部有阿巴拉契亚山脉和巴西高地；其间分布着密西西比平原、亚马孙平原和拉普拉塔平原。澳大利亚和欧亚大陆北部也有类似情形。

（四）地貌类型

在一定区域范围内，各种地貌形态彼此在成因上相互联系、有规律地组合，称为地貌类型或地貌组合、组合类型。同一类型由相同的地貌形态组成，反映一定的外表形状和成因。例如"桂林山水"主要是指峰林谷地型的地貌类型，这个类型由两种主要地貌形态组成：石峰、坡立谷或溶蚀盆地。它是岩溶地貌发展到一定阶段出现的类型，不论在何地，它们都具有相同的基本特征。

地貌类型的划分主要根据形态成因原则，按成因可分为以内力为主形成的地貌和以外力为主形成的地貌。在测绘实践中，经常根据地貌形态与水平面的关系将地貌形态特征划分为正向地貌和负向地貌。

1. 正向地貌与负向地貌的基本概念

正向地貌是高出于周围地面的凸形形态，负向地貌是低于周围地面的凹形形态。这里所指的"高"和"低"是相对周围地形而言的。在高山顶部有负向地貌，如火山锥上的火山口。在低洼盆地中有正向地貌，如盆地底部的小丘。火山口并不因为它的绝对高程大而被称为正向地貌，因为它相对于火山口边沿地形来说，仍然是相对低洼的地形，在地形图上相应地用示坡线表示为负向地貌（图7.7（a））。盆地中的小丘虽然绝对高程小，但对于它周围的盆地底部地形来说，则是相对突起的，所以是正向地貌（图7.7（b））。

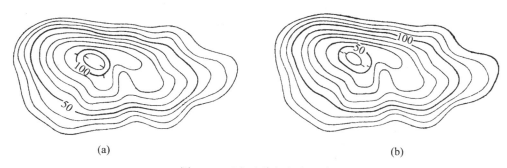

(a)　　　　　　　　　　　　　　(b)

图7.7　正向地貌与负向地貌

2. 主要正向地貌

（1）山

山是突出于周围地面，相对高度大于200m的孤立高地。它由三个部分组成，即山顶、山坡和山麓。

1）山顶

山顶形状有平的、圆的和尖的三种。

①尖顶：极高山和高山的顶部，由于相对斜坡上侵蚀强烈，使山顶变成角锥状，山脊变为刃脊，斜坡常为凹形。地图上，表示山顶部分的同名等高线之间的水平距离很小，等

高线过脊部呈比较明显的角状转折，而且等高线的间距从山顶往斜坡下方逐渐增大（图7.8）。

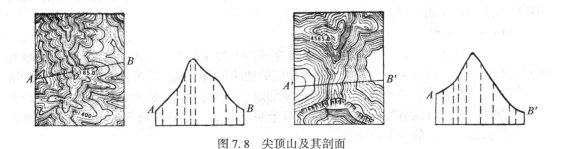

图7.8　尖顶山及其剖面

②圆顶：在丘陵、低山和中山地区，由于流水侵蚀、风化剥蚀等方面的强烈作用，往往使山顶变成浑圆形，斜坡呈凸形。地图上，顶部等高线较稀疏、圆滑，随高度降低等高线变得比较密集（图7.9）。

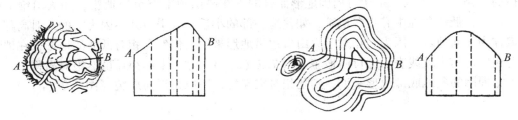

图7.9　圆顶山及其剖面

③平顶：有些地区的山顶平坦，山坡却很陡峭，如黄土峁、桌状山等。地图上，顶部等高线稀疏，而边坡上等高线十分密集，从顶面到斜坡呈明显的转折（图7.10）。

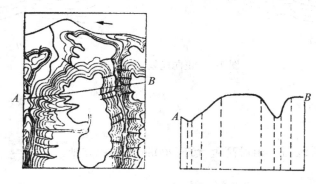

图7.10　平顶山及其剖面

2）山坡

山坡是山的最主要的地貌要素，它的形态变化很复杂，大致可归纳为等齐坡、凹形坡、凸形坡、阶形坡和斜陡坡等。

①等齐坡：其坡度基本一致，剖面线呈直线状，这种斜坡在中山、低山地区分布很广，图形的主要特点是等高线间隔大体相等（图7.11）。

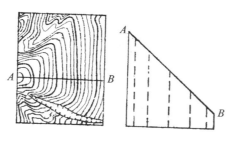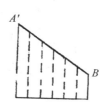

图7.11　等齐坡及其等高线图形

②凹形坡：其特点是上陡下缓。一般多见于极高山和高山地区。图形的主要特点是等高线上密下稀（图7.12）。

图7.12　凹形坡及其等高线图形

③凸形坡：其特点是上缓下陡。花岗岩丘陵和石灰岩丘陵多具有这种坡形。地图上表示凸形坡的等高线是上稀下密（图7.13）。

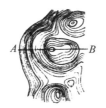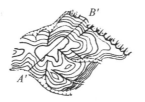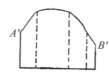

图7.13　凸形坡及其等高线图形

④阶形坡：其特点是陡、缓坡交替出现，呈阶梯状。表现在地图上是等高线疏密相间（图7.14）。

⑤斜陡坡：斜陡坡这种斜坡同一般斜坡的主要区别在于斜坡突然变陡，而且陡坡地段的上下边缘线是倾斜的。图7.15是地图上常见的几种斜陡坡的图形。

3）山麓

山麓是山坡下部与周围地面交界的地带。低矮的山，山麓不明显，高山山麓地带，有

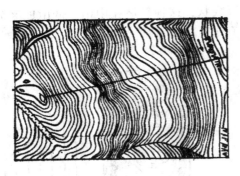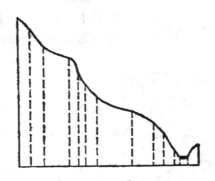

图 7.14　阶形坡及其等高线图形

图 7.15　斜陡坡的等高线图形

面积很大的山麓洪积平原等地貌形态。

（2）山岭

山岭是相对高度大于 200m、分水岭明显、山坡陡峭、呈线状延伸的高地。山岭的高耸部分称为山脊，地表水以山脊为界向两坡分流。沿山脊相对低落的部位称为鞍部。

（3）山脉

山脉是沿一定方向延伸的、由多条山岭组成的山体。

（4）山系

山系是成因上相联系并沿一定走向规律分布的若干相邻山脉的总称。

（5）丘陵

丘陵也是一种正向地貌，在形态的总特征和成因上与山地是相同的，所以一般把它归入山地类型。丘陵的主要特点是相对高度小于 200m，一般呈坡度较缓、连绵不断的低矮山丘。垅岗是一种呈线状延伸的特殊形式的丘陵。

3. 主要负向地貌

负向地貌可分为谷地和盆地两大类。这两类之间的根本区别在于前者地形形态是开敞的，后者是封闭的。前者多呈条形，后者多呈圆形或椭圆形。

（1）谷地

谷地是一种向一个方向倾斜的呈线状延伸的低地、凹地。它是负向地貌中的主要形态。谷地由谷底、谷坡和谷缘等要素组成。

　　由于岩性及内、外营力作用的性质和强度的不同，谷地形态差异很大。这种差异可以由等高线图表示出来。

　　谷地横断面的开放程度，表现在同名等高线间水平距离的大小上。同名等高线紧靠谷底线并向上源延伸，距离愈远，表示谷地愈深狭（图7.16）。

　　谷地按其横断面形状的特点，可分为Ｖ形谷（尖底谷）、Ｕ形谷（宽底谷）和槽形谷（平底谷）。

　　Ｖ形谷：是以下蚀作用为主的流水侵蚀谷地，谷底几乎全部被河床占据。这种谷地的谷底狭窄，谷坡较陡。

　　在地形图上，过谷底处的等高线呈较尖锐的"Ｖ"字形转折，向上游方向延伸较长，同名等高线间的水平距离较小，谷坡上的等高线密集且间隔较均匀（图7.17）。

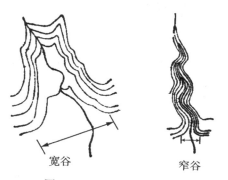

图7.16　谷地的开放程度

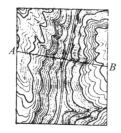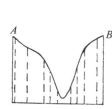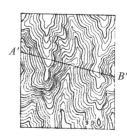

图7.17　Ｖ形谷及其横剖面

　　Ｕ形谷：在河流的中下游，流水由下蚀作用转为以旁蚀作用为主，谷地变宽，底部为"Ｕ"字形，但谷坡仍然较陡。

　　在地形图上，过谷底的等高线呈"Ｕ"字形，最低一条同名等高线间的距离较大，谷坡上等高线较密，谷底部分等高线则较稀。如图7.18（ａ）。当地壳抬升，河流流水以下蚀作用为主，Ｕ形谷底部会出现小"Ｖ"形，从而形成复合谷形（图7.18（ｂ））。

　　槽形谷：在大河下游，由于河流的纵坡降少，河流的旁蚀作用强，谷底宽阔平坦，从谷底到谷坡有明显转折。地形图上过谷底的等高线甚少，而且常常是平直通过的，最低一条同名等高线间的距离很大，还常与河流的弯曲不一致（图7.19）。

　　通常情况下，由于流水侵蚀作用，各地不断下切并向上源发展，使谷地纵剖面逐渐形成一条平滑的凹形曲线。上游坡降大，往下游逐渐减小。反映在过谷底的等高线间的水平距离是上游小、下游大（图7.20）。

　　上述剖面也称为谷地的理论纵剖面。实际上，由于岩性、结构、坡度等方面的影响，出现急流、浅滩或瀑布，谷地纵剖面常常不是平滑的，而是阶梯状的（图7.21）。

　　冰川的刨蚀作用也常使冰川谷的纵剖面具有阶梯状（图7.22）。此外，由于主谷一般

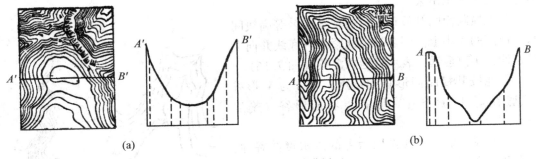

图 7.18　U 形谷及其横剖面

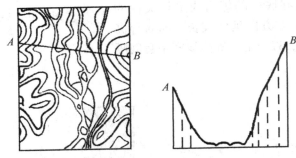

图 7.19　槽形谷及其横剖面

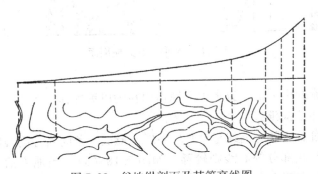

图 7.20　谷地纵剖面及其等高线图

总比支谷低一些，所以同一条等高线沿主谷的延伸距离一般都要大于支谷。

（2）盆地

盆地是封闭的近似圆形或椭圆形低地，四周高，中间低。由盆地底部和侧壁（斜坡）构成。面积较小、边缘轮廓不明显的浅凹地形，称为碟形地（浅盆地）。

4. 特殊的地貌形态——鞍部

鞍部是一种特殊的地貌形态。反向斜坡上谷地向源侵蚀，形成山脊上的低凹部分，形若马鞍，称为鞍部。它既不是正向地貌，也不是负向地貌。它是山谷（负向地貌）和山脊（正向地貌）的交会处。

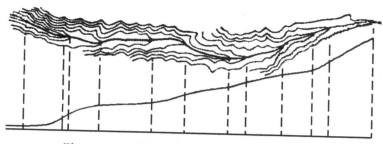

图 7.21 谷地纵剖面的阶梯状起伏及其等高线图

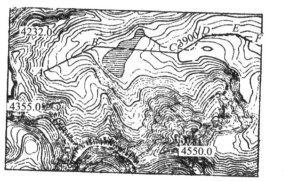

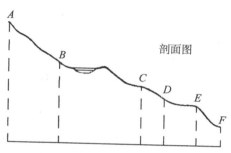

剖面图

图 7.22 冰川谷的纵剖面图

据鞍部的形态特征，可分为对称的鞍部和不对称的鞍部两类。

①对称鞍部：是一种常见的鞍部形态。它是由一对反向谷地对应切割分水岭而成。据其切割程度不同又有微弱切割和强烈切割之分（图 7.23）。

图 7.23 对称鞍部的等高线图形

②不对称的鞍部：是由于岩层的倾斜、岩石的性质、外营力的强弱等不同而形成的（图 7.24）。

二、我国地貌的基本轮廓

我国陆疆广大，海域辽阔。西起帕米尔高原（73°E），东至黑龙江与乌苏里江汇合处（135°E），相距 5 200 多千米，跨经度 60 多度；北起漠河附近的黑龙江主航道中心（53°N），南达南海诸岛的南缘曾母暗沙（4°N），南北延伸 5 500 余千米，纬度相差近 50°，地跨寒、温、热三个气候带。海岸线北起鸭绿江口，南至北仑河口，长达 18 000 多千米，

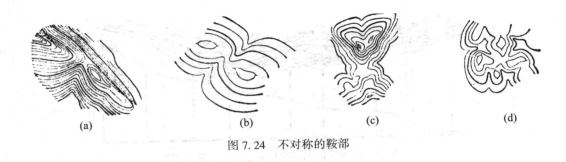

(a)   (b)   (c)   (d)

图 7.24　不对称的鞍部

在这广阔的近海海域散布着大大小小共 5 000 多个岛屿,其中有 85% 分布在杭州湾以南的大陆近海和南海之中。台湾是我国第一大岛(面积 35 800km²),其次是海南岛(面积 32 200km²)。位于台湾省东北海面上的钓鱼岛和赤尾屿是我国最东部的岛屿,南沙群岛则是我国最南部的岛屿群。

　1. 我国的地势阶梯界线

　我国地貌的总轮廓是西高东低,自西向东呈阶梯状下降。最高一级阶梯是雄踞西南、号称"世界屋脊"的青藏高原,由极高山、高山和大高原组成,面积约 230 万平方千米,海拔高度 4 000~5 000m,是世界上最高的一个高原。越过青藏高原的东缘和北缘,至大兴安岭、太行山、巫山和雪峰山之间为第二级阶梯,主要由广阔的高原和大盆地组成,如内蒙古高原、黄土高原、四川盆地、云贵高原以及介于昆仑山,天山和阿尔泰山之间的塔里木盆地与准噶尔盆地。再向东即进入由几块一望无际的大平原构成的第三级阶梯(图7.25)。我国的地势阶梯界线:第一级阶梯和第二级阶梯的界线:西起昆仑山脉、阿尔金山脉,经祁连山脉向东南到横断山脉东缘;第二级阶梯和第三级阶梯的界线:由东北向西南依次是大兴安岭、太行山、巫山、雪峰山。

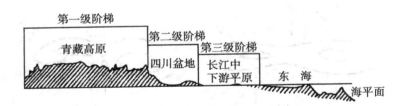

图 7.25　多级地势示意图沿 30°N 附近地形剖面

　在第三级阶梯上自北向南分布有东北平原、华北平原、淮河平原和长江中下游平原,它们几乎相互连接,是我国最重要的农业区。这些平原的边缘分布着低山和丘陵,如长白山地、辽东丘陵、山东丘陵、江南丘陵和东南沿海丘陵。我国大陆以东是碧波万顷、岛屿密布的辽阔海域,环抱我国大陆的近海有渤海、黄海、东海和南海。除渤海为内海外,其余均属边缘海(简称边海)。在这四个近海中,除南海外,其他三个海水深度不大,大部分在 200m 以内,属大陆架范围,是大陆向海洋的延伸部分。

　我国是一个多山的国家,山地和高原所占面积很大。如以海拔高度计算,海拔 500m

以上的地区占全国总面积的 84%，海拔 500m 以下的仅占 16%（表 7.1）。

表 7.1　　　　　　　　　　　　我国领土面积按海拔高度分配的比例

海拔高度/m	<500	500~1 000	1 000~2 000	2 000~5 000	>5 000
占全国总面积/%	16	19	28	18	19

我国的极高山，其上有永久积雪覆盖，并有现代冰川发育。高山虽没有永久积雪和冰川，但寒冻风化作用强烈，并有古冰川作用形成的地貌遗迹。中山一般山坡陡峻、河谷深切。低山由于多处于东部温和湿润的气候条件下，化学风化作用显著，有强烈的流水侵蚀作用，河谷渐宽，山坡变缓，地形破碎，山体受构造走向的影响已经不甚明显。丘陵形态和缓，切割破碎，其间有平原分布。丘陵与低山的差别不在于绝对高度的大小，而在于相对高度和形态上的不同。

遍布全国的大小山脉按一定方向有规律地分布。按照山脉的走向，可以概括地把我国山脉分成四大系统。

（1）东西走向的山脉

主要有三列：

①最北一列是天山—阴山；

②中间一列是昆仑山—秦岭；

③最南一列是南岭。

（2）东北—西南走向的山脉

主要分布在东部，山势较低，自西向东有三行：

①最西一行是大兴安岭—太行山—巫山—雪峰山，即第二与第三级阶梯的分界线；

②中间一行为长白山地—辽东丘陵—山东丘陵—东南沿海丘陵；

③最东一行是由岛弧山系组成，在我国主要是台湾山脉。

（3）南北走向的山脉

纵贯在我国中部，主要包括贺兰山、六盘山和横断山脉，成为我国东西之间的一条重要地理分界线。

（4）西北—东南走向的山脉

多分布在西部地区，自北而南依次有阿尔泰山、祁连山和喜马拉雅山。

上述几种走向的山脉，构成了我国地形的骨架，同时也使我国地形呈格网状，在"格网"中有规律地分布着高原、盆地、平原等地形。

2. 我国的地形区界线

我国的地形区界线，主要包括：

①内蒙古高原和东北平原界线：大兴安岭；

②黄土高原和华北平原界线：太行山脉；

③四川盆地和长江中下游平原界线：巫山；

④云贵高原、四川盆地与青藏高原界线：横断山脉；

⑤准噶尔盆地和塔里木盆地界线：天山山脉；

⑥青藏高原和塔里木盆地界线：昆仑山脉；

⑦黄土高原和汉水谷地界线：秦岭；

⑧河西走廊和柴达木盆地界线：祁连山脉；

⑨四川盆地和汉水谷地界线：大巴山脉、米仓山脉；

⑩内蒙古高原和黄土高原界线：古长城；

⑪长江中下游平原和华北平原界线：淮河；

⑫云贵高原与东南丘陵界线：雪峰山。

由于我国地势西高东低，黄河、长江、珠江等主要大河均由西向东流，汇入太平洋，而它们之间的东西走向的山脉往往成为这些大河的分水岭。如阴山分隔了东北水系与华北水系；阴山与秦岭之间主要为黄河水系；秦岭与南岭之间主要为长江水系；南岭以南为珠江水系。

外流区和内流区的界线：北段大体沿大兴安岭—阴山—贺兰山—祁连山（东端）一线，南段比较接近200mm等降水量线。

综上所述，我国的地形具有地势的阶梯性、地貌类型的多样性和分布的规律性等特点。

☞ **复习思考题**

1. 等高线法表示地貌主要有哪些特点？地貌结构线主要有哪些？

2. 陆地地貌形态主要有哪些？是如何划分的？

3. 洋底地貌主要有哪些形态？有什么特点？

4. 地球表面的海陆分布及大陆的轮廓有哪些特征？

5. 什么是正向地貌？什么是负向地貌？在地形图上是如何区分的？

6. 我国地貌的基本轮廓有何基本特征？大陆架的主要地貌特点有哪些？

第八章 构造地貌

构造地貌是由地球内力作用直接造就的和受地质体与地质构造控制的地貌。从宏观上看，所有大地貌单元，如大陆和海洋、山地和平原、高原和盆地，均为地壳变动直接造成。但完全不受外力作用影响的地貌，如现代火山锥和新断层崖是罕见的，绝大多数构造地貌都经受了外力作用的雕琢。故不论从构造解释地貌，或从地貌分析构造，都必须考虑外力作用的影响。

构造地貌分为3个等级：第一级是大陆和洋盆；第二级是山地和平原、高原和盆地；第三级是方山、单面山、背斜脊、断裂谷等小地貌单元。第一级和第二级属大地构造地貌，其基本轮廓直接由地球内力作用造就；第三级是地质构造地貌，或称狭义的构造地貌，除由现代构造运动直接形成的地貌（如断层崖、火山锥、构造穹窿和凹地）外，多数是地质体和构造的软弱部分受外营力雕琢的结果。如水平岩层地区的构造阶梯、倾斜岩层被侵蚀而成的单面山和猪脊背、褶曲构造区的背斜谷和向斜山，以及断层线崖、断块山地和断陷盆地等。不同大地构造单元的地貌形态有明显的差异。

第一节　水平构造与方山地貌

一、概述

原始岩层一般是水平的，它在地壳垂直运动影响下未经褶皱变动而仍保持水平或近似水平的产状者，称为水平构造。如第三系的红层中常见。在水平构造中，新岩层总是位于老岩层之上。水平构造的岩层，受地壳运动抬升后，构造形态不变或只作轻微倾斜，所成的高原或台地，分别称为构造高原和构造台地（图 8.1）。如我国浙江省文成县的南田台地，就是一个由白垩系红色砂砾岩组成的构造台地。

二、表现形式

根据顶部面积大小相对划分为桌状台地、平顶山或方山。

当构造高原或台地经流水长期侵蚀后往往被切割成地貌形态彼此分离的平顶高地，形成面积较小的方山。其特点是顶平坡陡，产状平缓，远望如城堡和山寨，形状奇特、变化多样。

桌状台地和方山的顶部形态主要受坚硬岩层控制，是一个有些微小起伏的面。顶面边缘与谷坡的分界线十分明显，在方山之间的峡谷中，在谷坡上常暴露出各种性质不同的岩层。其中坚硬的岩层（如石灰岩、砂岩）形成直立的峭壁，软弱的岩层（如页岩）则形成缓坡。这种由于岩性差异而出现的差别侵蚀现象很明显。当谷坡由一系列不同性质的岩

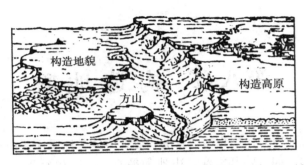

图 8.1　构造高原、台地和方山

层组成时，谷坡呈现阶梯状特征，软硬岩层相间时形成层状山丘或构造阶地（图 8.2）。

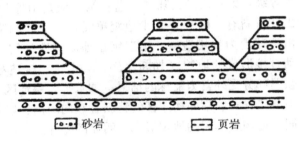

图 8.2　岩石差异而引起的阶梯状特征

　　在航空像片上，水平岩层的方山地貌表现很清楚。不同性质的岩层在像片上呈现出不同色调的环状图形。每条环带的宽度取决于岩层在地面出露的宽度和坡度，色调差别是由于岩石的颜色、颗粒大小、地面坡度、植物覆盖程度等不同原因所引起的。在航空像片上，砂、页岩水平岩层呈现不同宽度、不同色调的条带等高环绕，图案十分别一致，极易辨认。

　　在大比例尺地形图上，水平岩层的方山地貌具有特殊的等高线图形（图 8.3）。方山顶部等高线稀疏，反映了坚硬岩层构成的顶部上还有上伏岩层的侵蚀残留形态，地面呈微小的波状和缓起伏。山顶四周边缘坡度明显转折，轮廓非常分明。谷坡由陡缓不同的斜坡组成，在地形图上以陡崖符号或密集等高线表示。无论采用何种表示方法，陡坡均具有沿等高线延伸的分布规律，在地形图上明显能反映出陡崖符号与等高线弯曲完全一致的特点。

　　三、丹霞地貌

　　丹霞地貌是典型的方山地貌（图 8.4），系指由产状水平或平缓的层状铁钙质混合不均匀胶结而成的红色碎屑岩（主要是砾岩和砂岩），受垂直或高角度节理切割，并在差异风化、重力崩塌、流水溶蚀、风力侵蚀等综合作用下形成的有陡崖的城堡状、宝塔状、针状、柱状、棒状、方山状或峰林状的地形。如粤北仁化县的丹霞山，它由白垩系红色砂砾

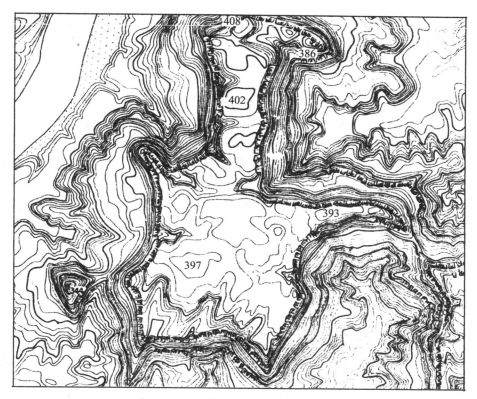

图 8.3　水平岩层方山地貌的等高线表示

岩组成，专称为"丹霞地貌"。又如湖南张家界天子山的黄狮寨、顶天楼等方山，它们由上泥盆纪石英砂岩组成。

图 8.4　丹霞地貌（广东坪石）

如果方山再被流水分割，则形成面积更小、形态高尖的石峰、石柱、石针和狭长的石岭、石墙。它们往往成群分布，故又称为峰林地貌。其景观奇特，是很好的地貌旅游资源。

在粤北，脉状的孤立高地称为"垅"、"岭"，四壁陡峭、顶部平坦的方山称"寨"，孤立的石柱和石峰称为"石"。丹霞地貌貌似岩溶峰林，所以又称为砂岩峰林。实际上，除了分割独立的石山群外，其他形态与岩溶峰林均不相同。

丹霞地貌山体狭小，与方山的形态差别仅在于山体大小，所以在测绘单位称这类地貌为小方山。由于水平产状的原因，未经风化的石块不易坠落，保留在山体上部，与沿垂直节理分割后所形成的石柱、石峰相配合，共同构成特殊的丹霞地貌。地貌形态上表现为狭窄的山脊，与一般山脊比较，它不仅宽度很小，而且形态也不同。丹霞地貌与方山的等高线图形是有区别的。一般山脊形态沿山脊方向波状起伏，山头之间具有明显的鞍部，见图8.5中的（b）图；丹霞地貌山脊形态见图8.5中的（a）图，在平坦的脊上孤立突起高度不大的山头，山头之间是平坦的鞍部。丹霞地貌山坡受垂直节理控制，坡度很陡，在山麓堆积了崩塌物质，山坡呈凹形。负向地貌的形态也很特殊。谷源为岩壁环抱，河谷纵剖面坡度非常小，在地形图上反映为等高线十分稀疏。

丹霞地貌与石灰岩峰林地貌在外形上虽有些相似，但两者还是有区别的。丹霞地貌的石峰是沿垂直节理分割岩体所成，因此它的形态不一定是圆筒形，有的成峰，有的成脊。石峰之间很少出现洞穴、洼地和盆地等负向地貌。由水平岩层控制，山脊和山峰顶部保持平坦的特征。红色砂岩具有发达的垂直节理系统，在丹霞地貌地区常出现十字交叉的谷地平面形态（图8.6），构成方格形的沟谷网。

(a) 丹霞地貌　　　　　　　　　　　　　　(b) 一般山岭

图 8.5　山脊比较

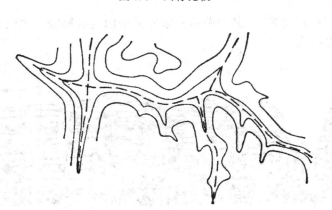

图 8.6　丹霞地貌十字交叉的谷地形态

第二节　单斜构造地貌

一、概述

如果岩层在一定范围内其倾斜方向和倾角大体是一致的，则称为单斜构造，它往往是褶皱岩层或其他构造形态的一部分。在地形图上，单斜构造有时反映也是十分清楚的。

　　倾斜岩层经流水作用及其他外力作用侵蚀后，形成平面图形呈梯形或三角形的复瓦状构造，称岩层梯形面或岩层三角面（图 8.7、图 8.8）。梯形面和三角面的倾斜方向就是岩层的倾向。当河流横穿岩层时，在坚硬岩层部位出现 V 形陡崖。

图 8.7　倾斜岩层经侵蚀后的梯形或三角形复瓦状构造

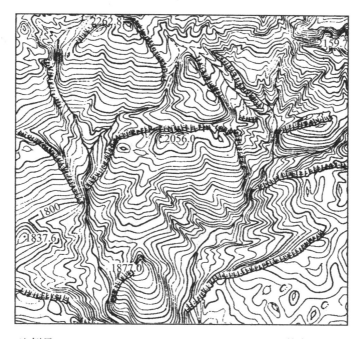

比例尺 1：50 000　　　　　　　　　　　　　　　等高距 20m

图 8.8　梯形或三角形复瓦状构造的等高线形态

　　在水平岩层地区，谷地两侧坚硬岩层所形成的陡崖沿河流平行延伸，图 8.9 中的（a）图表示水平产状时陡崖的延伸情况，（b）图和（c）图是表示河流横穿倾斜岩层所成的"V"字形陡崖，（d）图是当河流横穿直立岩层时所成的陡崖，陡崖的长度等于直立岩层的厚度。

二、表现形式

1. 单面山

单面山指由单斜岩层构成的山岳。单面山沿岩层走向延伸，两坡不对称（图 8.10），

211

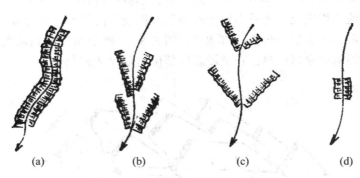

(a)　　　　　　(b)　　　　　　(c)　　　　　　(d)

图 8.9　水平产状时陡崖的延伸形态

一坡与岩层面一致，长而缓，其坡度受岩层倾角控制，称为单面山的后坡（构造坡或顺向坡），坡上发育出顺向河；另一坡与岩层面近乎垂直，短而陡，一般是外力作用沿岩层裂隙破坏而成，称为单面山的前坡（剥蚀坡或逆向坡），其上发育出逆向河。单面山的岩层倾角较小，一般在 25°以下。单面山的山形只有在单斜崖一侧看去才像，故得名。如江西庐山的五老峰。

图 8.10　单面山的形态

在地形图上，等高线的疏密变化明显地反映出单面山两坡不对称的特征（图 8.11）。单面山之间的谷地同样具有不对称的谷坡，与岩层倾向一致的谷坡，坡度平缓，与岩层倾向相反的一侧，斜坡陡峭。

2. 猪背岭

猪背岭是指当侵蚀倾斜排列的岩层后，形成两边山坡极斜的山。岩层倾角大于 35°，且山体两坡基本对称，岭顶形如猪背。其形成的环境与单面山类似，都是硬和软的岩层排列，但地层倾斜度较大，以致软的岩层被侵蚀后倾斜度很大，不仅软的一面，未被侵蚀而保留的硬岩层的一面坡度也很大，如图 8.12 所示。猪背岭在地形图上表现为山脊两侧山坡等高线的间距基本相等。

三、单斜构造的水系

在单斜构造上发育的河流，顺着岩层倾向流动着顺向河，河流下切到软弱岩层以后，

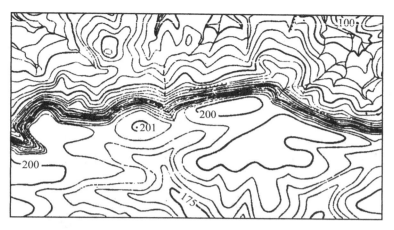

比例尺 1∶25 000　　　　　　　　　　　　　　　　等高距 5m

图 8.11　等高线的疏密变化反映的单面山不对称特征

图 8.12　猪背岭

便沿岩层的走向侵蚀，发育出次成河，同时又发育与岩层倾向相反而流入次成河的支流，即逆向河。与岩层倾向相同而流入次成河的支流，称再顺向河。顺向河、次成河、逆向河、再顺向河构成相互正交的格状水系，这种格状水系是单斜构造地貌的特有景观（图 8.13）。

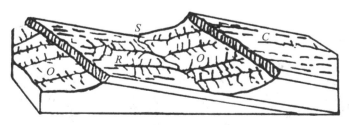

C—顺向河；S—次成河；O—逆向河；R—再顺向河

图 8.13　单斜构造中发育的格状水系

单斜构造上的次成河谷，两个谷坡不对称，顺岩层倾向的较缓，反岩层倾向的较陡。这样的河谷称为单斜谷。

第三节 褶曲构造地貌

一、长轴褶曲地貌

简单的长轴褶曲地貌，地面起伏与地质构造一致，山脊由背斜组成，谷地由向斜组成。长轴褶皱山地成平行岭谷地貌，但复杂的长轴褶曲地貌与褶曲构造（背斜和向斜）不吻合。但从地貌主要特征上仍能看出褶皱构造的基本特点（图8.14）。

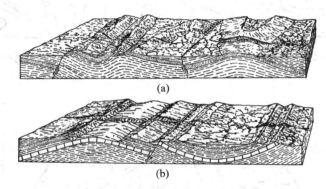

图 8.14 长轴褶皱山地的平行岭谷地貌

图8.15表示在流水侵蚀作用下褶皱山地地貌发展的一般过程，反映了褶皱构造与地形起伏的关系，其中（a）图和（b）图表示褶曲形成的初期阶段，地貌形态与地质构造一致，即背斜成山，向斜成谷。由于在岩层弯曲变形过程中，背斜顶部受张力作用，形成张力节理，因而破坏最强烈（图8.16）。在这阶段，背斜顶部虽受不同程度破坏，但仍然是高地。这种地形与构造一致的现象称为顺地形。随着侵蚀作用的进行，发展到图8.15（c）图和（d）图的阶段，褶皱的翼部出现一系列平行的山脊（单面山或猪背脊），形成明显的平行岭谷地貌。这时，构造与地形完全倒置，即背斜成谷，向斜成山，这种现象称为逆地形。图8.17则表示了这种典型的地形倒置现象。

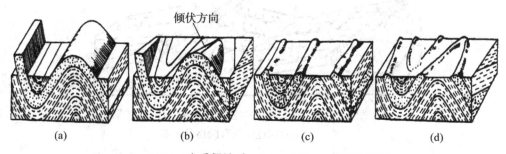

（a），（b）—未受侵蚀时；（c），（d）—夷平后情况；
（a），（c）—水平褶曲；（b），（d）—倾伏褶曲
图 8.15 枢纽产状的褶曲类型

图 8.16　背斜顶部形成的张力节理破坏最强烈

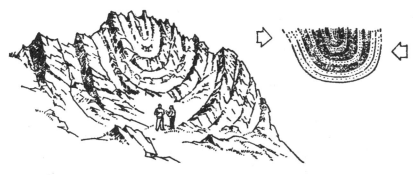

图 8.17　背斜成谷、向斜成山的逆地形

二、短轴褶曲地貌

短轴褶曲组成的褶皱山地，山脊呈"之"字形转折。当背斜顶部尚未遭受明显破坏时，地形与构造一致，山脊受倾斜的褶曲枢纽控制，向一端倾伏。例如，江西庐山北部的大月山为倾伏背斜，枢纽由东北向西南倾没于庐林湖，大月山山脊自东北向西南倾斜，山体的宽度也自东北向西南逐渐由宽变窄。

未受破坏的短轴褶皱是很少的。遭受破坏的倾伏背斜特点是山脊相交于一端（图 8.18 中的 A 处），沿山脊内侧为陡崖，在地形图上表现为密集等高线或配置有陡崖符号（图 8.18 中的 B 处），而山脊外侧坡度则比较平缓（图 8.18 中的 C 处）。这种现象是由岩层的产状所决定的。

倾伏向斜的情况恰相反，沿"之"字形山脊外侧是陡坡（图 8.19 中的 C 处），内侧是缓坡（图 8.19 中的 D 处）。倾伏背斜的倾伏端，在山脊转折处外侧是缓坡（斜坡与岩层倾向坡一致），而倾伏向斜的山脊交会处外侧却是陡坡（斜坡与岩层倾向相反）。在地形图上，可以根据"之"字形山脊两侧和山脊转折处坡度变化规律，分析等高线间距离变化，可以把两者区分开来。倾伏向斜中心是由相对平缓的岩层层面组成的，地势平坦，它的外围坡度（与岩层倾向相反）陡峭。这样，短轴褶曲的向斜构造在地貌上常形成外貌像船形的高地，称为船形山。

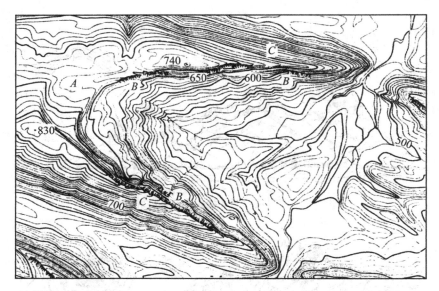

比例尺 1：50 000　　　　　　　　　　　　　　　　　等高距 10m

图 8.18　倾斜背斜破坏后等高线表示

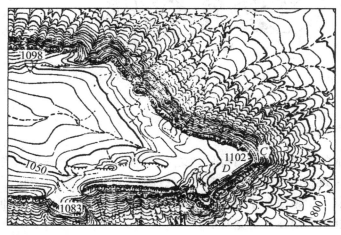

比例尺 1：50 000　　　　　　　　　　　　　　　　　等高距 10m

图 8.19　倾斜向斜的等高线形态

　　船形山与方山的等高线图形很相似。在较大范围内，这两者很易区别，但在小范围的个体形态上，则须注意船形山的"船体中心"是短轴向斜褶曲的中心，岩层从两侧（或外围）向中心倾斜，相对来说，两侧（船舷）高度大于中间，而方山顶部岩层近于水平，一般高度变化不大，若有起伏，顶部中央大于边缘。

　　三、等轴褶曲地貌

　　等轴褶曲又称为穹隆。穹隆构造的褶曲轴不明显，岩层由中央向四周倾斜。这种构造主要发生在花岗岩侵入区，是上覆岩层穹起而成。其核心为花岗岩，盖层为沉积岩。

穹隆构造早期未受破坏时，地貌上为典型的穹隆山，平面图形近似圆形或椭圆形，岩层由中央向四周倾斜。是一个孤立的高地，中央高，四周低，水系呈放射状。

穹隆构造发育的晚期，由于构造顶部张节理和断裂发育而易被侵蚀，单一的高地就发展成为环状的丘陵谷地系统，以同心圆自中心向外围成圈排列（图8.20），水系也由初期的放射状发展成为环状。中央露出花岗岩及发育出花岗岩山地、花岗岩丛，外围岩层则发育出猪背山或单面山。地形图上则用整齐的环状等高线反映单面山地貌，用杂乱的等高线表示穹隆中心花岗岩丛（图8.21）。

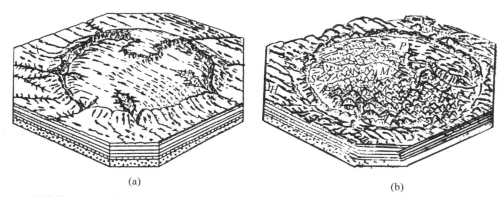

(a) (b)

F. 环形单面山；*P.* 穹隆中央高低；*M.* 结晶山地；*H.* 穹隆外围水平岩层；*S.* 环形单斜谷

图8.20　结晶岩山丛、环形丘陵和谷地

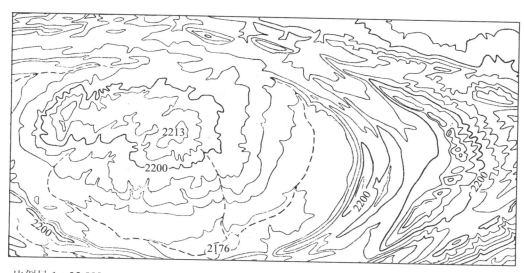

比例尺 1:25 000

等高距 5m

图8.21　穹隆构造的环状丘陵、谷地

褶皱山地地貌形态特征可归纳为如下几个方面：

①褶皱山地的基本形态表现为一系列平行（长轴褶曲）的或"之"字形的（短轴褶曲）山岭和谷地。

②经强烈侵蚀破坏后的褶皱山地，地势起伏主要受岩性控制，坚硬岩层突出成山，软弱岩层被蚀成谷，褶曲两翼出现一系列单面山和猪背岭，彼此平行或呈"之"字形转折。根据一系列陡坡和缓坡分布规律，可以大致判断出背斜或向斜中心的位置（图 8.22）。

（数字代表岩层，数字愈小岩层愈老）

图 8.22 背斜或向斜中心的地貌形态

③在地形图上，沿褶皱山地山脊和谷地延伸方向地貌等高线图形基本相似。

④在长轴褶曲基础上发育的谷网呈格状，主支谷直角相交。与褶曲轴向一致的谷地称为纵谷，延伸距离较长、宽度较大，多为主谷；与轴向垂直发育的谷地称为横谷，谷地狭窄，多为支谷。由于横谷横切构造，特别是在横穿坚硬岩层地段时，往往形成峡谷，在谷地两侧形成弧形橘瓣状的陡崖。地形图上用陡崖符号或密集等高线表示（图 8.23）。

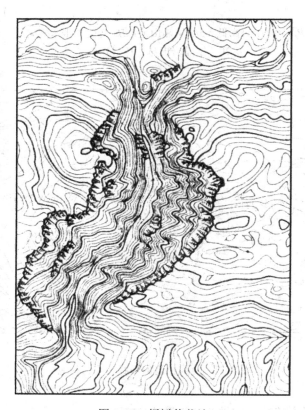

图 8.23 橘瓣状谷地

第四节 断层地貌

一、概述

断层地貌岩层受力发生破裂并有相对位移所形成的地表形态。断层位移有的以垂直方向为主，有的以水平方向为主，它们形成各种断层地貌。断层作用一方面形成断层崖、断层谷、断块山等特殊的地貌；另一方面，使得上升区侵蚀作用加强，下降区侵蚀作用减弱，沉积作用加强。断层作用常破坏地下水层的连续性，所以在断层破碎带常有潜水出露成泉。由断层作用形成的泉，往往不是孤立出现，而是沿断层带呈线状断续出露。

由于长期侵蚀，"年老"的断层在地貌上的痕迹已残留不多，形态不明显。在地形图上能够反映出的主要是"年轻"的正断层和平移断层。逆断层的断层面倾角很小，在地貌上很少形成高大的陡峭险峻的断层崖，所以在地形图上很难表示。

二、断层垂直位移

垂直位移能形成断层崖、断裂谷、断块山地、断陷盆地等地貌。

1. 断层崖

断层崖是断层发生后，断层错动所形成的陡崖。断层崖走向挺直，可横过不同时代的地层和地形，崖下往往出现温泉、谷地或洼地。崖的高度及坡度分别取决于垂直断距的大小和断层崖的倾角。

断层崖是在地形图上反映断层的主要标志之一。在地形图上，断层崖采用陡崖符号或密集等高线表示（图8.24）。它与水平岩层崖壁的分布有明显不同，断层崖一般呈直线（或折线）延伸，而水平岩层的方山地貌崖壁呈等高环绕。

图 8.24 断层崖

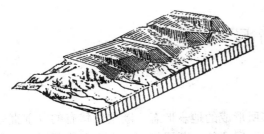

A—三角面的断层崖　B—梯形面的断层崖
C—断层崖经强烈侵蚀破坏形成的山嘴
图 8.25　断层崖的切割破坏示意图

断层崖受横穿崖的一些河流的侵蚀，在河流横切断层崖的初期，下切不深，崖面呈梯形面。中期下切加强，梯形面被分割成许多三角形崖，称为断层三角面（图 8.25）。断层三角面是残留的断层崖面，其底线就是断层线。如组成断层三角面的岩石很坚硬，或者断层崖形成的时代很新，则三角面清晰；如断层崖形成时代久远，在长期的剥蚀下，断层三角面高度降低，坡度变缓，三角面就变成缓坡，坡麓线向山地方向后退并和断层线有一定距离，再演变则成为浑圆的山嘴，断层崖消失。断层崖在我国云南点苍山的东麓、山西太谷、秦岭北坡、庐山南北坡等都很明显。

2. 断裂谷

断裂谷是沿断裂发育的河谷，其走向受断层走向和排列方式控制。在断裂谷中，断裂再次活动会使河流改道，废弃河道一般分布在较高的部位。在单一断层带上发育的断层谷，走向平直，横剖面两坡不对称，在上升盘一侧坡高而陡，下降盘一侧坡长而缓，而且两坡地层也不对称，其河谷延伸平直，与上下河段不协调。谷底常有温泉出露。在两组断层相交时所发育的断层谷，谷地走向也会因而转折呈"之"字形弯曲。在平移断层带横切过多条老河谷时，这些河谷都会被截断和位移，但它们也都会被新发育的断层谷所串联，断层谷的沉积物和地貌，都与老河谷不同。

由地堑形成的谷地分布很普遍。图 8.26 表示的是地堑形成的谷地图形。谷地两侧是由断层崖组成的谷壁，平直延伸。我国著名的地堑有山西汾河地堑、陕西渭河地堑等。世界著名的有欧洲莱茵地堑。

3. 断块山地

由断层作用抬升而形成的山地称为断块山地。有地垒式山地和掀斜式山地。地垒式断块山的两侧山坡坡度和坡长较一致；掀斜式断块山抬起的一坡短而陡，另一坡长而缓，山体主脊偏居抬起的一侧。断块山地的山边常发育断层崖或断层三角面。这种山地平地突起，山体四周以陡峭的斜坡与周围平地接壤，山地外围轮廓平直。如江西庐山、陕西的华山等以明显的正断层形成断层悬崖，山势雄伟险峻。

4. 断陷盆地

断陷盆地是断层围限的陷落盆地。平面形状呈长条形、菱形或三角形，剖面呈地垒式槽状或半地垒式簸箕状。断陷盆地有较厚的沉积层，在垂直方向上常为湖泊沉积和河流沉积的互层，或为河流冲积和洪积的互层；在水平方向上，由盆地边缘的山麓洪积物向盆地中心过渡为河流或湖泊沉积物。

三、断层水平位移

水平位移能错断原有的各种地貌，或在断层带附近派生出若干构造地貌。错断地貌如冲沟被切断，洪积扇水平错开形成眉脊，沟谷被错断，上游受阻形成小湖泊。如发生在褶皱山地的平移断层，破坏了山岭延伸的连续性，常造成山脊中断和明显的扭曲。图 8.27

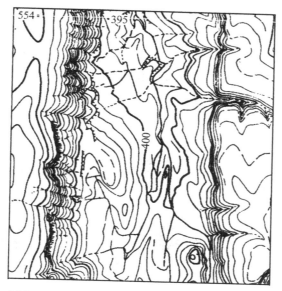

比例尺 1：50 000　　　　　　　　　　　　　等高距 10m

图 8.26　地堑形成的谷地等高线图形

表示的是一个长轴褶皱低山丘陵的一部分，沿东西（褶曲轴）向延伸的山脊发生了扭曲和中断，它是由于受平移断层（走向南北）的作用产生的。这种现象在褶皱山地中是屡见不鲜的。

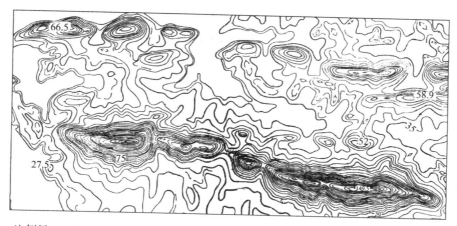

比例尺 1：25 000　　　　　　　　　　　　　等高距 5m

图 8.27　褶皱山地的平移断层

第五节　火山地貌

由地壳内部岩浆喷出堆积成的山体形态称为火山，这种山体形态就是火山地貌。火山地貌在地表分布很广。成因是由于地球内部处于高温和高压的状态，当上覆岩层发生破裂或地壳背斜褶皱升起时，地下的炽热岩浆将沿地层的破裂面或背斜轴部喷出地表，形成火山。这种岩浆喷出地表的现象叫火山喷发。火山喷发的形式有两种：裂隙式喷发和中心式喷发。裂隙式喷发在海底形成洋脊和洋盆，在陆上则形成大面积的玄武岩高原，如巴西南部高原、印度德干高原、埃塞俄比亚高原、我国内蒙古东南部的玄武岩高原等。中心式喷发形成的火山地貌，常见的有如下几类（图 8.28）：

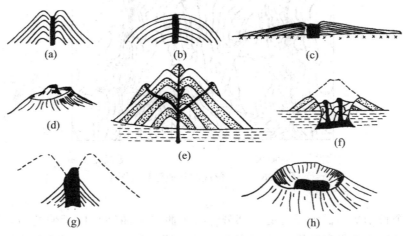

（a）灰渣火山；（b）熔岩穹丘；（c）熔岩盾；（d）次生火山；
（e）复合火山；（f）破火山口；（g）火山塞；（h）火山湖
图 8.28　火山地貌的各种形态

①灰渣火山锥。主要由火山碎屑物在喷口周围堆积成的锥形体，如菲律宾的马荣火山。

②富硅质熔岩穹丘。流动性小、富含硅质的熔岩形成穹丘，如腾冲火山中的覆锅山和台北大屯火山中的个别火山体。

③基性熔岩盾。流动性大的基性熔岩流反复喷出堆积而成的盾状体，如夏威夷火山。

④次生火山锥。古火山锥再喷发使锥顶破坏和扩大成环形凹地，并在其中再产生新的火山锥，如维苏威火山。

⑤复合火山锥。多次喷发的火山碎屑和熔岩呈层状混合堆成的火山锥，或巨大火山锥上生长许多小火山锥。如意大利埃特纳火山高达 3 700m 的大火山锥上分布有 300 多个小型岩渣火山锥。

⑥破火山口。有些爆炸式喷发的火山，喷发时堆积物很少却形成一个大的爆破口。如 1883 年喀拉喀托火山爆发冲开一个深约 300 多米的大坑，致使海水突然灌进火山口。

⑦火山塞。填塞在火山喷管中的大块凝固熔岩，在火山锥被剥蚀后露出地表，形如瓶塞，如美国怀俄明州的"鬼塔"。

⑧火山口湖。火山口积水可形成湖泊，如白头山的天池。

在地形图上，火山的等高线图形结构很特殊，如图 8.29 所示。同心圆的封闭等高线反映火山锥的锥形山体的外貌。等高线由火山锥上部向外围由密集变为稀疏，呈现出上陡下缓的凹形斜坡。

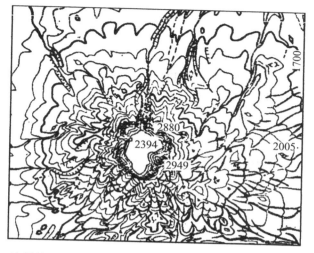

比例尺 1：50 000   等高距 100m

图 8.29　火山体的等高线图形

在由松散的火山物质组成的山坡上，坡度很大，容易发育密集的冲沟，这些呈放射状的冲沟系统，称为火山濑。火山锥斜坡上段的沟谷，一般用冲沟符号表示，外围则可用等高线表示，等高线过沟底呈尖角形转折，沟谷狭窄，谷线十分明显。

死火山由于长期遭受外力作用破坏，火山地貌的特征逐渐消失。但是火山的基本外形一般均能保持。图 8.30 是我国山西大同火山群地形图。在图上清楚地显示出孤立圆锥形山体和火山锥的形态特征，如凹形斜坡、放射状沟谷系统、马蹄形火山口等。

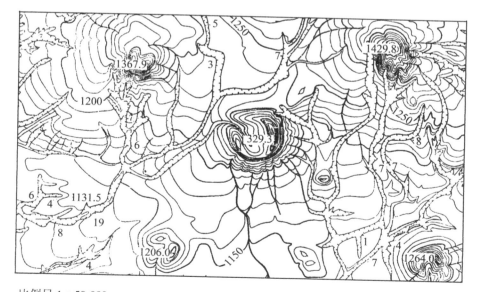

比例尺 1：50 000   等高距 10m

图 8.30　山西大同火山群地形

223

☞ **复习思考题**

　　1. 水平构造和方山地貌有何联系？

　　2. 什么是丹霞地貌？有何特点？其山脊与一般山脊形态有何区别？

　　3. 猪背岭和单面山有何区别？

　　4. 穹隆构造发育的地貌有何特征？

　　5. 断层构造在地形图上有何特征？

　　6. 单面山按其形态与构造的关系可分为哪三种？

第九章　流水地貌

　　流水在流动的过程中，使沿途的物质发生侵蚀、搬运和堆积，形成侵蚀地貌和堆积地貌，如冲沟、河谷、三角洲等。凡由流水作用形成的各种地貌，统称为流水地貌。

　　地表流水是塑造陆地地貌的主要外营力之一，是一个最普通、最活跃的因素。它所塑造的痕迹在地表到处可见，即使在干旱地区也不例外。

　　地表流水主要来自大气降水，同时也接受地下水或雪融水的补给。大气降水至地表后，一部分被蒸发，另一部分通过土壤与岩石的孔隙和裂隙渗入地下成为地下水，其余部分在重力作用下沿地表由高处向低处流动，成为地表流水。地表流水可分为坡面流水、沟谷流水和河流三大类。坡面流水即坡面径流。按照水流的持续性，又可分为暂时性流水和经常性流水两种。坡面流水与沟谷流水属暂时性流水；河流属经常性流水。它们的共同特点是顺着地表的坡向流动，在流动过程中以其所具有的能量对地表产生一系列不同方式的作用，形成相应的各种流水地貌形态。由于各地的自然地理条件不同，流水作用所表现的形式、强度及其所形成的流水地貌存在着明显的区域性差异，这就造成了流水地貌的多样性和复杂性。

第一节　流水作用与片流地貌

　　流水对地表的作用，以沟谷流水和河流的作用最为明显。流水作用于谷地，谷地反过来约束流水。如果流水所挟带的泥沙量小于它的输沙（即搬运）能力，就发生冲刷（从谷地中掘取泥沙）；相反，如果流水挟带的泥沙量太大，超过它的搬运能力，泥沙（主要是粗粒）就会沉降堆积下来。

　　冲刷扩大过水断面；堆积则使过水断面缩小。过水断面的变化导致水力条件发生变化。断面扩大，流速减小，输沙力降低，冲刷力就逐渐减低；断面缩小，流速加大，输沙能力加大，不再发生堆积。这就是河流的自调节作用。

一、流水作用

（一）流水的运动方式

流水的运动方式，按流态可分为层流与紊流。

层流：由外围向中心有层次差异（一般在平缓、平直的河道中）。

紊流：水质点运动方向和速度各不相等，呈不规则的紊乱状态。地表水流中，大都呈紊流流动。

按河道中水流结构特征，又有大尺度的涡流和环流等形式。

涡流：是一种旋涡状的流动形式。

　　环流：是一种螺旋式前进的水型，在河流中常伴随紊流出现。

　　当河流沿河床弯道流动时，在惯性离心力的影响下，使河流的主流线逼近凹岸，偏离凸岸，如图9.1所示。由于河流的主流线接近凹岸，有一部分水量向凹岸聚集，这样，凹岸处水位必然被抬高，发生"拥水"现象。在重力作用下，一部分水体就会向河床底部下沉。因此，凹岸水流便沿岸壁下降，顺河底向凸岸流动。它在河道的横剖面上呈环状流动，故称环流或横向环流。这个环流叠加在河流总的流向上，使表层水流与河底水流构成一个个连续的螺旋形水流向前移动，并使主流线（河流在每一横断面上最大流速点的纵向连线）总是偏向凹岸一方（图9.2）。环流的形成，除弯曲河道水流的惯性力外，还和地球自转产生的偏向力有关，在北半球的河流总是偏向右岸（水流前进方向的右侧），南半球的河流则偏向左岸（水流前进方向的左侧）。这在南北向的河流中尤为明显。环流作用，使凹岸不断侵蚀，凸岸不断堆积。故凹岸也称侵蚀岸，凸岸称为堆积岸。环流方向（迎水流方向看）凹岸左逆（时针）右顺（时针）。

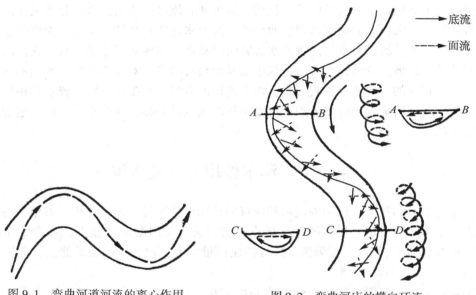

图9.1　弯曲河道河流的离心作用　　　　图9.2　弯曲河床的横向环流

　　在河床的凹岸处不仅存在着因受惯性离心力影响的河流主流的冲刷作用，同时还存在着横向的下沉水流对河床底部的掏蚀作用，使凹岸不断后退和加深，形成深水区，在凸岸处河流流速相对较缓慢，同时又有从凹岸处掏蚀下来的物质由横向上升水流带至凸岸，因此凸岸处常有泥沙堆积下来，形成浅水区或边滩（图9.3）。图9.4为黄河下游某段河道水下地形图，从等深线的高程关系与图形结构中明显地可以看出靠近凹岸处正是河床深槽之所在（高程31.3，31.6），槽深坡陡，槽底较窄，靠凸岸处槽浅坡缓。

　　应该指出，螺旋式的环流的主流仍由上游向下游流动，因此，凹岸处被掏蚀下来的物质就不容易直接堆积在正对岸的凸岸处，而往往被堆积在相对的凸岸向下游的方向。同时，在上下两个深槽之间的过渡段，或者说水流在绕过上下交错的两个边滩时，形成反向环流。那里正是环流的转折处，由于环流的消失或反向环流的相互干扰，水流挟带泥沙能

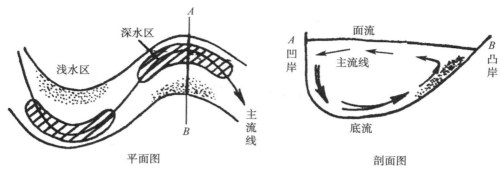

图 9.3　边滩的形成

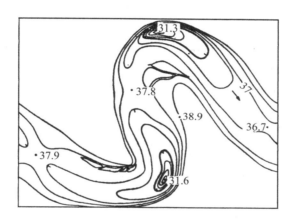

图 9.4　黄河下游某段弯曲河道水下地形图

力减小，迫使泥沙沉落，因此形成浅滩，如图 9.4 中高程 37.9，37.8，36.7 等处即是。

（二）流水的侵蚀作用

流水对地表及岩石的破坏作用称为河流的侵蚀作用。

按作用方式可分为：

机械的冲刷：指流水对地表物质的机械破坏，其中包括冲蚀和磨蚀。

化学的溶蚀：指流水对流经地区的岩石所起的化学破坏作用。水是一种溶剂，如果流水中含有较多的二氧化碳，则对可溶性岩石（如碳酸盐岩类）所起的溶蚀作用将更为显著。

根据地表流水的运动形式，可把流水侵蚀作用分为以下几种。

1. 片流（面流、散流、坡面流水）侵蚀

片流是指雨水或冰雪融水，地表水除蒸发和下渗外，在地面倾斜不大而且坡度比较一致的坡地上产生的薄层流水。在多数情况下，它由无数的微小股流组成，流路极不稳定，时分时合，很不固定，故又称为散流。它在流动过程中比较均匀地冲刷着整个坡面，对坡面进行侵蚀，使坡面均匀降低，称为片流侵蚀，也称面状洗刷作用（图 9.5）。

片流的作用范围很广，凡是有流水的地区，除了沟谷流水及河流作用范围之外，都属

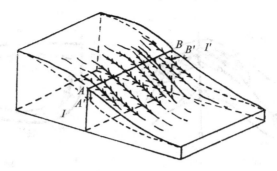

A—B 原始地表面
A'—B'面状冲刷降低后之地表面

图 9.5　面状洗刷使斜坡均匀降低

于它的作用范围。虽然它的作用能力较小，但因其作用范围广阔，所以对地貌的影响仍然很大，局部地区还造成严重的水土流失。

由于片流是间歇性的，因此片状侵蚀也是间歇性的（或称暂时性的），片状侵蚀的结果就是造成水土流失。

2. 线状侵蚀（沟谷流水和河流）

沿地表流动的细小水流不断兼并扩大，汇集于线状延伸的凹地中流动而进行的侵蚀称线状侵蚀。由于线状侵蚀主要发育于沟谷和河流中，因此也称为沟谷流水侵蚀和河流侵蚀。

线状侵蚀的结果就是不断地加深和拓宽谷地，形成线状延伸的槽形凹地，即沟谷与河谷。

按侵蚀作用的方向分为下切侵蚀、向源侵蚀和侧向侵蚀。

（1）下切侵蚀

河流冲刷河床底部，使河床降低的作用，称为河流的下切侵蚀作用。下切侵蚀强度取决于流量、流速及河床的岩性、坡度等。

河流的下蚀作用并不是无止境的。当河床趋近于海平面时，河水不再具有位能差，流动就趋向停止，因而河流的下蚀作用也就停止了。所以从理论上讲，海洋水面是所有入海河流下切侵蚀作用的极限。我们把下切侵蚀作用的极限称为终极侵蚀基准面。应该指出，个别地段因弯道环流等因素影响，河床往往深切到海平面以下（如长江江底在武汉附近有些地段低于海平面十余米），但是，海平面对河流侵蚀深度还有一定限制作用，任何一条河流都不可能出现河床全部低于海平面的现象。因此，海平面一般就被认为是河流的终极侵蚀基准面，或称永久侵蚀基准面。

此外，还有许多地方性因素控制着河流的下蚀能力，例如主流对支流的控制、湖面对入湖河流的控制，造成急流或瀑布的坚硬岩坎对上游河段侵蚀的控制等。但是，这些主流、湖面水位及坚硬岩坎是变化的，所以对支流、入湖河流的下蚀作用起着暂时的、局部的控制作用，故称地方性或暂时性侵蚀基准面。

侵蚀基准面的变化直接影响着河流的地质作用。

当基准面上升时，河流流速变慢，水流挟带泥沙能力减弱，下蚀能力减弱，就会发生堆积；当基准面下降时，河床坡度变大，下蚀作用增强，堆积能力减弱。

（2）向源侵蚀

沟谷流水和河流在其流动过程中存在着一种向沟谷和河谷源头方向侵蚀的力量，相对于水流方向来说，它是一种后退的侵蚀，故谓向源侵蚀（或溯源侵蚀）。向源侵蚀通常是在下蚀的过程中体现出来的。

向源侵蚀的过程是这样进行的：

假设有一个倾斜均一、由同一种岩石组成的地面 AB，其下方濒临受水盆地的水面（侵蚀基准面），如图 9.6 所示。降水以后，水体沿着坡面向下方流动，同时对地表进行侵蚀。在斜坡临近受水盆地部分，除了接受降落的雨水外，它还接受从斜坡上方流下来的水，水量最大，流速最快，侵蚀力最强，因此在斜坡的下部最先出现了明显的凹地（假设为 Ab）。

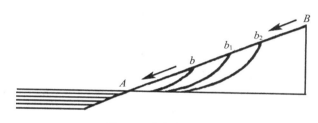

图 9.6　向源侵蚀原理

凹地开始形成后，经长期侵蚀，在凹地 Ab 剖面中段以下变得比较平缓，而在其上段坡度变大，流速变最大，这时流水强烈下蚀的地段已经不是 Ab 剖面中段以下，而是移到 Ab 剖面的上段去了。强烈下蚀的结果，使 b 逐渐后移到 b_1，剖面 Ab 扩大为 Ab_1。同理，更进一步发展，b_1 就会移至 b_2。依此类推。

沟谷流水就是通过上述过程不断地向沟谷源头方向（即上游方向）侵蚀推移，从而延长了沟谷。

对于一条河流来说，一般在河流下游，特别是河口地带，流水的下蚀受侵蚀基准面的限制，在河流的上游特别是河源处，由于水量小，在那里下蚀也受到一定的限制，在河流的中游汇集了较多的水量，对纵剖面的发育最为有利。因此，河谷纵剖面的形状常常呈凹形的曲线。但是，这一凹形曲线并不是平滑的几何曲线，而是有高低起伏的，因为影响河谷纵剖面形态的因素除水量外，尚有其他因素，如地面坡度岩性、地壳运动的影响等。

向源侵蚀作用使河流不断向源头方向伸长，以至切割分水岭，使分水岭向后移动。一般河源沟头似一跌水，水流具有较大的动能，因此，河流在此处下切侵蚀迅速，把源头岩石掏空，导致上部岩石崩落，造成源头向上游推进（图 9.7）。

（3）侧向侵蚀（旁蚀）

河流在水平方向上不断加宽河床的作用，称为侧向侵蚀，也称旁蚀。在河流的弯曲处这种作用尤为明显。

图 9.7　河流的向源侵蚀

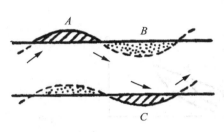

图 9.8　初始河湾的形成

在地表，任何一条自然河道不可能笔直，特别是较大的河流，由于岩性的差异，流水在各段的侵蚀强度就不同，图 9.8 是一条比较平直的河床，若 A 处河岸的组成物质比其上下游河岸组成物质都容易受冲刷，那么它在长期的流水侧向侵蚀作用下很容易被冲坍，造成凹陷（称为凹岸）。凹岸形成后，便可形成原始河床的弯曲。弯曲处，水流并以出射角等于入射角的方向冲击对岸 C 处，在 C 处又形成一个凹岸，在惯性离心力的作用下，流水向圆周运动的弧外方向偏离（即偏向弯道的凹岸），促使水流冲击侵蚀凹岸，凹岸受到侵蚀，不断向外侧和下游迁移（图 9.9）。凹岸上被侵蚀下来的物质，被环流送到凸岸沉积下来，造成凸岸不断前伸，结果河道曲率增大，河曲增多，引起谷底加宽，形成曲流。即使在地表有比较平直的河道，水流在地球自转偏向力（即科里奥利力）的影响下也可发生侧向侵蚀。此外，由于山崩、滑坡、支流的汇入等原因，也可引起河床某一侧的碎屑物堆积，迫使直线型河流改变成弯曲型河流，随之侧向侵蚀加剧。

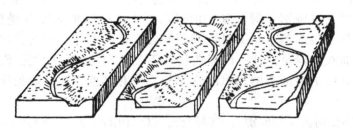

图 9.9　侧蚀作用使河谷加宽

应该指出，河流的侧向侵蚀与深向侵蚀、向源侵蚀经常是同时进行的。一般情况下，对一条大的河流来说常常是上游段以下蚀为主，中、下游段以侧蚀和堆积作用为主。有时也有反常现象，如河流下游地段地壳局部上升，而使河床坡度增大，在那里就表现出河流的强烈下蚀，结果下游河段谷深水急，而中、上游地壳相对稳定，在那里表现出河道曲折，水流滞缓，如四川的嘉陵江。

（三）流水的搬运作用

水流在其运动的过程中把地表风化物质和侵蚀下来的物质带走的过程称搬运作用。

河流的搬运小部分是溶性物质（例如 $NaCl$，$CaCO_3$，Na_2CO_3 等），大部分以机械的方式搬运的是固体物质。

河流的搬运作用一般包括下列 4 种方式。

①悬移：颗粒（多为粉砂及黏土）悬浮于水中运动。

②推移：颗粒（多为巨大的石块、砾石、粗沙等）在水平推力的推动下，沿河床滚动或滑动。根据水力学中艾理（又称厄立）定律，这种推力能够移动的物体重量与物体的启动流速的 6 次方成正比（$M = CV^6$），即当流速增加一倍时，水流能够移动的物体重量就可增加 64 倍。因此，当山洪暴发时，山区流速很大的沟谷流水可以移动和冲下巨大的石块，而平原河流只能挟带较细小的沙砾。

③跃移：颗粒在水平推力下跳跃前进。

④溶移：可溶性物质被水溶解，随水流运动。

被河流搬运的碎屑物质颗粒的大小，主要取决于河流的流速与流量。一般河流上游坡度大，水流急，搬运颗粒大；愈向下游，坡度变小，流速缓慢，搬运颗粒较细。这表明河流的机械搬运作用有明显的分选性。

碎屑颗粒在河流搬运过程中，颗粒与颗粒或颗粒与河床之间经常发生碰撞和摩擦，结果使岩石或矿物碎屑的棱角消失，颗粒呈椭圆形、球形，这个过程，叫做磨圆作用。搬运距离越长，磨圆度越好。

应该指出，因为进入水流中的物质颗粒大小和性质不同，因此，在同一时间内相同流速的条件下，以上几种搬运方式是同时存在的，尤其是悬移和推移。

（四）流水的堆积作用

流水携带的泥沙，在运移过程中，条件发生改变，如坡度减小，流速减慢，引起搬运能力减弱，以致将携带的泥沙沉积下来，这种作用，称为流水的沉积作用。

河流搬运颗粒的大小与流速有关，故当流速减小时，被搬运的物质就按粒径大小或颗粒比重，依次从大到小、从重到轻先后沉积下来，这个过程，叫做沉积物的分选过程。

由坡面流水堆积下来的物质称为坡积物。坡积物的成分完全决定于坡面上部基岩的组成成分，坡积物的组成物质常以土粒居多，但也混杂有碎石块（尤其在山区），这些石块磨圆度非常差，而且堆积时分选性也很不明显。坡积物在坡麓堆积围绕山麓分布，成为坡积裙。

由河流沉积的碎屑物质称为冲积物。河流一面侵蚀塑造河床，一面形成河床冲积物，构成河流堆积地貌。河床冲积物的沉积一般受环状水流动态所决定（图 9.10）。

1. 蚀余堆积

主要分布在河床的凹岸及主流线附近，此处侵蚀作用强烈，仅有一些凹岸冲蚀崩坍及河底冲蚀破坏形成的一些岩块及巨砾堆积。此处的冲积物，称为蚀余堆积。

2. 近主流线堆积

从主流线带向凸岸方向，其搬运能力相应减弱；堆积作用逐渐加强，堆积物质逐渐变

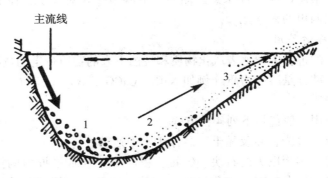

1. 蚀余亚相；2. 近主流线亚相；3. 滨河床浅滩亚相
图 9.10 河床冲积物分布示意图

细。近主流线带堆积条件很不稳定，平水期流速小，堆积物细，洪水期流速大，堆积物粗，甚至发生侵蚀作用。所以，这里的堆积物（如卵石、粗沙、细沙等）的粒度，在水平与垂直方向上经常发生变化，形成砾石层与沙层的相互交替。这里是河床冲积物中分选最差的部分，它具有不规则的斜层理与透镜体。

3. 滨河床浅滩堆积

这种堆积位于河床中堆积作用比较稳定的地方，例如靠近凸岸的河底。堆积物多为松散沙，一般分选性好，具有规则的斜层理。

河床冲积物组成物质为各种粒度的砾石、沙、粉沙和黏土等，因为搬运距离较远，所以冲积物的分选性及磨圆度较好。由于河流的水动力条件的季节性变化，一般冲积物具有良好的层理。

暂时性的沟谷流水堆积作用主要发生在沟口地段。河流的堆积作用一般以中、下游及河口地段为主，主要形成河漫滩和三角洲等地貌。以一条河流来说，从上游至下游，一般堆积物的颗粒由粗变细，对不同类型的河流来说，山区河流的堆积物比平原地区河流的堆积物要粗。在河流堆积物的垂直方向上也有良好的分选性，具有下部颗粒粗大、上部颗粒细小的特征。

可见，侵蚀和堆积是流水作用的两个方面，搬运是它们中间不可缺少的联系"纽带"。这三种作用是同时进行的，并且错综地交织在一起。但在不同的地点、不同的发育阶段，这三种作用的性质和强度又有不同，不能孤立静止地来看待这三种作用。

地表流水总是将高地侵蚀，并把侵蚀下来的物质带到低洼地方堆积起来。但由于具体条件不同，就形成了复杂的地貌形态。

二、片流地貌

（一）坡面径流的形成与作用

片流是雨水或冰雪融水在斜坡面上形成的网状细流。当雨水降落地面或地表冰雪融化时，水分开始渗入地下，表土下的孔隙逐渐被水体充填达到饱和状态；另一部分水体在重力作用下沿斜坡地面向下流动，形成面状薄层流水，呈漫流。漫流实质上是由无数细小股流组成的，它们无固定流路，沿坡面呈网状流动，可形成宽深均极小的纹沟微地貌，稍经耕犁便可消失。

　　这种水流开始时水层薄、流速小，在其流动过程中，没有固定的线路，时分时合，具有片状面流的性质，可视为均匀分布在斜坡面上的一种薄层网状水流，顺斜坡向下流动。

　　坡面流水在其流动过程中，一面冲刷坡面，同时将冲刷下来的细小物质进行搬运，然后进行堆积，因此，它是坡地发育的重要因素。坡面径流主要表现为冲刷、搬运和堆积三种作用方式。

　　坡面水流在顺坡流动过程中，由于得到雨水或冰雪融水的补充，流量会逐渐增大。当流量增大到一定值后，层状的流动不再保持，水流会自行汇集成小沟流动，这些小沟又逐渐兼并扩大，最后汇成沟槽水流进入河道。

　　片状侵蚀的强度主要受降水量、降水强度和冰雪融化量的控制，同时也受到地面坡度（图9.11）、岩性、土质、植被覆盖等因素的影响。

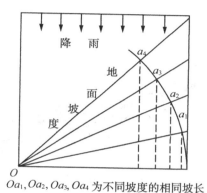

图 9.11　坡面受雨面积和坡度的关系

（二）坡面径流作用形成的地貌

　　根据坡面侵蚀与堆积强度的变化，一个斜坡自上而下，可分为三个坡面径流作用带（图9.12），即不明显冲刷带、冲刷带和淤积带，相应地形成不同的地貌类型。

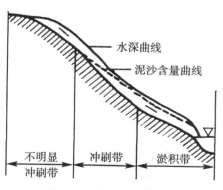

图 9.12　坡面径流作用带

不明显冲刷带位于斜坡上部近分水岭地段。该地段由于地面较平坦，汇水量小，故冲刷能力较弱，它所形成的地貌以浅凹地和深凹地为代表。浅凹地形态浅平低洼，随着径流量增加，冲刷能力有所加强。浅凹地的下段变深，转化为深凹地。

冲刷带位于斜坡中部，坡度一般变陡，径流量和流速加大，它所形成的地貌以侵蚀纹沟为代表。纹沟深度一般小于0.5m，其流向与坡向基本一致，横剖面呈"V"字形。

淤积带发育在坡麓地段，因坡度变缓，流速减小，水流携带的大量碎屑物质发生堆积，形成坡积物、坡积裙。坡积裙的上部一般不超过6°~8°，下部更缓。堆积物上部薄，下部厚，纵剖面呈下凹形（图9.13）。堆积层结构松散，颗粒较粗，以中细砾、沙、亚砂土和亚黏土为主，略具斜层理。坡积裙前缘常位于山间盆地或山前平原之上，常与其他地貌形态过渡。在坡度较大和堆积层厚的坡积裙，容易引起滑坡，应注意防护。

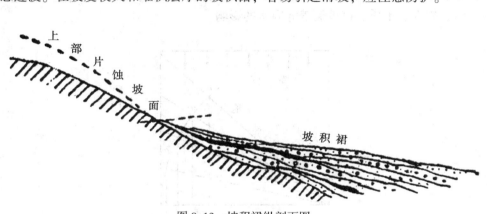

图9.13　坡积裙纵剖面图

坡积物成分取决于坡地的基岩成分。坡积物磨圆度较差，在堆积的过程中，分选性能差，微具层状结构。

第二节　沟谷地貌

一、沟谷流水的特征

沟谷流水由面状流水发展而成，属暂时性的线状流水。面状流水顺斜坡流动时，随着流量及流速的加大，水流进一步集中，面状流水就汇集成线状流水。

沟谷流水具有下列特点：流量变化悬殊，暴涨暴落，旱季沟底干涸无水，洪水时则水流湍急，流速大，含沙量大，而且颗粒大小混杂。

沟谷流水有较固定的线路，因此其侵蚀能力显著增强，由这种流水形成的沟谷地貌，广泛发育于干旱、半干旱地区或山麓地带。如我国黄土高原一些地区，由于植被稀疏，暂时性线状流水形成的沟谷迅速发展，地面遭受强烈侵蚀，沟谷纵横交错，水土流失严重，致使气候恶化，自然条件受到了很大的影响。

二、侵蚀沟

侵蚀沟是沟谷流水侵蚀形成的长条状侵蚀地貌。根据侵蚀沟剖面形态特征及其演变过程，侵蚀沟可分为细沟、切沟、冲沟和坳沟等几种形态。

细沟是一种很浅的侵蚀沟，其宽度一般不超过 0.5m，深度小于宽度。纵剖面上沟底与坡面一致，如图 9.14（a）。

切沟宽度与深度大致相等，宽度一般为 1~2m，横剖面呈"V"字形，纵剖面上沟底与坡面坡度不一致，且有明显的沟缘，在向源侵蚀作用下，沟头不断后退，沟床多形成跌水或小陡坎，如图 9.14（b）。

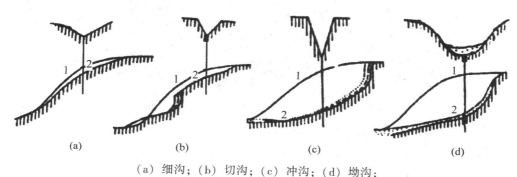

（a）细沟；（b）切沟；（c）冲沟；（d）坳沟；
1. 原始坡面地形线；2. 沟底纵向地形线
图 9.14　沟谷发育阶段

细沟和切沟通常发育在裸露的坡地上，因水流顺坡流动，由面状水流逐渐汇集成股流，沿地形低凹处流动侵蚀，形成大致平行的细沟，细沟不断侵蚀扩大，发展成切沟。

冲沟为长条形的沟谷，它由切沟进一步侵蚀发育而成。冲沟深度可达数米至数十米，长度一般为数千米至数十千米。横剖面呈"V"字形，纵剖面上沟底略呈凹形曲线，与坡面坡度显然不一致，如图 9.14（c）。沟底下切到潜水面以下得到地下水补给时，冲沟就演变成为河谷。

冲沟具有活跃的侵蚀能力，是侵蚀沟中最常见和最主要的类型。我国黄土高原地区冲沟最为发育，沟槽纵横交错，地面被切割得支离破碎，水土流失严重。

在地形图上表示冲沟时应特别注意它的发育阶段，根据其不同发育阶段的不同形态特点分别以符号或等高线加以表示。在大比例尺地形图上，短小而狭窄的冲沟，用单线或双线的冲沟符号表示；两壁陡峭的、较大的、长而宽的冲沟使用陡崖符号或等高线表示。在冲沟的表示中，正确反映沟缘位置（即棱线位置）是十分重要的。图 9.15 是用各种方法表示冲沟的地形图，在由西南向东北伸展的用等高线表示的大型冲沟（*A* 处）两侧沟壁上有用各种符号表示的规模较小的冲沟。

坳沟是一种宽浅的干谷。冲沟发育到一定程度，下切侵蚀减弱，不再加深沟底，沟底纵剖面坡度趋于平缓，这时沟底不断有碎屑物堆积，沟坡逐渐变得平缓，不再有明显的沟缘，横剖面呈现缓而稳定的浅槽形。坳沟的形成标志着侵蚀沟发育已进入衰亡阶段，坳沟沟底已辟为耕地，如图 9.14（d）。

比例尺 1：10 000　　　　　　　　　　　　　等高线 5m

图 9.15　冲沟的表示

三、集水盆

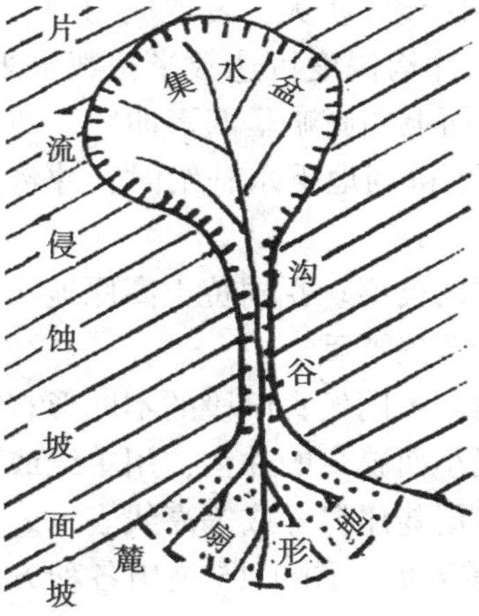

　　集水盆是沟谷源头扩大后的小盆地，其生成与沟头集水量大有关。因为沟头的来水除两坡外，还多了后壁。因此，该处水量较多，下蚀也较深，从而引起沟头的迅速扩大成为盆地状，水土流失极为严重（图 9.16）。

四、扇形地（洪积扇）

　　山区沟谷的坡度较大，每遇大雨或暴雨时，水量猛增，水流迅速，常常形成洪流。由于洪流的流量、流速很大，又受两侧沟壁的约束，所以能挟带大量泥沙等碎屑物质向沟口方向流动。到了沟口，坡度骤减，洪流搬运能力显著减弱，从而发生了大量的堆积。由于洪流至沟口不受沟壁约束，迅速分散成很多放射状散流，因此洪流所挟带的物质也呈放射状堆积下来，形成一种以沟口为顶点的扇状展开的堆积地貌——洪积扇，如图 9.17 所示。永久性流水（例如山区河流）在出山口处也可以形成扇状地形，称为冲积扇。洪积扇与冲积扇统称为沟口扇形地。

　　扇形地的平面图形呈扇形，其顶部与沟口相连，形成一个扇形倾斜面。洪积扇的组成

图 9.16　沟谷流水的三种地貌

图 9.17 沟口扇形地

物质颗粒从沟口向外缘由粗大逐渐变细小，因此，倾斜面的坡度在顶部较大，一般为 15°~20°。而边缘处坡度减小，一般只有 1°~2°，逐渐过渡到山前平原。洪积扇规模愈大，坡度愈平缓，其表面常被细小散流切割成放射状的沟网。洪积扇组成物质的分选性不佳，碎屑物质的磨圆度也很差。

大型扇形地堆积物的分布较有规律，由扇顶至边缘可分为三个岩相带（图 9.18）。

a—冲积物；b—堆积物；①—扇顶相；②—扇中相；③—扇缘相；
④—叠加冲出锥；⑤—风力吹扬堆积；⑥—扇间洼地
1—黏土及亚黏土；2—亚砂土；3—含砾石黏土；4—泥炭及沼泽土；
5—砂透镜体；6—砾石透镜体；7—坡积碎石；8—基岩

图 9.18 洪积扇岩相分带结构图

①扇顶相：位于扇形地的上部，该带堆积物为巨大的砾石，其间空隙填充沙及黏土。砾石磨圆度差，略具厚薄不均的透镜状层理。

②扇中相：位于扇形地的中部，以亚砂土及亚黏土为主，夹砾石及沙的透镜体。砾石向上游倾斜和叠瓦状排列，磨圆度较扇顶相稍好。

③边缘相（滞水相）：位于扇形地的边缘，堆积物最细，以亚砂土、亚黏土及黏土为主，偶夹砂及细砾透镜体，常具水平层理或斜层理。由于该相组成物质较细，透水性差，地下水受阻，溢出地面，产生地表滞水和沼泽化现象，故该带又称滞水带，它是寻找地下

水的有利部位。在干旱区则为绿洲所在地。

上述三个相带是逐渐过渡的，且每次因洪水大小不同而相带的位置也做前后移动，因此，垂直剖面上三个相带往往交替出现。当多个扇形地互相连接时，便会成为山前倾斜平原，它在我国西北的天山南、北麓，昆仑山和祁连山北麓分布很广。

在山麓地带，相邻的大型洪积扇，常构成整片的洪积平原（或称山前倾斜平原）。在两个山口之间洪积扇相邻部位所构成的低凹地带，称为扇间洼地。

由洪流作用在沟口或山前坡麓所形成的堆积物，称洪积物。洪流搬运的碎屑物质，由于搬运距离较短，其分选性及磨圆度均较差，并由于间歇性洪流作用，洪积物一般具有不太清晰的层理和砾石透镜体出现。在洪积扇与河谷平原过渡地带，常形成一种洪积–冲积混合类型的沉积物。在洪积扇顶部沟口，常出现坡积物及洪积物的混合堆积。

洪积扇一般在干旱与半干旱地区分布广泛，因为在那里降水变率很大，常以暴雨形式出现，洪流的流量很大，同时，那里风化作用强烈，地表植被稀少，洪流可挟带的泥沙大量增加，为洪积扇的形成提供了十分有利的条件。

在地形图上，表示扇形地的等高线的弯曲方向与表示谷地的等高线的弯曲方向相反，自沟口向外围呈向外弯曲的半圆形，等高线水平距离由扇顶向边缘逐渐增大，反映出扇形地表面呈凹形斜坡的特征，如图 9.19 所示。当地图比例尺缩小，只能以一条等高线表示洪积扇时，这一表示规律显得尤为重要，否则会歪曲此种地貌的外形特征及其分布规律。

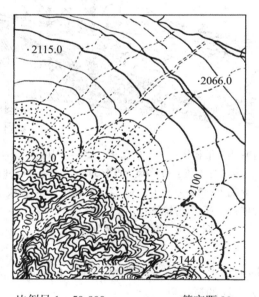

比例尺 1∶50 000　　　　　　　等高距 20m

图 9.19　扇形地的等高线

利用航空像片判读沟口扇形地是比较容易的。在活动的（现在还在不断增长）扇形地表面，一般密布暂时性的沟网，呈扇形分散，表面无植被生长，更无居民地等，在航空像片上呈灰白色调；停止发育的扇形地表面常有杂草或树木生长，而且扇形也不十分明品，扇上有时有村庄。

在山麓地带，往往有许多洪积扇与冲积扇相互连接起来，形成狭长的缓缓倾斜的平地，称为山麓洪积-冲积平原。它不仅在干旱气候区的山麓地带分布广泛，而且在大的断层线一带也常可形成，如山西省中条山北麓断层线附近就发育有这种地形。

第三节　河流与流域地貌

由于河流（永久性的水流）的作用，使地表出现线状伸展的凹地——河谷。它的长度远远超过其宽度。从横剖面上看，成型的河谷主要由河床、河漫滩和谷坡（包括谷坡上的河流阶地）组成（图9.20）。河床是指平水期河水占据的谷底（河槽）部分。河漫滩是指平水期出露洪水期淹没的谷底部分。谷坡是分布在河谷两侧的斜坡。谷坡有凸形、凹形、凸凹混合形等。此外，还有阶梯状谷坡，称为阶地。谷坡与谷底交界处，称为坡麓。谷坡与山坡交界处，称为谷肩。

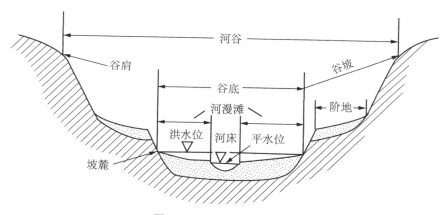

图9.20　河谷要素示意图

在河谷纵剖面上，大致可分为上游、中游、下游三段。上游河谷一般狭窄，多狭谷，谷底坡度大，水流湍急，多瀑布和浅滩，河漫滩不发育；中游河谷宽展，河漫滩和阶地发育。下游河谷坡降平缓，多曲流和汊河，河口段多形成三角洲（图9.21）。

侵蚀沟下切、揭露地下水之后，在线状径流作用下，形成河谷，称为侵蚀谷。在松散岩层覆盖地区，线状径流沿着原始地表发育成侵蚀谷。而在基岩地区，河谷的发展常受地质构造及岩性的控制，河谷与构造线方向往往一致，这样的河谷称为构造谷。

一、河床地貌

（一）河床纵剖面

河床纵剖面并不光滑，具有波状或阶梯状起伏的特征。但河流在某一时期水流的侵蚀力与河床的阻力相等，即水流动力正好消耗在搬运水中泥沙和克服水流内外摩擦阻力方面。在地质构造、岩性条件均一、气候等条件相对不变的情况下，河床纵剖面将呈现一条平滑均匀的曲线，称为平衡剖面。

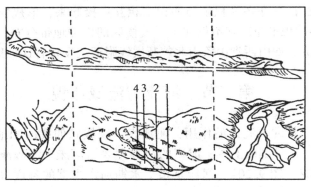

1—河床；2—河漫滩；3—阶地；4—牛轭湖

左图—上游段；中图—中游段；右图—下游与河口段

图 9.21　河谷的形态特征

（二）河床地貌

河床中的心滩、沙洲、边滩统称为洲滩（图 9.22），它是河床中发育普通、变化频繁的一类地貌类型。

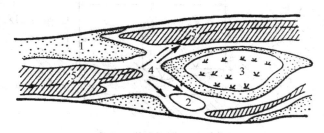

1—边滩；2—心滩；3—江心洲；4—沙埂（浅滩）；5—深槽

图 9.22　平原河床的床底地貌

当河流流速降低时，河流挟带的碎屑物质就在水道凸岸处有分选地堆积下来，河床的一侧形成边滩，对应的另一侧凹岸则形成深槽。

深槽是河床中凹下的地形，是水流侵蚀作用的产物；浅滩是河床中凸起的地形，是水流沉积作用的产物。通常深槽的深度大于河床的平均水深，浅滩则小于河床平均水深。因浅滩的水深度浅而造成碍航，称为碍航浅滩。深槽与浅滩通常沿着河床纵剖面交替分布，使河床纵剖面呈波状起伏变化（图 9.23）。

深槽的成因：一是取决于水流的侵蚀能力，由于河床形态的变化引起流速变化，流速增大，河段水流挟沙力增强，使局部河床受到侵蚀，形成深槽；二是由于局部河床存在着抗冲性较弱的地层或构造破碎带，在水流冲刷下形成深槽。

浅滩的成因：河床因受水流沉积作用，使局部河床抬高、水深减小，形成浅滩。浅滩是河床中常见的一种河床地貌类型。

深槽具有枯水期沉积、洪水期冲刷，即"枯淤洪冲"的特点。浅滩则相反。

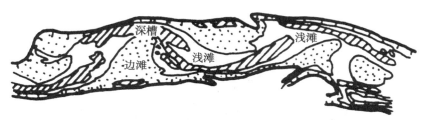

图 9.23 深槽与浅滩及边滩

在平水期，深槽、浅滩交替出现，洪水季节，水流淹没边滩，河水顺直奔流，并推动边滩向下游方向移动，洪水过后边滩又出露水面，水流归槽又成弯曲水道。此外，在支流注入主流时，由于汇合处水流相互顶托，使水流滞缓，也会形成浅滩。

一条河流的河床在不同地段其宽窄是不一致的，有时会宽窄相间呈莲藕状。窄段水流大、集中，宽段水流分汊（河床底部中心的突起也可使主流分汊），流速减小，致使一些挟带物堆积下来，形成水下雏型心滩。雏型心滩形成后，过水断面因心滩的出现而缩小，水流速度增大，加强两岸的冲刷后退而使河道弯曲，在环流的作用下使水流中的泥沙等物质沿着雏型心滩周围堆积，不断扩大滩体，滩面不断加高，逐渐发展成为枯水期露出水面而平水期被水淹没的心滩。

心滩继续发展加高，使滩面在平水位时也能高出水面，只有在洪水时才被水所淹，这时心滩已发展成为江心洲（或称沙洲）。相对于心滩来说，江心洲比较稳定。一般情况下，江心洲的头部（即向河流上游部分）受到冲刷，而其尾部不断堆积，因此整个江心洲能缓慢地向下游方向移动。心滩与江心洲的平面图形一般呈头部较钝的纺锤形，尖端指向下游，这是地形图与航空像片上判读河流流向的重要标志之一。

（三）河床类型

1. 分汊型河床

平原地区河流中经常出现河心滩或江心洲，使河流分成两股水流或数股水流的水道。而各汊道又经常在变化发展着，这种河床就称为分汊型河床，又称汊流型河床，简称汊河。如图 9.24 所示。

典型的分汊型河床就是辫状河床。它的特点是河床床身宽浅，沙滩众多，河道变化无常。洪水时河床及沙滩全部被水所淹没，枯水时汊流密布，水流散乱，有时甚至难以分辨主流所在。

我国大型河流均发育有汊流型河床，尤其是含沙量较高的平原区河流。例如黄河中下游，河道平直，河床宽，水深浅，心滩众多，水流散乱，汊河密布，且主槽位置不固定，是一种不稳定河床，常称为游荡性河床，它是汊河类型中的一种特殊型式（图 9.25）。如郑州北郊花园口处黄河主槽，有时在一昼夜间，竟来回摆动达 6km，河道平面外貌变得面目全非。

2. 曲流型河床

曲流型河床又称河曲河床或蛇曲河床、弯曲型河床，它是河床自然蜿蜒曲折的现象。其分布范围极为广泛，在不同气候条件下、不同海拔高度的地区均可发育，特别在平原地

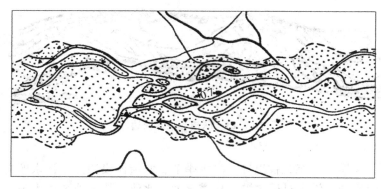

图 9.24　分汊型河床

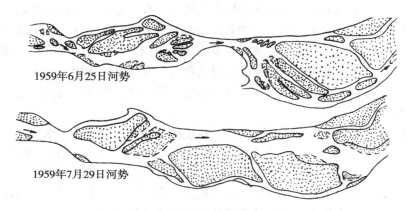

1959年6月25日河势

1959年7月29日河势

图 9.25　黄河下游某河段河床变迁

区尤为典型。

（1）河曲的形成与发展

河曲的形成主要是河流侵蚀与堆积作用的结果。

由于凹岸不断受冲刷、掏蚀，凸岸不断堆积，最后使凹岸不断地后退，凸岸不断地前进，使河曲产生蠕移（图9.26）。河曲的横向变形，是河流侧向侵蚀作用的结果，它直接使河谷谷坡向两侧扩展，开拓谷底。河曲的发展会增加河流的长度，使河床的坡度减小，流速也随之减小，因而河流的动能相应减弱，侵蚀能力减小，河曲就不再向两侧扩展，处于相对稳定状态。这时，河流的侧向侵蚀作用主要表现为河床在一定范围内的移动，也就是对本身原有堆积物的再行冲刷作用。

当河曲发展得很弯曲时，河曲颈狭窄，最后被洪水冲断，这就是河流的截弯取直。截弯取直以后形成的直河道，由于坡降变大，流速加快，侵蚀搬运能力大，河道迅速扩大。而原来河道则相反，由于坡降较小，流速较慢，发生大量堆积。当老河道完全断流后，被淤塞的老河道就成为一个平面图形呈新月形的湖泊，这种湖泊称为弓形湖或牛轭湖（图9.26E）。

（2）河曲的类型

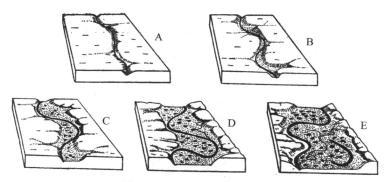

图 9.26　河曲的形成与发展

河曲按形态特征与发展过程，可分为自由河曲和深切河曲。

自由河曲又称迂回河曲。它通常形成在有厚层松散堆积物的平坦地区，可以很自由地在宽广的冲积平原（或河漫滩）上迂回摆动，位置很不稳定，故称自由河曲。长江中游的荆江河道（图 9.27），尤其是石首县至城陵矶一段，是我国自由河曲发育较为典型的河道。

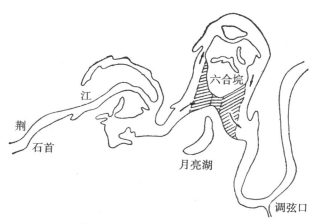

图 9.27　自由河曲与截弯取直

在自由河曲发展过程中，曲流颈逐渐变窄，洪水期容易被冲决而截弯取直。例如，这一现象在荆江也十分普遍，截弯取直后，河面已宽达 1km 左右，变成长江的主洪道。

这种河流在深切以前就已经发育了河曲形式，后来由于某种原因（主要是地壳上升）引起河流下蚀加强，加深谷地，河流就以河曲形式全部嵌入地面。河流在深切的过程中有不同程度的侧向侵蚀作用，使深切河曲的曲率增加，曲流颈不断缩小，高度不断降低（因曲流颈两侧小支谷也存在不断的侵蚀，曲流颈在地貌上表现为鞍部），最后在洪水时被水流冲断，原来的河曲被废弃。被废弃的河曲所环绕的山嘴，在深切的谷地中相对孤立突起成小丘，称为离堆山。

深切河曲是深深地切入地面以下的一种河曲，故也称嵌入河曲，如图 9.28 所示。

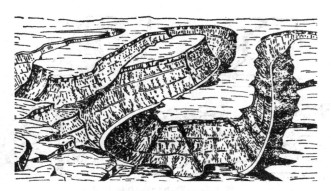

图 9.28 深切河曲

图 9.29 是表示上述过程形成的离堆山和废弃河曲的等高线图形。离堆山的图形是一组近似椭圆形的封闭等高线，为马蹄形或半圆形的底部平坦的谷地所围绕。由于废弃河曲原先是河床的一部分，土质肥沃，水分充足，在南方山区常是种植喜湿的竹、水稻等作物的地方，因此在地形图上判读废弃河曲时常常还可以根据一些植被符号来进行。

比例尺 1：50 000

图 9.29 离堆山与废弃河曲等高线图形

在地图制图中常用河流的曲折系数与河曲带的概念来说明河曲发育的程度。一河段的曲线长与连接该河段两端点的直线长之比，就是该河段的曲折程度，称为曲折系数。按曲折系数的大小，将河流分为直线河床（系数近似1）、弯曲河床（系数1~1.5）和曲折河床（系数达1.5以上）。河曲带是河曲回环的地带，它是河曲发展规模的一个重要标志。图9.30中的 M 表示河曲带的宽度，V 表示河谷的宽度。

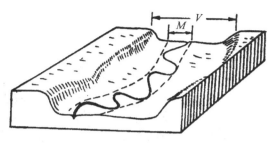

图9.30 河曲带是河曲迂回的地带

二、河口地貌

（一）河口

河流的起点，称为河源；河流的终点，称为河口。河口可分为支流河口、入湖河口、入水库河口和入海河口等类型。

入海河口是河口中的一种重要类型。入海河口是指河水与海水相互作用的区域。这一区域不仅受河流本身的作用，而且也受潮汐的影响。外海潮波传入河口，潮流而上，受到潮波影响的河段，叫做感潮河段。潮波影响的上界，叫做潮区界。从潮区界到河口外的滨海地带（河流作用消失点），都属于河口区。河口区一般可分为三个区段（图9.31），即近口段、河口段和口外海滨段。

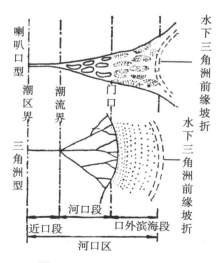

图9.31 河口分带示意图

（二）三角洲

1. 三角洲的形成

河流在入海口处，由于受到海水的阻滞，流速减弱，河流搬运的大量泥沙在河口区沉积下来，发展成一片向海伸出的三角形平原，称为三角洲。一个完整的三角洲体系，应包括水上三角洲平原、水下三角洲前缘及前三角洲（图9.32）。

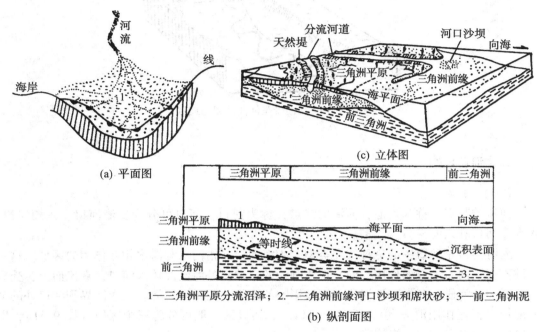

1—三角洲平原分流沼泽；2.—三角洲前缘河口沙坝和席状砂；3—前三角洲泥

(b) 纵剖面图

图9.32　三角洲沉积分带示意图

三角洲的形成及其生长速度、形状、大小等，与形成三角洲的许多自然因素有关，其中丰富的泥沙来源、河口沿岸无强大的波浪和海流、河口外海区水浅等是三角洲形成的基本条件。例如我国钱塘江，潮汐作用强烈，就不能形成三角洲；而黄河含沙量高，流入渤海时，这里海流弱、海水浅，三角洲生长速度很快。黄河自1855年改道由利津县入海以来，已形成了以宁海为顶点的、面积约6 000km²的三角洲，平均每年海岸线向外推移1.4km。

三角洲的形成过程一般是在最初阶段先形成河口浅滩，一系列的水底浅滩发展成水下三角洲。同时，这些浅滩逐渐堆积成为沙洲和岛屿，沙洲和岛屿连接合并，形成水上三角洲平原。洪水期间，河水漫淹其上，继续沉积。这时，三角洲平原上还有局部的洼地浅湖和较小的汊河，经长期沉积，洼地与汊河被泥沙淤填而不断消失。三角洲逐渐向外伸长，因而形成广大的一片新生陆地。在新生陆地上，一部分汊河衰亡了，大部分的汊河被保留下来，形成分支水网（图9.33）。

三角洲上微地貌的特点是具有平缓而匀称、微向海面（或湖面）倾斜的表面，河道网密布，水系紊乱，海岸多人工堤。

2. 三角洲的类型

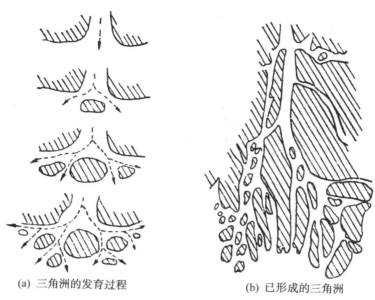

(a) 三角洲的发育过程   (b) 已形成的三角洲

图 9.33 三角洲的发育过程

　　按三角洲的平面图形差异，可分为以下几种。

　　扇形三角洲：它是在河流挟带的泥沙量大、河口地带海（湖）水极浅、波浪作用微弱、河流在河口处分汊较多的条件下形成和发育的。由于很多汊河入海沉积，使三角洲全面地、均匀地向海洋（或湖泊）方向推进，外形呈扇状，故称扇形三角洲，如黄河三角洲、滦河三角洲、尼日尔河三角洲、尼罗河三角洲等（图 9.34）。

　　鸟嘴形三角洲：当河流入海时只有一条主流，汊流很少，甚至没有汊流入海，泥沙沿着主流河口两侧向外堆积延伸，形成以主流为中心向海洋方向突出的一个尖嘴，外形似鸟嘴，所以称鸟嘴形三角洲或尖头状三角洲，例如长江三角洲、埃布罗河三角洲（图 9.35）等。

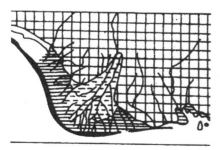

图 9.34 扇形三角洲（尼日尔河）

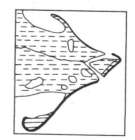

图 9.35 鸟嘴形三角洲（埃布罗河）

　　鸟爪形三角洲：河流在河口段有少数几支汊流从不同方向向海洋方向伸展，如河流挟带的泥沙堆积量超过波浪的搬运量，堆积物沿汊流两侧向外堆积，便形成鸟爪形三角洲，也称桨叶形三角洲，以美国的密西西比河最为典型（图 9.36）。

多岛型三角洲：形态主要受潮流作用控制，汊流河口多呈喇叭状，门口外有长条状潮流沙坝，例如湄公河三角洲（图 9.37）。

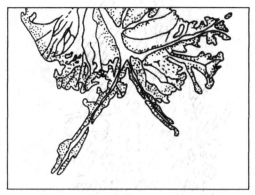

图 9.36　鸟爪形三角洲（密西西比河）

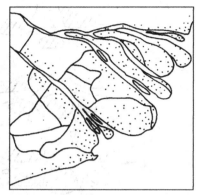

图 9.37　多岛型三角洲（湄公河）

三、河谷地貌

（一）河漫滩

河漫滩是紧临河床两侧的一部分河谷谷底，它是顺着河流方向延伸的狭长的平坦的或微有起伏的地带，它高出于河流平水位之上，但到洪水季节河水泛滥时又能被淹没，故又称洪水河床。河漫滩的宽度往往比河床宽度大几倍至几十倍（由数米至数十千米不等）。极其宽广的河漫滩称为冲积平原，常形成于河流的中下游地段，如长江、黄河中下游冲积平原。

洪水期河漫滩发生堆积，形成细粒沉积物，称为河漫滩相冲积物（图 9.38）。

由于河流的侧向侵蚀作用，开始阶段在凸岸只能形成水下浅滩（图 9.38 Ⅰ）。侧向侵蚀进一步发展，引起河床继续向凹岸移动，凹岸侵蚀物质不断被携带到凸岸进行堆积，使凸岸水下浅滩不断加宽增高，以致平水期大片露出水面，形成滨河床浅滩。露出水面的部分，称为雏形河漫滩（图 9.38 Ⅱ）。如河谷继续展宽，滨河床浅滩也随之扩大，洪水期，滨河床浅滩处水浅，流速慢，无力搬运粗大颗粒，只能将一些颗粒细小的粉砂、黏土物质搬运到浅滩上（构成河漫滩相冲积）。它覆盖在浅滩颗粒粗大的河床相冲积物之上，平水期完全露出水面，从而形成河漫滩（图 9.38 Ⅲ）。河漫滩上的沉积物具有双层结构（又称二元结构），即下部为颗粒相对粗大的河床相沉积，上部为颗粒细小的河漫滩相沉积。河流冲积物的这种二元结构特征，是河漫滩形成的标志。

随着谷底加宽，河漫滩相覆盖层加厚，河曲发展，河流出现截弯取直现象，弃废的老河曲形成湖泊，称为牛轭湖（图 9.38 Ⅳ）。

上述过程形成的河漫滩称曲流型河漫滩。另外还有心滩型河漫滩等。

从地貌形态上看，河漫滩可以明显地分为两部分。当洪水泛滥时，河水溢出河床，流速骤减，首先堆积了较粗大的物质，称河床相堆积。随着离河床距离的增加，堆积物质越来越细小，因此，除滨河床部分外，其余地段堆积的多是壤土或黏壤土，称河漫滩相堆积

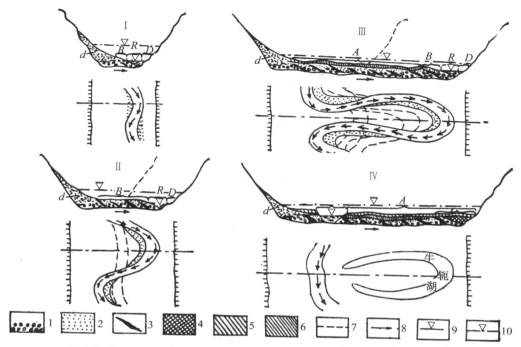

1~3—河床相冲积物（1—砾石、卵石；2—砂；3—淤泥夹层）；4—牛轭湖相冲积物；
5~6—河漫滩相冲积物（顺序堆积）；7—先期冲刷岸的位置；
8—河床移动方向；9—平水位；10—洪水位；
R—河床；B—滨河床浅滩；A—河漫滩；D—基岩浅滩；d—坡积物

图9.38 河漫滩形成过程

（图9.39）。地势十分平坦，基本上没有起伏，其上分布有牛轭湖或沼泽。特别在近谷坡（或阶地）处地势更为低洼，成为比较稳定的湖沼地带。这里或因水流具有一定的坡降，形成与谷坡平行的小河，或因近谷坡（或阶地）部分的沟谷小溪带来较多的物质在这里堆积，也可形成一系列的小型扇形地，这时反而成为河漫滩的最高部分。

河漫滩的滨河床部分主要表现为沙堤（或称沙坝），高度一米至数米，通常称为自然堤（或称天然堤）。形成滨河床沙坝，最基本的一个条件是河流具有足够数量的泥沙。因此，这种地貌只能出现在较大的河流，发育最有利的地方是在河流弯曲处，在那里凹岸掏蚀冲刷厉害，凸岸堆积旺盛。平水位时凸岸堆积成浅滩，但当洪水季节，河流含沙量大大超过平水时河流搬运量，而且泥沙的颗粒直径也大得多，这时河床的移动往往呈跃进式。一次洪水，河床就显著地向凹岸跃退一次，而在凸岸处则形成由沙粒组成的一条沙坝。凹岸多次跃退，凸岸就常有多条沙坝，沙坝与沙坝之间为洼地，如图9.40所示。结果，在河曲处就形成河漫滩上特殊的地形，称为迂回扇（图9.41）。当弯曲河床凹岸顶点向下游方向移动时，由河岸向曲流颈方向起伏逐渐减小，如图9.40中的AA'剖面。迂回扇形态由于河流左右的迂回摆动及上游向下游的蠕移不可能完整地保存下来，但是河漫滩上这种弧形的微地貌却是常见的。在地形图上，它们表现为等高线（因高度不大，所以除首曲

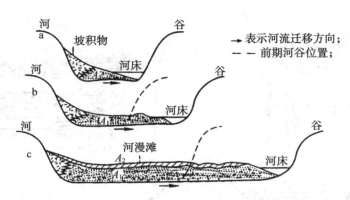

A_1—河床相冲积物；A_2—河漫滩相冲积物　a—小边滩；b—大边滩；c—河漫滩

图 9.39　河漫滩的地貌特征

线外常采用间曲线和助曲线表示）呈弧形弯曲封闭，构成新月形的小高地，其间的洼地常为沼泽或长条状湖泊。

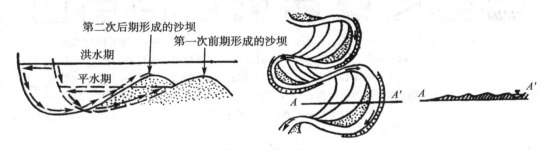

图 9.40　滨河床沙坝

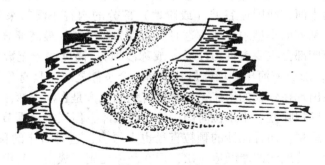

图 9.41　迂回扇

（二）河谷形态类型

根据河谷的发育程度与横剖面形态特征，河谷可分为"V"字形河谷（尖底谷）和河漫滩河谷（宽底谷）两种。V形河谷：河谷横剖面呈"V"字形。这类河谷的特征是谷地狭窄且深，谷坡陡峭甚至直立，谷底几乎全部被河床占据。平常所指的峡谷就是广泛地指这类谷地。V形谷形成于山地地区，除岩性、构造运动影响外，主要是流水强烈下蚀的结果。如长江三峡两岸绝壁高耸，气势雄伟，其中瞿塘峡比高约600m，而江面最窄处仅宽30m。

在地形图上，等高线通过单线表示的河流V形谷时呈尖角转折，过双线表示的河流V形谷时等高线紧靠河流两岸，甚至用陡崖符号表示，以反映谷坡陡峭的特点。

河漫滩河谷：地形图上这种谷地的特征是，过谷地的等高线呈平缓的圆弧形弯曲，河谷两岸最低的同名等高线间水平距离较大，位于谷坡基部的一条等高线的弯曲与河流弯曲不一致（V形谷则一致）。在地形图上表示河漫滩河谷时，应特别注意河床两侧一些微地貌的描绘，尤其在航空像片上测绘等高线时更不能忽略这一点，过分的概括和综合，会失去其原来面貌，而不能如实地反映客观事实。

在地形图上判读河谷，主要依据其不同的表示特点。在图上，从主支流汇合口向上游方向，同一条等高线交截主流河床的距离比支流河口交截支流河床距离长些，这是因为主流水量大，发育时间长，纵剖面坡度要比支流纵剖面坡度缓和。也就是说，主流水平面的高程向上游逐渐增大的程度较支流慢。如果过谷底的等高线转折点间的水平距离大小不等，就说明河谷纵剖面的坡度有起伏变化。通常河谷纵剖面的坡度由谷口向谷源逐渐加大，因此过谷底的等高线转折点间的水平距离由谷口向谷源逐渐变小。根据等高线的疏密变化和弯曲形式，可以识别谷坡坡形的不同类型。

河谷除按上述横剖面形态分类外，还有按河谷与地质构造、河谷与侵蚀基准面的变化等关系进行分类的，但这些分类对测绘工作意义不大，这里从略。

（三）河流阶地

谷底因河流下切而抬升到洪水位以上并呈阶梯状顺河流方向延伸分布的阶梯状地形，称为阶地。阶地形态要素如图9.42所示。每一级阶地都由阶地面、阶地斜坡、阶地前缘、阶地后缘、阶地坡脚等部分组成。

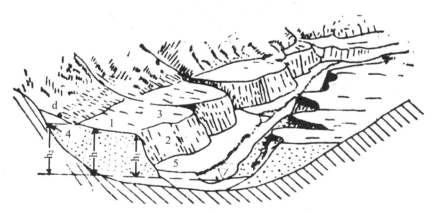

1—阶地面；2—阶坡（陡坎）；3—前缘；4—后缘；5—坡脚；
h_1—前缘高度；h_2—后缘高度；h—阶地平均高度；d—坡积裙
图9.42　阶地形态要素图

阶地由阶面与阶坡组成，前者为原有谷底的遗留部分，后者则由河流下切形成。阶面与河流平水期水面的高差即为阶地高度。多级阶地的顺序自下而上排列。高出河漫滩的最低级阶地为一级阶地。依此类推。

阶地沿河谷分布往往并不连续，一般多保存在河流的凸岸。同一级阶地的相对高度也不完全相等。因此，测量阶地高度时应分段进行量测。

1. 阶地成因

阶地的形成经历了一个较复杂的过程。当河谷底部河床两侧形成了宽广的河漫滩以后，若由于地壳构造运动、侵蚀基准面的变化或河流流量增大等原因，使河流的侵蚀作用增强，下蚀河床到更低的高度，相对的河漫滩就被明显地抬升。在一般洪水来临时，再也淹没不了被抬升的河漫滩，就形成了阶地。所以，阶地就是过去的河漫滩，是河流侧向侵蚀与深向侵蚀作用的结果。

侵蚀基准面的下降可以加大河口段河床的坡度，从而引起水流的向源侵蚀。在向源侵蚀所到达的地方，往往在河床纵剖面上有明显的转折，称为裂点，也有人称为横阶地。裂点处在水流变化上常常表现为急流、瀑布。如果侵蚀基准面多次下降，则能在河床纵剖面上出现几个裂点（如图9.43中的Q_1，Q_2），在裂点的下游有可能形成阶地，而且每一裂点的上游将比裂点下游少一级阶地。裂点下游的一级阶地与裂点上游的河漫滩是相应的，即裂点下游的阶地面与裂点上游的河漫滩面是同一时期的谷底。因为裂点以下的老河谷谷底已被下蚀形成阶地，洪水期不会在上面堆积新的沉积物，但在裂点上游部分的河漫滩，洪水期仍能接受新的沉积物。以后，裂点不断后退，也能把这些河漫滩切成阶地。

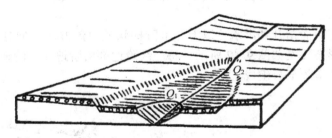

图9.43　河流的裂点（横阶地）

侵蚀基准面可以随着地壳构造运动、气候变化等因素的影响而变化。当地壳上升时，原来河床纵剖面的位置相对抬升，水流侵蚀使河床降低，如果地壳上升的速率与水流下切的速率保持相对平衡，在这种动态平衡情况下，河床高程基本上保持原来的位置，而原来谷底面靠近谷坡的部分被抬升，形成阶地。然而地壳抬升运动并不总是简单的直线上升，往往是间歇性的。在长期的总的上升过程中，每当向上抬升期间，河流以下蚀为主，而当相对稳定期间，河流则以侧蚀和堆积为主，这样，就在河谷两侧形成多级阶地。

从阶地的形成过程看，在同一河谷横剖面上形成年代越久的阶地，其位置越高，向下逐渐年轻，直至河漫滩。在地貌研究中，从河漫滩向上计算，依次为一级阶地、二级阶地、三级阶地……

2. 河流阶地类型

根据阶地的结构和形态特征，通常把阶地划分为侵蚀阶地、堆积阶地和基座阶地等几种类型。

①侵蚀阶地：整个阶地由基岩构成，阶面很少保留冲积物（图9.44A）。侵蚀阶地多发育在山区河流，这里水流流速大，侵蚀作用较强，很少保留堆积物。

②堆积阶地：堆积阶地由河流冲积物组成，常发育在河流中下游。根据河流每次下切深度的不同，又可分为上叠阶地和内叠阶地两种（图9.44E，D）。上叠阶地的特点是形成阶地时，河流下切深度较前期阶地下切深度小，河谷底部仍保留前期的冲积物，因此，每一较新阶地的组成物质就叠置于较老阶地的组成物质之上。内叠阶地是在形成阶地时的下切深度正好达到发育前期阶地的谷底，新老阶地呈内叠相接。

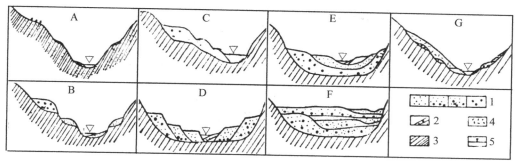

1—不同时代冲积层；2—现代河漫滩；3—基岩；4—坡积物；5—河水位；
A—侵蚀阶地；B—基座阶地；C—嵌入阶地；D—内叠阶地；E—上叠阶地；F—掩埋阶地；G—坡下阶地
图9.44 阶地的类型

③基座阶地：它是一种侵蚀阶地与堆积阶地的过渡类型（图9.44B）。基座阶地由两层不同物质组成，下层以基岩为基座，上层为河流冲积物。这种阶地在形成过程中下切侵蚀的深度，超过冲积物的厚度。

上述三种类型的阶地，可以在同一条河流的同一地段出现，也可以在一条河流的不同地段出现。在同一地段出现的阶地，通常高阶地为侵蚀阶地或基座阶地，低阶地为堆积阶地。如果在同一条河流不同地段出现，通常上游段以侵蚀阶地和基座阶地为主，下游段则以堆积阶地为主。

但从测绘的角度来讲，这三种类型的阶地的外表形态是相似的，在地形图上难以区分。

在地形图上，根据等高线间水平距离的变化可以判读出阶地来。等高线密集处表示阶地坡所在（有时也可用陡崖符号表示），而阶地面处则等高线明显稀疏，反映出阶地面平坦的特点。图9.45是阶地在地形图上的显示，一条河流由西流向东南，北岸有三级阶地。有居民地和道路分布的为第一级阶地，平均高程1 180m。那里地势平坦，水源条件好，而且不受洪水威胁，所以道路、城镇等多分布于低级阶地上。高程点1 246，1 254所在的平台为二级阶地，与一级阶地高差60m左右。再向上为三级阶地，高程1 295m，与二级阶地高差约50m。南岸为两级阶地，同北岸的一、二级阶地相对应。河谷明显不对称。在河流阶地形成的过程中和阶地形成以后，由于流水的侵蚀，阶地被切割得支离破碎，成为许多断断续续的小高地，或呈孤立的小丘，或呈长条状垄岗，但是它们的特点在于高地顶部比较平坦，高程基本相同，显示出原来阶地面平坦的特点。

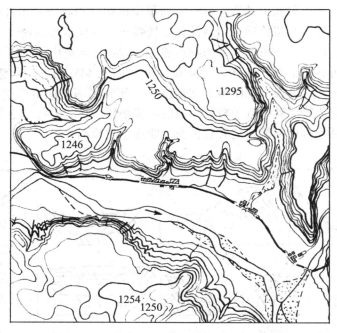

比例尺 1：50 000　　　　　　　　　　　等高距 10m

图9.45　阶地的地形图表示

（四）河谷的不对称

河谷一坡陡、一坡缓的现象比较常见。形成原因主要有：

①地球自转偏转力的影响：北半球的河流往往右岸冲蚀较强，岸坡较陡，而左岸则较平缓。南半球反之。

②岩性和地质构造的影响：如河谷两侧谷坡的岩性不同，则硬岩层处为陡坡，软岩层处为缓坡。沿单斜构造发育的河谷，顺岩层倾向一坡为缓坡，反岩层倾向一坡较陡。如果河流沿断裂带发育，则相对上升的一侧较陡，而相对下降的一侧较缓。

③受地壳不等量升降运动的影响：当河谷两侧地壳发生不等量升降运动时，结果在河谷上升的一侧形成阶地，而在下降一侧发生堆积，同时河谷不断向下降一侧扩展。

④局部地区受小气候影响：高纬度地带的东西向河流，在地质构造等条件相同的情况下，谷坡坡向决定了河谷的不对称，因南北两坡所接受的太阳热量不等，向阳坡受热多，积雪融化快，雪水对谷坡起着坡面冲刷、泥石流等侵蚀作用，使谷坡变缓；而背阳坡相反，融雪慢，岩石主要受寒冻风化作用发生块体运动，所以谷坡较陡。

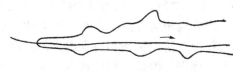

图9.46　河谷的不对称性

此外，个别地段因受曲流的侧蚀作用、滑坡等因素影响，也可引起河谷局部的不对称。长江自宜昌以下河谷明显地不对称，河流紧靠南岸谷坡，而北岸阶地与河漫滩相当广阔。

河谷的不对称性是成年河谷的重要特征之一，在地形图上必须正确地反映出来（图

9.46）。大比例尺图上有若干条等高线表示谷坡时，等高线的疏密变化就可以反映出这一特征，密的一坡是陡坡，稀的一坡为缓坡。随着地图比例尺的缩小，只有一条等高线通过谷底时，则陡坡处的等高线往往靠近河床，而缓坡处的等高线距离河床较远。

四、河流地貌

（一）河流发育阶段

河流自从形成就不断地冲刷地表，侵蚀河床，搬运泥沙并使之堆积在低洼处，最后把地面蚀低到接近侵蚀基准面，即起着夷平地表的作用。当河水面的高度接近侵蚀基准面时，水流只能靠惯性流动，并且在平原上到处漫溢，成为湖泊或沼泽，河流随之消失。

一条河流常划分为幼年期、壮年期、老年期三个典型阶段。

幼年期河流的特征：河流纵剖面特征是陡而倾斜不匀。表现为河流流速大，多急流、险滩、瀑布，流水以下切为主。河谷横剖面狭窄，谷坡陡峻，呈 V 字形，谷底几乎全部被河床所占。河床中堆积地形不发达，仅有从陡峭的谷坡上崩落到河床（或河床两侧）的巨大石块和河流凸岸处范围不大的浅滩。河流平面图形接近直线（曲折系数稍大于 1），表示谷坡坡麓的等高线与河流岸线延伸一致（图 9.26A，B）。

壮年期河流的特征：急流瀑布消失了，水流均匀而平静，纵剖面无明显的起伏，侧向侵蚀加强，河床弯曲，曲折系数增大到 1.2~1.5，出现了河漫滩。河谷宽度与河曲带宽度大致相等，河床弯曲与河谷弯曲不一致（图 9.26C）。

老年期河流的特征：河床纵剖面平缓，水流以缓流为主。河流的侵蚀作用（尤其是深向侵蚀作用）基本停止，堆积旺盛，河床深度变浅，河流在堆积物上自由摆动，河曲发展，曲折系数达 1.5 以上。河漫滩十分宽广，密布湖泊、沼泽，通行困难（图 9.26D，E）。

河流发育的三个阶段并不是时间概念，它只是把河流发育过程中出现的现象（主要是地貌现象）总结为三个具有一定特征的阶段。一条发育历史较长、规模较大的河流，在一般情况下，它的上游往往具有幼年期的特征，而中下游则具有壮年期和老年期的特征。图 9.47 为河流不同发育阶段地貌形态等高线图形，（a）图和（d）图是河流幼年和老年期的地貌形态，（b）图和（c）图是河流壮年早期和晚期的地貌形态。两条相邻的河流，尽管发育历史相同，但由于地质构造和其他条件的差异，它们的发展情况也不会一样。发育在平坦的软弱岩层地区（或地壳运动相对稳定地区）的河流，很快就形成曲流，达到壮年期；而发育在坚硬岩层上（或地壳运动上升地区）的河流却仍处于幼年阶段。此外，已经发育到壮年期或老年期的河流，也可能由于地壳运动、气候等因素影响使河流侵蚀作用又重新"复活"，河谷地貌又现出幼年期的特征，表现出地貌上的"回春"现象。

（二）分水岭的移动与河流袭夺

1. 分水岭与分水岭的移动

分水岭是指把相邻的两条河流（或两个河流流域）分隔开来的高地。在自然界，分水岭可以是山岭，也可以是高地或缓丘。由于受地质构造（如不对称的褶皱构造或单斜构造）和侵蚀基准面高低的控制，使大多数的分水岭两侧不对称。

分水岭的不对称必然影响到两侧河流向源侵蚀的速度。向源侵蚀速度变快的一侧，其

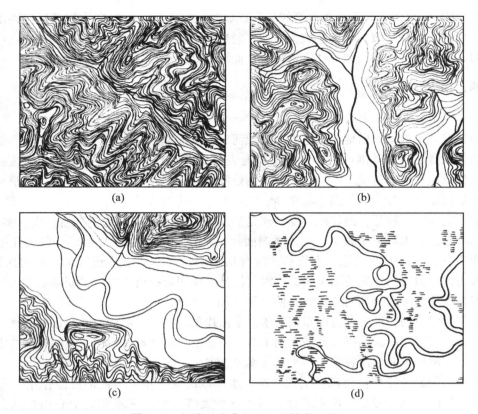

图 9.47 河流三个典型阶段的等高线特征

河流源头向分水岭伸展较快，使分水岭不断降低，而且不断向坡度较缓的一侧移动（图9.48）。如果分水岭两侧坡度比较一致，两侧的河流以比较一致的速度向源侵蚀，那么分水岭就不会发生侧向移动，只均匀地降低高度。

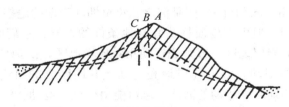

图 9.48 向源侵蚀导致的分水岭移动

2. 河流袭夺及其地貌标志

河流袭夺：河流不断向源侵蚀，切穿分水岭，把分水岭另一坡的河流夺过来，使原来流入其他流域的河流改流入切穿分水岭的河流，这种现象称为河流袭夺。抢水的河流叫袭夺河；被夺去水的河流叫被夺河；被夺河的上游改向流入袭夺河的一段称为改向河；被夺河下游由于上游河段被切断，流入袭夺河，水量减少，故又称为断头河。

河流袭夺现象常发生在两条近于直交流向的河流之间，如图 9.49（a），而且袭夺后产生的地貌特征也较显著。图9.49（b）中，A为袭夺河，B为被袭夺河，因上游被夺而称断头河。

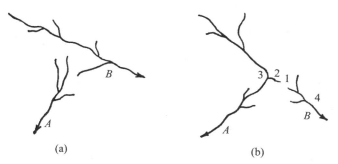

1. 风口；2. 反向河；3. 袭夺弯；4. 断头河

图9.49 河流袭夺示意图

河流袭夺其实质是分水岭的移动和破坏过程。向源侵蚀速度快的一侧的河流，源头较快地向分水岭移动，首先达到和切过分水岭，将分水岭另一侧侵蚀力较弱的河流上游河段夺取过来。

袭夺河上的地貌标志：存在袭夺弯，有时角度接近90°（图9.50），有时会产生裂点（急流或瀑布）。袭夺河水量增加，下蚀加强，往往形成新的阶地或谷中谷现象。

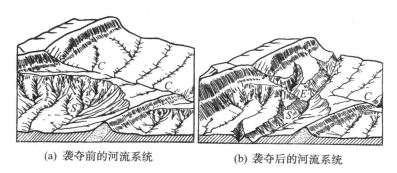

(a) 袭夺前的河流系统　　　　(b) 袭夺后的河流系统

C—顺向河；S—次成河；E—袭夺河

图9.50 河流袭夺景观图

被夺河上的地貌标志：①在改向河上，由于袭夺弯附近产生裂点，相当于侵蚀基准面下降，产生阶地或谷中谷。②在断头河与袭夺弯之间，原为被夺河所流过的地方，由于袭夺河的强烈侵蚀，水流可反流汇入袭夺河成反向河，它与断头河之间成为分水地带，但原有河谷形状仍然存在，称为风口。在风口上往往可以找到原河流的堆积物，这是风口与一般的垭口相区别的一个重要证据。③在断头河中，水量较小（因源头被夺），与过去水量较大时形成的河谷不相适应，并且由于水量减小而发生泥沙堆积，甚至在河床中形成沼泽或小湖泊。在野外，可以发现断头河中现今流域内所没有的砾石，这是在河流袭夺以前由较远的上游带来的。图9.51是河流袭夺前后的等高线图形。

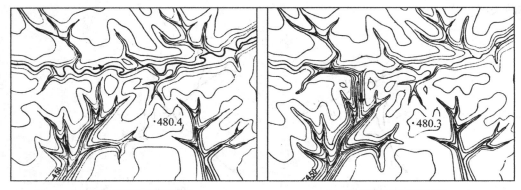

(a) 袭夺前的等高线图形 (b) 袭夺后的等高线图形

图 9.51 河流袭夺前后的等高线图形

河流袭夺的实例很多，在图 9.52 中可以分析出 B 河与 C 河原先是一条河流，B 河是 C 河的上游，后因某些原因引起 D 河对 B 河的袭夺，在地貌上遗留近 90°的袭夺弯。D 河是袭夺河，B 河为改向河，C 河为断头河（因为在 C 河上原来有一支流注入，因此该断头河不甚典型），A 处等高线图形反映了明显的原有谷地形态，此处即为风口。

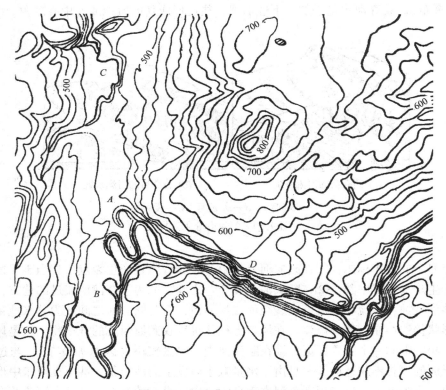

图 9.52 河流袭夺实例等高线图

☞ **复习思考题**

1. 坡面径流特点是什么？
2. 影响坡面径流冲刷强度的因素有哪些？
3. 河谷的组成要素有哪些？并绘图说明。
4. 论述流水地貌侵蚀旋回的发育过程。
5. 论述河漫滩成因、形成过程及河漫滩地貌。
6. 试述河流侵蚀基准面对河床纵剖面形成的影响。
7. 河流阶地的成因及其类型。

第十章　岩　溶　地　貌

第一节　岩　溶　作　用

一、岩溶作用及岩溶发育的基本条件

（一）岩溶作用

凡是地下水和地表水对可溶性岩石所产生的破坏和改造作用，统称为岩溶作用，又称喀斯特（Karst）作用。喀斯特原是南斯拉夫西北部的一个石灰岩高原的名称，那里发育着各种石灰岩喀斯特地貌。19 世纪末，南斯拉夫学者司威直（J. Cvijic）就借用该地名来形容石灰岩的地貌、水文现象。岩溶作用主要是指水对可溶性岩石的化学过程（溶解与沉淀）及物理过程（流水的侵蚀和沉积、重力崩塌和堆积等）共同作用的过程。其中水对可溶性岩石的溶解作用起着主要的作用。因此，可以说岩溶作用是一种化学过程，这种过程实质上是指具有溶蚀能力的流水与可溶性岩石之间的一系列化学反应过程。

（二）岩溶发育的基本条件

岩溶发育主要是在岩石和水参与下所进行的一种化学过程。因此，具有可溶性及透水性的岩石以及具有一定流动性和溶蚀力的水，就成为岩溶发育的基本条件，前者是岩溶发育的物质基础，后者是不可缺少的外部动力。

1. 岩石的可溶性

岩石的可溶性主要取决于岩石的矿物成分。卤化物盐类岩石（岩盐、钾盐）溶解度最大，硫酸盐类岩石（石膏、硬石膏等）次之，碳酸盐类岩石（石灰岩、白云岩）最小。前两者分布远不如后者广泛，所以自然界的岩溶地貌主要发育在石灰岩与白云岩地区。

2. 岩石的透水性

可溶性岩石如果不透水，岩溶作用只能在岩层表面进行，而不能向深处发育。岩石的透水性主要取决于岩层的裂隙发育程度。风化裂隙发育较浅，所以只影响地表岩石的透水性；而构造裂隙发育较深，是水流渗入可溶岩的主要通道。

3. 水的溶蚀力

岩溶的形成必须有溶解能力的水的作用和活动。纯净的水对岩石的溶解能力很微弱，而当水中含有 CO_2 时，其溶解能力便可增加。因此，水的溶解能力随着水中 CO_2 的增加而增加。在水中 CO_2 的参与下，不易溶的碳酸盐转变为易溶的重碳酸盐，反应式如下：

$$CaCO_3 + H_2O + CO_2 \Longrightarrow Ca^{2+} + 2HCO_3^-,$$

式中，碳酸钙与水中游离 CO_2 作用生成易溶的重碳酸钙被水带走，石灰岩即被溶蚀。水中的 CO_2 含量愈多，溶解的能力愈强。上述化学式是可逆反应，其正向反应的速度取决于

CO_2 的浓度；其逆向反应的速度取决于 Ca^{2+} 的浓度。

4. 水的流动性

流水是岩溶作用进行的主要条件。停滞的水很快就会成为饱和溶液，它的溶解能力也会随之停止。地表水的流动性取决于地面坡度，地下水的流动性取决于地下水的分带（后详）。不同深度的地下水动态不同，所以流动性不一。

第二节　岩溶地貌

一、岩溶地貌

岩溶作用不仅发生于地表，更主要的是在地下。按地貌分布及发育位置的不同，岩溶地貌（喀斯特地貌）可分为地表岩溶地貌和地下岩溶地貌两大类（表 10.1）。

表 10.1　　　　　　　　　　　　　　　岩溶形态分类表

形成部位		岩溶形态	
包气带（垂直渗流带）	地表	溶沟、石芽、峰丛、峰林、孤峰、溶丘、干谷、盲谷、溶蚀洼地、溶蚀平原、坡立谷、地表岩溶湖等	
	地下	垂直岩溶形态	岩溶漏斗、落水洞、竖井、裂隙状溶洞
		堆积形态	石钟乳、石笋、石柱
水平径流带		水平岩溶形态	溶洞、暗河、伏流、地下湖、溶隙、溶孔

（一）地表岩溶地貌

1. 溶沟与石芽

雨水在可溶岩表面沿着层面或裂隙流动时，形成一些沟槽，其深度由几厘米到几米，或者更大些，浅的叫溶沟，深的叫溶槽。沟槽之间的凸起的石脊，叫做石芽。溶沟与石芽都是依附在其他岩溶地貌上的微小地貌形态。在质纯层厚的石灰岩地区，个体高大、貌似林立的石芽，称为石林，如云南路南石林，最高可达 50m。

2. 落水洞

它是由地面通往地下的垂向溶洞，是连接地表水流和地下溶洞暗河的通道，它是渗透水流沿着可溶岩石的裂隙进行溶蚀及机械侵蚀作用的结果。其形态主要受裂隙控制，有垂直的、倾斜的和曲折的。深度十几米到几十米，甚至达百余米，直接与水平溶洞或地下河相通。宽度仅几米。深度大而又垂直的落水洞，又称竖井。

岩溶地貌若发展到地表出现大量落水洞的阶段，则反映地下岩溶作用已经进行得非常强烈。此时，石灰岩地区地表径流稀少。由于落水洞的面积较小，在地形图和航空像片上一般无法直接判读，只能根据河流中断消失（转入地下）的现象或其他标志来间接判读。如图 10.1 所示，河流进入溶斗后消失，说明溶斗底部存在落水洞。

3. 溶蚀漏斗

溶蚀漏斗又称溶斗、圆洼地、漏斗、斗淋等，是一种封闭的圆形或椭圆形洼地，是由

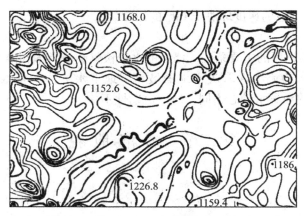

比例尺 1：25 000　　　　　　　　　　等高距 10m

图 10.1　河流中断消失转入地下落水洞

地面凹地汇集雨水，沿节理垂直下渗，并溶蚀扩展成漏斗状的洼地。其直径一般几米至几十米，底部常有落水洞与地下溶洞相通。溶蚀漏斗是岩溶地貌发育初期阶段的一种典型形态，分布很普遍。

溶斗按成因可分为 3 种，即溶蚀溶斗、沉陷溶斗和塌陷溶斗（图 10.2）。

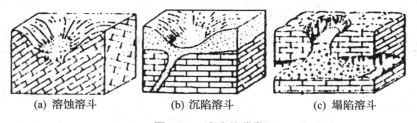

(a) 溶蚀溶斗　　　　(b) 沉陷溶斗　　　　(c) 塌陷溶斗

图 10.2　溶斗的分类

溶斗的形状大致有井状、碟状、锥状 3 种形式（图 10.3）。

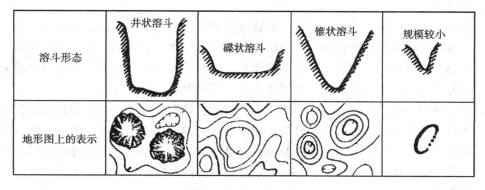

图 10.3　溶斗的形状

碟状、锥状溶斗，底部常积聚溶蚀残余的碎屑和黏土等物质，是贫瘠的石灰岩裸露山地地区的耕作地带，在我国西南一带常称之为螺丝田。

在大比例尺航空像片和地形图上，溶斗的解译是比较容易进行的。在航空像片上，溶斗分布地区具有圆形或椭圆形斑状图案。由于溶斗很少单独出现，一般都是成片分布，所以在航空像片上呈现清晰的蜂窝状影像。若溶斗底部已开垦，则像片上反映为浅色调，与周围地面的暗色调呈现鲜明的对比。有的溶斗底部水分条件好，植被覆盖特别茂密，像片上则反映为深暗色调。

在地形图上，溶斗的解译是根据等高线图形特征来进行的。圆形或近似圆形的负向地貌是主要标志。在大比例尺地形图（大于 1∶50 000）上，可根据等高线间距离的变化和图形轮廓区分出溶斗的类型。在编图中，对溶斗形态只能取舍，不得合并，否则将导致负向地貌平面图形改变。溶斗的分布具有明显的规律性（如沿着断层破碎带——褶曲背斜的轴部等）。

4. 盲谷与干谷

盲谷是一端封闭死胡同式的河谷，地表河流注入落水洞即转入地下，地面上明流段的河谷失去原来河谷的下段，在河流转入地下的前端常出现明显的台阶，河谷被封闭，形如死胡同，这样的河谷称为盲谷。如贵阳以南的涟河等地十分明显，那里的盲谷、伏流和明流等交替出现（图 10.4）。

干谷曾经是昔日的河谷，但现在无水，成为干涸谷地。原地面河水沿落水洞或溶蚀漏斗转入地下。遗留在地表干涸的河谷，称为干谷（图 10.5）。干谷的成因可能是地壳上升或侵蚀基准面下降，导致河水潜入地下，变成伏流，而地表河干涸。有的是地下河袭夺地表河，使其下游成为干谷。也有的是地下河截弯取直，使弯曲段河流成为干谷。干谷谷底平坦，覆盖有松散堆积层。常有溶斗、落水洞分布。

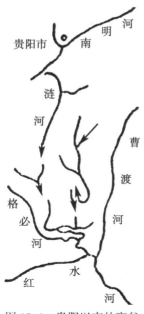

图 10.4　贵阳以南的盲谷

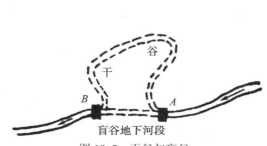

图 10.5　干谷与盲谷

盲谷是石灰岩岩溶地区特有的地貌形态，在地形图上具有特殊的等高线图形，它与一般河谷的等高线图形截然不同。在盲谷的台阶处，等高线呈封闭状图形。在落水洞以下的河段，由于失去水源补给而往往成为干谷，这里在地貌上仍保留有河谷形态，但宽阔谷地中没有河流。干谷在形态上与盲谷上的河谷在图形上自然协调，反映出两者在历史上的联系。

5. 溶蚀平原

原来的石灰岩高原或山地，经过长期溶蚀、侵蚀后，高度逐渐降低，最终成为起伏和缓的平原（图10.6）。平原上河流发育，覆盖有残积红土和冲积物，以及分布着残丘。

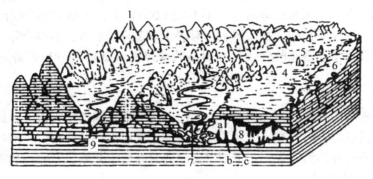

1—峰林；2—溶蚀洼地；3—溶蚀盆地；4—溶蚀平原；
5—孤峰；6—溶蚀漏斗；7—溶蚀坍塌；8—溶洞；9—地下河

图10.6 喀斯特形态示意图

6. 岩溶洼地与岩溶盆地

岩溶洼地又名溶洼，为岩溶地区规模较大的封闭或半封闭的洼地。这类地貌还有许多其他名称，如合成洼地、奥华拉（Uvala）等。

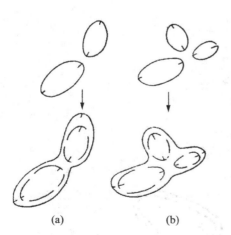

(a)   (b)

图10.7 岩溶洼地的形成

岩溶洼地一般是由相邻的溶斗不断扩大合并而成的，从成因上来说，它是一个合成的洼地。图10.7（a）表示从相邻的溶斗发展到岩溶洼地的示意图，其上部的图形表示相邻的独立的溶斗，下部的图形表示已经发育的岩溶洼地（实线表示岩溶洼地的等高线，虚线表示溶斗合并前的位置）。

与溶斗相比，岩溶洼地面积较大，其最显著的特点是洼地边缘轮廓不规则，在一定程度上取决于岩溶洼地形成前溶斗的形状和排列形式。在贵州南部岩溶地区发育的一种仙人掌式的岩溶洼地如图10.7（b），清楚地反映了溶斗与岩溶洼地之间的成因上的联系。

岩溶洼地直径为一两千米，个别的可达数千米（图10.8）。岩溶洼地底部常有红土覆盖，在云贵高原一带，岩溶洼地是良好的耕作地带，四面由石灰岩山地环绕的岩溶洼地常称为坝子。

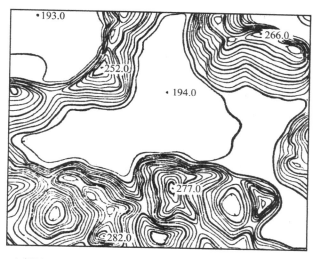

比例尺 1：10 000   等高距 5m

图 10.8 溶蚀洼地的等高线图形

　　岩溶盆地又名波立谷（Polje）溶盆、溶蚀谷地等，是岩溶地貌中一种大型的盆地，面积可达几十至几百平方千米。岩溶盆地形成的原因是多方面的，溶斗、岩溶洼地的不断扩大和合并，溶洞和地下河道顶部的崩塌，地质构造薄弱地带上的强烈溶蚀和机械侵蚀，盲谷的扩大和加深等都可能形成大面积的岩溶盆地。面积大的岩溶盆地的形成多半是几个因素综合作用的结果。图 10.9 反映了法国某地的岩溶盆地，盆地四周均为山地环绕，盆地底部面积十余平方千米，底部被土层覆盖，并已作为耕种用地。

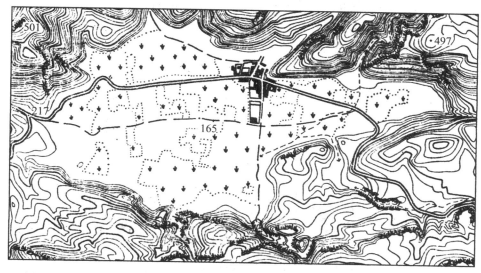

比例尺 1：50 000   等高距 10m

图 10.9 溶蚀盆地

沿断裂破碎带发育的岩溶盆地平面图形狭长，边缘轮廓规则，边坡陡峭。图10.10是我国贵州某地的地形图，图上反映出沿断裂破碎带发育的岩溶盆地形态。

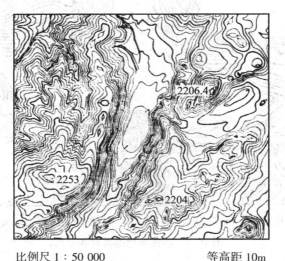

比例尺 1：50 000　　　　　　　　等高距 10m

图 10.10　沿断裂破碎带发育的岩溶盆地

在我国西南地区，沿构造轴（背斜和向斜轴部）方向发育的岩溶盆地（或岩溶洼地），具有狭长形状和延伸距离大的特点，称为槽谷，如四川华蓥山区的"槽"就是这一类地貌。

7. 石山

石山的单个形态，受岩性和产状影响而不同。例如，由质纯层厚和产状水平的石灰岩组成的石山，呈塔状或圆筒状；由水平产状但岩质不纯的石灰岩组成的石山，呈圆锥状；由单斜层石灰岩组成的石山，呈单面山状等。

石山的组合形态，按地貌发育过程分为三种：峰丛、峰林和孤峰（图 10.11）。

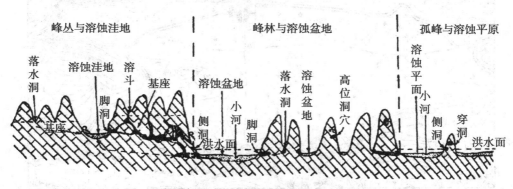

图 10.11　峰丛、峰林和孤峰的地貌组合剖面示意图

①峰丛：它是喀斯特高原向山地转化初期的产物，是雏形或年轻的峰林（图 10.12）。

它的形态特征是若干相邻石峰耸立在一个共同的基座上，山体分为上下两部分，上部为分离的山峰，下部联结成基座。基座厚度大于山峰部分，石峰之间一般是封闭的溶斗或溶蚀洼地的鞍部，鞍部与石峰间没有明显的坡度转折，呈平滑曲线过渡。其等高线图形是一组大的封闭等高线包围几条独立封闭的等高线。峰丛在贵州高原上分布很广，有时排列成行，表示沿构造线方向发育所成。

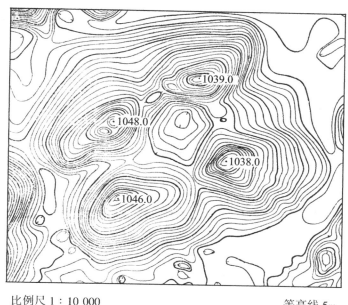

比例尺 1 : 10 000 　　　　　　　　　　　　　　　　等高线 5m

图 10.12 　峰丛的等高线图形

　　②峰林：峰林是成群分布的石灰岩山峰，形似圆柱，平地拔起，形似丛林，故称峰林。石峰表面多溶沟和石芽，峰体内存在各种溶洞。峰林是岩溶作用充分发育条件下的产物。当峰丛之间的溶蚀洼地再度发展，把基座蚀去，成为没有基座的密集山峰群，此时，溶蚀洼地也扩大而被溶蚀盆地所代替。如果峰林发育后地壳上升，升起的峰林则将重新变为峰丛。著名的桂林山水，峰林挺拔秀丽，千姿百态。

　　峰林与峰丛相比，它是发育更成熟阶段的形态。两者的区别是：峰丛基座的相对高差大于它上面石峰的相对高差如图 10.13（a），而峰林基座的相对高差小于石峰的相对高差如图 10.13（b）。必须指出，这种关系是相对的，不能机械地按上述比例关系去死套，它只是反映石灰岩岩溶作用的差异，即峰林相对于峰丛而言，岩溶作用更为深入。一般说来，峰林是峰丛进一步溶蚀的产物，但在某些地区也出现由于地壳上升原因使峰林向峰丛发展的情况。

　　峰林地貌的等高线图形特征是密集圆滑的封闭图形。在实地，石峰四壁陡峭，峰顶较圆滑，具有凸形坡特点。

　　在我国南方，峰林受岩层产状等控制，形态上也有差别。图 10.14 是常见的几种形式。

　　③孤峰：在地壳相对稳定的情况下，峰林地貌经长期溶蚀和侵蚀，部分峰体逐渐消失，残余石峰之间距离愈来愈大，最后，在平坦的石灰岩平原上残留着稀疏孤立的石峰，

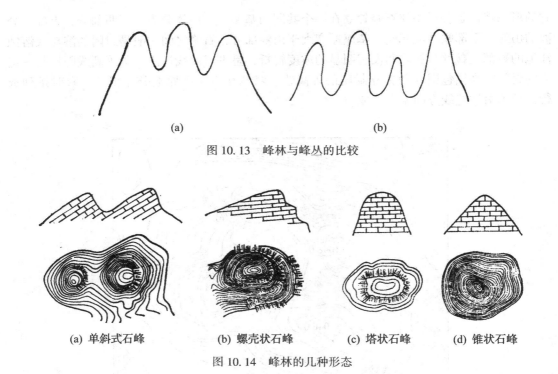

图 10.13 峰林与峰丛的比较

(a) 单斜式石峰　　　(b) 螺壳状石峰　　　(c) 塔状石峰　　　(d) 锥状石峰

图 10.14 峰林的几种形态

称为孤峰，它标志着峰林地貌发育到了晚期。

（8）岩溶丘陵

岩溶丘陵又叫溶丘，是一种发育不太典型的岩溶地貌（图 10.15），一般发育在岩溶发育条件不充分、岩性条件较差的地区。

比例尺 1∶50 000　　　　　　　　　　　　　　　等高距 20m

图 10.15 岩溶丘陵

在地形图上，岩溶丘陵地区正向地貌近似于锥状石峰，负向地貌以一般的流水侵蚀谷地和岩溶洼地为主。除了上述岩溶形态外，还有其他一些岩溶现象，如天生桥（地下河流顶盖溶蚀塌陷后跨越河溪的残留部分）、岩溶湖（溶斗或岩溶洼地积水形成）、岩溶泉等。

由上可见，岩溶地区地表正负地貌是具有一定组合规律的，而且随着地貌的演变过程而不同，它们的组合是：地貌发育初期以溶斗、溶蚀洼地——峰丛为主，如贵州高原。中期以深切洼地、溶蚀盆地——峰林为主，如广西北部桂林、阳朔等地。晚期以孤峰——溶蚀平原为主，如广西东南贵港等地。

（二）地下岩溶地貌

1. 溶洞

溶洞是指地下水流沿可溶岩的层面、断层面、节理面等进行溶蚀及侵蚀，形成近于水平或斜倾的大型空洞（图 10.16）。目前在许多溶洞的两侧和顶部，尚能看到留在岩壁上的波纹状的水流溶蚀痕迹。体积较小的溶洞可能由地下水溶蚀作用形成。规模较大且延伸距离很长的溶洞，则多半是过去的地下河道由于地壳上升及潜水面下降而被抬升所形成的。

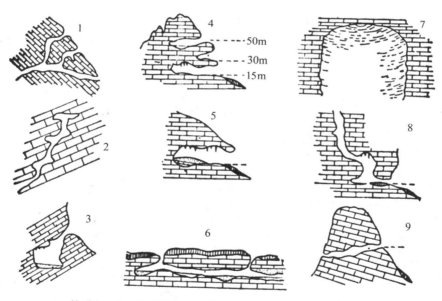

1—管道状；2—阶梯状；3—袋状；4—多层洞穴；5—水平盲洞；
6—地下长廊；7—地下厅；8—通天洞；9—通山洞
图 10.16　溶洞形态类型

溶洞的规模大小及形态差异很大，在岩体中裂隙密集或几个方向的裂隙相交会的地方最有利于溶洞的发育。由于受岩体中裂隙分布、地下水运动、岩层产状等因素影响，溶洞的形态有的呈水平延伸，有的呈倾斜状，有的则呈垂直状。大的溶洞在水平和垂直方向上分支，组成规模巨大的溶洞系统，有的总长度可达上百千米。

洞的形态也是多种多样的。洞内常发育有石笋、石钟乳和石柱等洞穴堆积。溶有重碳酸钙的岩溶水，当温度压力改变时，可逸出 CO_2，产生 $CaCO_3$ 的沉淀，形成石灰华。由洞顶渗水形成的垂悬于洞顶的石灰华沉积，叫做石钟乳；渗水滴至洞底，形成自下向上生长的沉积，叫做石笋；当两者相连时，称为石柱。沿洞壁漫溢形成的形似垂帘的堆积物，称为石幔。洞中这些碳酸钙沉积琳琅满目，形态万千，一些著名的溶洞，如北京房山县石花洞、贵阳南郊白龙洞、桂林七星岩和芦笛岩等，均为游览胜地。

2. 伏流与暗河

伏流与暗河通称为"地下河系"，是岩溶地区的主要水源。地面河水潜入地下，流经一段距离之后，又流出地表，这种有进口又有出口的地下潜行的河段，称为伏流。它常发育于地壳上升区。暗河是指由地下水汇集而成的地下河道，它有一定范围的地下汇水流域。因此，暗河虽有明显出口，而无明显入口。高温多雨的热带及亚热带气候区，最有利于暗河的形成。

地下河流在岩溶地貌发育中起着一定的作用。地下河流扩大常引起上部岩层的塌陷，是形成落水洞、溶斗等地面岩溶地貌形态的重要原因。溶蚀引起塌陷，而塌陷又加强了溶蚀作用，两者是岩溶地貌的主要塑造形式。

当地下河道的顶层发生崩塌时，地下河流就露出地表，即由伏流转为明流，常使河谷具有峡谷形态。

岩溶地区河流时而转入地下，时而又重新流出地表，是一种特殊的现象（图 10.17）。河谷平面图形时宽时窄，河流某一段在峡谷中流动，而另一段又流经宽大的盆地，它不同于一般非岩溶区流水作用所形成的河谷自上游向下游谷地形态逐渐变化的规律。

比例尺 1：50 000   等高距 10m

图 10.17　伏流与暗流

二、岩溶（喀斯特）地貌的发育

（一）岩溶基准面

岩溶发育的速度与强度，一般随着距地表深度的增加而减弱。岩溶向地下深处发育的下限面，称为岩溶基准面。目前人们对基准面的意见还不一致，较多的学者认为，岩溶的发育与地下水的循环动态关系密切，而地下水面的变化是受该地区河水面及海水面所控制。因此，认为主河谷谷底及海面应是该区岩溶的基准面。但是，越来越多的资料证明，在主河谷谷底较深的地方，仍然发现较大的溶洞。所以有人提出，岩溶基准面应为碳酸岩体的底板。

（二）岩溶发育的阶段性

岩溶地貌也和其他成因的地貌一样，有其发生、发展和消亡的过程。国内外很多学者把这一过程划分为幼年期、壮年期（包括早壮年期和晚壮年期）和老年期三个阶段（图10.18）。

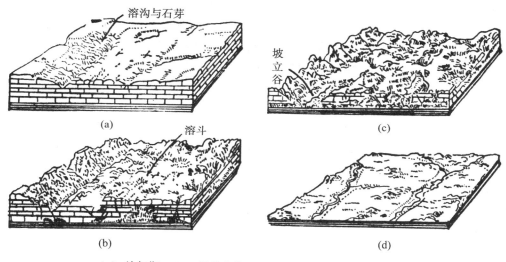

（a）幼年期；（b）早壮年期；（c）晚壮年期；（d）老年期
图 10.18　岩溶发育阶段图

①幼年期：在原始的可溶性岩地面上，岩溶开始发育，原始的河系切入可溶岩中，地表石芽、溶沟发育，漏斗及落水洞少量出现。

②壮年期：岩溶进一步发育，形成地下岩溶形态，广泛发育溶蚀洼地、干谷、漏斗等。

③老年期：地表水流广泛发育，河间地带仅存少数残丘及孤峰，形成岩溶平原。

（三）岩溶发育的不均匀性

在水平方向上，岩溶的发育程度是变化的，主要取决于岩性与地质构造。在褶皱紧密地区，质纯的灰岩与不纯的灰岩或非可溶岩相间呈带状分布时，则岩溶化程度也呈水平相间的带状分布。一般在岩层破碎带、裂隙发育带及导水断层部位，岩溶较为发育。

（四）岩溶地貌的地带性

岩溶作用受气候条件影响很大，不同的气候带岩溶作用的结果不同，因此岩溶地貌具有一定的地带性特征，并可分出四种地貌带：热带喀斯特地貌、温带喀斯特地貌、寒带及高寒地区喀斯特地貌和干旱区喀斯特地貌。

（五）岩溶地貌组合类型

岩溶地貌形态不是孤立地出现在地表，它们按一定的规律组合在一起，并出现在一定区域范围内，构成一定的岩溶地貌形态组合类型。这种地貌形态组合类型能够反映岩溶地貌发育阶段的特征。

根据测绘生产实际需要，下面概括几种岩溶地貌组合类型。

①石林溶沟型：这种类型分布在强烈的垂直溶蚀作用地段。质纯层厚块状的石灰岩是形成石林溶沟型地貌组合类型的必要的物质基础。石林溶沟型地貌组合类型又称为溶沟原野或石芽原野，地面上布满各种溶沟和尖锐的石芽，高差达数十米。云南的路南石林就是这种类型的典型例子。

②岩溶丘陵洼地型：地貌形态以岩溶丘陵为主，此外还有少量的溶斗和小型的岩溶洼地，岩溶地貌形态发育不充分。鄂西、湘西等地即为此类型。

③峰丛洼地型：以峰丛为主，在峰丛之间主要分布封闭的溶斗和岩溶洼地等负向地貌。在一些溶斗和洼地底部出现落水洞等形态，如广西都安地区。

④峰丛盆地型：与上述峰丛洼地型的不同之处在于负向地貌面积大。由原来的岩溶洼地发展成岩溶盆地，盆地中有季节性流水或长年性地表流水。这种类型以广西润江地区为代表。

⑤峰林盆地型：宽大的盆地和面积很大的串珠状岩溶盆地分布在峰林之间。盆地中地表流水活动十分强烈，受河流的侧蚀以及地表流水溶蚀作用，峰林的面积愈来愈小，盆地面积愈来愈大。以广西阳朔最为典型。

⑥孤峰岩溶平原型：长期强烈的岩溶作用，地面已形成大面积的岩溶平原。平原上零星分布着平地拔起的孤峰残丘。地表流水作用形成的河谷地貌占很大比例。广西桂林附近分布较多。

☞ 复习思考题

1. 简述岩溶发育的基本原理和条件。

2. 简述岩溶地貌的基本形态和特征。

3. 分析岩溶地貌和丘陵地貌的等高线区别。

4. 什么是伏流？干谷和盲谷有什么区别？

第十一章 冰川与冻土地貌

汉语"川"是河流，冰川是指由冰构成的"河流"。这一名词反映了冰川是运动的冰体这一本质特点。

第一节 冰川的形成与作用

一、雪线

永久积雪区的下部界限称为雪线。永久积雪区又称终年积雪区，也叫雪原或粒雪原。

雪线是指某个海拔高度。以雪线为界，它的上面和下面，冰雪积累和消融的比例关系有显著的差异。在雪线以上地区，降雪量大于消融量；在雪线以下地区，降雪量小于消融量。而雪线也是降雪和消融的零平衡线。

雪线的位置不是固定不变的。四季的更替、气候较长周期的波动等，都能使雪线位置发生移动。我们一般所说的雪线是指永久积雪区的下部界限。

雪线位置受一系列因素影响，其中气温、降水量和地形三个方面的影响尤为显著。我国雪线的等值线以青藏高原西部为中心呈同心圆分布，雪线最高达 6200m。

二、冰川的形成过程

冰川的形成过程就是由疏松的雪花转变成致密的冰川冰并开始产生运动的过程。

由雪转变成冰川冰经历了一个类同于岩石变质作用的变质过程。降落到地面上的新雪疏松，含有大量气体，孔隙度很高，积雪增厚，下部雪层压力增大，空气被排出。昼夜和季节温度变化使部分雪升华和融化，水汽和融水不断迁移，并再行结晶。上述过程的结果使雪粒不断增大成为颗粒状的雪粒，称为粒雪。

就粒雪而言，相对于新雪虽已很紧密，但颗粒之间仍有许多孔隙。粒雪经融化、冻结、重结晶等反复作用，就形成了相对较为致密的冰川冰。

三、冰川的运动过程

冰川运动的根本原因在于冰川内部具有可塑性。冰川表面往往布满裂隙，显示了冰川坚硬脆弱的性质，这是一种表面现象。当我们仔细观察冰川裂隙分布情况，就会发现这种裂隙极少超过 60m 深，大部分裂隙远远小于这个深度就闭合了。这个现象反映了冰川表面和冰川下部性质的区别，冰川表面质脆，下部"柔软"。冰川表面容易发生断裂的一层叫脆性带，而下部"柔软"的那层叫塑性带。塑性带的存在是冰川流动的根本原因。

冰川冰是冰晶的聚合体。在低负温情况下，冰晶彼此结合得很紧密，一般排除了水的存在。但是在温度接近融点时，冰川冰不是十分稳定，因为冰、水、水汽三相并存，温度稍有变化，彼此间就会相互转化。当冰接近融点时，稍加压力，就可出现冰晶间的暂时融水，这种融水的存在帮助晶体做适应外力的位置调整，于是冰川冰就获得可塑性。在厚度大于数十米甚至数百米的冰川体内，下部承受着极大的压力，而压力愈大融点愈低，即使温度很低，冰晶间也可能出现暂时融水，使冰川体下部获得可塑性，于是，冰川发生运动。

冰川运动不是等速的，它是随着冰层厚度、地面起伏等变化而变化的。在同一冰川体的两侧与中央，速度也不相等。冰川中央流速大于两侧。实际观测还证明冰川表面运动最快，速度自冰面向底部递减。

冰川是气候的产物，有人说"冰川是挂在地球胸膛上的温度表"。这种比喻说明冰川对气候变化的反应是比较灵敏的。冰川的前进或后退反映了冰雪积累和消融的对比关系。

四、冰川作用

1. 冰川的侵蚀作用

冰川的侵蚀作用又称为刨蚀作用。冰川的这种作用就像使用刨子、锉刀加工物体一样对地面进行强烈的侵蚀，冰川有巨大的侵蚀力量，在冰川滑动过程中，冰川底部所含岩石碎块不断锉磨冰川床，使之加深、加宽，这种作用称为冰蚀作用。

寒冻风化作用为冰川刨蚀作用创造了条件，当融化的冰雪水渗入岩石节理并重新冻结时，对围岩产生强大的侧压力。在这种力的作用下，岩石被松动而遭破坏。松散的岩石碎块被冻结在冰川底部，并被冰川从基岩上挖掘出来混入运动的冰体中，这种过程是以挖掘的形式来实现的（图 11.1）。被挖掘的带棱角的岩块和冰冻结在一起，被牢固地镶嵌在冰川体上，成为像锉刀一样的研磨和刮削基岩的工具。冰川消失后，在这些被冰川作用过的谷地中，留下大小不等的石块，在基岩和石块上常留下磨蚀产生的刻槽和擦痕。

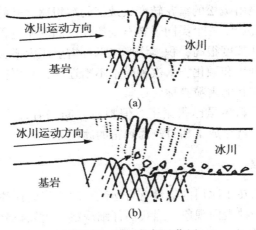

图 11.1　冰川的侵蚀作用

经冰蚀作用的岩石一般表面光滑，常有冰川擦痕，其方向与冰川运动方向一致。冰蚀作用的结果形成一系列的冰蚀地貌。

2. 冰川的搬运作用

冰川侵蚀产生的大量松散岩屑及由山坡崩落下来的各种碎屑，进入冰川后，随冰川运动而位移的过程，称为冰川的搬运作用。这些被冰川搬运的碎屑物，在冰中呈固着状态。被冰川搬运和堆积的岩石碎屑物质通称为冰碛。冰碛的来源，一部分是冰川运动中刨蚀谷底和谷壁所获得的；一部分是由于冰川作用地区强烈的寒冻风化作用所形成的风化岩屑，在重力作用下沿山坡滚落到冰川上的；还有一部分是冰川发生前由其他外力作用形成的堆积。由于冰川是固体，岩石碎屑在被搬运过程中基本上没有受到"加工"或"改造"，因此冰碛物质一般带有明显的棱角。当冰川消融后，堆积下来的冰碛物没有分选性，泥砾混杂，不具层理。冰碛中直径大于1m的岩块又叫冰漂砾（或漂砾）。

冰川的搬运能力极强，它可以将直径达数十米以上的巨大石块搬运很长的距离及很高的部位。不具分选性，是冰川搬运作用的一个重要特点。

3. 冰川的沉积作用

冰川在搬运过程中，因冰川消融或因搬运物质数量增加所导致的搬运能力减弱而堆积下来的作用，称为冰川的沉积作用。

位于冰川表面的岩石碎屑称为表碛，位于冰川体内部的称内碛，位于冰川末端（或尾部）的叫终碛（或前碛），位于冰川底部的称为底碛，位于冰川舌两侧的称侧碛。两条冰川汇合后，相邻侧碛可转变合并为中碛（图11.2）。

a. 表碛；b. 内碛；c. 侧碛；d. 底碛；e. 中碛
图11.2 冰川堆积物

冰碛物再被冰川融化的水搬运而形成的沉积物质，称为冰水沉积物。冰水沉积物既有冰川沉积的特点，又具有流水沉积作用的某些特点。冰水沉积物具有一定的分选性，形成明显的层理，砾石磨圆度也较冰碛物好。砾石保存有冰川擦痕和磨光面等冰川作用痕迹。

五、冰川的类型

冰川根据其形态、规模和所处的地形条件，可分为下面几种类型。

①山岳冰川：山岳冰川发育在高山地区雪线以上的宽阔洼地中，顺着山谷向下流动。

②山麓冰川：许多山谷冰川的冰川舌流至山麓，漫流于山前平原之上，在开阔的平原地方平铺展开，相互连接成裙状的冰体，称为山麓冰川。它是山谷冰川与大陆冰川的过渡类型。世界上最大的山麓冰川——马拉斯平山麓冰川在北美的阿拉斯加，面积达

2 682km^2。

③大陆冰川：大陆冰川是一个近于圆形或椭圆形的大冰块，其厚度可达千米以上。由于面积大、冰层厚，冰流不受下伏地形影响，从积雪地区的中心呈放射状向外围四周流动。南极大陆和格陵兰岛的冰川皆属大陆冰川。

第二节　山岳冰川的主要类型和地貌基本形态特征

一、山岳冰川的主要类型

1. 山谷冰川

山谷冰川是山岳冰川中规模最大的一种，也是发育最完善的、典型的山岳冰川。它具有明显的粒雪盆，又有沿山谷下伸的冰川舌。

山谷冰川可分为单式、复式、树枝状山谷冰川。

单式山谷冰川由一条山谷冰川组成。

复式山谷冰川由两条单式山谷冰川汇合而成。

树枝状山谷冰川则由三条以上单式山谷冰川汇合而成（图 11.3）。

前两种又称为阿尔卑斯型山谷冰川。树枝状山谷冰川以喜马拉雅山区最为发育，故又称为喜马拉雅型山谷冰川。

2. 悬冰川

悬冰川指冰川厚度较薄，一般为一二十米，面积很小，很少超过 1km^2，但是分布相当广泛的一种冰川。它分布在山坡上比较平缓或相对低洼的地方，呈盾形或马蹄形依附在陡坡上（图 11.4）。

3. 冰斗冰川

这类冰川的特点是没有冰川舌，或者仅有一条不明显的冰川舌。平面形状为椭圆形或半圆形、扇形、三角形，面积一般为几平方千米，大小介于山谷冰川与悬冰川之间（图 11.5）。

4. 平顶冰川

在平坦的高山顶发育的冰川称平顶冰川，又称冰帽，四周有不明显的冰川舌下伸。平顶冰川没有表碛，冰川表面上层是粒雪，下层是冰川冰。由于受地形限制，它不可能积累很厚的冰川冰。这类冰川数量不多。

二、山岳冰川的基本形态特征

山岳冰川（图 11.6）分为两部分：积累区和消融区。

山岳冰川积累区与消融区的形态特征有显著区别。规模较小的山岳冰川，积累区形状比较规则，呈半圆形（或称为扇形）；规模较大的山岳冰川积累区形状复杂而不规则。雪线是积累区和消融区的分界线，山岳冰川的消融区为长条形舌状体，沿谷地向山体下部伸展（图 11.7）。

1. 积累区的基本形态特征

积累区的地形大多是盆地，三面陡峭，一面开敞，是一个充满粒雪的盆地，所以称为

比例尺 1∶50 000　　　　　　　　　　　　　　　　等高距 20m

图 11.3　树枝状山谷冰川

比例尺 1：50 000 等高距 20m
图 11.4 悬冰川的等高线图形

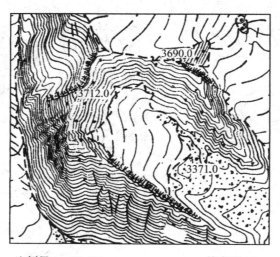

比例尺 1：50 000 等高距 20m
图 11.5 冰斗冰川的等高线图形

粒雪盆。

图 11.8 是山岳冰川积累区（粒雪盆）的等高线图形。图上等高线呈圆弧形向山体上部突出，具有盆形洼地的特征。后壁（三面）坡度陡峭，等高线密集。在粒雪盆的出口处，等高线呈细锯齿形，反映出冰面明显的融化现象。

2. 消融区的基本形态特征

图 11.6　山岳冰川素描图

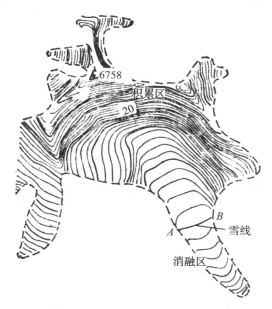

图 11.7　山岳冰川的等高线图形

　　在消融区由于得到冰川上源粒雪盆的补给，冰川舌得以存在。冰川舌的长度和厚度主要取决于粒雪盆的供应情况，它反映了气候等各方面条件的变化。冰川舌平面图形呈长条状。在地形图上，表示冰川舌的等高线呈弧形弯曲，向山体下部突出（图 11.7）。

　　根据冰川舌表面形态可分为两部分，上段是冰塔区，下段是表碛丘陵区（图 11.9）。

　　冰塔：冰塔是在低纬度、高角度的强烈太阳辐射和干燥大陆性气候条件下，由厚层冰川表面差别消融所产生的。冰川冰越过突起的冰槛流入谷地（图 11.10）时，在冰川表面

279

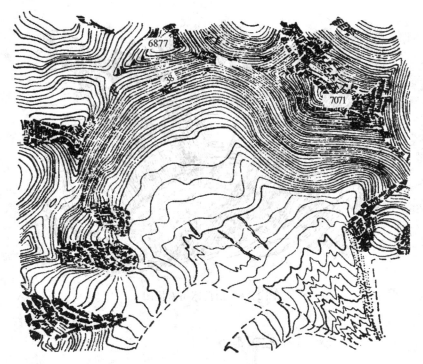

比例尺 1：50 000   等高距 20m

图 11.8 山岳冰川积累区（粒雪盆）的等高线图形

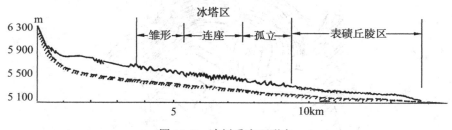

图 11.9 冰川舌表面形态

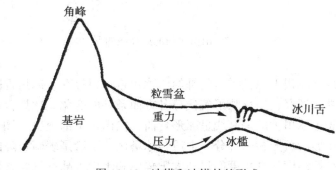

图 11.10 冰塔和冰塔林的形成

十形成一系列断裂和褶皱，夏季，直接受阳光照射的冰面温度可达 20~30℃，而背阴部分温度仍然很低，这样长期差别消融，形成一座座绚丽多姿的尖塔，称为冰塔和冰塔林。冰塔高达数十米。

　　冰塔一般出现在接近雪线的冰川舌上段，这里冰川刚从粒雪盆中流出，冰川表碛物很少，冰层厚度大，同时又存在强烈消融的客观条件。在粒雪盆中则不可能形成冰塔。在冰川舌的下段，冰川厚度不断减小，同时，冰碛物也愈来愈多，所以，这里也不可能形成尖塔状的冰塔和冰塔林。

　　图 11.11 是我国珠穆朗玛峰地区著名的绒布冰川的上段，这里冰川厚度大，表面冰碛物少，有利于强烈的融化作用进行，是奇特的冰塔林分布地段，等高线表现为不规则的细小弯曲。图 11.12 是绒布冰川的末端，这里表面冰碛物多（在图上以点状符号表示），融化现象不显著，等高线图形相对比较圆滑，仅在两侧有明显的融化所成的冰水渠道。

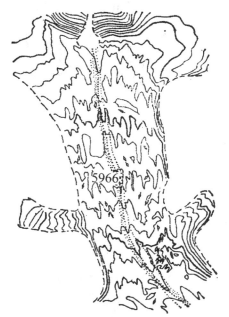

比例尺 1：50 000　　　　　　　等高距 20m

图 11.11　发育冰塔林冰川的等高线形态

　　表碛丘陵区是一些起伏不大的表碛丘陵（实际地形是乱石堆）。

　　冰川裂隙：冰川裂隙是冰川表面普遍存在的现象，当冰川在流动过程中出现流速差异时，冰体就会发生破裂，形成裂隙。

　　在地面发生显著起伏的地方，冰川表面往往产生与流向垂直的横裂隙。图 11.13 是我国珠穆朗玛峰地区北峰冰川的地形图，图上横裂隙和冰陡坎成因相同，形态不同，裂隙和冰坎在地形图上用相应的蓝色的单线符号和专门符号表示。

　　冰川在山谷中流动，由于中央和两侧流速不等，产生斜裂隙。当冰川由狭窄的谷地流

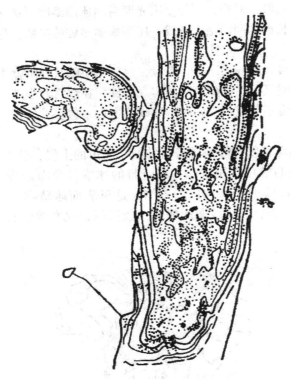

比例尺 1：50 000   等高距 20m

图 11.12 冰川表面冰碛形态

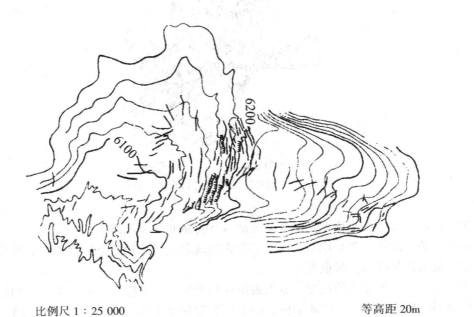

比例尺 1：25 000   等高距 20m

图 11.13 冰川地形图

至开阔的地方（如从山区流至山麓地带）时，在冰川表面常产生与流向基本一致的裂隙，称为纵裂隙。

☞ **复习思考题**

1. 什么是雪线？雪线位置受哪些因素的影响？
2. 简述山岳冰川的主要类型和形态特征。
3. 冰川地貌是如何分类的？
4. 简述冰川的形成过程。
5. 简述冰川的运动过程。
6. 简述冰川对地貌的作用。

第十二章　风成地貌

风成地貌是指风对地球表面的吹蚀、搬运和堆积作用形成的地貌。但由于地面各种条件的差异，风力所起的作用就有不同，从而形成了不同的风蚀地貌（如风蚀洼地等）和风积地貌（如沙丘等）。无论从形态的复杂性还是分布范围的广泛程度来看，风成地貌中风积地貌占有重要的地位。风成地貌并非地球上独有的，在其他行星（如火星）上也观察到了这种地貌形态。

风成地貌主要分布在干旱气候区，即副热带高压带附近（南纬 15°~北纬 35°）和温带内陆地区（北纬 35°~50°）。前者如北非撒哈拉沙漠和西南亚的阿拉伯沙漠等，后者如中亚地区、中国西北部及美国西部等。这些地区降水稀少，地表植物极其稀疏，岩石的物理风化强烈，沙质地表裸露，风力大而频繁，所以是风成地貌的主要分布地区。

我国风成地貌，除极少部分散布在湿润地区（如海岸和大河的河漫滩等处）外，主要集中在气候干旱少雨、风力强大而频繁的干旱和半干旱地带内。分布特点如下：

①在地理位置上，主要分布在东经 75°~125°、北纬 35°~50°之间的西北、华北北部和东北西部的干旱和半干旱地带内，面积约 109.5 万 km^2，约占全国总面积的 11.4%。

②在气候上，干旱少雨，日照强，昼夜温差大，物理风化强烈，年降水量少而集中，多短时暴雨。蒸发旺盛，空气干燥，相对湿度低，地表径流贫乏，植被稀疏矮小，地表裸露，风力强劲频繁。干燥度①都在 1.5 以上。

③在地势上，少部分位于内陆高原上，集中在西北内陆的巨大山间盆地或高原上的盆地内。这些地区属内陆流域。盆地内覆盖着厚度很大的沙质沉积物。

从表 12.1 中可以看出，我国自西向东流动沙丘逐渐减小，固定、半固定沙丘逐渐增多。

表 12.1　　　　　我国不同自然地理带流沙及固定、半固定沙丘的分布

自然地带	沙漠名称	各种沙丘所占面积的%	
		流动沙丘	固定及半固定沙丘
西部荒漠地带	塔克拉玛干沙漠	85	15
中部荒漠地带	毛乌素沙地	64	36
东部荒漠地带	科尔沁沙地	10	90

---

①　以 $A=E/r$ 公式计算。E 为可能蒸发量；r 为同时期的降雨量。干燥度 4.0 以上为荒漠；2.5~4.0 为荒漠草原（以上两者合称干旱区）；1.5~2.5 为干草原（半干旱区）。

第一节　风成地貌的主要营力

一、物理风化作用

物理风化作用又称机械风化作用，指处于地表的岩石，主要由于温度变化在原地产生机械破碎而不改变其化学成分，不形成新矿物的作用。其结果是使岩石整体逐渐崩解破碎，形成岩屑、砂粒等碎屑物，除一部分受重力作用沿陡坡滚落、堆积于山坡脚下外，大部分残留于原地而覆盖在基岩之上。

在干旱气候条件下，温度变化幅度大、速度快，所以岩石物理风化作用进行得非常剧烈。岩石层层剥落，地表风化碎屑物质数量大，这种由于强烈物理风化作用形成的岩屑，为风力和流水作用提供了十分有利的条件。

二、风力作用

干旱区强烈的物理风化作用使地表广泛发育沙质风化物，植物稀少与地表经常处于干燥状态又使这些沙粒极易被风力吹扬、搬运和异地堆积。充足的沙源与多大风的气候特点相结合，使风力作用成为干旱区最主要的地貌外动力。风力作用的强弱决定于风速。风速达到启动风速（使沙粒脱离地面而进入气流中移动的临界速度）时，就称风沙流。启动风速还会因地表起伏、沙粒含水量多少及粒径大小不同而异。表 12.2 表示沙子粒径与启动风速的关系。

表 12.2　　　　　　　　不同自然地理带流沙及固定、半固定沙丘的分布

沙子粒径/mm	0.10~0.25	0.25~0.50	0.50~1.00	>1.00
启动风速/m·s⁻¹	4.0	5.6	6.7	7.1

风沙流通过对地面的侵蚀、搬运和堆积便形成了风成地貌。

1. 风蚀作用

风蚀作用有两种形式：吹蚀和磨蚀。

吹蚀是风吹过地面使沙粒或尘土离开原地，随气流前进的一种作用。当地面存在大量松散沉积物或风化物质，尤其当物质粒径很小且松散干燥时。所要求的启动风速小，吹蚀作用最明显。

磨蚀是风沙流靠近地面运动时对地表摩擦的作用。受磨蚀作用的基岩表面形成各种现象。由于风沙流中沙粒集中在距地面 30cm 以内，所以吹蚀和磨蚀作用在接近地表处最显著。

2. 搬运作用

地表面的碎屑物质通过悬移、跃移、蠕移三种方式由原地被转移到异地的作用或过程，叫风沙流的搬运作用（图 12.1）。在三种运动方式中以跃移为主（其搬运量占70%~80%），蠕移次之（约为 20%），悬移最少（一般不超过 10%）。据观测，沙粒在转移过程

中绝大部分都在离地面 30cm 以下，特别集中在 10cm 以下。

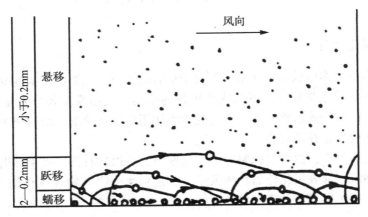

图 12.1　风沙运动的三种基本形式

　　悬移的都是粒径小于 0.2mm 的细小尘土颗粒。一些粒径小于 0.05mm 的尘土，颗粒细小，质量很轻，一旦悬浮后就不易沉降，随气流远离原地，移动距离可达数千千米。

　　跃移是碎屑物质的一种弹跳式的运动方式。地面沙粒在风力作用下发生滚动和跳跃。

　　3. 风积作用

　　当风力减弱或风沙流遇阻时，风中挟带的沙粒沉降于地面，这种现象就是风积作用。风积物质主要有风成沙和风成黄土两类。风成沙粒级多在黏土至沙之间，粒度均匀，磨圆度高，在垂直方向上和在水平方向上都具有比较明显的分选性。矿物成分因地而异，堆积形态则为各种沙丘。

三、暂时性流水作用

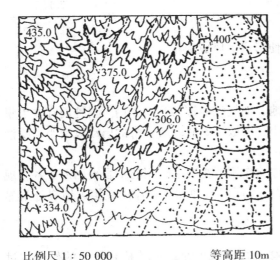

比例尺 1：50 000　　　等高距 10m
图 12.2　干旱区扇形地（劣地）

　　干旱区降水多呈暴雨形式，降水比较集中，降水强度大，使片流冲刷和沟谷侵蚀都比较强烈。地表存在风化碎屑物质，暴雨形成的洪流，冲刷山坡形成沟谷，在沟口形成各种规模、大小不等的扇形地。冲沟是干旱区山坡地表的又一特征。那些沟谷密度大，切割深度小，地形错杂零乱、崎岖不平，地面切割十分破碎的地称为劣地。劣地上有重重叠叠的树枝状沟壑，沟壑间分布着高度和形状极不一致的丘地。在地形图上，等高线图形十分零乱，呈细小锯齿形弯曲，相邻等高线互不套合（图 12.2）。

第二节　风 成 地 貌

在风成地貌中，风力对地面吹蚀和磨蚀作用形成的地貌，称为风蚀地貌。碎屑物质（沙、粉沙和尘土等）经风力搬运和堆积，则形成风积地貌。

一、风蚀地貌

风蚀地貌分布范围较小，在我国主要分布在柴达木盆地西北部、塔里木盆地东端的罗布泊洼地、新疆东部以及准噶尔盆地西北部的乌尔禾等地方。由于地表组成物质不同，在风的作用下，就形成了各种风蚀地貌。

1. 风棱石

风棱石是指散布在荒漠或戈壁滩上的岩石，经风沙长期磨蚀，形成光滑的棱面或棱角，棱线常和风向近于一致。戈壁砾石迎风面经长期风蚀后被磨光、磨平后在瞬时大风中发生滚动，新的迎风面再次被磨光磨平，两个或多个迎风面间就形成风棱。依据棱的数目，风棱石可分别称为单棱石、三棱石、多棱石等（图12.3（a））。

2. 石窝

石窝是指陡峭的岩壁经风蚀后形成的许多圆形或不规则椭圆形的小洞穴和凹坑。石窝由风沙旋磨岩石裂隙而成，一般直径在20cm至2m，深10cm至1m。通常出现于迎风崖壁上，密集时犹如蜂窝（图12.3（b））。

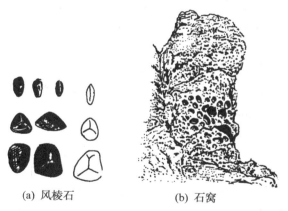

(a) 风棱石　　　　　　　(b) 石窝

图12.3　风棱石与石窝

3. 风蚀柱与风蚀蘑菇

产状水平和垂直节理或裂隙发育且岩性单一的岩层区，受风沙的长期吹蚀作用后，形成一些孤立的柱状岩石，称风蚀柱。

由于近地面气流含沙量大，远地面气流含沙量小，因此，风对孤立柱状岩体的磨蚀作用在近地面处更为强烈，经长期侵蚀，可能会形成上部大、基部小，外形似蘑菇状的石柱，称为风蚀蘑菇（或蘑菇石）。风蚀蘑菇是由风蚀柱变成的，形状和岩性有关，例如较软弱的岩层易被蚀去，坚硬的岩层易保留（图12.4）。风蚀蘑菇可单独耸立，或者成群分布，当其经风蚀较严重时会倒塌。

| (a) 风蚀柱 | (b) 风蚀蘑菇 |

图12.4　风蚀柱与风蚀蘑菇

4. 风蚀谷与风蚀残丘

干旱地区的短暂暴雨，可将已经强烈风化的地面在短时期内冲刷和侵蚀成很多沟谷，然后，风力继续对这些谷地进行吹蚀，使之加深扩大，逐渐形成外形宽窄不一、底部崎岖不平的谷地，称风蚀谷。这种沟谷是干燥区物理风化、暴雨洪流、风力吹蚀和坡地重力共同作用的产物。另外，早期地质作用形成的谷底也是风蚀谷形成的条件之一。

风蚀谷不断扩展，可使原始地面不断缩小。风蚀谷在谷之间保留的孤立高地称为风蚀残丘。它常成群或呈带状分布，丘顶呈尖峰状或平顶状，但以平顶状居多。其高度一般为10~30m。长度较大的称风蚀长丘，呈垄岗状，长丘呈栅栏状相互平行排列。风蚀长丘由岩性软硬相间的长轴褶皱经风力侵蚀而成。中国青海柴达木盆地风蚀残丘分布面积达22 400km²，是中国最大的风蚀地貌分布区。

5. 风城

风城是一种奇特的自然景观，出现在砂岩和页岩相间分布的地区，是在流水侵蚀的基础上发育起来的。由于岩性软硬不一从而导致风力吹蚀的差异性，结果形成了许多层状墩台，相对高度多为10~30m。墩台的顶部都很平坦，远看宛若废弃古城堡的断壁残垣、废道陋巷，故称风城，又名风蚀城堡。以准噶尔盆地西部的乌尔禾素最为典型。

6. 风蚀雅丹

"雅丹"在维吾尔语中即"陡壁小丘"的意思。雅丹地形是一种具有风蚀土墩和风蚀凹地平行相间排列的地貌组合（图12.5）。雅丹地面崎岖起伏，支离破碎，高起的风蚀土墩多为长条形，高度一般为1~5m，地面切割破碎，但正、负向地貌排列很整齐，其延伸方向与该地主要风向一致。土墩物质全为粉砂、细沙和沙质黏土层，砂质黏土往往构成土墩顶面，略向下风方向倾斜，四周由几种坡向的坡面组成，坡度上陡下缓。它们发育在古代河湖相的土状堆积物中，由于处于干旱地区，湖水干涸，黏性土因干缩而产生龟裂，定向风沿裂隙不断吹蚀，使裂隙逐渐扩大而形成风蚀凹地，而在凹地间则形成土墩。这种地貌景观在新疆罗布泊洼地西北部的古楼兰附近最为典型。

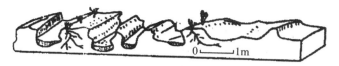

图 12.5 风蚀雅丹

7. 风蚀劣地

风蚀劣地是指在风的吹蚀作用下形成的一种支离破碎的地面，残丘很小，一般仅数米长，高度不超过 10m。每个小丘在航空像片上的平面形状似蝌蚪，迎风面陡峭，背风面平缓（图 12.6）。风蚀劣地一般发育在倾伏褶皱的倾伏端，这里岩层走向变化大，经风蚀作用后，形成这种崎岖不平的破碎地面。

图 12.6 风蚀劣地

8. 风蚀洼地和风蚀盆地

由松散物质组成的地面，经风吹蚀，形成了宽广而轮廓不大明显的、成群分布的洼地，叫做风蚀洼地。其外形多呈椭圆形、马蹄形或半月形，成行分布，并沿主要风向伸展。洼地达到一定深度后，或遇坚硬岩层，或近地下水位，都不利于继续加深，故风蚀洼地通常很浅，深度不超过 10m，长度在 1~2km 之间。背风坡一侧的坡度较陡，常达 30°以上，迎风坡一侧相对较缓（图 12.7）。风蚀洼地在我国柴达木盆地西北部广泛发育。

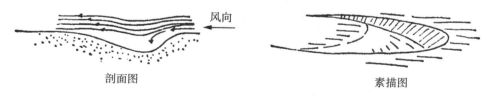

图 12.7 风蚀洼地

风蚀盆地是荒漠地区松散物质组成的干涸湖底，在长期风蚀作用下形成的凹地。它一般呈宽而浅的椭圆形状，长轴方向与风向平行。风蚀盆地规模很大，南非一风蚀盆地面积达 300km²，深 7~10m。我国准噶尔盆地也有 100km² 以上的风蚀盆地。风蚀盆地在我国内蒙古地区较为发育，主要因内蒙古地区表面地势平坦，风蚀作用显著。

风蚀洼地和风蚀盆地的深度低于地下水位时，如有地下水聚积，则可成为干燥区的湖泊，如我国呼伦贝尔沙地中的乌兰湖、浑善达克沙地中的查干诺尔、毛乌素沙地的纳林淖尔等。

二、风积地貌

风积地貌主要是沙漠及沙漠化地区的各种类型的沙丘。

沙丘移动规律极为复杂，与风向、风速、沙丘本身的高度、地表物质的粒径和成分、地面植被和水分条件等一系列因素有关。植被覆盖程度对沙丘活动程度起着决定作用。植被覆盖度在15%以下，是流动沙丘；在15%～40%之间，为半固定沙丘；在40%以上，则为固定沙丘。在分布的特征上，自西向东表现出明显的地域差异。例如，在贺兰山以西干旱荒漠地带，除准噶尔盆地降雨稍多，植被较好，沙漠中大部为半固定沙丘以外，其余沙漠均以流动沙丘占绝对优势，而内蒙古东部和东北西部半干旱的干草原地带的沙地则以固定和半固定沙丘为主，流动沙丘只零星分布在沙地边缘植被被破坏的地方。

根据沙丘形态和地图上表示的可能性，把沙丘的形态类型划分为九种。

（一）新月形沙丘及沙丘链

1. 新月形沙丘

新月形沙丘又称横向沙丘，是流动沙丘中最基本的形态。沙丘的平面形如新月，丘体两侧有顺风向延伸的两个翼，两翼开展的程度取决于当地主导风的强弱，主导风风速愈大，交角角度愈小。其平面轮廓似"新月形"，故名新月形沙丘（图12.8）。沙丘高度一般为10～40m，两坡不对称。迎风坡微凸而平缓，一般为10°～20°；背风坡下凹而陡，呈30°左右。

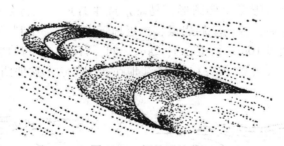

图 12.8　新月形沙丘

新月形沙丘是由盾状沙堆演化而来的。风沙流在地面遇到草丛等障碍物时，由于前进受阻而形成沙堆。这种沙堆进一步成为风沙流的障碍物，风沙流流经沙堆产生不同的风速及气压变化，沙堆顶风速大、气压小，背风坡风速小、气压大，沙堆背风坡形成涡流，将沙子堆于沙堆背风坡的两侧，并形成背风坡两尖角之间的马蹄形小凹地，凹地继续扩大，雏形新月形沙丘形成。不断地加积，沙丘增大，背风坡的沙粒因重力下滑，涡流再吹向两侧，发育两翼，典型的新月形沙丘便形成（图12.9）。

新月形沙丘是我国沙漠中最基本、最简单的沙丘类型之一，地形图上的表示如图12.10所示。

2. 鱼鳞状沙丘

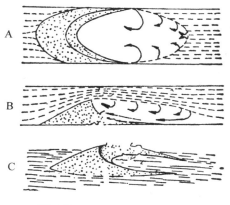

A—平面图；B—剖面图；C—立体图
图 12.9 新月形沙丘及其形成

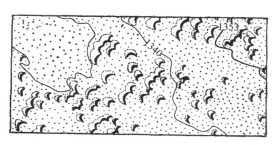

图 12.10 新月形沙丘的表示

鱼鳞状沙丘又称"迭瓦状沙丘"，是在一个主要风向作用下，新月形沙丘密集成群分布，前一个沙丘的迎风坡的坡脚，即为后一个沙丘背风坡的坡麓，沙丘间洼地很不明显，似鱼鳞状层层叠置。沙丘与主风向垂直，两翼顺风向延伸，与前方沙丘迎风坡相连，造成沙丘之间顺风向的沙埂，因此整个沙丘群体具有与主风向一致的弯曲的纵向沙丘的形态特征。

3. 新月形沙丘链

在沙源丰富、形成年代稍久和风向不变的条件下，新月形沙丘则发展演变成新月形沙丘链（图 12.11）。它由彼此相距很近的新月形沙丘的两翼彼此连接起来，形成一条条沙丘链。沙丘链的长度，短则几十米，长则几百米，甚至更长；沙丘链的高度一般为 5～20m，也有高达 30m 的。在单一风向作用地区，沙丘链形态仍保持新月形沙丘的特征。而在两个相反方向的风力交替作用地区，沙丘链平面形态比较平直，剖面形态往往是复式的，顶部有一摆动带（图 12.12）。

新月形沙丘和沙丘链的形态在航空像片上影像十分突出，易于识别。一般沙漠地区大面积测图的比例尺均小于 1：10 万，所以这类沙丘一般都采用符号表示。

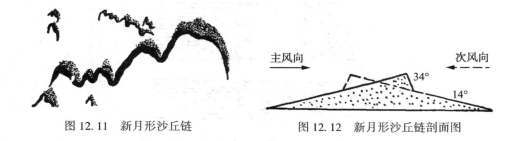

图 12.11 新月形沙丘链　　　　　图 12.12 新月形沙丘链剖面图

（二）纵向沙垄

全世界沙漠中，半数以上沙丘为纵向分布。纵向沙垄是一种长条状（或垄状）沙丘，与主风向平行的垄状堆积地貌，垄体表面叠置了许多新月型沙丘链。沙垄延伸很长，一般为 10~20km，最长可达 45km；垄体高度通常为 50~80m，宽度为 500~1 000m，垄间低地宽达 400~600m，其间散布一些低矮的沙垄和沙丘链。纵向沙垄在纵长方向上表现为沙脊线波状起伏，横剖面有较对称的两坡和穹形的顶部，有的两坡不很对称，尚有摆动的脊线存在。纵向沙垄相互平行，其间是平坦或微凹的沙地。

纵向沙垄的形成条件如下：一种是由于两个风向为锐角相交的风力相互作用的结果，纵向沙垄沿着风的合力方向延伸；还有一种从新月形沙丘发展演变成的纵向沙垄，当新月形沙丘形成以后，由于风向的改变，风向与新月形沙丘斜交，使新月形沙丘一翼得到发展，不断延伸而成纵向沙垄（图 12.13），这种沙垄沿着风的合力方向延伸，和两个风向都呈一定的角度斜交。新月形沙垄基本形态呈长条的垄状沙丘，但在垄体上仍保留着新月形沙丘的痕迹。图 12.14 是纵向沙垄的等高线图形。在植被条件较好的地区，由同一方向延伸的灌丛沙丘相互接近而成的沙垄是半固定沙垄（图 12.15）。灌丛沙丘形成的沙垄不断延伸，沙垄间互不平行，呈锐角相交连接在一起，称树枝状沙垄。这种沙垄一般延伸距离很大，有的长达数十千米。

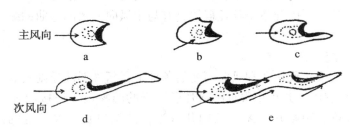

图 12.13 由新月形沙丘发展演变成的纵向沙垄

在航空像片上，纵向沙垄的形态特征反映清晰，一般表现为在暗色调沙地表面上突出的灰白色调沙垄。树枝状沙垄垄脊是灰白色或浅灰色色调，垄间由于植被覆盖呈现灰黑色或黑色色调。

（三）复合型沙丘及沙丘链

如果新月形沙丘不断被来沙堆积时，往往在它们的迎风坡上发育出次一级的小新月形

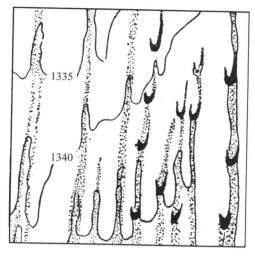

图 12.14　风沙地貌等高线图形

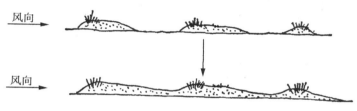

图 12.15　灌丛沙丘形成的半固定沙垄

沙丘或沙丘链。巨大的沙丘链上发育着次一级的沙丘和沙丘链，称为复合型沙丘链。横剖面形态一般不对称，迎风坡缓而长，背风坡陡而短。这种高大沙丘，其高度为 30~50m，两坡不对称，主要分布在塔克拉玛干沙漠的西部。

　　图 12.16 等高线的 S 形弯曲反映了沙丘链的平面形状特点，东侧一坡等高线间的距离大于西侧（迎风坡与背风坡坡度的差别），在巨大沙丘链（相对高度为 60~80m）上发育许多新月形沙丘。

　　（四）复合型沙垄

　　有些规模巨大的沙垄上，发育着密集而叠置的新月形沙丘链，形成复合型纵向沙垄（图 12.17）。在塔克拉玛干西南部发育典型。

　　图 12.18 是属于流动的复合型沙垄。沙垄的走向与主风向相平行或交角小于 30°。垄体平直，两坡微具不对称。在巨大的沙垄上发育次一级的沙丘。复合型沙垄可长达数十千米，垄高百余米，垄宽 500~1 000m，垄间宽可超过 500m。这类沙丘只分布在塔克拉玛干沙漠的中部。

　　图 12.19 是一种半固定的复合型沙垄。在巨大的沙垄上发育了蜂窝状沙地。沙垄之间发育了小的沙垄。沙垄上的蜂窝状沙地以负向封闭等高线表示，垄间的小沙垄以粗点表示。在航空像片上半固定的复合型沙垄的植被覆盖是一个重要的解译标志。

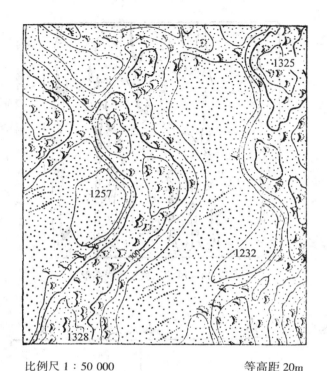

比例尺 1：50 000　　　　　　　　　　等高距 20m

图 12.16　复合型沙丘链的表示

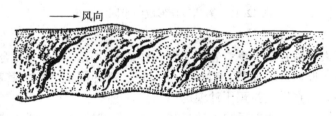

图 12.17　复合型纵向沙垄

（五）格状沙丘

格状沙丘是在两个相互垂直方向的风作用下形成的。由纵横交错的沙丘链组成，平面形状呈方格状。

（六）金字塔沙丘和沙山

金字塔沙丘的特点是丘体呈角锥状，具有尖锐的角顶、狭窄的棱脊和三角形斜面，斜坡坡度一般为 25°～30°。金字塔沙丘的棱面至少有三个以上。沙丘的高度很大，小于100m 称金字塔沙丘，大于 100m 叫金字塔沙山（图 12.20）。

金字塔沙丘是在多风向，且风力相差不大的几股风的作用下发育起来的，尤其在主向风向前运动遇到阻碍而引起气流发生干扰时最易形成。

（七）穹状沙丘

穹状沙丘又名复合型穹状沙丘（图 12.21）。这种沙丘是平面形状近似圆形的馒头状

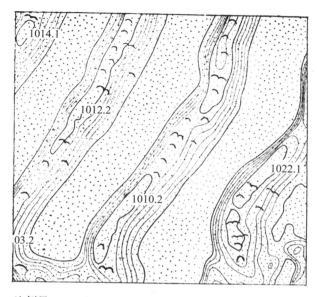

比例尺 1：100 000　　　　　　　　　　等高距 20m

图 12.18　地形图上的复合型沙垄

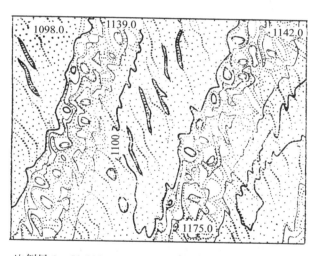

比例尺 1：50 000　　　　　　　　　　等高距 20m

图 12.19　半固定的复合型沙垄

沙丘。四周斜坡对称，在沙丘体叠置着许多小沙丘（在图 12.21 上没有表示）。穹状沙丘高度为 30~50m，分布零乱无规律。

（八）蜂窝状沙丘

在风力均衡的多风向风的作用下，形成中间低四周高的沙窝所组成的沙丘，称为蜂窝状沙丘（图 12.22）。其地面形态为蜂窝，波状起伏，圆形和椭圆形沙丘和洼地相间分布。

比例尺 1：50 000　　　　　　等高距 10m

图 12.20　金字塔沙山

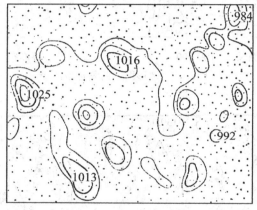

比例尺 1：100 000　　　　　　等高距 20m

图 12.21　穹状沙丘的等高线特征

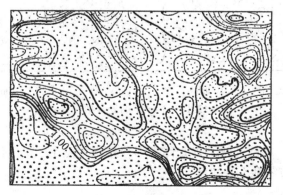

比例尺 1：50 000　　　　　　等高距 10m

图 12.22　蜂窝状沙丘的等高线图形

（九）沙山

沙山高度均超过百米（图 12.23），形状不一，有的呈链状，两坡不对称，链间有洼地。有的是叠置型链状，沙山与沙山互相叠置，山间低地不明显。在我国沙漠中最高大的形态是复合型链状沙山，最高可达 420m，长度可达 5～20km，横剖面极不对称，在巨大沙山之间分布有咸水湖。

比例尺 1：100 000　　　　　　　　　　等高距 40m

图 12.23　复合型沙山

三、荒漠类型

荒漠地区是指气候干燥、降水极少、蒸发强烈，植被缺乏、物理风化强烈、风力作用强劲、蒸发量超过降水量数倍乃至数十倍的流沙、泥滩、戈壁分布的地区。荒漠是指气候干旱、地表缺水、植物稀少及岩石裸露或沙砾覆盖地面的自然地理景观。荒漠占全球面积的 1/4，主要分布在南北纬 15°～50°之间的地带。其中，15°～35°之间为副热带，是由高气压带引起的干旱荒漠带；北纬 35°～50°之间为温带、暖温带，是大陆内部的干旱荒漠区，如我国的新疆、内蒙古和青海等地的荒漠。

荒漠如按地貌特征及地面组成物质来分，可分为岩漠（石质荒漠）、砾漠（砾质荒漠）、沙漠（沙质荒漠）和泥漠（泥质荒漠）等四类。其中以沙漠分布面积最广，形态也最复杂。我国荒漠以沙漠和砾漠两种类型为主。

（一）岩漠

岩漠又称石荒漠，主要分布于干旱区的低山、丘陵及山麓地区，某些风蚀洼地或干河洼地的底部，为岩石裸露的平坦地面，覆盖着一层薄薄的尖角石块和砾石，其岩性与基岩一致。在这里由于昼夜温差变化急剧，物理风化作用强烈，当水分渗入岩石裂隙时形成胀裂作用。经过长时间的剥蚀作用，使地面十分破碎。在水分缺乏的条件下，不能生长植物，地面光秃，岩石裸露，或盖有残积-坡积岩屑，细粒物质经过风的长期吹扬，已被迁走。在岩漠地区常有残丘矗立。岩漠在世界上分布很广，在北美和我国西北的祁连山、昆仑山山麓均有岩漠。

山麓剥蚀面是岩漠中最为发育的一种地貌。由于干旱区物理风化和风蚀作用极为强烈，山坡上披覆着大量的风化碎屑物，在重力作用下，不断向山下移动。特别是在暴雨时，大量碎屑物被迅速运往山下。以后基岩又重新裸露，并再次受到风化和侵蚀。如此反复作用下，山坡不断后退，于是在山麓地带出现了由基岩组成的平缓地面，称为山麓剥蚀面（图 12.24），它扩大后便成为山足剥蚀平原。平原上散布着未被蚀平的残丘，即岛山。地面还有薄层的残积、坡积物覆盖。

岛状山　　山麓剥蚀面

图 12.24　山麓剥蚀面

这里地表基岩裸露，暂时性流水形成许多沟谷，山地边缘或盆地周围分布着洪积裙，有的地区则被切割成极为破碎的劣地地形。由于植被稀少，裸露的基岩形成平坦、缓和外貌，地面上常残留一些在原地崩解而成的棱角形石块和一些由坚硬岩层构成的残丘。在山麓地带形成缓缓倾斜的基岩剥蚀面。图 12.25 是我国西北地区岩漠的等高线图形，地貌以干河床和切割密度大、切割深度小的沟谷为主，等高线以细小弯曲为主要特征。

（二）砾漠

砾漠，又称砾石荒漠。整个地面一片砾石，蒙古语称为"戈壁"，指干旱地区粗大砾石覆盖的地面。砾石来源于基岩崩解物或早期各种沉积，在强烈的风力作用下，细粒物质被吹走，留下粗大的砾石，覆盖着地面，形成砾漠。古代堆积物可以是经过长期风化剥蚀的基岩碎屑物或为山下坡积物，也可以是经流水（包括冰雪水）的搬运而在山麓地带堆积的洪积、冲积物。前二者砾石磨圆度差，均带棱角，后者砾石粗大，经过滚磨，砾石表面有时蒙盖着由毛细管水带出的黑色铁锰沉淀物，经风沙摩擦后，光亮耀目，称荒漠漆。由于地面缺乏土壤，气候又十分干旱，植物稀少，形成砾石荒漠。我国砾漠分布较广，主要分布在河西走廊、柴达木盆地、塔里木盆地及昆仑山、天山等山麓地带。

（三）沙漠

沙漠是流沙覆盖且沙丘广泛分布的地区，是荒漠中分布面积最广、最常见的一种类型。

沙漠一般位于岩漠或砾漠的延展方向，地势较为平缓。沙漠中的沙子来源于古代或现

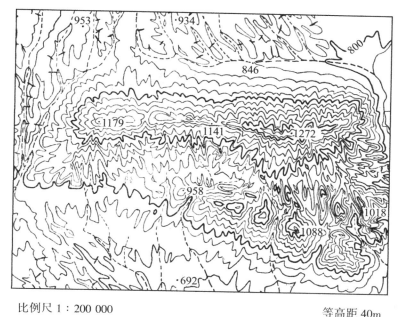

比例尺 1：200 000　　　　　　　　　　　　　　等高距 40m

图 12.25　岩漠的等高线图形

代的各种沉积物（残积、冲积和湖积等）中的细粒物质，经风力吹扬、搬运沉积而成。我国沙漠广泛分布在西北及内蒙古等地。

（四）泥漠

泥漠主要是由细粒黏土、粉沙等泥质沉积物组成的荒漠。泥漠位于荒漠区的低洼地带或封闭盆地中心，地表平坦，暂时性流水从周围山地流向盆地中心，在凹地中央沉积了泥质沉积物。由于荒漠气候干燥，蒸发强烈，很快失去水分干裂，地表黏土常龟裂。其地面平坦，富含盐碱，龟裂纹发育，植物稀少，风蚀作用强，常有风蚀脊、白龙堆发育。在地下水面靠近地表的泥漠地带，含有盐分的地下水沿毛细管孔隙上升，由于水分蒸发，在地表积聚大量盐分，称盐沼泥漠，即形成盐漠。如新疆的罗布泊和青海柴达木盆地等皆有广泛分布。

☞ **复习思考题**

1. 简述风沙作用及干旱区主要地貌类型。
2. 简述我国风成地貌分布的特点。
3. 简述干旱区、半干旱区自然地理特征。
4. 论述新月形沙丘的特征、形成和演化。

第十三章　重力地貌与黄土地貌

第一节　重力地貌

岩体和土体在重力作用及地表水、地下水影响下沿坡向下运动称为块体运动，形成的地貌称为重力地貌，大致可分为崩落、滑落与蠕动三类。

一、崩落与崩塌地貌

陡坡上的岩体与土体在重力作用下突然快速下移，称为崩落或崩塌。

陡峻斜坡上的岩体、土体、石块和碎屑层等，在重力作用下，突然快速地向坡下崩落，在坡麓形成倒石堆，这一过程称为崩塌。

（一）崩塌的特点

山岳地区发生的巨大崩塌，常称为山崩。河岸、湖岸和海岸的陡坡处发生的崩塌，又称为塌岸。

崩塌的一般特征是：先兆不明，发生突然，从出现迹象至崩落十分迅速，崩落后不能保持崩落体内各岩块或土块间的相对关系，每次崩塌都沿新的破坏面而崩下，大块崩落与小颗粒散落同时进行，先是快速地崩落，然后再沿着山坡滚落下去；崩塌体多脱离崩床，堆积在坡脚处。

（二）形成崩塌的条件

地形条件：崩塌只发生在极陡的斜坡上，一般认为地形坡度大于45°时，即可能出现崩塌。斜坡的相对高度大于50m时，可能发生大型崩塌。

地质条件：处于断层破碎带，侵入岩体接触带的高陡斜坡，最易发生岩块的崩落。节理、层理的倾向和斜坡坡向一致时，也易发生崩塌。陡坡下部为软弱层，其上覆有巨厚岩体，也容易发生崩落。

气候条件：暴雨能破坏岩体、土体结构，软化软弱层，常常促进崩塌过程。

其他条件：地震、地表水的冲刷淘蚀、人工开挖边坡、陡坡开荒、爆破等因素导致岩体、土体失稳和松散堆积物坡度超过休止角，进而形成崩塌。

（三）崩塌地貌

崩塌形成两种地貌，即山坡上部的崩塌崖壁与坡麓的岩堆（倒石堆）。崩塌崖壁坡度很大，常呈悬崖峭壁。在原坡地的上部，形成崩离壁（面）和龛窝等新的陡崖地貌；前者是一个均匀平整的面，常与断裂面、软弱层面等相一致，多出现在30°~40°的斜坡上；后者发生在更陡的斜坡上，呈凹入的壁龛状，龛窝壁的坡度可达90°。在原坡的下部的平缓地带，崩积物堆成锥形体（图13.1），称倒石堆或岩屑锥（堆）；倒石堆由巨大的岩块、碎石和岩粉等崩积物组成，碎屑呈角砾状，分选性极差。倒石堆可以彼此合并，在坡脚形成连续的倒石裙。

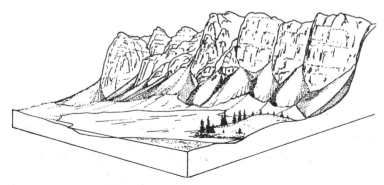

图 13.1　崩塌及倒石堆示意图

崩塌作用在斜坡上塑造成峻峭的陡崖地貌，而这种陡峻地形又能加剧崩塌的发生，结果使悬崖后退，高度降低，地形逐渐变平缓，崩塌作用也渐趋消亡。岩堆经风化可发育土壤和生长植被。崩塌地貌在地形图上用图 13.2 表示，符号上沿的实线为崩崖上缘棱线，若上缘是陡崖时加绘陡崖符号，面积较大时用等高线配合表示。

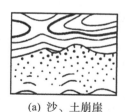
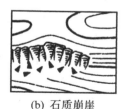

(a) 沙、土崩崖　　　　(b) 石质崩崖

图 13.2　地形图上崩塌地貌的表示

二、滑落与滑坡地貌

由岩石、土体或碎屑堆积物构成的山坡体在重力作用下沿软弱面发生整体滑落的过程称为滑坡。滑坡只有在由重力引起的下滑力超过软弱面的抗滑力时才能发生。因此，坡体滑落必须具备一定的内在因素和诱发因素。内在因素包括地层岩性、地质构造、坡体结构等。坡体存在软弱面，地质构造有利于水的聚积，松软岩层被水浸湿后进一步软化，岩石上部透水、下部不透水从而成为含水层等，都有利于滑坡形成。断层面、节理面、岩层层面则都是天然软弱面。诱发因素包括降水强度、地下水、地震、地表径流对坡麓的冲淘、坡面加积作用，以及人为地在坡地上蓄水灌溉、建房筑路时破坏坡地稳定性等。它的滑动速度很缓慢，一天只有几厘米或更慢。滑坡多发生在山地的较陡斜坡上。河岸、湖岸和海岸斜坡上也有滑坡出现。产生滑坡的斜坡坡度一般为 20°~40°，过陡的斜坡其重力作用主要表现为崩落。

（一）滑坡地貌

滑坡有自己独有的地貌形态，现已发现有数十种滑坡地貌特征，形成一定的地貌形态组合。主要有半环状后壁、月牙形洼地、滑坡台地和前缘鼓丘等独特地貌（图13.3）。

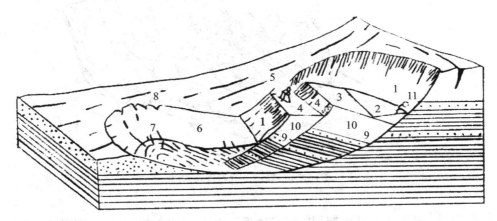

1. 滑坡壁；2. 滑坡湖；3. 第一滑坡台阶；4. 第二滑坡台阶；5. 醉林；
6. 滑坡舌凹地；7. 滑坡鼓丘和鼓胀裂缝；8. 羽状裂缝；9. 滑动面；10. 滑动体；11. 滑坡泉

图13.3 滑坡形态结构示意图

滑坡体：从较陡的斜坡上滑落的岩、土块体，称为滑坡体。由于整体下滑，土体大体还保持着原有结构。滑坡体上的树木随土体滑动而东歪西斜，称之为醉林。

滑动面：滑坡体移动所经过的面，一般是弧形面，其上可见擦痕和磨光面。有时，滑动面上下能出现明显的滑坡所造成的揉皱结构，厚数厘米到数米不等，故称滑动带。

滑坡壁：滑坡体滑动后，在后面和两侧常形成陡峭的后壁和侧壁，平面上呈围椅形，有时只有后壁，这种陡崖地形称为滑坡壁。陡壁高度代表滑体移动的距离，从数十米至数百米，坡度60°~80°，壁上有时留有垂直方向的擦痕。

滑坡台地（滑坡阶地）：一般滑坡体经过一次（级）滑动后，常形成一级台地面和一个陡坎，即台地面与陡坎相间地形。由于滑动时间的先后，或滑动次数不同，可以形成多级滑坡台地。

滑坡洼地：在滑体后部与滑坡陡壁之间，常形成洼地，多为月牙形，有时积水成湖，称滑坡湖。

滑坡舌和滑坡鼓丘：滑坡体前缘的舌状突出部分，称为滑坡舌。当它向前滑动时，如果受到阻碍，就会因挤压而隆起，呈丘状地形，叫滑坡鼓丘。丘内土层常呈褶皱形态。丘的后面，地势相对低洼，常积水成池塘。

（二）影响滑坡形成的因素

影响滑坡形成的因素很多，主要有岩性、构造、地貌、流水、地震及人为因素等。

岩性和构造：松散沉积层中发生的滑坡，多和黏土夹层有关；基岩中的滑坡多发生在千枚岩、页岩、泥灰岩和片岩等岩层分布区。这些地层，岩性软弱，亲水性和可塑性强，遇水容易软化，有利于滑坡的形成。滑坡多沿着斜坡内的地质软弱面（断层面、节理面、裂隙面、软弱夹层或岩层不整合面等）滑动。另外，当岩层倾角与斜坡倾向一致，而岩层倾角小于斜坡坡度时，很容易沿层面形成滑坡。新构造运动区常发生滑坡。

地貌：斜坡坡度超过边坡休止角时易发生滑坡。松散土层的滑动坡度多在 20°以上，基岩的滑动坡度多在 30°～40°。

流水：降雨或融雪时，有一部分水渗透到松散堆积层或岩石裂隙中，降低土粒间的黏结力，增大润滑作用，促使滑动。雨季产生的滑坡占总数的 90%以上。岸边流水的掏蚀，能使岸坡上的岩土体支持力减小，而发生滑坡。

地震：较大的地震能使斜坡的土石内部结构遭到破坏，土石沿裂隙面滑动。一般认为，五级以上地震就能引起滑坡。

人为因素：人工开挖渠道、采掘矿石、修路等活动，能破坏斜坡平衡，造成滑坡。人工爆破能促进岩土体滑动。

总之，滑坡是作用于斜坡上的一系列因素综合作用的产物。形成滑坡的主要原因是重力，但通常需要由暴雨、地震、流水等因素的诱发，促使本来平衡的土石体发生向下滑动。

三、蠕动

坡面岩屑、土屑在重力作用下以极缓慢的速度移动的现象称为蠕动。15°～30°的坡度最适宜发生蠕动。土层温度升降尤其是冻融交替、干湿变化均可引起蠕动，造成坡面土层或碎屑层发生弯曲及斜坡上物体变形（图 13.4）。它的明显特点是：蠕动的速度极为缓慢，每年仅几毫米到几十厘米，蠕动体和不动体之间不存在明显的滑动面或界面，两者间的形变量和蠕动量是渐变过渡的。坡度较大的坡地，难以保存黏土和水分，而小于 15°的坡地，重力作用不明显。

图 13.4　坡地上的蠕动现象

蠕动的发生主要决定于重力和岩性等内在因素，地下水则起了润滑剂的作用，促使斜坡表面岩土体的蠕移。

蠕动过程十分缓慢，短时间内无法察觉。经过长期积累，其变形量是很可观的，小则使电线杆倾倒、围墙扭裂；大则使厂房破裂、地下管道扭断。

根据蠕动的规模和性质，可以将蠕动划分为两大类型，即松散层蠕动与岩层蠕动。

（一）松散层蠕动

斜坡上的松散碎屑或表层土粒，由于冷热、干湿变化而引起体积胀缩，并在重力作用下顺坡向下发生极其缓慢移动的现象，称为松散层蠕动或岩屑蠕动。

发生松散层蠕动的基本因素包括：较强的温差变化和干湿变化；一定的黏土含量；一定的坡度。

松散层蠕动坡的特点是表面相当平坦，略呈微波状或小阶梯状，这是它的微地貌特征。

（二）岩层蠕动

斜坡上的岩体在自重的长期作用下，发生岩层向临空面十分缓慢的由松弛、张裂、弯曲至倒转的变形现象，称为岩层蠕动。

引起岩层蠕动的原因，在湿热地区主要由于干湿和温差变化造成，在寒冷地区则由冻融作用所致。

发生岩层蠕移的斜坡，稳定度小，各种生产建设以避开为宜。后部减重，前部支挡和加强地表排水，对防治岩体表层蠕动很有效。

在山地地区，坡面物质的块体运动常有发生，在发生快速的、大规模的块体运动时，可以摧毁道路、桥梁及其他工程设施，甚至破坏或掩埋农田或村庄，给人民的生命财产带来很大的危害。

蠕动和滑坡地貌在地形图上的表示如图 13.5 所示，滑坡上缘用陡崖符号表示，范围用点线绘出，其内部的等高线用长短不一的虚线表示，表示不确定的形态。

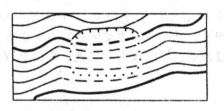

图 13.5　蠕动和滑坡地貌在地形图上的表示

第二节　黄土地貌

黄土是一种形成于第四纪的特殊的松散土状堆积物。分布范围广泛，我国黄土主要分布在北纬 34°~40°、东经 102°~104° 之间，大致北起长城、南抵秦岭，西起青海湖、东至太行山。这里地势高，黄土覆盖地表呈连续分布，面积达 27.56 万 km²，约占全国黄土分布总面积的 70%，大部分地区厚度达 100~200m，形成特殊的黄土地貌，成为世界上黄土和黄土地貌发育最典型的地区，地理上称为黄土高原。本节所讨论的即是发育在黄土高原地区的黄土地貌。

总的看来，黄土高原地貌有三个基本特点，即

①地面非常破碎；

②地势起伏变化很大；

③地面斜度大。

总体上看，黄土地貌形态与黄土堆积前的古地形有关。原来的地形起伏形成了黄土地

貌总的轮廓，黄土的覆盖只是和缓了地形的起伏，而黄土地貌的局部特征则是在现代流水的侵蚀切割和其他外力作用下发育的。

我国黄土地貌之所以典型，一个是黄土厚度大，另一个是气候条件使然。

黄土高原地处半干旱气候地区，降水量少，降水集中，全年降雨多集中在夏季。这种暴雨性质的降水对黄土地面侵蚀尤为剧烈。暴雨是黄土地区沟谷形成和发展的主要动力。

除了地面沟谷流水侵蚀外，风和地下水的作用也是塑造黄土地貌形态的两种力量。黄土高原风力作用是强烈的。翻松的黄土，只要 3~4 级风力就能把土粒扬起。这种侵蚀方式在地形高处部位比较显著。

地下水作用在黄土地区主要表现为机械潜蚀和化学溶蚀。由于这两种作用，常形成类似岩溶地貌的黄土碟、陷穴等（称黄土潜蚀地貌）和各种重力地貌形态。

一、黄土的特性

黄土是棕黄色的粉沙和尘土（黏土）组成的土状堆积物，具有质地均一、颗粒排列有一定的方向性、成分复杂、富含碳酸钙、结构疏松、多孔隙、有明显的垂直节理、没有层理等特征。

（一）黄土的颗粒组成

黄土的颗粒组成具有高度的均一性。组成黄土的颗粒通常可分为 5 级：$0.25~0.1mm$ 称粗细沙，$0.1~0.05mm$ 称细沙，$0.05~0.01mm$ 称粗粉沙，$0.01~0.005mm$ 称粉沙土，$<0.005mm$ 称黏土。

黄土颗粒组成集中在小于 $0.05mm$ 范围内，以粗粉沙为主，其次是细沙和黏土。

黄土颗粒成分，在整体上具有高度的均一性，但在地域上却又有明显变化的方向性。总的趋势是自我国西北向东南，颗粒逐渐变细。

在黄土高原的黄土，颗粒组成的平均含量及变化，大体相似，说明了搬运黄土物质的主要营力的单一性，并且只有在远距离的搬运过程中，才能达到如此高度的混合。

与世界其他地区黄土分布规律一致，我国黄土高原也正处在干旱荒漠地区外线。黄土分布的特点和黄土颗粒组成的粒径变化规律说明了黄土物质来源于大陆内部沙漠、戈壁的干旱。

（二）黄土的矿物成分和化学成分

黄土的矿物成分已发现的有 60 余种，主要是 SiO_2（占 50% 左右）、Al_2O_3（占 8%~15%）和 CaO（占 10% 左右），其他较重要的有 Fe_2O_3（占 4%~5%），MgO（占 2%~3%）和 K_2O（占 2%）。

SiO_2，Al_2O_3 和 CaO 的含量较高是由于黄土矿物成分中的石英、长石和碳酸盐类矿物含量高，而 Fe_2O_3 和 MgO 的含量与黄土中含有带铁锰成分的不稳定矿物（如角闪石、辉石、黑云母等）较多有关。

就黄土化学成分而言，在地域上也存在变化的方向性：从西北至东南，Al_2O_3 和 Fe_2O_3 的含量逐渐增多；SiO_2 和 FeO 的含量逐渐减少。Al_2O_3 与 SiO_2 两者相对增减，一方面反映黄土物质组成的不同，即西北黄土含有更多的沙粒，而东南黄土则含有更多的黏土成分；另一方面反映气候的差别，即西北气候干冷，东南气候相对湿热，因而自西北向东南，化学风化作用逐渐活跃，FeO 迅速氧化成为 Fe_2O_3。

（三）黄土的结构特征

多孔性是黄土结构的基本特征。黄土的孔隙度一般达 45%~50%，其中大孔隙占的比例更多，有的孔径可达 0.1mm。

黄土中细粒矿物中有一部分是黏土矿物，还有一部分是易溶的碳酸盐类，这些矿物在干燥时因结成聚集体，对土体起着胶结作用，使黄土具有较高的强度。但是遇水浸湿后，就会发生溶解或分散，改变了土体的胶结程度，使黄土强度显著降低。

黄土结构和组成物质的特征决定了黄土地区常发生地面沉陷现象。由于浸水而使黄土的结构发生变化所引起的地面沉陷，称为湿陷。这个过程既是化学过程，也是物理过程。随着地下水的渗流和黄土颗粒流失，使孔隙不断扩大而引起地面的塌陷，称为潜蚀。这个过程是一个黄土颗粒位置迁移的物理过程。

二、黄土地貌形态

黄土地貌可分为两大类：黄土沟谷地貌和黄土沟间地貌。黄土地貌发育过程的实质，就是沟谷地貌不断发展扩大，沟间地貌不断被分割缩小。

（一）黄土沟谷地貌

根据沟谷的形态特征可将其分为三类：河沟、干沟、冲沟。

河沟和干沟是黄土高原地区发育很久、规模较大的两种沟谷，两者之间有时区别不明显。

河沟是黄土堆积前早已发育的沟谷，第四纪时期黄土堆积覆盖谷地成浅洼地，以后又经流水切割，形成河沟。河沟一般是黄土地区现代河流的第一级支沟沟谷，由于没有稳定的水源，所以在地图上常用时令河符号表示。河沟沟底发育在下伏基岩上，深向侵蚀微弱，而侧向侵蚀作用相对表现十分活跃，谷地横剖面常呈屉形，底部较宽，常有河漫滩和曲流阶地，谷地纵剖面平缓，在地形图上表现为通过谷底的相邻两等高线相距较远。河沟沟谷的平面图形比较曲折。河沟的宽度可达数十米至数百米，长度从几千米到一二十千米。

干沟一般是河沟的支谷。干沟除雨后短期有水外，平时没有水流。与河沟相比，干沟的形态特征（图 13.6）是：平面形状平直，干沟纵剖面坡度较陡，过谷底的相邻等高线彼此距离较小（纵比降为 5%~15%，而河沟的纵比降为 2%~5%）。横剖面较窄，没有河漫滩和曲流阶地。干沟是介于河沟与冲沟之间的一种形态，大的干沟与河沟形态近似，小的干沟与冲沟形态相仿。在图 13.6 上，A，B，C 分别表示河沟、干沟、冲沟。

冲沟是黄土高原上分布非常普遍的一种负向地貌（在其他地区，地面斜坡由松散沉积物组成而且缺少植被覆盖的情况下，也有冲沟发育）。黄土高原上的冲沟都是"年轻"的沟谷，它们都是在晚更新世黄土堆积后经侵蚀发展起来的。冲沟形态虽很复杂，但是它们的共同特点是具有狭窄的 V 形横断面，沟缘明显，纵剖面倾斜陡急。

冲沟按其发育过程可分为三个阶段（图 13.7）：

第一阶段，如图 13.7（a）。平面图形呈大致等宽的长条形，横剖面成尖锐的 V 字形。沟坡和沟床合一，沟底纵剖面与地面斜坡坡面大致平行。

第二阶段，如图 13.7（b）。冲沟在平面图形上呈酒瓶形，上、下段两段沟谷的横剖面成大小不同的 V 字形。下段沟底纵剖面与沟谷所在的地面坡形不一致，呈下凹曲线。

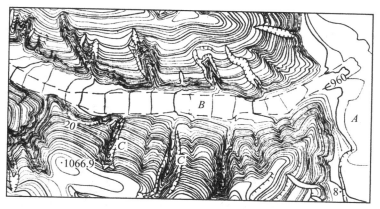

比例尺 1∶10 000　　　　　　　　　　　　　等高距 2.5m

图 13.6　干沟的形态特征

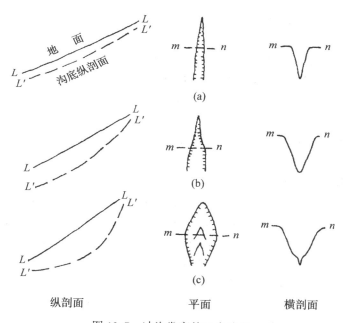

纵剖面　　　　　　　　　平面　　　　　　　横剖面

图 13.7　冲沟发育的三个阶段

　　第三阶段，如图 13.7（c）。冲沟平面图形呈棱形，横剖面可以划分为谷坡和沟床，谷坡是开宽的 V 形，沟床则成尖锐的"V"字形，沟床纵剖面都呈弧形下凹曲线。

　　地形图上用双线配合短齿形符号表示的冲沟（冲沟沟谷的平面图形），实质上是冲沟沟身与斜坡坡面两体相贯的交线，垂直投影到平面上所得到的图形。所以它必然与斜坡坡面形状及冲沟纵、横剖面形状有关。

　　（二）黄土沟间地地貌

　　黄土沟间地地貌是沟谷之间的正向地貌。主要的是塬、梁、峁。

　　黄土沟间地地貌形成的主要原因是黄土堆积过程中承袭了下伏埋藏的各种古地貌

形态。

1. 黄土塬

黄土塬指面积广阔、地面平坦而很少受沟谷侵蚀的高原（图 13.8）。现在保存较大而完整的塬主要有陇东的董志塬和陕北的洛川塬。

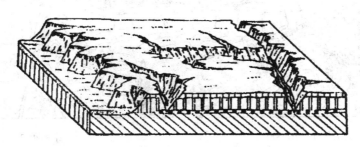

图 13.8　黄土塬（董志塬）

塬是黄土在古老的平坦地形面（如平原、台地或盆地内）上经黄土堆积而成的。

塬的形态特征是塬面地势极为平坦，坡度约 1°左右。在实地，肉眼是无法辨别塬面倾斜方向的。塬的边缘地带坡度可达 3°左右。塬的四周均为沟谷环绕，塬的边缘参差不齐（图 13.9）。由于长期的流水侵蚀，目前大面积完整的塬已很少。源受切割后，面积缩小成了"破碎塬"，如甘肃的合水、陕西的定边小塬。

2. 黄土梁

黄土梁指长条形的黄土岭，是宽度不大、顶部呈穹形的狭长丘陵（图 13.10）。长度可从数百米至数十千米，梁顶宽度仅数十米至数百米。梁的生成，有的是黄土加积在古老山岭上所成，有的是由塬分割出来的。

根据梁顶形态可将黄土梁分为三种形式：平梁（破碎塬或平顶梁）、斜梁、起伏梁。

平顶梁向一方延伸，梁顶纵向斜度不超过 1°~3°，梁顶宽度不一，多数可达 400~500m，横剖面略呈平缓的穹形，微微突起，坡度一般 1°~5°。梁顶以下坡度明显变陡。由于梁顶宽平，具有塬面的某些特征，所以，平顶梁又称为破碎塬（图 13.11）。

西北群众真正所指的梁，不是平顶梁。

斜梁即倾斜的梁，特征是沿梁脊在一个方向上高度逐渐降低。

起伏梁的名称反映了梁顶形态既不是平坦的（平顶梁），也不是向一方倾斜的（斜梁），而是有起有伏。图 13.12 反映的是起伏梁的等高线图形。起伏梁总的形态仍具有梁的基本特征，即延伸的长条形丘陵。但在梁顶上出现了闭合等高线构成的"小高地"和它们之间的鞍部。这些"高地"可以理解为雏形峁。当地群众称起伏梁为梁峁①。这种地貌以梁为主体，峁是梁顶的组成部分之一。

3. 黄土峁

峁是平面图形呈圆形或近似圆形的丘陵。峁顶面积不大，呈明显的穹形或馒头形，由中心向外围坡度一般为 3°~10°，由峁顶至谷底，峁坡呈典型的凸形坡，等高线距离由顶

---

① 编者认为根据汉语命名的习惯，应该称峁梁。

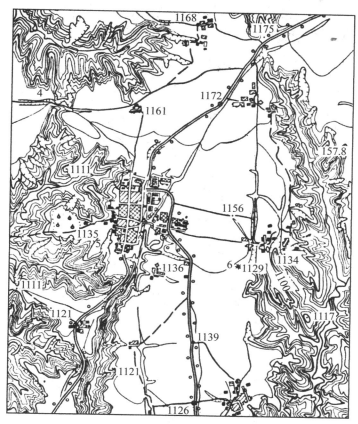

比例尺 1∶50 000　　　　　　　　　　等高距 20m

图 13.9　黄土塬的等高线图形

图 13.10　黄土梁、峁（丘陵）和沟谷

部向外围逐渐减小。孤立的峁分布不是很普遍，在图 13.12 上有这样的典型形态。大多数黄土峁之间（或与黄土梁）相连。在两峁之间地势凹下的鞍部，其两侧为凹形斜坡。当地群众称"墕"。

　　在梁和峁之间有一系列过渡的地貌形态。梁峁就是一种，形态以黄土梁的特征为主。如果梁峁两侧沟谷继续向源侵蚀，其间的分水岭部分成为狭窄的"墕"，这时，地貌形态成为一个个互相连接的峁。它失去了作为长条形梁状丘陵的特征，而发展成为连续峁。这

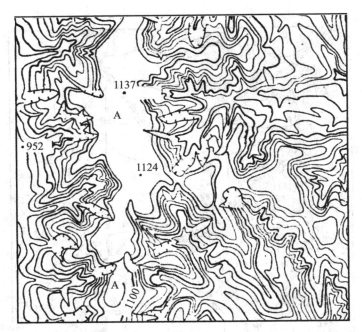

比例尺 1：50 000　　　　　　　　　　　　　等高距 20m

图 13.11　平顶梁又称为破碎塬

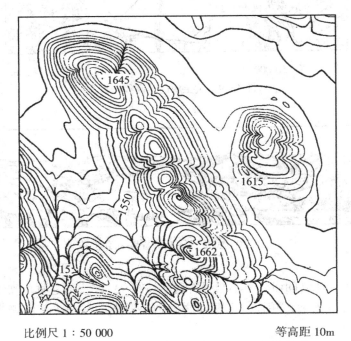

比例尺 1：50 000　　　　　　　　　　　　　等高距 10m

图 13.12　起伏梁的等高线图形

种地貌形态（图 13.13），称为峁梁①。峁是主体，梁只是反映峁与峁连续排列延伸的特征。

比例尺 1∶50 000　　　　　　　　　　　　　　　　　　等高距 10m

图 13.13　峁梁的等高线图形

　　梁和峁在形态特征和成因上是有联系的，峁的生成，可能由梁的分割或黄土加积在古丘陵之上而成。梁和峁同属黄土丘陵。有人干脆概括地把黄土梁和黄土峁合称为黄土丘陵。目前，塬的面积已保留很小，黄土高原地区主要地貌是黄土梁、黄土峁以及它们之间的过渡形态。

　　4. 黄土墹

　　黄土地区平坦的长条形凹地，当地群众称之为黄土墹或简称墹（图 13.14）。墹地与两侧谷坡坡度有明显转折，界线分明。墹地在航空像片上通常反映为灰或灰白浅色调。墹地是黄土丘陵地区良好的耕种地带，由于作物等耕作情况的差异，所以在航空像片上显示出不同几何形状或不同色调。

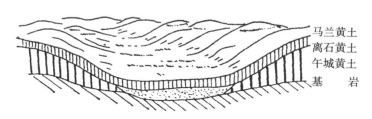

马兰黄土
离石黄土
午城黄土
基　岩

图 13.14　平坦的长条形凹地为墹

　　图 13.15 是一条规模较大的黄土墹。在图上，等高线过墹地时呈平直横穿，反映墹地横剖面宽阔平坦的特点。黄土墹纵向坡度是十分平缓的，所以等高线之间距离较大（稀疏）。由于近代流水作用，黄土墹常被沟谷侵蚀切割，图 13.15 反映黄土墹下段已被冲沟侵蚀，呈狭窄峡谷形态，而上段仍保留有平坦的黄土墹的特征。

　　5. 黄土坪

　　坪是黄土地区谷地两侧的局部平坦地面（图 13.16）。它通常是现代侵蚀沟分割黄土

---

①　编者认为应称为梁峁较为合适。

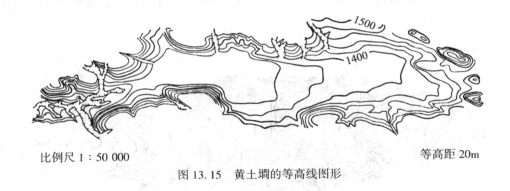

比例尺 1 : 50 000　　　　　　　　　　　　　　　　等高距 20m

图 13.15　黄土塬的等高线图形

塬后的残留部分。在图上表现为等高线之间有明显的相对密集和稀疏的变化。这种等高线图形与河流阶地图形完全相同，所以，有人把黄土坪称为黄土地区的河流阶地。

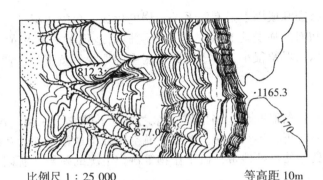

比例尺 1 : 25 000　　　　　　　　　　　　　等高距 10m

图 13.16　黄土坪等高线图形

（三）黄土湿陷和潜蚀形成的地貌

地表水沿黄土孔隙和裂隙下渗，然后又在土内进行溶解和侵蚀作用，称为潜蚀作用。由于黄土湿陷作用和潜蚀作用，促使黄土局部沉陷和崩塌，形成各种黄土微地貌，这种地貌称黄土潜蚀地貌（黄土喀斯特地貌）。

1. 黄土碟

由于黄土孔隙多，黄土被浸湿后，溶解了黄土中部分可溶性物质，同时重量增加，体积压缩减小，黄土逐渐紧实，地面下陷（湿陷）成碟形洼地，故称黄土碟。黄土碟直径为 10～20m，深数米，常分布在平缓地面上。

2. 黄土陷穴

黄土陷穴由黄土湿陷作用而成的漏斗状或竖井状洞穴，深度（10～20m）大于宽度，多分布在沟头附近或谷坡上部，因为这里节理裂隙较多，潜蚀作用较强。

陷穴分为三种：漏斗状陷穴、竖井状陷穴、串珠状陷穴。漏斗状陷穴呈漏斗形，口径一般在 2m 左右，深度不超过 10m，主要分布在谷坡上部和梁、峁的边缘；竖井状陷穴形状似井，口小深度大，常深达 20m 以上，主要分布在黄土塬边缘地带，由于这里地形高差大，土层厚，有利于水流汇聚，并沿垂直节理进行潜蚀；串珠状陷穴是由几个陷穴成串珠状连续分布组成，陷穴底部常有孔道相连，这种形式的陷穴常形成在地面坡度大、坡面长的梁、峁斜坡上，它为沟谷的进一步发育创造了有利条件。

黄土陷穴在地形图上一般采用溶斗符号表示。在航空像片上，由于它的形态特殊以及分布的明显规律性，因此在一般情况下容易识别，通常表现为暗色圆形或椭圆形的点状影像，与周围色调较浅的地面明显地区别开来。

3. 黄土桥

相邻陷穴之间残留的两端与地面相连而中间狭窄悬空的土体，称为黄土桥。它一般是由相邻陷穴不断扩大，下部有地下水流串通时形成，多形成在串珠状陷穴之间。当黄土桥崩塌时，相邻陷穴就成为沟谷。

4. 黄土柱

由于地表流水沿黄土垂直裂隙进行冲刷和潜蚀，使之不断扩大而引起黄土发生局部崩塌，残留土体则形成黄土柱。黄土柱有的呈柱形，有的则呈锥形或尖塔形（图 13.17），其高度一般为几米到几十米。黄土柱的顶部面积一般不大，受水面积很小，加上黄土地区气候比较干燥，因此，它往往可以保存数十年，甚至数百年之久。

图 13.17 黄土柱

（四）黄土谷坡地貌

黄土谷坡的物质在流水和重力作用下，可产生块体运动，使谷坡不断扩展，从而形成以下几种谷坡地貌形态。

1. 泻溜

黄土谷坡的土层表面由于受到干湿、冻融、冷热等的变化影响而引起的胀缩作用，可使表土剥裂，在重力作用下顺坡溜下，称为泻溜。泻溜发生后，在谷坡上方形成泻溜面，其坡度较陡，大多在 35°~45°，而谷坡下方形成泻积体，坡度为 35°~38°。由于泻溜作用使谷坡上的物质下溜到沟床两侧，导致谷坡向两侧扩展，同时增加了沟床中的碎屑物质，使得洪水来临时沟水中的泥沙含量增多，加重了黄土区的水土流失。

2. 崩塌

黄土垂直节理发育，一般具有较强的直立性。当有雨水或径流沿垂直节理向下渗进时，可通过潜蚀作用使裂隙逐渐扩大，一旦谷坡上的土体失去稳定，就会发生崩塌。另外，崩塌作用也可由沟床水流侵蚀陡崖基部或因雨水浸湿陡崖基部而产生。崩塌发生后，在谷坡上形成新的陡崖，而在谷坡下方形成塌积体。崩塌是黄土沟谷壁向两侧扩展的重要方式之一。

3. 滑坡

在不同时代的黄土接触面和黄土与基岩的接触面上，由于上下层质地的不同，造成地下水的下渗程度不同，特别是当接触面向沟底倾斜时，就会因地下水渗流，破坏其间的凝聚力而开始滑动，进而沿着切断各黄土层的、接近圆弧状的滑动面发生整体滑动，称为黄土滑坡。黄土滑坡是最典型的滑坡，常发生在暴雨时及其后的一段时间内。滑坡造成谷坡上部圆弧形的黄土陡崖和坡脚庞大的滑坡体。大型的黄土滑坡可阻塞沟谷，并聚水成湖，称为聚湫；当湖池淤满后，积水排干而成平整的低洼地，称湫地。

☞ **复习思考题**

1. 黄土的主要特点是什么？它对黄土地貌的形成有何影响？
2. 现代流水作用对黄土地貌的形成有何影响？
3. 简述黄土的成因。
4. 简述黄土的特性。
5. 简述影响滑坡形成的因素。
6. 简述滑坡地貌形态及其在地形图上的表示方法。

第十四章 海 岸 地 貌

海岸是海洋和陆地相互接触和相互作用的地带，是陆地与海洋的分界线。海岸在构造运动、海水动力、生物作用和气候因素等共同作用下所形成的各种地貌的总称为海岸地貌。根据海岸地貌的基本特征，可分为海岸侵蚀地貌和海岸堆积地貌两大类。侵蚀地貌是岩石海岸在波浪、潮流等不断侵蚀下所形成的各种地貌。堆积地貌是近岸物质在波浪、潮流和风的搬运下，沉积形成的各种地貌。我国海疆极为辽阔，海岸形态极为复杂。

第一节 海岸带水动力作用

一、海岸带的结构

陆地和海洋的接触地带称为海岸带。它是海洋水体与陆地相互作用的狭长地带，同时也是波浪、潮汐和海流等海洋动力作用最活跃的地带，是海岸地貌发育的空间场所。

海岸带包括了海岸线两侧的陆上和水下两部分。陆地与海水面的交界线称为海岸线。海岸线由于受海面的升降和地壳运动等因素的影响，不断地发生变化而处于经常迁移变动之中。一般将现代海岸带由陆向海分出海岸、潮间带和水下岸坡三个地带（图14.1）。

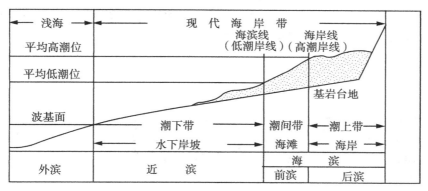

图 14.1 海岸的分带

海岸：是高潮线以上狭窄的陆上地带，大部分时间裸露于海面之上，仅在特大高潮或暴风浪时才被海水浸淹，这一地带也称潮上带或后滨，这里保留有海蚀地貌和海积地貌。

潮间带：是位于高低潮线之间的地带，高潮时被海水淹没，低潮时出露水面，又称前滨，测绘系统常称之为干出滩。

水下岸坡：位于低潮线以下到波浪有效作用深度的下限。其深度一般相当于该海区

1/2 浪长的水深，在近岸带位于水下 10~20m。水下岸坡在目前的平均海面高度下不露出水面，只经受浅水波浪的作用，又称潮下带。水下岸坡以破浪带外缘（水深约为 2 个波高）为界分为近滨和外滨。

二、海洋水运动主要形式

海岸带最活跃的动力因素是海洋水运动。海洋水运动主要有三种形式，即波浪、潮汐和洋流。它们是塑造海岸地貌最普遍和最重要的外营力，其中尤以波浪作用最为重要。

（一）波浪

波浪是海水的一种有规律地起伏运动。俗话说"无风不起浪"，反映了风是形成波浪的主要原因。此外，地震、火山、潮汐、海面上气压的差异以及海水温度、盐分含量的变化，也都能引起海水运动。

1. 波浪及其类型

海洋中的波浪是指海水质点以其原有平衡位置为中心，在垂直方向上做周期性圆周运动的现象。波浪包括波峰、波谷、波长、波高四个要素。

波浪按成因可分为：由风的作用而产生的"风浪"；因地震或风暴而产生的"海啸"；引潮力引起的"潮波"；气压突变而产生的"气压波"；船行作用产生的"船行波"等。还可按波长和水深的相对关系分为"深水波"和"浅水波"。按作用力情况可分为"强制波"和"自由波"（"余波"）。

2. 深水波浪特性

波浪是水质点在平衡位置上做周期性的圆周运动。就其实质而言，波浪仅是一种海水振动后的波形传递，而海水质点并不前进。例如，当我们在海边看到波浪滚滚不断地向岸边推来时，水位并不因此而上涨。

海水做波状运动，水质点做规则的圆周运动时，从垂直剖面上看（图 14.2），水质点位于最高处时称为波峰，位于最低处时称为波谷。波峰与波谷之间的垂直高差称为波高。两相邻波峰或波谷之间的水平距离称为波长。

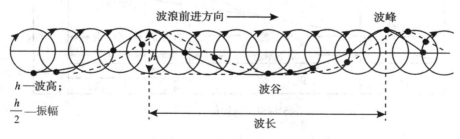

图 14.2 水质点的运动轨迹

在深海区，海水质点的圆周运动半径随着深度增加而减小（图 14.3），达到一定深度时，水质点就处于静止状态。所以，在深海区，波浪作用不可能到达海底。在水深等于1/2 波长的地方，振幅（1/2 波高）是表面波的 4%，而在水深等于波长的地方，振幅只有表面波的0.2%。通常海洋上的波浪，波长大约为70~130m，波高常在2~6m。波高超过11m的，其波长可达150m，即便这种狂涛，在水深75m处，波高也只有40cm，而在150m水深处，波高仅2cm。因此，一般认为，在水深等于1/2波长的地方，波浪作用基本停止了。

上面叙述的是深水区波浪的一般特征。实际上，在多数情况下，水质点的实际运动不是封闭的圆周运动，即在完成一周运动后并不回到原来的位置，而是前进了一段距离（图14.4）。这样，深海区海水质点呈往复螺旋式的前进运动。而在强制波中，吹过海面的风会引起水体向前运动，因而，靠近水面的水分子的轨迹不成正圆形。风的这种效应使向前一半轨迹上水分子的速度加大，向后一半轨迹上速度减小，出现波峰前部陡峻而后部缓平的不对称形状。风力强大时，波峰前面还可能向内凹进，在重力影响下向下坠落，形成碎波。洋面上局部风力引起的波浪，多为单一风向占优势的波浪。

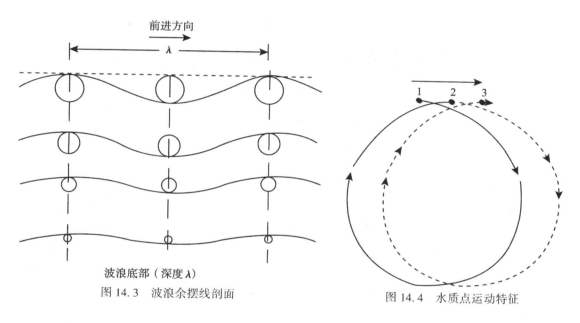

图14.3　波浪余摆线剖面　　　　　　图14.4　水质点运动特征

3. 浅水波浪特性

当波浪进入浅水区，水质点的圆周运动将遭到破坏（图14.5）。在水深小于1/2波长的地方，波浪在浅水区运动过程中受到海底的摩阻，水质点的运动轨迹从圆形逐渐变为椭圆形。随着浅水区深度减小，椭圆的压扁程度也愈来愈大。

波浪在浅水区发生下列一些显著的变化（图14.5和图14.6）：

①波浪底部受海底摩擦阻力而使波速逐渐变慢。这样，每个波浪的前进，都较后面的波浪慢了一些，因此，波浪互相拥挤到一起。这时水分子的垂直运动受到限制，轨道变为椭圆形。椭圆度由海底向上逐渐减小。

②波浪的能量与波高和波长有关。愈向海岸水愈浅，波浪能量除了与海底摩擦而消耗的部分以外，都集中到了更小的水体中，这就必然引起波长的缩短和波高的增大。由于海底的摩擦，波峰上水分子的前进速度大大超过波谷中水分子的后退速度，就超过了临界点，这时，圆形轨迹上的前进速度使波形发生畸变。波峰前部倾倒而产生了破浪和激岸

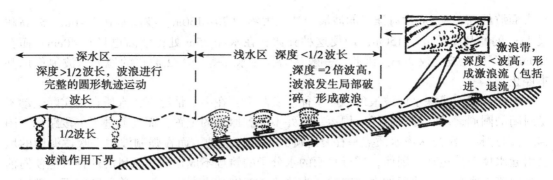

图 14.5 浅水区波浪的运动特点

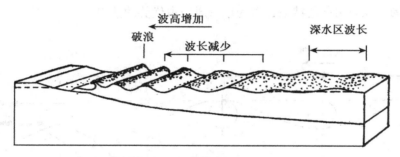

图 14.6 海底摩阻使波浪逐渐变慢、波长变小、波高增加

浪。这种情况大致发生在水深相当于 1~2 倍波高的地方。

③在这一点上，所有的水都向前运动。波形失去大半，所释放出来的能量造成一股向前流动的湍流或激流。这时，水体大致做整体的水平移动，冲击海岸，称为激浪流或拍岸流。

在具有宽阔浅水区的海岸，从海洋方向推移来的波浪还未到达海岸的陆地时，大部分波浪能量已消耗在克服海底的摩擦上，在距岸很远的海面上已产生破浪。这样，到达岸边的拍岸流力量是很小的。而那些深度很大的陡峭的海岸，波浪到达岸边时，仍具有巨大的能量冲击海岸，尤其在大风暴时，这种力量更加惊人。

拍岸流或激浪流在惯性力的作用下冲击陆地，又在重力作用下沿海滩的斜坡退流。由于大部分退流渗入海滩上透水的沙砾之中，同时又受下一个进流阻碍的影响，因此，退流速度总是小于进流速度。

4. 波浪的折射

在海洋上，波浪的行列总是与风向垂直的。波群一列列地顺着风向向前移动。但是我们在岸边所看到的，不管什么风向，从海洋方向来的波浪，到达岸边时，几乎总是与海岸平行的，这种现象就是波浪的折射（图 14.7）。

波峰线在深水区是和波浪前进方向相垂直的。但波浪前进方向常常与海岸斜交，这样，同一列波两端的水深就可能有较大差异。近岸较浅一端因受摩擦而减速，离岸远而较深一端在深水处继续保持原速前进，最后波峰线将发生转折而与海岸平行，这就是海浪折射的原因。

图 14.7 表示平直海岸的波浪折射。波浪在港湾海岸也发生折射。港湾海岸附近海底

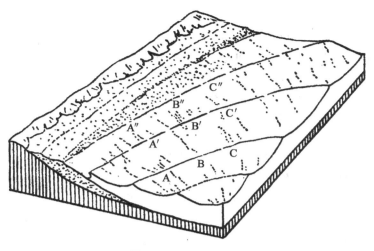

图 14.7 波浪的折射

等深线往往与海岸平行，港湾中海浪因水深而保持原速前进，在伸向海中的岬角上则因水浅，受到海底摩擦而逐渐降低速度。这样，海岸凸出处，波峰线凹进，海岸凹进处，波峰线凸出，即仍然与海岸线平行。图 14.8 中波峰线上的 *AB* 与 *BC* 两段分别在 *ab* 与 *bc* 两段相遇，因而 *bc* 段即岬角部分所受的力比 *ab* 段即湾内部分强。岬角上波能集中而港湾内波能分散，故港湾成为船舶的庇护所。

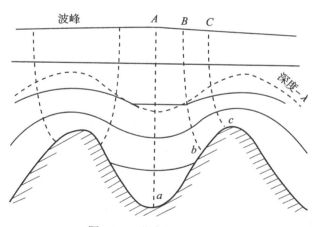

图 14.8 港湾海岸的波浪折射

波浪前进方向与海岸斜交常常造成水体沿海岸流动，这种纵向水流称为沿岸流。虽然沿岸流的流速一般不超过 1~1.5m/s，但它携带和搬运泥沙，对海岸地貌的形成发育也有一定影响。

上述近海岸的破浪以及波浪折射现象，在大比例尺航空像片上反映得很清晰。破浪带在像片上呈现一条边缘不光滑的乳白色浅色调条带。

海啸，也常给海岸以巨大的作用。海啸波与风成波不同，它的能量是从海底传递给海水的，因此在海水深部也存在波浪运动。从发生海啸波的海底开始，波峰以极快的速度向外传播，每小时可达480~800km，甚至可以横越整个大洋。在深海区，海啸波的波高仅有30~60cm，但其波长可为50~200km。因此，在辽阔的海洋里，海啸通过时并不引人注意。当波浪临近海岸时，原来分散在深部水体里的能量逐渐集中到越来越浅的水体中，结果使波高急速增大，形成具有极大破坏性的拍岸浪，冲击海岛，凡经过的地方，把房屋、树木及其他东西几乎统统毁掉。

（二）潮汐与潮流

在海岸地貌发育过程中，除波浪是主要动力外，在某些地区，潮汐也起着一定作用。

潮汐是海水在月球和太阳引力作用下所发生的周期性交替上升和降落的现象。潮汐对海岸地貌的影响主要表现在两个方面：一是潮汐使海面周期性涨落，扩大了波浪作用的范围和波浪作用的强度；二是与潮汐同时产生的潮流其流速较大，它具有侵蚀、搬运和堆积作用。潮流是一种大规模的水体运动，它是由于海面高度的变化迫使水体做水平方向移动所形成的，它在水平方向上移动距离很大。对海岸的作用主要取决于涨潮与落潮之间的流速差异，通常当涨潮流速大于落潮流速时，在海岸带产生泥沙堆积。反之，则发生侵蚀。

潮差大小影响到海岸地貌的发育。潮差在大洋中部是很小的，0.5m左右。但在浅水区，特别是在海湾和港湾地区会显著增大。戴维斯（Navies，1964）将海岸分为弱潮海岸（潮差<2m）、中潮海岸（潮差2~4m）和强潮海岸（潮差>4m）。图14.9是世界三种潮差海岸的分布图，并标示了有堡岛和潟湖分布的海岸。不同潮差的海岸各自具有不同的地貌组合类型，如河流三角洲与堡岛在溺潮海岸发育最好，潮滩（坪）和盐沼在强潮海岸发育最广。

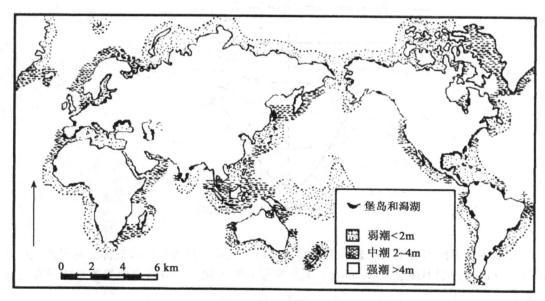

图14.9　世界海岸堡岛、潟湖体系的分布与潮差的关系

潮汐对海岸的作用还与海岸地形有关。世界上许多喇叭形河口常是潮汐强烈作用的地

方。我国钱塘江喇叭形河口的形成就是一例。钱塘江大潮,就是由于潮流以很大速度逆河口向上推进,因河口段狭窄,波高增大,形成巨大的破浪所造成的。南美亚马孙河由于河面低、河道宽而平直,潮汐作用影响河水水面升降的距离自河口向上游达 1 400km。

（三）洋流

洋流是由于海水受定向风力的作用以及海水密度的影响而在大洋中产生的定向流动的水体。与前者相比,它对海岸的作用并不明显,因为海流一般流速小,搬运能力差。

除了上面讨论的影响海岸地貌发育的因素外,组成海岸的岩石、地质构造、陆地地貌形态、沿海生物生长情况等因素,对海岸地貌形态的塑造也都有一定的影响。在某些情况下,还可能成为某一局部海岸形态形成过程中的主导因素。

高潮线与低潮线之间的地带称为潮间带或潮浸地带。涨潮时,这部分被海水淹没,落潮时又出露在海水面以上。在地形图上,海岸线以高潮线（界）为准,用蓝色实线表示。低潮线以潮浸地带靠海一侧边缘为准,以黑色点线表示。根据潮间带的组成物质（沙滩、沙砾滩、泥滩等）不同,分别用不同符号表示。潮间带的宽度主要受高低潮之间的潮差和海岸地形坡度影响。在平坦的平原海岸地区,潮间带宽度可达数千米,而在由岩石构成的陡峭山地海岸,仅有非常狭窄的潮间带,有的甚至没有潮间带。

在航空像片上,由于潮间带比较湿润,因此具有比陆地的海滨地带更为深暗的色调,其上常有树枝状的潮沟。

第二节　海岸侵蚀地貌与堆积地貌

一、海岸侵蚀地貌

变形波浪及其形成的拍岸浪对海岸进行撞击、冲刷,波浪挟带的碎屑物质对海岸带基岩的研磨,以及海水对海岸带基岩的溶蚀,统称为海蚀作用。海岸主要受海水动力因素侵蚀（冲蚀、磨蚀和化学溶蚀）所产生的各种形态,又称海蚀地貌。它是海岸地貌的一大类别。塑造海岸侵蚀地貌的主要动力因素是波浪和潮流,以冲蚀作用为主。但高纬度地带的海岸还受到冰冻的侵蚀,热带和亚热带的海岸则受到丰富的地表水和强烈的化学风化作用的侵蚀。

海岸侵蚀地貌的发育过程,除与沿岸海水动力的强弱和海岸的纬度地带性有关以外,还受组成海岸的岩性的抗蚀能力所制约。结构致密、坚硬岩石海岸,抗蚀能力较强,但因裂隙和节理发育,多海蚀洞、海蚀拱、海蚀柱、海蚀崖。松软岩石海岸,抗蚀能力较差,海蚀崖后退较快,易形成海蚀平台。石灰岩海岸,在海水溶蚀下具有独特的蜂窝状海蚀地貌形态。海蚀地貌通常被作为判别地区构造运动和海平面变化的标志之一。同时,海浪塑造的海蚀地貌壮丽多姿,不仅有嵯峨巨石,还有曲径幽洞、嶙峋怪石,常被辟为旅游胜地。

风作用于海面,产生波浪。大洋中暴风浪一般波高 7~8m,波长 150m 左右,有时甚至达到波高 13~14m,波长 824m,可见波浪具有很大能量。当波浪奔向海岸时,猛烈打击海岸,形成拍岸浪,不停地冲击着海岸岩石。拍岸浪打击岩石的力量相当大,每平方米可达几千公斤。例如在 1953 年,我国钱塘江一次大潮,涌潮冲上高出海面 8m 的大堤,把一只 1 500 多千克重的铁牛冲出 10m 多远。苏格兰的威克港,在 1877 年的一场风暴中,海浪竟将重达 2 000t 的混凝土块从码头上搬走，掷落到海港入口处。可见拍岸浪对海岸岩石的破坏力量是相当大的，尤其是层理与节理发育的岩石，拍岸浪把海水像楔子一样打入岩石的裂隙中去，促使岩石崩裂破坏，在波浪的猛烈冲击下，岩石裂隙中空气受到突然强烈的压缩，对裂隙的侧壁产生强大压力；当波浪后退时，压缩在裂隙中的空气又迅速膨胀，从而使岩石松动崩溃，这就是海浪的冲蚀作用。海浪在冲蚀海岸的同时，还对海岸进行磨蚀和溶蚀作用。波浪的磨蚀作用是波浪在运动过程中挟带的泥沙和砾石，随着进流和退流的往复运动，对海岸的岸坡和沿海浅水地段的海底进行磨蚀破坏的一种作用。

主要海蚀地貌类型有：

①海蚀洞：海岸受波浪及其挟带岩屑的冲击、淘蚀所形成的洞穴。波浪对海岸的侵蚀，主要集中在海平面附近。水位的升降，岩壁的干湿变化加剧了岩石的风化作用，有助于海浪的掏蚀，形成刻槽或海蚀龛。随着淘蚀的发展，海蚀龛向岩体纵深扩展，形成海蚀洞。海蚀洞多沿海岸断续分布，洞顶有悬突的岩体，一般为海浪作用的上界，洞后期风化海岸侵蚀地貌底则略低于海面。由于海岸带的构造活动等，海蚀洞有时出现在海平面以上的不同高度。海蚀洞在松软岩石构成的海岸，发育不明显；在较硬岩石海岸，发育较好；沿岩石的节理、层理等抗蚀力薄弱部位特别发育。印度尼西亚巽他群岛的海蚀洞纵深可达 17m，中国普陀山海岛的梵音洞也为海蚀洞。

②海蚀崖：海岸受海浪侵蚀，崩坍而成的悬崖陡壁（图 14.10）。海蚀洞不断地扩大，使顶部悬突的岩体在重力作用下发生崩坠，在崩坠的部位经常形成陡峭的岩壁。坠落的岩块、岩屑，一部分被沿岸流搬移；一部分被海浪卷带，重新作用于岩壁，在岩壁上可继续发育洞穴。海蚀崖主要分布在基岩海岸，尤其是花岗岩和玄武岩的垂直柱状节理发育处。

图 14.10　海蚀柱、海蚀崖、海穹与海滩

③海蚀拱与海蚀柱：海浪继续作用海蚀洞，使岬角两侧的海蚀洞蚀穿贯通，形成顶板呈拱桥状的海蚀拱。海蚀拱又称海穹、海拱石，常见于岬角海岸。海蚀拱进一步受到侵

蚀，顶板的岩体坍陷，残留的岩体与岸分隔开来后峭然挺拔于岩滩上，称为海蚀柱（图14.10）。

④海蚀台：在海蚀崖前形成的基岩平坦台地。在海浪作用下，海蚀崖不断发育、后退，在海蚀崖向海一侧的前缘岸坡上，便塑造出一个微微向海倾斜的平坦岩礁面（图14.11）。以后，平台可不断地展宽，直到波浪通过平台，能量全消耗于对平台的摩擦以及对碎屑物质的搬移上，海蚀崖停止后退为止。在海蚀平台上通常发育有浪蚀沟、锅穴、洼地等微地貌，以及由海蚀崖崩坠堆积成的锥形岩体和沙砾覆盖的波蚀残丘。平台一般位于平均海面附近，也有分布于高潮线以上的，它们是由特大暴风浪作用而成的暴风浪平台；也有位于海面以下的，它们是由波浪侵蚀作用在下限处形成的海底平台。由于海平面的变化以及构造运动，也可形成不同高度的海蚀台地。

图14.11是用岩壁符号反映的海蚀崖地貌。在海蚀崖前方是明礁和暗礁。整个海岸岬湾曲折，由于波浪折射使波能集中和分散，在图14.12中清楚地反映出岬角侵蚀、海湾堆积的现象。

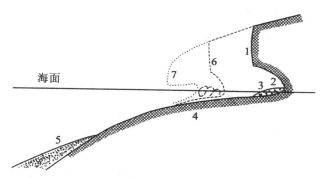

1. 海蚀崖；2. 海蚀穴；3. 海滩；4. 海蚀台；
5. 水平堆积台；6、7. 前阶段的海蚀崖
图14.11　海蚀台发展示意图

在海蚀平台形成后，若地壳不断上升或海面相对下降，原来的海蚀平台被抬升到高处而不再受波浪作用，形成海岸阶地。海岸阶地如同河流阶地一样，是阶梯状地面。阶地陡坎即为原来海蚀崖，阶地面就是原先的海蚀平台。如果该地区地壳间歇上升，在海滨地带可能出现高度不等的数级阶地，地面由陡、缓相间的坡面组成。在地形图上，等高线相应地有密集和稀疏的明显变化（有的海岸阶地陡坡以岩壁符号表示）。海岸阶地由基岩构成，阶地面上没有或仅有厚度不大的堆积物，称海岸侵蚀阶地。由堆积物组成的阶地，称为海岸堆积阶地。

二、海岸堆积地貌

海岸碎屑物质在波浪、潮流和风的作用下，沿海岸做平行或垂直海岸的移动，在运动过程中，由于各方面的原因（如碎屑数量的增加、波浪与海岸所交的角度发生显著变化等）沉积形成的地貌，叫做海岸堆积地貌。

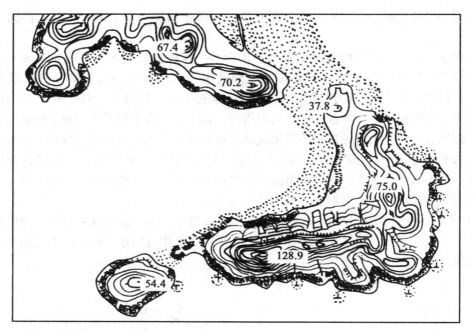

比例尺 1：50 000　　　　　　　　　　　　　　　　等高距 10m

图 14.12　海蚀崖地貌

（一）　以横向移动为主形成的海积地貌

当波浪以垂直角度进入倾斜平缓的海岸浅水区，碎屑物质于是做垂直海岸方向的运动，这种运动形式称为海岸物质横向运动或泥沙横向运动，简称横向运动或横向移动。

拍岸浪拍打岸边后，完全破碎，水体呈片状水流，拍岸流可分为进流和退流。进流速度大，能携带粒径较大的砾石向岸移动，而退流速度小，无法搬回粒径较大的碎屑，只能携带细小的沙粒，在远离海岸的海底沉积。进流与退流往复运动，使海岸带的碎屑物质不断被搬运。这种泥沙颗粒垂直于海岸的移动，称为横向移动。

由于海岸物质的横向移动和堆积，在某些地区海岸有可能形成垄状沙堤，沿海岸延伸，称为海岸沙堤或沿岸沙堤。在地形图上可用岸垄符号表示（图 14.13）。

横向移动的总结果是粗大颗粒物质向岸移动，细小颗粒物质则向海洋方向移动（图 14.14）。

水下沙堤是一种水下堆积地貌。它形成在浅水区破浪带，是破浪作用的产物。当水深相当于 1～2 个波高时，波浪便发生破浪，然后又以较小的波浪要素（波长、波高、波速）的波浪继续向前，在相当于两个新的波高深度处又形成破浪……破浪的产生，使部分波能损耗，发生沉积作用，形成堤状的水下堆积地貌，称为水下沙堤（图 14.15）。

水下沙堤由于各种原因有可能出露水面，形成离岸沙堤或离岸堤、离岸坝（图 14.16）。离岸沙堤是一条平行于海岸、由沉积物组成的长而低的岛屿。例如，沿海地带海底地壳上升，使水下沙堤被抬升到水面以上。也可以产生另一种情况，即陆地下降，海面上升，使海岸沙堤转变成水下沙堤。

离岸沙堤与陆地之间往往是近似封闭的水域，它与外海之间仅存在一些非常狭窄的通

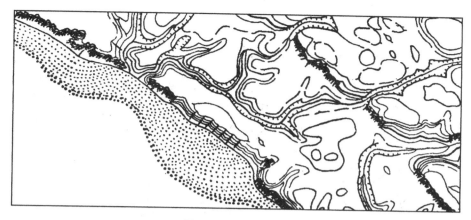

图 14.13　海岸阶地

图 14.14　海岸物质的横向移动和堆积

(1)海岸沙堤　　　　　　　　(2)水下沙堤

图 14.15　水下沙堤的形成

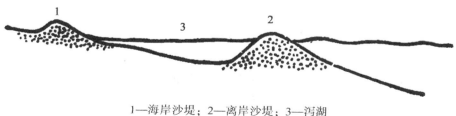

1—海岸沙堤；2—离岸沙堤；3—泻湖

图 14.16　离岸堤、离岸坝的形成

道，这种水域称为泻湖（图 14.16 中的 3 处，图 14.17 中 L 处）。泻湖水面平静，具有浓度很高的盐分，并逐渐向沼泽方向发展。离岸沙堤外侧向海的一边，由于波浪的冲蚀，岸线比较平直，而其靠泻湖的一侧，岸线相对多曲折（图 14.17），这些都是在测绘地貌时应予注意的细部形态。

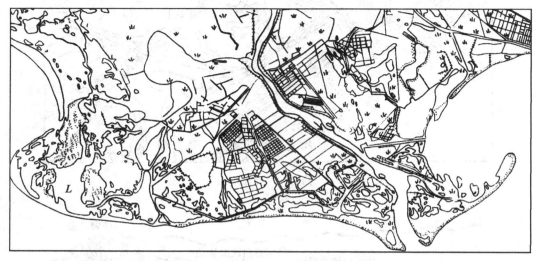

图 14.17 泻湖与离岸沙滩的地形图表示

（二）以纵向移动为主形成的海积地貌

当波浪前进方向与海岸线斜交时，波浪作用的方向与重力切向分力作用的方向不一致，泥沙颗粒沿波浪作用力和重力切向分力两者的合力方向移动，其移动路线呈 Z 形，结果使泥沙物质沿海岸线移动，称为海岸物质的纵向移动，或者简称为纵向移动。

图 14.18 表示纵向移动的过程：在波浪作用力方向与海岸线斜交的情况下，泥沙颗粒 1 本应沿波浪作用力方向移动至 M，但在重力的影响下，泥沙颗粒实际上是沿着它们的合力方向移动至 2。当泥沙随退流向海洋方向移动时，由于同样原因，实际上不是沿 $2-M'$ 方向，而是回返到 3 处，这样，在波浪作用下，泥沙颗粒沿着 Z 形路线从 1 依次移动到 2，3，4，5，6……这种泥沙纵向移动，假若持续时间久，就会形成一股流向稳定、规模庞大的泥沙流，称为沉积物流。

纵向移动是普遍存在的一种海岸物质运动形式。由于其他因素影响，沉积物流的具体情况也不相同。当进流大致与退流相等时，物质就沿岸平行移动。若两者不等，那么碎屑物质不是被逐渐推向海岸，就是向海洋方向运动。

影响沉积物流的最主要因素是海岸延伸方向与波浪方向的夹角变化。波浪与海岸交角愈小，纵向移动速度愈大。但是，当交角过小时，波浪通过浅水区的距离相应加大，能量消耗也大，不利于纵向移动。当海岸与波浪交角过大（最大为 90°）时，横向移动将代替纵向移动。从理论上说，当夹角等于 45°时，沉积物流速度最快，搬运能力最强。由于各地海岸的结构等具体情况复杂，所以不同海岸最有利于沉积物流发育的角度也是不同的。一般来说，这个角度变化在 35°～50°之间。

沉积物流在运动过程中，当海岸发生弯曲或者波浪方向发生改变（即角度增大或减小）时，会直接影响它的运动速度和搬运物质的能力，于是发生沉积作用，在海岸不同

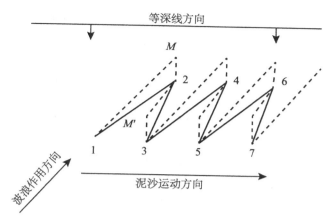

图 14.18 海岸物质的纵向移动

部位形成各种堆积地貌。对某一局部海岸地区而言，常年盛行风向一般是比较稳定的，所以波浪的方向变化也不大，在海岸转折的地方最易形成堆积地貌，其中最普遍的是各种形状的沙嘴。

图 14.19 反映了三种常见的海岸堆积地貌。

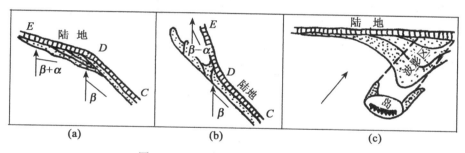

图 14.19 三种常见的海岸堆积地貌

（a）图表示发生在凹形海岸处的堆积过程：DC 段海岸线大致与波浪成 β 角，这时产生一股与 β 角相适应的泥沙流，自 C 向 D 运动。但当其到达 D 点以后，由于海岸线的方向改变，使海岸线与波浪的夹角大于 β，这时，泥沙流的搬运能力明显下降，于是在海岸转折处前方 DE 形成海滩。

（b）图是发生在凸形海岸处的堆积过程：DC 段海岸线与波浪夹角为 β，而 DE 段海岸线方向改变，造成海岸线与波浪夹角减小，同样也使搬运泥沙能力降低，形成一端与陆地相连，另一端伸向海中的沙嘴。

（c）图反映连岛沙坝的形成过程：岸外有岛，在岛屿与海岸之间形成波影区（由于岛屿阻挡，波浪能量因折射而削弱的海区）。波浪在遇到岛屿或岬角后发生折射，当波浪进入屏障的后方时已减弱，搬运能力降低，发生沉积，并逐渐自岸边向岛屿延伸。岛屿向海的一面受到冲蚀，同时形成两股泥沙流，在岛屿后方形成一个或两个沙嘴，最后与海岸相连，形成连接岛屿的沙坝，叫做连岛沙坝；被连接的岛屿，称为陆连岛。例如，我国渤海湾内的葫芦岛和芝罘岛，都是陆连岛。

在上述堆积地貌中，沙嘴的形状变化最多，它的总的延伸方向受沉积物流运动方向决定，而其细部特征则受次要风向、沿岸其他情况（如河口地段潮流影响等）影响而变化。大致有箭状、钩状、镰刀状等，分布位置也不同（湾内、湾口、岬角等）。

以上所述，是基岩沙砾质海岸主要在波浪作用下形成的地貌。在粉砂淤泥物质来源丰富、潮汐作用强盛的地方，则形成粉砂淤泥质海岸地貌。这种海岸组成物质含有大量的水分，地势平缓，宽度很大。动力作用主要是波浪、潮流掀动和携运泥沙，并在一定条件下发生堆积。这类海岸带涨潮流速大于落潮流速，涨潮流由于流速快，水量大，常常使大量悬浮质泥沙向岸推进。摩擦作用使流速逐渐减低，泥沙沿途沉积下来。而落潮流速小，输沙能力低，泥沙不能全部被带走。因此在一次全潮后，有一部分泥沙沉积在海岸带，使之维持极平缓的坡度。潮流携带的粉砂淤泥物质到处分布，并可在任何天然深槽或港口的通海航道、港池等堆积下来，发生回淤。

粉砂淤泥质海岸可分为上下两部分（图 14.20），下部为涨潮时淹没、落潮时露出的部分，称为泥滩，表面分布有涨落潮冲刷形成的潮沟网。上部位于平均高潮面以上，只有特大高潮才淹没，多生长盐生植物，称为草滩。

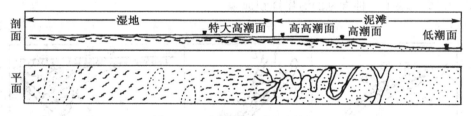

图 14.20　粉砂淤泥质海岸结构

海积地貌可以归纳成四大类：即毗岸地貌如海滩（包括泥滩）等；接岸地貌如各种沙嘴等；封岸地貌如拦湾坝、连岛坝等；离岸地貌如离岸坝等（图 14.21）。

第三节　海岸的主要类型

海岸的类型既受海洋的影响（海面变化、沿海波浪动力作用特点等），同时又受陆地地形和地质构造条件的制约，在某些地区，还有生物活动参与，所以海岸形态是比较复杂的。

根据物质组成、形态和成因，海岸大体可分为基岩海岸、砂（砾）质海岸、淤泥质海岸和生物海岸。

一、基岩海岸

由坚硬岩石组成的海岸称为基岩海岸。如按地貌形态划分，基岩海岸一般属于山地海岸。基岩海岸常有突出的海岬，在海岬之间，往往形成深入陆地的海湾，岬湾相间，绵延不绝，海岸线十分曲折。我国的山东半岛、辽东半岛及杭州湾以南的浙、闽、台、粤、

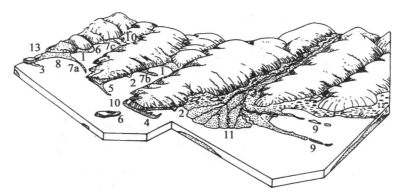

1—海滩；2—三角滩；3、4、5—沙嘴；6—环状沙坝；
7—拦湾坝（7a 湾口坝，7b 湾中坝，7c 湾内坝）；8—连岛坝；
9—离岸坝；10—泻湖；11—三角洲；12—泥滩；13—陆连岛
图 14.21　海积地貌的形态类型

桂、琼等省，基岩海岸广为分布。

　　基岩海岸基本形态特征（除断层海岸外）是岸线曲折，有众多的岛屿和深入陆地的海湾；具有陡峭的海蚀崖；在海蚀崖基部分布有明礁和暗礁，沿海海水深度大，波浪侵蚀作用强；在局部的海蚀崖下出现沙质海滩；在海湾内，由于沉积作用旺盛，发育了大片的海滩。由于各地基岩海岸发育的具体条件不同，因此，在形态上有局部差异。

　　基岩海岸按海岸带地貌排列方式、地质构造特点或其他地貌特征，可分为：

　　①横海岸：山地走向与海岸线相垂直（或成较大角度相交），海湾深入陆地，平面图形呈漏斗形或喇叭形。海岸线曲折，岬角与海湾交错分布，沿海多岛屿、暗礁，海水淹没与海岸直交的谷地。这类海岸以西班牙的里亚斯为代表，故又名里亚斯型海岸。我国山东半岛的荣成湾一带海岸亦属此类。

　　②纵海岸：海岸陆地的山地走向与海岸线一致。山地、岸线、岛屿三者相互平行排列。海水淹没与海岸平行的谷地，形成达尔马提亚式海岸，以亚得里亚海的达尔马提亚海岸为典型，又称为达尔马提亚型海岸。

　　③峡湾海岸：海水淹没山地古冰川 U 形谷，形成峡湾海岸。挪威西岸表现得最典型。上述三种海岸由于水深而岸线曲折，常被开辟成优良海港。

　　④断层海岸：海岸受断层控制，两者基本一致，海岸断层分布，海岸线平直，沿岸岸坡十分陡峭，海水深度大，海陆地形高差显著，潮间带不明显，水下岸坡极陡。台湾东岸属于这类海岸。

　　⑤岩溶海岸：海水淹没海岸的岩溶山地，形成岩溶海岸。我国大连市黑石礁一带属于岩溶海岸。

二、砂（砾）泥质海岸

　　砂泥质海岸是一种平原堆积海岸。它的特点是海岸线平直，沿海海水深度小，海底倾斜平缓，堆积地貌发育（海滩、沙堤、沙嘴）。根据海岸组成物质不同，可分为砂质海岸

（图 14.22）和淤泥质海岸（图 14.23）。我国苏北沿海大部分是淤泥质海岸，台湾西海岸是沙砾质海岸，河北沿海局部地段是砂质海岸。

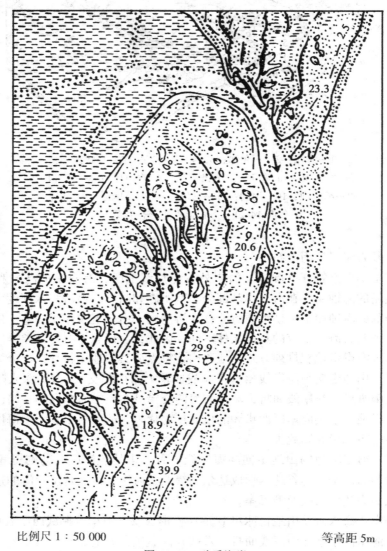

比例尺 1：50 000　　　　　　　　　　　　　　　　　　　等高距 5m

图 14.22　砂质海岸

　　砂（砾）质海岸，又称堆积海岸，由平原的堆积物质被搬运到海岸边，又经波浪或风改造堆积而成。其特征为：组成物质以松散的砂（砾）为主，岸滩较窄而坡度较陡。

　　淤泥质海岸，又称平原海岸，主要由河流携带入海的大量细颗粒泥沙在潮流与波浪作用下输运、沉积而成。其特征为：岸滩物质组成多属黏土、粉砂等；岸线平直，地势平坦。

　　在大河口，这里是河流与海洋相互作用的地段，形成河流三角洲海岸以及其他河口堆积地形。图 14.23 所示即为扇形三角洲海岸。河口明显地向海洋方向突出，岸线呈半圆

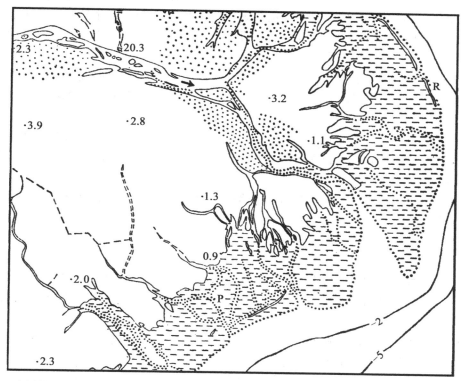

比例尺 1 : 10 万　　　　　　　　　　　　　　　　等高距 10m

图 14.23　淤泥质海岸

形。地图上清楚地表示了高低潮线间由淤泥质构成的潮间带及其上面的潮沟（图 14.23P 处）。在低潮线附近出现离岸沙坝（图 14.23R 处），高潮时成为离岸沙质岛屿，低潮时成为沿岸沙堤。在图上部，沿海陆地由沙粒组成，其上有微小的波状起伏。三角洲淤泥质物质主要是由河流搬运至河口堆积而成的。

三、生物海岸

生长在海岸带的某些生物，通过自身的生命活动对海岸地貌的发育有明显的影响，甚至生物体本身就形成特殊的海岸形态，这类海岸称为生物海岸。

生物海岸包括珊瑚礁海岸和红树林海岸。前者由热带造礁珊瑚虫遗骸聚积而成；后者由红树科植物与淤泥质潮滩组合而成。生物海岸只出现在热带与亚热带地区。例如，我国海南岛海岸属于生物海岸，有的岸段是红树林海岸，有的岸段是珊瑚礁海岸。

1. 珊瑚礁海岸

珊瑚是一种形体微小的动物，对生活环境要求十分严格。最适宜珊瑚生长的环境是：水温在 20℃ 左右，海水清净，含盐度 35‰，水深不超过 40~60m，有充足的氧气和光照条件的地方。珊瑚分布在热带和部分副热带以及一些暖流影响的温带海洋地区，大致在南、北纬 28° 之间。

珊瑚是一种不能移动的动物，生长在岩石、沙、淤泥等各种底质上，有分泌石灰质骨骼的特殊功能。珊瑚死亡后，它的石灰质骨骼同其他含石灰质的生物（如有孔虫、石灰藻）的骨骼与外壳胶结在一起，形成多孔隙块体的珊瑚礁，构成了特殊形态的珊瑚礁海岸。

珊瑚礁可分为三种：岸礁、堡礁、环礁。

岸礁发育在近岸浅水地带，珊瑚在岸旁繁殖成为海岸外侧一部分。有些岸礁与陆地相隔一个很狭窄的水道。堡礁离海岸较远，呈长堤状，中间有相当宽阔的潟湖或带状的水域与陆地相隔。堡礁宽度达数百米，但极少达千米。

堡礁几乎是不露出水面的，它的上部只是在低潮时才呈现不大的岛屿状露出水面，长度达数百米以上。世界著名的澳洲东岸大堡礁，绵延达 2 000 千米。台湾海峡澎湖列岛的 64 个岛屿中，大多有堡礁发育。

环礁是环状的珊瑚礁。环礁四周呈围墙状，封闭了其中的潟湖，形成环形岛屿。环有完整的，也有破损的。我国南海的东沙群岛、西沙群岛、中沙群岛、南沙群岛及其南端的曾母暗沙大都是环礁类型的海岸。

2. 红树林海岸

红树林是种属不同、但生态与生活环境要求相似的热带和亚热带特有的盐生木本植物群丛，生长在潮间带的淤泥质海滩上。高潮时，树冠漂荡在海水中，低潮时，露出下部树干和复杂的根系。

红树林喜淤泥质海滩。在海南岛和雷州半岛，有些接受玄武岩风化壳的细小物质沉积的海湾和潟湖，是红树林最繁茂的地方。

海岸红树林带树冠相接，根盘节错，很难通行，它阻碍和削弱波浪和潮流对海岸的冲击，并加速淤泥的积累，形成特殊的红树林淤泥质海岸。

在航空像片上，红树林海岸构成特殊的图案。浅海区呈灰或浅灰色调，而红树林则呈黑色点状影像。红树林带的中央是连片的黑色调，而边缘是稀疏的散列的黑色点状影像，边缘轮廓不整齐。

我国海岸的基本轮廓受地质构造影响，海岸类型相当复杂，山地港湾岸有复式排列的特点，其表现特别明显。长江口以北海岸线穿过几个不同的隆起带和沉降带，这种构造上的明显差异，表现为山地海岸与平原海岸相互交替分布，杭州湾以南，沿岸丘陵起伏，海岸岬湾曲折，岛屿星罗棋布，明显地反映出受东南沿海的褶皱、断裂的影响。平原海岸的主要类型是淤泥堆积平原海岸、三角洲海岸和三角湾海岸等。淤泥质堆积平原海岸分布于辽东湾、渤海湾和莱州湾，以及辽阔平直的苏北海岸。长江、黄河和珠江等河口发育着我国最大的三角洲海岸。钱塘江口则是三角湾海岸。

☞ **复习思考题**

1. 海岸的动力作用对海岸地貌的形成与发育有何影响？
2. 海岸地貌主要有哪些类型？
3. 影响海岸发育的因素有哪些？简述海岸类型的划分。
4. 简述浅水波的特点。
5. 论述海岸带泥沙横向运动规律及形成的地貌。
6. 连岛坝是怎样形成的？

第十五章 综 合 自 测

第一节 自然地理部分的综合自测

一、名称解释

1. 太阳常数	2. 太阴历	3. 中天	4. 极移
5. 地球表层系统	6. 大气环流	7. 大气窗口	8. 辐射
9. 逆温	10. 地面净辐射	11. 气压梯度力	12. 海陆风
13. 干绝热直减率	14. 地转风	15. 梯度风	16. 气旋
17. 反气旋	18. 梅雨	19. 饱和水气压	20. 相对湿度
21. 寒潮	22. 季风	23. 信风	24. 焚风效应
25. 露点温度	26. 活动积温	27. 有效积温	28. 流量
29. 水位	30. 河网密度	31. 洋流	32. 径流
33. 水量平衡	34. 河流水情要素	35. 流域	36. 水分循环
37. 生物多样性	38. 生物群落	39. 植物群落	40. 树线
41. 土壤质地	42. 土壤剖面	43. 土壤肥力	44. 土地分级
45. 地域分异规律	46. 自然综合体	47. 垂直地带性	48. 自然区划
49. 景观	50. 隐域性		

二、填空题

1. 在天文学上，将(　　　)称为一个天文单位。

2. 以春分点为标准，则春分点连续两次通过同一子午面的时间(　　　)。

3. 地球内部有两个地震波速度变化最明显的不连续面，分别是(　　　)和古登堡面。

4. 全球的三圈环流，从成因上，低纬环流和高纬环流属于(　　　)。

5. 地震按成因可分为：(　　　)、火山地震和陷落地震。

6. 南侵我国境内的寒潮，主要路径是：西路、(　　　)和北路。

7. 河川径流形成的三个阶段是：停蓄阶段、(　　　)和河槽集流阶段。

三、选择题

1. 地球上经度相同、纬度不同的地方能在同时刻看到日出的日期是(　　　)。
   A. 春秋分日　　　　B. 夏至日　　　　C. 冬至日　　　　D. 无此日期

2. 北京和香港两地的地球角速度和线速度相比较，正确是(　　　)。

333

A. 两地的角速度和线速度都不相同　　　B. 两地的角速度和线速度都相同

C. 角速度相同，线速度北京小于香港　　D. 角速度相同，线速度北京大于香港

3. 产生大气水平运动的原动力是（　　　）。

A. 水平气压梯度力　　B. 地转偏向力　　　C. 地面摩擦力　　　D. 前三个力的合力

4. 亚热带大陆东西岸气候特征最主要的差异在于（　　　）。

A. 气温的年较差　　　　　　　　　　　B. 年平均气温

C. 年内降水分配不均　　　　　　　　　D. 降水集中季节不同

5. 一般来说，某地区与同纬度邻近地区比较，若等温线（　　　）。

A. 向低纬凸出，则气温较高　　　　　　B. 向高纬凸出，则气温较高

C. 向南凸出，则气温较高　　　　　　　D. 向北凸出，则气温较高

6. 非洲北部热带草原气候的成因是（　　　）。

A. 赤道低压与东北信风交替控制　　　　B. 副热带高压与西风交替控制

C. 副热带高压与东北信风交替控制　　　D. 赤道低压与东南信风交替控制

7. 天气变化剧烈是因其位于（　　　）。

A. 暖气团控制下　　　　　　　　　　　B. 冷暖气团交界地带

C. 冷气团控制下　　　　　　　　　　　D. 无气团控制的地区

8. 副热带高压形成的主要原因是（　　　）。

A. 副热带地区气温高　　　　　　　　　B. 副热带地区气温低

C. 动力原因形成的高压　　　　　　　　D. 海陆热力差异形成

9. 关于长江与水循环的关系，正确的是（　　　）。

A. 只参与海陆间大循环

B. 只参与陆地水循环

C. 只参与海洋水循环

D. 既参与海陆间大循环，又参与陆地水循环

10. 下列水体中，水循环速度最快、周期最短的是（　　　）。

A. 湖泊水　　　　　　B. 河流水　　　　　C. 冰川水　　　　　D. 地下水

11. 当北印度洋海区的洋流呈逆时针方向流动时（　　　）。

A. 北半球为冬季　　　　　　　　　　　B. 南半球为冬季

C. 北印度洋盛行西南季风　　　　　　　D. 我国东南沿海盛行东南季风

12. 暖流流经的海域，海洋表面等温线（　　　）。

A. 较为密集　　　　　　　　　　　　　B. 较为稀疏

C. 向低纬方向凸出　　　　　　　　　　D. 向高纬方向凸出

13. 海沟分布在（　　　）。

A. 两个大陆板块相撞处　　　　　　　　B. 大陆板块张裂处

C. 两个大洋板块相撞处　　　　　　　　D. 大陆板块与大洋板块相撞处

14. 各个自然带最明显的标志是（　　　）。

A. 气候　　　　　　　B. 土壤　　　　　　C. 动物　　　　　　D. 植物

15. 成土过程开始的标志是（　　　）。

A. 岩石在风化作用下形成成土母质　　　B. 微生物和低等动物在母质上开始着生

C. 草木、木本植物开始着生　　　　　　　D. 人类活动的参与

16. 在低纬度大洋西岸缺失的陆地自然带是(　　)。

    A. 热带荒漠带　　　　B. 热带雨林带　　　　C. 热带季雨林　　　　D. 热带草原带

17. 我国新疆天山和昆仑山山麓地带分布的绿洲属于(　　)。

    A. 由赤道到两极的地域分异现象　　　　　　B. 从沿海向内陆的地域分异现象

    C. 山地的垂直地域分异现象　　　　　　　　D. 非地带性现象

18. 所有元素中，(　　)元素最轻。

    A. 氦　　　　　　　　B. 锂　　　　　　　　C. 氢　　　　　　　　D. 镁

19. 地壳中含量最丰富的元素是(　　)。

    A. 氢　　　　　　　　B. 铀　　　　　　　　C. 硅　　　　　　　　D. 氧

20. 地壳中已经发现了(　　)种矿物。

    A. 1 000 多种　　　　B. 2 000 多种　　　　C. 3 000 多种　　　　D. 4 000 多种

21. (　　)因素使得方铅矿破裂成小的立方体。

    A. 密度　　　　　　　　　　　　　　　　　B. 内部原子的排列

    C. 硬度　　　　　　　　　　　　　　　　　D. 光泽

22. 用一种矿物划过无釉瓷片，测试了矿物的(　　)性质。

    A. 硬度　　　　　　　B. 光泽　　　　　　　C. 颜色　　　　　　　D. 条痕

23. 暗淡的、柔滑的、蜡色的、珍珠状的，用来描述矿物的(　　)性质。

    A. 颜色　　　　　　　B. 光泽　　　　　　　C. 条痕　　　　　　　D. 解理

24. (　　)的条痕与其外部的颜色不同。

    A. 黄铁矿　　　　　　B. 黄金　　　　　　　C. 铜　　　　　　　　D. 磁铁矿

25. 地壳中含量第二丰富的元素是(　　)。

    A. 岩浆　　　　　　　B. 氧　　　　　　　　C. 硅　　　　　　　　D. 碳

26. (　　)用来描述在地球内部结晶的火成岩。

    A. 岩浆　　　　　　　B. 侵入岩　　　　　　C. 熔岩　　　　　　　D. 喷出岩

27. (　　)的岩浆中 SiO_2 的含量最丰富。

    A. 玄武岩　　　　　　B. 安山岩　　　　　　C. 流纹岩　　　　　　D. 橄榄岩

28. (　　)由于迅速冷却而没有形成可见的晶体。

    A. 辉长岩　　　　　　B. 安山岩　　　　　　C. 黑曜石　　　　　　D. 结晶花岗岩

29. (　　)的超基性岩石可能含有钻石。

    A. 结晶花岗岩　　　　B. 花岗岩　　　　　　C. 金伯利岩　　　　　D. 流纹岩

30. 岩浆中最后形成结晶的矿物是(　　)。

    A. 黑云母　　　　　　B. 斜长岩　　　　　　C. 橄榄岩　　　　　　D. 石英

31. 颗粒粗糙的火成岩脉叫做(　　)。

    A. 辉长岩　　　　　　B. 分层侵入　　　　　C. 结晶花岗岩　　　　D. 晶体

32. 冷却速度快对火成岩结晶粒的大小的影响是(　　)。

    A. 形成细小的晶体颗粒　　　　　　　　　　B. 形成大颗粒的晶体

    C. 形成淡色的晶体　　　　　　　　　　　　D. 形成深色的晶体

33. (　　)用来描述流出地球表面的岩浆。

A. 分层入侵 　　　 B. 熔岩 　　　 C. 结晶 　　　 D. 超碱的

34. ( )影响岩浆融化的温度。

A. 矿藏量 　　 B. 硅含量 　　 C. 氧含量 　　 D. 钾含量

35. ( )不影响火成岩的形成。

A. 温度 　　 B. 压力 　　 C. 体积 　　 D. 矿物成分

36. ( )在岩浆中含量最丰富，并且对岩浆的性质影响最大。

A. O 　　 B. Ca 　　 C. Al 　　 D. SiO_2

37. 在地球表面沉积的固体微粒被称做( )。

A. 斑状变晶 　　 B. 沉积物 　　 C. 片岩 　　 D. 石英岩

38. ( )过程会将固体岩石碎成小片。

A. 沉积作用 　　 B. 黏结 　　 C. 风化作用 　　 D. 变质作用

39. ( )搬运作用的媒介仅能移动沙粒大小或更小的颗粒。

A. 山崩 　　 B. 冰川 　　 C. 水 　　 D. 风

40. ( )是中等颗粒碎屑沉积岩。

A. 聚结 　　 B. 角砾岩 　　 C. 蒸发岩 　　 D. 砂岩

41. ( )由矿物在水中经化学沉淀形成。

A. 砂岩 　　 B. 煤层 　　 C 岩盐 　　 D. 页岩

42. ( )岩石孔隙率最大。

A. 砂岩 　　 B. 片麻岩 　　 C. 页岩 　　 D. 石英岩

43. ( )是在有机沉淀盐和化学沉积岩中均可以发现的常见矿物。

A. 方解石 　　 B. 石英 　　 C. 石榴石 　　 D. 黑云母

44. 地表矿物通过( )从一个地方到另一个地方。

A. 风化作用 　　 B. 侵蚀作用 　　 C. 搬运作用 　　 D. 沉积

45. ( )矿物通常会形成斑状变晶。

A. 石英 　　 B. 石榴石 　　 C. 滑石 　　 D. 方解石

46. ( )作用会导致沉积物向沉积岩转变。

A. 分层 　　 B. 埋藏 　　 C. 黏结 　　 D. 紧压

47. ( )沉积岩常用做生产水泥的原料。

A. 页岩 　　 B. 砂岩 　　 C. 磷酸盐 　　 D. 石灰岩

48. ( )是由块状晶体态矿物组成的。

A. 叶理状岩石 　 B. 非叶理状岩石 　 C. 斑状变晶 　 D. 斑晶

49. ( )测试用来鉴别矿物最可靠。

A. 硬度 　　 B. 条纹 　　 C. 密度 　　 D. 综合测试

50. 侵入火成岩( )形成。

A. 在地球表面 　 B. 在地壳内 　 C. 在海洋里 　 D. 在鲍文反应系列

51. 碎屑沉积岩石是( )分类的。

A. 通过颗粒的颜色 　　　　　　 B. 通过波痕

C. 通过化石表象 　　　　　　　 D. 通过颗粒的大小和形状

52. 岩石连续地变成其他岩石的过程称为( )。

A. 岩石循环　　　　B. 变质作用　　　　C. 斑岩　　　　D. 搬运

53. (　　)因素对径流速度的影响最小。

A. 坡地　　　　B. 植被　　　　C. 径流量　　　　D. 距水体的距离

54. (　　)地区最有可能含有肥沃的土壤。

A. 流域　　　　B. 干涸的河床　　　　C. 冲击的平原　　　　D. 山区

55. (　　)最有可能被河流以溶液的形式搬运。

A. 石英　　　　B. 沙土　　　　C. 钙　　　　D. 壤土

56. (　　)在湖泊富营养化过程中起主要作用。

A. 铁　　　　B. 磷酸盐　　　　C. 臭氧　　　　D. 盐

57. 在湖泊的富营养化过程中，湖泊中的溶解氧气会(　　)。

A. 增加　　　　B. 减少　　　　C. 保持不变　　　　D. 蒸发

58. (　　)会形成 V 形河谷。

A. 刚开始发育的河流　　　　　　B. 携带很多沉积物的河流
C. 流速缓慢的河流　　　　　　D. 河弯道曲的河流

59. 直流河道中(　　)的水流速度最快。

A. 沿底部部分　　B. 沿两岸部分　　C. 近表面部分　　D. 河流中部

60. 如果河流携带砂、壤土、黏土和小鹅卵石，当河流流速降低时，(　　)最后沉积。

A. 黏土　　　　B. 壤土　　　　C. 砂　　　　D. 小鹅卵石

61. (　　)情况下会出现最大的径流。

A. 植被覆盖的土地　　　　　　B. 植物较少的紧实土壤
C. 少量降雨　　　　　　D. 沙土量高的土壤

62. 河水在曲流的(　　)水流速度最大。

A. 内侧　　　　B. 底部　　　　C. 外侧　　　　D. 中央

63. (　　)与湿地的作用无关。

A. 给湖泊和三角洲提供富含营养和氧气的水
B. 通过捕获污染物、沉积物和致病的细菌对水进行过滤
C. 为候鸟和其他野生生物提供栖息地
D. 由于厌氧和酸性条件而能保存化石

64. 当河流流速降低时，(　　)颗粒最先沉积于河底。

A. 黏土　　　　B. 壤土　　　　C. 鹅卵石　　　　D. 砂

65. (　　)决定湖泊水的质量。

A. 氮含量　　　　　　B. 溶解的碳酸钙含量
C. 钾含量　　　　　　D. 溶解的氧含量

66. 地球上的大部分淡水储存在(　　)。

A. 海洋　　　　　　B. 大气
C. 极地冰盖和冰川　　　　　　D. 湖泊和河流

67. 美国的淡水的主要来源是(　　)。

A. 落基山脉的积雪　　B. 密西西比河　　C. 地下水　　D. 大湖区

68. 大部分降落到地面的降水会(   )。
　　A. 蒸发　　　　　B. 成为径流　　　C. 渗入地下　　　D. 成为冰川水

69. 通常补给地下水的来源是(   )。
　　A. 降水　　　　　B. 地表水　　　　C. 地下河　　　　D. 城市废水

70. 以下物质中(   )孔隙最多。
　　A. 分选良好的沙　B. 分选差的沙　　C. 砂岩　　　　　D. 花岗岩

71. 以下物质中(   )是最透水的。
　　A. 砂岩　　　　　B. 页岩　　　　　C. 壤土　　　　　D. 黏土

72. 含水层的主要特征是(   )。
　　A. 表面形貌　　　B. 渗透率　　　　C. 下沉　　　　　D. 溶解

73. 以下材料中，(   )的透水性最好。
　　A. 泥土　　　　　B. 黏土　　　　　C. 壤土　　　　　D. 砾石

74. (   )是地球上最大的淡水源。
　　A. 湖泊　　　　　B. 地下水　　　　C. 海洋　　　　　D. 冰川

75. 硬水通常含有(   )。
　　A. 氟　　　　　　B. 氯化物　　　　C. 碳酸　　　　　D. 钙

76. 自流水含水层通常含有(   )成分。
　　A. 热水　　　　　B. 承压水　　　　C. 盐水　　　　　D. 水蒸气

77. 沿海地区常见的地下水问题有(   )。
　　A. 盐水污染　　　B. 原油污染　　　C. 硫含量高　　　D. 过度补给

78. (   )经常用来描述一个天然泉水的温度。
　　A. 比区域的平均温度高　　　　　　B. 比区域的平均温度低
　　C. 无论泉水位于哪里，温度是一样的　D. 和区域的平均温度一样

79. (   )水源最容易被污染。
　　A. 潜水含水层　　B. 承压含水层　　C. 自流井　　　　D. 温泉

80. 滴水石是由(   )组成的。
　　A. 碳酸　　　　　B. 二氧化碳　　　C. 氧化钙　　　　D. 碳酸钙

81. (   )是所有侵蚀动力的源泉。
　　A. 磁力　　　　　B. 重力　　　　　C. 摩擦力　　　　D. 光

82. 除岩石构成外，(   )是影响风化的最重要因素。
　　A. 地形　　　　　B. 表面积　　　　C. 生物　　　　　D. 气候

83. 以下哪一个对岩浆的形成不起作用(   )
　　A. 温度　　　　　B. 压力　　　　　C. 水分的存在　　D. 火山碎屑物的类型

84. (   )的土壤含有的腐殖质最多。
　　A. 极地土　　　　B. 温带土　　　　C. 热带土　　　　D. 荒漠土

85. 北半球在山坡(   )面的植物最多。
　　A. 北　　　　　　B. 南　　　　　　C. 东　　　　　　D. 西

86. (   )的表土层最厚。
　　A. 山顶　　　　　B. 山脚　　　　　C. 山坡　　　　　D. 河床

87. 肥厚的土壤会在(　　)地区出现。
    A. 温带　　　　　　B. 沙漠　　　　　　C. 极地　　　　　　D. 热带
88. 高温和强降水地区的土壤叫做(　　)。
    A. 热带土　　　　　B. 极地土　　　　　C. 荒漠土　　　　　D. 温带土
89. 下面哪句话是正确的? (　　)。
    A. 压力的增加使干燥物质的熔点升高
    B. 压力的减小使干燥物质的熔点升高
    C. 物质中含有水分其熔点将会增高
    D. 压力的增加使干燥物质的熔点降低
90. 流纹岩岩浆是由以下哪种物质熔化形成的? (　　)。
    A. 陆壳　　　　　　B. 洋壳　　　　　　C. 海洋沉积　　　　D. 上地幔顶部
91. 哪种类型的深成岩体与它侵入的岩层完全平行? (　　)。
    A. 岩脉　　　　　　B. 岩床　　　　　　C. 岩盖　　　　　　D. 岩株
92. 夏威夷的火山石是由以下哪种现象形成的? (　　)。
    A. 板块汇聚　　　　B. 热点　　　　　　C. 板块消减　　　　D. 沉陷
93. 以下哪种说法是错误的? (　　)。
    A. 硅含量的增加可提高岩浆的黏性
    B. 安山岩岩浆的气体含量和爆发性都是中等的
    C. 温度升高可提高岩浆的黏性
    D. 玄武岩岩浆的黏性低，气体含量少
94. 体积最大的火山碎屑物是什么? (　　)。
    A. 火山灰　　　　　B. 火山块　　　　　C. 火山尘　　　　　D. 火山砾
95. 以下哪一个有宽阔平缓的侧坡和圆形底座? (　　)。
    A. 热点　　　　　　B. 锥状火山　　　　C. 复合火山　　　　D. 盾状火山
96. 大洋的平均深度是(　　)。
    A. 380m　　　　　　B. 38m　　　　　　C. 3 800m　　　　　D. 3km
97. 海洋的平均盐度是(　　)。
    A. 100ppt　　　　　B. 50ppt　　　　　C. 35ppt　　　　　D. 3.5ppt
98. 处于温跃层以下的深层海水的平均温度是(　　)。
    A. 15℃　　　　　　B. 高于4℃　　　　　C. 低于4℃　　　　　D. 0℃
99. 在海浪传播的过程中，水遵循(　　)的基本运动形式。
    A. 向前运动　　　　B. 向后运动　　　　C. 上下运动　　　　D. 转圈运动
100. (　　)不会对深层海水的波高产生影响。
    A. 波长　　　　　　B. 风的持续时间　　C. 风速　　　　　　D. 风浪区
101. (　　)类型的海水密度最大。
    A. 温暖、低盐度的海水　　　　　B. 温暖、高盐度的海水
    C. 寒冷、低盐度的海水　　　　　D. 寒冷、高盐度的海水
102. 光线能够穿透大洋的平均深度是(　　)。
    A. 1m　　　　　　B. 10m　　　　　　C. 100m　　　　　D. 1 000m

103. 在一次满月过程中，会出现( )类型的潮汐。
    A. 大潮　　　　　B. 小潮　　　　　C. 太阳潮　　　　D. 月球潮

104. 在大西洋中，( )水团的密度最大。
    A. 北大西洋　　　B. 表层水团　　　C. 南极底层水团　D. 南极中层水团

105. 北冰洋主要处在( )水体的北部。
    A. 大西洋　　　　B. 太平洋　　　　C. 南冰洋　　　　D. 印度洋

106. 地球表面有( )位于海平面以下。
    A. 10%　　　　　B. 30%　　　　　C. 50%　　　　　D. 71%

107. 深海平原中的沉积物大部分由( )组成。
    A. 沙和烁石　　　B. 软泥　　　　　C. 海贝壳　　　　D. 深海泥

108. 大多数深海海沟位于( )。
    A. 大西洋　　　　B. 印度洋　　　　C. 太平洋　　　　D. 北冰洋

109. ( )对大陆的海岸线吻合人们认识陆地可能随着时间漂移。
    A. 南美洲和北美洲　　　　　　　　B. 北美洲和非洲
    C. 南美洲和非洲　　　　　　　　　D. 欧洲和南美洲

三、简答题

1. 自然地理学的研究对象及其主要任务是什么？

2. 如何理解自然地理学的研究内容？

3. 简述地球表面结构的基本特征。

4. 简述自然地理学与可持续发展的关系。

5. 从厄尔尼诺现象说明地球表层环境的整体性。

6. 地球表面海陆分布的主要特点是什么？

7. 试分析地球的大小、形状、运动及日地距离对地球表层环境的影响。

8. 说明黄赤交角带来的地理效应。

9. 地球的公转和自转有何地理意义？

10. 简述大气对流层的主要特点。

11. 分析大气环流的类型及其在天气、气候形成过程中的作用。

12. 分析对流层与地表的相互影响和作用。

13. 假如太平洋消失，亚洲的地表环境将会发生什么样的变化？

14. 试述山谷风与海陆风的成因机制。

15. 说明柯本气候分类中温暖夏干气候的特点与分布。

16. 试比较海洋性气候与大陆性气候的区别。

17. 试比较东亚季风和南亚季风。

18. 以欧亚大陆为例，试述亚热带气候类型自西向东的差异及其成因。

19. 简述中国气候的基本特征及其形成因素。

20. 简述海洋性气候与大陆性气候的基本特征。

21. 简述锋面天气类型及其在我国的活动范围。

22. 简述气旋、反气旋的形成和天气特征及其对我国冬夏季天气的影响。

23. 简述寒潮、梅雨、台风的形成及其影响。

24. 简述台风（热带气旋）的成因及其对中国东南气候特征的贡献。

25. 2013 年我国入冬出现了严重的雾霾天气，分析该天气形成的主要原因和解决方式。

26. 依据湖水与径流的关系，举例说明湖泊的分类。

27. 论述南水北调以及水循环的意义。

28. 试述中国河流分布的特征及其与气候、地形的关系。

29. 论述我国河流分类的方法，并说明东北型河流的水文特征。

30. 简述河流的水情要素，以及水位过程曲线图。

31. 比较长江与黄河水文特征的异同。

32. 简述河流水位与河流流量的联系。

33. 试论述河流与地理环境相互影响，并举例说明。

34. 波浪是如何形成的？包括哪四个要素？

35. 简述世界地震带的分布规律及其成因。

36. 简述自然土壤剖面构造及其基本特点。

37. 影响土壤发育及其特点的主要因素有哪些？

38. 简述我国植被和土壤分布的地域规律，并分析其成因。

39. 简述土壤形成的因素及主要的成土过程。

40. 简述陆地生态系统的纬度和经度地带性分布特点。

41. 简述垂直地带性及影响山地垂直地带谱的主要因素。

42. 简述山地的垂直带谱的性质，并以我国东北的长白山垂直带谱为例进行说明。

43. 简述干湿地带性及我国中纬度地区植被由海岸向内地的变化规律。

44. 简述我国三大自然区的主要特征。

45. 试述地球表层系统自然环境的地域分异规律。

四、综合题

1. 绘图说明气旋的形成过程和天气特征。

2. 绘制河谷横剖面结构图。

3. 绘图说明河谷阶地与河漫滩的发育过程。

4. 绘图说明冲沟发育的三个阶段。

5. 一个内陆封闭湖泊，面积为 100km²，流域面积 10 000km²。流域平均年降水量为 120mm/km²，平均年蒸发量为 2 100mm/km²，土壤下渗水量相当于 20mm 的降水，假定流域降水全部流入湖泊（无外流），不考虑人类用水，湖泊水位会发生什么样的变化？变化幅度大约多少？假如降水全部以暴雨的形式一次降落，湖泊水位变化幅度为多少？（假设忽略湖泊的水平扩张）

6. 在某一灌丛草原生态系统中，只有兔子和狼两种动物，构成了灌丛草地→兔子→狼这样一个生物链。假设这一灌丛草原的净初级生产量为每年 72 000 千克，每只狼每年至少要吃 360 千克兔子，并且狼只以兔子为食。按照林德曼百分之十定律，这一灌丛草原系统最多能养活多少只狼？

第二节 地貌部分的综合自测

一、名称解释

1. 矿物	2. 克拉克值	3. 解理	4. 变质岩
5. 岩浆岩的产状	6. 地壳运动	7. 地质作用	8. 地质构造
9. 变质作用	10. 节理断层	11. 平移断层	12. 褶皱构造
13. 地堑	14. 背斜	15. 河漫滩	16. 河流阶地
17. 溯源侵蚀	18. 雅丹地貌	19. 风蚀作用	20. 新月形沙丘
21. 冻土	22. 喀斯特地貌	23. 峰丛	24. 牛轭湖
25. 泥石流	26. 单斜山	27. 方山	28. 分水岭
29. 雪线			

二、填空题

1. 岩石的产状三要素为(　　　)、倾向和倾角；(　　　)是组成大陆地壳的主要成分。

2. 主要地貌结构线有分水线、谷底线、(　　　)和棱线等。

3. (　　　)是指具有一定外形的地表起伏，它是构成地貌的基本单元。

4. 荒漠按地貌特征及地面组成物质来分，可分为岩漠、(　　　)、沙漠和泥漠。

5. 蠕动和滑坡地貌在地形图上，滑坡上缘用(　　　)符号表示。

6. 冰川地貌分为冰蚀地貌、(　　　)和冰水堆积地貌三类。

7. 根据物质组成，海岸可分为岩石海岸、砂泥质海岸和(　　　)等类型。

8. 在地形图上，火山锥的地貌表现为(　　　)的封闭等高线。

9. 在新疆罗布泊附近地区的雅丹地貌景观属于(　　　)。

10. (　　　)山谷冰川由三条以上单式山谷冰川汇合而成。

11. 长江三角洲的外形属于(　　　)三角洲。

12. 黄土沟间地貌是沟谷之间的正向地貌，主要包括塬、梁和(　　　)。

三、选择题

1. 岩石是(　　　)。
　　A. 矿产组成的集合体　　　　　　　　B. 矿床组成的集合体
　　C. 矿物组成的集合体　　　　　　　　D. 矿藏组成的集合体

2. 下列地理事物中，属地质构造的是(　　　)。
　　A. 角峰　　　　B. 三角洲　　　　C. 地垒　　　　D. 峡湾

3. 在地形图上，表示冰川舌的等高线呈(　　　)，向山体下部突出。
　　A. 折线　　　　B. 同心圆形　　　　C. 直线　　　　D. 弧形

4. 关于地质构造或地貌的表述正确的是(　　　)。

A. 喜马拉雅山、庐山、泰山等是内力作用使岩层褶皱隆起形成的

B. 流水作用使黄土高原的黄土层深厚广大

C. 岩石断裂形成的向斜构造有利于存储地下水

D. 背斜是储藏石油的良好构造

5. 在大比例尺地形图上，方山地貌的等高线呈现(　　)。

A. 顶部稀疏、四周边缘坡度明显转折　　　　B. 顶部均匀、四周边缘坡度明显转折

C. 顶部稀疏、四周边缘坡度平滑　　　　　　D. 顶部密集、四周边缘坡度平滑

6. 羊背石属于(　　)。

A. 冰蚀地貌　　　　B. 冰碛地貌　　　　C. 冰水堆积地貌D. 冻土地貌

7. (　　)会形成冲积扇。

A. 曲流外侧　　　　B. 河流入海口　　　　C. 湖泊附近　　　　D. 沿山脚处

8. (　　)最容易被地下水溶解。

A. 砂岩　　　　B. 花岗岩　　　　C. 石灰岩　　　　D. 页岩

9. 在岩洞地面出现的锥形的滴水石沉积物是(　　)。

A. 冰碛　　　　B. 岩石薄片　　　　C. 石钟乳　　　　D. 石笋

10. (　　)是喀斯特地貌的典型特征。

A. 冰碛　　　　B. 沙丘　　　　C. 落水洞　　　　D. 山崩

11. 在(　　)地下水最接近地表。

A. 河谷　　　　B. 丘顶　　　　C. 山顶　　　　D. 干旱地区

12. (　　)物质最适合做池塘底层。

A. 砾石　　　　B. 石灰岩　　　　C. 黏土　　　　D. 沙

13. 悬挂在岩洞洞顶上的天然结构是(　　)。

A. 硅毕　　　　B. 石柱　　　　C. 石笋　　　　D. 石钟乳

14. 以下几种侵蚀动力中，(　　)是最强的。

A. 流水　　　　B. 风　　　　C. 冰川　　　　D. 生物

15. 在土壤剖面中，B 层土壤是由(　　)组成的。

A. 表层土　　　　B. 黄土　　　　C. 次层土　　　　D. 基岩

16. (　　)是侵蚀动力的原动力。

A. 悬浮力　　　　B. 摩擦力　　　　C. 磁力　　　　D. 重力

17. (　　)运动速度最慢。

A. 滑坡　　　　B. 泥流　　　　C. 雪崩　　　　D. 蠕动

18. (　　)是形成风蚀洼地、沙漠砾石滩和沙丘的侵蚀力。

A. 风　　　　B. 流水　　　　C. 地震　　　　D. 地下水

19. (　　)是山谷冰川的特征。

A. 分布区域广阔　　　　　　　　B. 向下坡运动

C. 比陆地冰川规模大　　　　　　D. 在夏天完全融化

20. (　　)不是流水作用形成的。

A. 河流承载量增加　　　　　　　B. 河流凿出 V 形河谷

C. 水解反应　　　　　　　　　　D. 形成流域盆地

21. 冲积扇在( )最常见。
    A. 湖泊附近　　　　B. 沿山脚地区　　　　C. 曲流外部　　　D. 河流入海处

22. ( )是导致各种形式的块体运动的原动力。
    A. 摩擦力　　　　　B. 重力　　　　　　　C. 磁力　　　　　D. 科里奥利力

23. ( )是缓慢块体运动的例子。
    A. 泥石流　　　　　B. 滑坡　　　　　　　C. 蠕动　　　　　D. 雪崩

24. ( )侵蚀力最大。
    A. 风　　　　　　　B. 滑坡　　C 雪崩　　　D. 冰川

25. 沙丘的运动叫_____。
    A. 消融　　　　　　B. 磨蚀　　　　　　　C. 吹蚀　　　　　D. 迁移

26. 目前地球表面被冰川覆盖的比例有( )。
    A. 5%　　　　　　　B. 10%　　　　　　　C. 15%　　　　　D. 20%

27. ( )地貌类型不是冰川作用的结果。
    A. 冰碛　　　　　　B. 鼓丘　　　　　　　C. 锅穴　　　　　D. 沙丘

28. 美国的下列州中,( )最有可能遭受风蚀。
    A. 路易斯安那州　　B. 肯塔基州　　　　　C. 康涅狄格州　　D. 犹他州

29. ( )块体运动的速度最快。
    A. 融冰泥流　　　　B. 蠕动　　　　　　　C. 泥石流　　　　D. 滑坡

30. 风能最容易搬运( )颗粒。
    A. 沙子　　　　　　B. 小卵石　　　　　　C. 泥沙　　　　　D. 砂砾

31. 沙丘是( )作用的结果。
    A. 风蚀　　　　　　B. 吹蚀　　　　　　　C. 风积　　　　　D. 冲磨

32. ( )不是山谷冰川的地貌特征。
    A. 冰斗　　　　　　B. 黄土　　　　　　　C. 冰碛　　　　　D. 陡峭山脊

33. 当风造成微粒弹起运动而搬运了物质时,它被称为( )。
    A. 悬移　　　　　　B. 吹蚀　　　　　　　C. 跃移　　　　　D. 冲磨

34. ( )是地表最重要的侵蚀动力。
    A. 流水　　　　　　B. 风　　　　　　　　C. 冰川　　　　　D. 生物

35. ( )通常会出现在不规则海岸。
    A. 海蚀柱　　　　　B. 波蚀陡崖　　　　　C. 波蚀台地　　　D. 海滩

36. 下列海岸地貌中,( )不是由沿岸输移所产生的。
    A. 障壁岛　　　　　B. 沙嘴　　　　　　　C. 湾口沙洲　　　D. 河口

四、简答题

1. 简述岩浆岩常见结构和构造。

2. 简述沉积岩常见的层理构造和层面构造。

3. 简述岩浆岩、沉积岩和变质岩的形成和特点。

4. 试比较岩浆岩中花岗岩和玄武岩的岩石特征。

5. 分析三大类岩石的相互关系及岩石转化循环过程。

6. 论述陆地地貌的主要类型以及我国地形的基本轮廓特点。

7. 论述构成我国地形骨架的四大山脉系统。

8. 简述中国地貌的基本特征和形成因素。

9. 试举例说明地貌的发生和发展是内外力地质作用共同塑造的结果。

10. 简述地壳运动的特征及其在地层接触关系上的表现。

11. 简述气候对地貌发育的影响。

12. 试比较丹霞地貌与一般山岭的山脊的等高线图区别。

13. 试比较山区河谷与冰川谷的特征。

14. 简述中国火山分布的成因及中国地震主要的分布区域。

15. 简述岩溶作用的化学过程及影响岩溶地貌发育的主要因素。

16. 简述喀斯特地貌的演变过程中正负地貌组合规律，并举例。

17. 简述在大比例航空像片上，岩溶地貌的溶斗解译特征。

18. 简述流水线状侵蚀作用的主要形式。

19. 论述河流地貌的发育过程。

20. 以河口三角洲形成原理，解释黄河三角洲、长江三角洲和钱塘江三角洲的形成过程。

21. 简述流域特征及其对河流的作用。

22. 举例说明流域对三角洲形成发育的影响。

23. 影响雪线高度的 3 个主要因素是什么？不同纬度的雪线有哪些变化规律？

24. 南半球雪线低于北半球的原因是什么？

25. 简述冰川进退与地理环境变化的关系。

26. 简述喀斯特地貌形成的基本条件。

27. 试分析喀斯特地貌与流水地貌的异同。

28. 简述滑坡、泥石流的发生条件及类型。

29. 简述泥石流形成的条件，并分析我国泥石流发生的时空差异。

30. 简述沙尘暴的形成及影响因素。

31. 简述中国黄土、沙漠、戈壁的分布，并分析它们在成因上的联系。

32. 试述海岸带的动力作用及其所形成的地貌特征。

33. 从自然地理学的角度，解释喀斯特地区生态环境脆弱的原因。

34. 中国地貌的基本特征及对中国自然环境的影响有哪些？

下　编

自然地理学在测绘中的应用

第十六章　自然地理学实验

第一节　利用 GPS 确定地理坐标

一、实验目的与要求

①了解 GPS 工作原理；

②了解地理坐标的概念和记录方式，学会使用手持式 GPS 确定目标地点的地理坐标。

二、实验仪器与材料

手持式 GPS 定位仪、地形图、铅笔、记录本。

三、实验主要内容

1. 实习地点选取

选择有典型地形地物的地区，用于确定目标地形、地物的地理坐标。

2. GPS 系统组成

GPS 系统包括三大部分：空间部分——GPS 卫星星座；地面控制部分——地面监控系统；用户设备部分——GPS 信号接收机。

（1）GPS 卫星星座

由 21 颗工作卫星和 3 颗在轨备用卫星组成 GPS 卫星星座，记作（21+3）GPS 星座。24 颗卫星均匀分布在 6 个轨道平面内，轨道倾角为 55°，各个轨道平面之间相距 60°，即轨道的升交点赤经各相差 60°。每个轨道平面内各颗卫星之间的升交角距相差 90°，一轨道平面上的卫星比西边相邻轨道平面上的相应卫星超前 30°。

在两万千米高空的 GPS 卫星，当地球相对恒星自转一周时，它们绕地球运行两周，即绕地球一周的时间为 12 恒星时。这样，对于地面观测者来说，每天将提前 4 分钟见到同一颗 GPS 卫星。位于地平线以上的卫星颗数随着时间和地点的不同而不同，最少可见到 4 颗，最多可见到 11 颗。在用 GPS 信号导航定位时，为了结算测站的三维坐标，必须观测 4 颗 GPS 卫星，称为定位星座。这 4 颗卫星在观测过程中的几何位置分布对定位精度有一定的影响。对于某地某时，甚至不能测得精确的点位坐标，这种时间段叫做"间隙段"。但这种时间间隙段是很短暂的，并不影响全球绝大多数地方的全天候、高精度、连续实时的导航定位测量。

（2）地面监控系统

对于导航定位来说，GPS 卫星是一动态已知点。星的位置是依据卫星发射的星历（描述卫星运动及其轨道的参数）算得的。每颗 GPS 卫星所播发的星历，是由地面监控系统提供的。卫星上的各种设备是否正常工作，以及卫星是否一直沿着预定轨道运行，都要由地面设备进行监测和控制。地面监控系统另一重要作用是保持各颗卫星处于同一时间标准——GPS 时间系统。这就需要地面站监测各颗卫星的时间，求出钟差。然后由地面注入站发给卫星，卫星再由导航电文发给用户设备。GPS 工作卫星的地面监控系统包括一个主控站、三个注入站和五个监测站。

（3）GPS 信号接收机

GPS 信号接收机的任务，是能够捕获到按一定卫星高度截止角所选择的待测卫星的信号，并跟踪这些卫星的运行，对所接收到的 GPS 信号进行变换、放大和处理，以便测量出 GPS 信号从卫星到接收机天线的传播时间，解译出 GPS 卫星所发送的导航电文，实时地计算出测站的三维位置，甚至三维速度和时间。

GPS 卫星发送的导航定位信号，是一种可供无数用户共享的信息资源。对于陆地、海洋和空间的广大用户，只要用户拥有能够接收、跟踪、变换和测量 GPS 信号的接收设备，即 GPS 信号接收机，就可以在任何时候用 GPS 信号进行导航定位测量。根据使用目的的不同，用户要求的 GPS 信号接收机也各有差异。

静态定位中，GPS 接收机在捕获和跟踪 GPS 卫星的过程中固定不变，接收机高精度地测量 GPS 信号的传播时间，利用 GPS 卫星在轨的已知位置，解算出接收机天线所在位置的三维坐标。而动态定位则是用 GPS 接收机测定一个运动物体的运行轨迹。GPS 信号接收机所位于的运动物体叫做载体（如航行中的船舰、空中的飞机、行走的车辆等）。载体上的 GPS 接收机天线在跟踪 GPS 卫星的过程中相对地球而运动，接收机用 GPS 信号实时地测得运动载体的状态参数（瞬间三维位置和三维速度）。接收机硬件和机内软件以及 GPS 数据的后处理软件包，构成完整的 GPS 用户设备。

3. 明确 GPS 工作原理

GPS 定位系统的工作原理是由地面主控站收集各监测站的观测资料和气象信息，计算各卫星的星历表及卫星钟改正数，按规定的格式编辑导航电文，通过地面上的注入站向 GPS 卫星注入这些信息。测量定位时，用户可以利用接收机的储存星历得到各个卫星的粗略位置。根据这些数据和自身位置，由计算机选择卫星与用户连线之间张角较大的四颗卫星作为观测对象。观测时，接收机利用码发生器生成的信息与卫星接收的信号进行相关处理，并根据导航电文的时间标和子帧计数测量用户和卫星之间的伪距。将修正后的伪距及输入的初始数据和四颗卫星的观测值列出 3 个观测方程式，即可解出接收机的位置，并转换所需要的坐标系统，以达到定位目的。

GPS 卫星定位技术是通过安置在地球表面的 GPS 接收机同时接收 4 颗以上的 GPS 卫星发出的信号测定接收机的位置，即显示出本地的坐标。坐标有二维、三维两种表示。若 GPS 能够收到 4 颗及以上卫星的信号，则它能计算出本地的三维坐标：经度、纬度、高度；若只能收到 3 颗卫星的信号，则它只能计算出二维坐标：经度和纬度。这时它可能还会显示高度数据，但这数据是无效的。

GPS 的工作原理是建立直角坐标系，融地理坐标系和天球坐标系一致。利用 3 颗以上的卫星的已知空间位置可交会出地面未知点（用户接收机）的位置：用户用 GPS 接收机在某一时刻同时接收三颗以上的 GPS 卫星信号，测量出测站点（接收机天线中心）P 至 3 颗以上 GPS 卫星的距离并解算出该时刻 GPS 卫星的空间坐标，据此利用距离交会法解算出测站 P 的位置。设在时刻 t_i，在测站点 P 用 GPS 接收机同时测得 P 点至 3 颗 GPS 卫星 S_1，S_2，S_3 的距离为（ρ_1，ρ_2，ρ_3）。通过 GPS 电文解译出该时刻 3 颗 GPS 卫星的三维坐标分别为（x^j，y^j，z^j），$j=1$，2，3。用距离交会的方法求解 P 点的三维坐标（X，Y，Z）的观测方程为

$$\rho_1^2 = (X - X^1)^2 + (Y - Y^1)2 + (Z - Z^1)^2$$
$$\rho_2^2 = (X - X^2)^2 + (Y - Y^2)^2 + (Z - Z^2)^2$$
$$\rho_3^2 = (X - X^3)^2 + (Y - Y^3)^2 + (Z - Z^3)^2$$

再将 P 点的三维坐标换算成二维的地理坐标，即可达到定位的目标。

4. 使用手持式 GPS 的注意事项

①必须在露天的地方使用，建筑物内、洞内、水中和密林等类似地方无法使用。

②在一个地方开机待的时间越长，搜索到的卫星越多，精确度就越高。

③在山野上使用的精度比在城中高楼林立的地方为高。

④使用 GPS 导航比用指南针要准确可靠，因为依照指南针的方位角走，一旦走错，就会越走越偏离目标。但 GPS 永远告诉你正确的方位角，而不论偏离目标有多远。

⑤现在市面上一般民用的手持式 GPS 精度为 15m。如能支持 WAAS，则精度可提高到 3m。

⑥注意带上足够的备用电池。

四、实验操作步骤

①分成若干小组，一个小组配备一台 GPS 定位仪和一张地形图。

②根据说明书，在老师的指导下熟悉手持式 GPS 定位仪的结构、功能和操作程序。

③各小组选择自己的测量路线和测量目标，利用 GPS 确定测量目标的精确地理坐标并记录。

④对照地形图和读取的测量目标的地理坐标，分析两者误差的大小和原因。

注：用 GPS 测量某一地点的地理坐标时，将 GPS 平放在测量地上面，需静止一段时间，等读数稳定以后再读取坐标值。另外，GPS 比较费电池，多数 GPS 使用 4 节碱性电池一直开机可用 20~30 小时，长时间使用时要注意携带备用电池。大部分 GPS 有永久的内置记忆电池，它可以保证 GPS 在没有外部供电时内存中的各种数据不会丢失。

第二节　气候类型判别

一、实验目的与要求

掌握气候图的简单读法，学会利用气温、降水资料判别某地属何种气候类型。

二、实验仪器与材料

世界气候类型图、某地的气温和降水量资料等。

三、实验主要内容

气候特征的反映，主要是热量和水分的综合。柯本以气温和降水为基础，并联系各种植被类型，把世界气候分成五带：A 热带多雨气候、B 干燥气候、C 温暖气候、D 寒冷气候、E 极地气候。本实验主要进行以上气候类型的判别和分类。

四、实验操作步骤

1. 确定 A，C，D，E 的界线

最冷月平均气温 $\geq 18℃$ 为 A。

最冷月平均气温 $<18℃$ 且 $\geq -3℃$ 为 C。

最冷月平均气温 $<3℃$，最热月平均气温 $\geq 10℃$ 为 D。

最热月平均气温 $<10℃$ 为 E。

2. 确定 B 与 A，C，D 的界线以及 B 带内的界线

各气候带界线详见表 16.1。

表 16.1　　　　　　　　　　各气候带界线

降水	Bs 与 A、C、D 界线	Bw 与 Bs 界线	备注
年雨均匀区	$r=2t+14$	$r=t+7$	Bs 为草原气候，Bw 为沙漠气候，r 为年降水量（cm），t 为年平均气温（℃）
夏季多雨区	$r=2t+28$	$r=t+14$	
冬季多雨区	$r=2t$	$r=t$	

3. 确定 A，C，D 内全年多雨（f）、夏季干燥（S）和冬季干燥（W）的界线

（1）在 A 带内

各月降水量多在 6cm 以上者为 A_f（热带雨林气候）。

冬季降水量较少，至少有一个月降水量不足 6cm，亦小于 10−r/25 者为 A_w（热带疏林气候）。若最干月降水量小于 6cm 但大于 10−r/25，则为 A_M（热带季风气候）。

（2）在 C 带内

冬季最多雨月降水量至少 3 倍于夏季最少雨月降水量者，为 Cs（地中海气候）。

夏季最多雨月降水量至少 10 倍于冬季最少雨月降水量者，为 C_w（冬干温暖气候）。

降水分布均匀，不足上述比例者，为 C_f（常湿温暖气候）。

（3）在 D 带内

夏季最多雨月降水量至少 10 倍于冬季最少雨月降水量者，为 D_w（冬干冷暖气候）。

降水量分布均匀，不足上述比例者，为 D_f（常湿冷暖气候）。

4. 分析判断

根据上述柯本气候分类的标准分析表 16.2 的资料，判断各站属何种气候类型。

表 16.2 各站气温和降水量资料

站台	气温(℃)和降水(cm)	月 份												年均气温及年降水量
		1	2	3	4	5	6	7	8	9	10	11	12	
1	气温	3.5	5.2	10.2	15.4	21.2	16.1	29.5	28.4	24.6	18.3	10.8	4.9	18.5
	降水	37.0	23.0	36.0	31.0	14.0	2.0	1.0	1.0	1.0	25.0	29.0	27.0	208.0
2	气温	3.1	4.3	8.4	13.0	10.1	23.0	27.8	28.1	24.1	18.1	12.5	5.7	15.7
	降水	37.8	54.7	73.2	108.1	124.5	135.7	111.7	99.3	152.5	49.2	57.3	35.4	1 039.3
3	气温	6.7	7.8	9.8	12.8	16.4	20.0	22.5	22.1	19.5	15.2	10.5	7.3	14.3
	降水	4.8	38	46	51	48	25	15	40	66	94	79	56	539
4	气温	26.1	27.2	28.9	30.0	28.9	27.8	27.8	27.8	27.2	26.7	26.1	28.1	23.8
	降水	22.9	2.5	7.8	43.2	210.8	320.0	281.8	279.4	337.8	94.0	94.0	78.4	1 980.7
5	气温	-4.7	-2.5	4.6	13.0	20.5	24.3	26.1	24.8	19.4	124	4.0	-3.0	11.6
	降水	2.0	6.4	9.6	33.6	24.0	49.3	174.0	208.1	50.3	17.5	7.0	1.1	584.1
6	气温	21.4	21.8	20.6	18.0	15.4	13.6	12.9	13.5	14.6	18.9	18.9	20.4	17.3
	降水	15	15	18	43	32	99	93	76	57	35	22	16	571
7	气温	18.3	19.0	22.0	25.7	28.8	29.1	29.0	28.1	27.1	25.1	22.4	19.7	24.5
	降水	7.7	13.2	17.3	30.1	83.3	132.3	127.2	293.1	195.0	90.2	20.0	9.5	998.9
8	气温	5.0	5.0	8.4	7.8	10.3	13.6	15.0	15.0	12.8	10.0	6.9	5.3	9.4
	降水	68.0	50.0	51.0	48.0	58.0	51.0	71.0	76.0	71.0	69.0	68.0	66.0	755.0
9	气温	-10.3	-9.7	-4.6	5.8	11.8	16.1	18.3	16.3	10.7	4.3	-2.2	-7.9	3.9
	降水	31	28	33	35	52	67	74	74	58	51	36	36	575
10	气温	-8.4	-2.8	7.5	14.8	21.2	25.3	27.0	28.0	19.7	11.3	1.5	-6.5	11.4
	降水	1.1	0.4	0.6	1.3	1.2	3.4	6.5	2.0	1.1	0.5	0.7	0.2	19.0

第三节 绘制水位-流量关系曲线图

一、实验目的与要求

①掌握水位-流量关系曲线的基本原理;
②掌握绘制水位-流量关系曲线图的一般方法和步骤。

二、实验仪器与材料

Microsoft Excel 表格和记录本等。

三、实验主要内容

①使用 Microsoft Excel 表格进行测点数据处理；
②采用"平滑线散点图"绘制水位-流量关系曲线图。

四、实验操作步骤

1. 测点数据处理

水位是指河流在某一地点、某一时刻的水面高程，用 H 表示，单位：m。

流量是指单位时间内通过某一过水断面的水量，用 Q 表示，单位：m^3/s。

在较长时期内，某断面的实测流量与相应水位的点据呈密集带状分布，可用一条单一曲线来表示，这就是稳定的水位流量关系。根据测点的不同水位所测得的流量大小来设定绘图的纵横比例尺。使用 Excel 电子表格设定便于测点的数据处理、横坐标数据比例尺计算等相关绘图数据处理。这里以某断面的实测流量与相应水位的测点数据为例，如表16.3 所示。

表 16.3　　　　　　　　　某断面的实测流量与相应水位的测点数据

测点数据	1	2	3	4	5	6	7	8	9
水位（m）	0.05	0.1	0.2	0.3	0.4	0.5	0.6	0.7	0.71
流量（m^3/s）	1.7	2	2.5	4	5.8	7.6	10.8	15	16

测点数据处理的具体步骤：

①新建一个 Excel 工作表文件（*.xls），名称为"水位-流量曲线图"；
②将表16.3 的实验数据直接复制到 Excel 表格文件中。

2. Excel 绘制水位-流量关系曲线

以纵坐标表示水位，横坐标表示流量，连接各点，在每一个测点前后、两测点间定点控制线形，曲线变化大、陡峭处的多加节点控制，完成水位-流量关系曲线的绘制。

①在 Excel 中，单击"图表向导"按钮，弹出"图表向导"对话框，图表类型选择为"XY 散点图"，其子图表类型选择"平滑线散点图"，如图 16.1 所示；

②单击"下一步"按钮，设置图表源数据，这里以纵坐标(Y)表示水位，横坐标(X)表示流量。数据区域为"=Sheet1！ B2：J3"，系列中名称(N)为"测点数据"，X 值(X)为"=Sheet1！ B3：J3"，Y 值(Y)为"=Sheet1！ B2：J2"；

③单击"下一步"按钮，设置图表选项，在图表标题中，标题设置为"水位-流量关系曲线图"，数值(X)轴(A)为"流量(m^3/s)"，数值(Y)轴(V)为"水位(m)"；

④单击"下一步"按钮，设置图表位置，这里选择"作为其中的对象插入"，点击"完成"按钮，自动完成 Excel 绘制水位-流量关系曲线图；

⑤双击自动生成的"水位-流量关系曲线图"，进行自定义图表区样式设计和调整，最终完成绘制水位-流量关系曲线图，如图 16.2 所示。

水位流量关系维持稳定，必须具备下列条件之一：①断面面积、水力比降和糙率等水

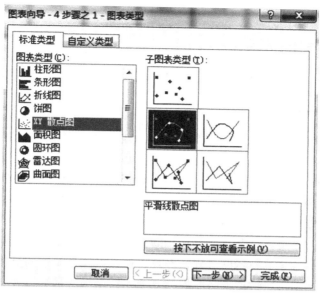

图 16.1　Excel 中图表向导-"平滑线散点图"

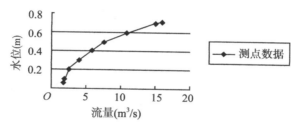

图 16.2　Excel 绘制水位-流量关系曲线图

力因素在同一水位时，维持不变；②在同一水位时，上述各因素虽有变动，但其变动对水位流量关系的影响可以互相补偿。在这种条件下，同一个水位，就只有一个相应的流量，水位流量关系就成为单一的曲线。水文测站断面总是尽可能选择在那些具备基本稳定条件的地方，必要时，用人工铺设固定河床或在断面下游附近建造拦河堤堰等方法来创造这种稳定条件。应用稳定的水位流量关系对于编制逐日平均流量、洪水水文要素摘录表和因工程设计或防汛需要推求各种水位或流量都十分方便。

第四节　岩石的观察鉴定

一、实验目的与要求

①通过观察有代表性的岩石类型，认识岩石的主要结构、构造和基本矿物成分特征；

②掌握岩石的肉眼鉴定方法和步骤，学会独立地观察和鉴定岩石，正确编写岩石鉴定报告。

二、实验仪器与材料

各种岩石标本、小刀、小锤子、放大镜、稀盐酸、滴管、条痕板、笔记本等。

三、实验主要内容

本实验主要进行三大类岩石的观察和鉴定。由学生参照教材中有关各类岩石特征描述，自行对有代表性的岩石标本进行综合观察。可以选定外观相似但成因不同的岩石标本（如花岗岩与片麻岩、石英砂岩与石英岩、砾岩与斑岩等）做深入的分析和对比。如有条件可将岩石（如花岗岩、玄武岩、片麻岩、片岩、鲕状灰岩等）磨片进行偏光显微镜下观察，便能更清楚地鉴别岩石的结构及矿物成分。

不同类型的岩石在自然界并非孤立存在的，而是在一定条件下相互依存，并不断地进行转化。这种由原岩转变成新岩的过程，不是，也不可能是简单的重复，新生成的岩石不仅在成分上，而且在结构、构造上与原岩均有极大的差异。常见三大类岩石以其固有的特点相互区别，如表 16.4 所示。

表 16.4　　　　　　　　　　　　三大类岩石的主要区别

	岩浆岩	沉积岩	变质岩
矿物成分	均为原生矿物，成分复杂，常见的有石英、长石、角闪石、辉石、橄榄石、黑云母等矿物成分	除石英、长石、白云母等原生矿物外，次生矿物占相当数量，如方解石、白云石、高岭石、海绿石等	除具有原岩的矿物成分外，尚有典型的变质矿物，如绢云母、石榴子石等
结构	以粒状结晶、斑状结构为其特征	以碎屑、泥质及生物碎屑、化学结构为其特征	以变晶、变余、压碎结构为其特征
构造	具流纹、气孔、杏仁、块状构造	多具层理构造，有些含生物化石	具片理、片麻理、块状等构造
产状	多以侵入体出现，少数为喷发岩，呈不规则状	有规律的层状	随原岩产状而定
分布	花岗岩、玄武岩分布最广	黏土岩分布最广，其次是砂岩、石灰岩	区域变质岩分布最广，次为接触变质岩和动力变质岩

四、实验操作步骤

1. 岩浆岩的观察和鉴定

（1）观察岩石的颜色

岩浆岩的颜色在很大程度上反映了其化学和矿物组成，颜色的深浅取决于其中深色矿物和浅色矿物的含量比例。岩浆岩可根据化学成分中二氧化硅的含量分为超基性岩、基性岩和酸性岩。二氧化硅的具体含量肉眼是不可能分辨的，但其含量多少往往反映在矿物成分上。一般情况下，二氧化硅含量高，浅色矿物就多，暗色矿物相对较少。反之，二氧化硅含量低，浅色矿物就少，暗色矿物则相对较多。矿物颜色是构成岩石颜色的主导因素。所以，颜色可作为肉眼鉴别岩浆岩的特征之一。从超基性岩到酸性岩，颜色由深变浅，一般来说，岩石中深色矿物超过50%以上，多为超基性岩和基性岩；少至25%多为酸性岩。深色矿物如超基性岩呈黑色—黑绿色—暗绿色；基性岩呈灰黑色—灰绿色；中性岩呈灰色—灰白色；酸性岩呈肉红色—淡红色—白色。因此，通常可根据颜色的深浅来判断是超基性、基性还是酸性岩浆岩。但也有例外，如黑曜岩虽然颜色很黑但属于酸性岩类；斜长岩虽然颜色很浅但却属基性岩类。此外，岩石的风化程度也会影响岩石的颜色，如新鲜的玄武岩为黑色，但遭风化后常呈绿色、紫褐色，原来具有玻璃光泽的斜长石，亦变为黄绿色；又如花岗岩遭受风化后，其黑云母常变成绿色的绿泥石，而正长石则变成白色的高岭土，所以观察时应尽量选择新鲜面。

（2）结构和构造

观察岩石结构、构造的目的是为了了解岩石生成时的各件，推测岩石的产状。但岩石的产状最好在野外直接观察岩体出露的实际地质情况，否则有时会得出错误的结论。所以，室内鉴定均要求注明野外产状。一般情况下，产状不同的岩石具有不同的结构构造可作为参考。

喷出岩一般具有斑状结构、无斑隐晶质结构或玻璃质结构，流纹气孔和杏仁构造发育。

浅成岩一般具有斑状、中-细粒结构或隐晶质结构，块状构造居多（一般无杏仁状结构，有时有少量小的气孔）。

深成岩一般具有全晶质中-粗粒状或似斑状结构，常具块状构造，也可具有条带状构造。

对于粒状结构的岩石要注意粗粒（大于5mm）、中粒（2~5mm）和细粒（小于2mm）的区别。对于斑状结构的岩浆岩，首先应描述斑晶的成分、颗粒大小及其在岩石中的含量。其次是描述基质部分，若基质是隐晶或玻璃质的岩石，则为斑状结构；若基质是显晶质的则为似斑状结构；如果整块岩石都是致密的，肉眼看不清晶粒，则应为隐晶质结构；若具有玻璃光泽和贝壳状断口或呈熔渣状的岩石，则为玻璃质结构。对于具有气孔构造的岩石，应注意气孔的大小、多少、有无定向排列或次生矿物的充填，有次生矿物充填即为杏仁结构。此外，还应注意岩石有无不同颜色、气孔或微细晶粒定向排列所组成的条纹，若有则为流纹构造。

（3）主要矿物成分

岩浆岩中造岩矿物的种类和含量是岩石的种属划分及定名的最主要依据，因此正确鉴定出各种主要造岩矿物是鉴定岩石的关键。岩浆岩中常见的主要造岩矿物为橄榄石、辉石、角闪石、黑云母、斜长石、碱性长石、付长石类、石英等。对于一些隐晶质的岩石来说，在手标本上鉴定是困难的，需要将显微镜下或化学分析结果综合考虑。

岩浆岩的矿物成分的鉴定可归纳为三组类别，即指示矿物、长石矿物和暗色矿物。首先，看岩浆岩中有无像橄榄石和石英这样明显的指示矿物，它们分别是超基性岩和酸性岩的特征矿物。若岩石中含有大量的橄榄石，则为超基性岩；若岩石中含有大量的石英，则为酸性岩；如果两者都没有或含量很少，则是基性岩或中性岩，中性岩可出现少量的石英，而基性岩可有一定量的橄榄石。其次，看岩石中有无长石矿物，长石矿物是岩浆岩中最重要的矿物成分，从超基性岩到酸性岩，岩石中的长石成分是有规律变化的。超基性岩中不含长石或很少，在基性岩中主要为基性斜长石，在中性岩中主要为中性斜长石，而在酸性岩中则主要为正长石和酸性斜长石。最后，要观察有无暗色矿物的存在，在各类岩浆岩中，暗色矿物的种类和含量是不同的，从超基性岩到酸性岩从多到少而逐渐变化的。超基性岩以橄榄石和辉石为主，基性岩以辉石为主，中性岩以角闪石为主，而酸性岩则以云母为主。

2. 沉积岩的观察和鉴定

沉积岩室内鉴定的目的是为了仔细确定沉积岩中各种组分的成分、含量及结构、构造等方面的特征，以便对岩石进行准确的定名，推断岩石形成的条件、形成后的变化以及与油气方面的关系。

经过沉积作用形成的沉积岩，绝大多数都具有层状构造特征，但所鉴定的标本都是从某一层位中打来的，所以重点观察沉积标本的结构、物质组成和颜色等。沉积岩按沉积作用方式和岩石成分可分为碎屑岩（包括沉积碎屑岩和火山碎屑岩）、泥质岩、化学和生物化学岩三类。由于各类型的岩性不同，它们在鉴定方法上有所差异。凭肉眼或借助放大镜能分辨出碎屑颗粒占组成物质 50% 以上者属于碎屑岩类；只能分辨少量极为细小的矿物或岩屑颗粒，整体岩石具有细腻感，质地均一，可塑性及吸水性很强，吸水后体积增大，潮湿时色深质软，干燥时色浅质较硬者为泥质岩类；完全分辨不出颗粒，整体岩石具致密感或组成物质具一定结晶形态者为化学和生物化学岩类。

（1）碎屑岩类

碎屑岩主要由碎屑物质经压紧、胶结而成，包括各种矿物碎屑（矿屑）和岩石碎屑（岩屑）。在鉴定碎屑岩时，除观察颜色、碎屑成分及含量外，尚需注意观察碎屑的形状大小和胶结物成分，砾岩或角砾岩还需观察标本的胶结类型，所以主要从碎屑结构和矿物成分两个方面来坚定。

碎屑结构是指碎屑岩内各结构组分的特点和相互关系。可从碎屑颗粒的粒度、磨圆度和颗粒粉选性等角度来观察。如按主要碎屑颗粒的大小可分为：砾质结构（>2mm）、砂质结构（2～0.05mm）、粉砂质结构（0.05～0.005mm）。砾岩、砂岩和粉砂岩就是根据该粒级而命名的。通常组成碎屑岩的颗粒大小可能不一致，一般是按在岩石中某一种粒级含量大于 50% 者（主要粒级）作为基本名字命名。具有砾状结构的岩石进一步划分与命名的依据是碎屑颗粒的磨圆度，按磨圆度可划分为棱角状、次棱角状、次圆状、圆状和极圆状 5 个级别，若颗粒为前两类级别则称为角砾岩，为后三类级别则称为砾岩。另外，颗粒的磨圆度还能反映岩石的形成环境和碎屑的搬运距离。在沙漠地区，因风沙长期受到风力的吹蚀作用，其颗粒的磨圆度最好；海滨地区由海浪长久搬运堆积而成的海成砾岩，颗粒磨圆度较好；由冰川或泥石流成因的砾岩，其磨圆度则较差；河成的则视其搬运距离长短而有不同的磨圆度。沉积岩的沉积环境和搬运介质情况也可通过颗粒的分选程度，即颗粒大小的均匀程度来反映。例如，冰川形成的碎屑，大小混杂，分选很差；而风成或海成的碎屑，往往大小较均匀，分选很好。

矿物成分主要包括碎屑物成分和胶结物成分。从碎屑物成分看，砾岩多以坚硬岩石碎屑为主，间有矿屑。砂岩的碎屑成分主要是石英、长石和一些细小岩屑，有时可见白云母片等。它们的含量百分比是砂岩进一步划分的依据，如碎屑成分中石英占 90% 以上即可称为石英砂岩，长石占 25% 以上则可称为长石砂岩等。粉砂岩的碎屑成分主要是石英、长石及其他未分解的矿物和微小岩屑。观察砾岩、角砾岩、砂岩（石英砂岩、长石砂岩、铁质砂岩）的胶结类型和胶结物，对于一块标本而言，可能是一种胶结类型和单一的胶结物，也可能同时存在两种或三种胶结类型和一种以上的胶结物，需仔细观察后予以区分。碎屑岩中常见的胶结物的一般特征可参照表 16.5。

表 16.5　　　　　　　　　　碎屑岩中常见的胶结物的一般特征

胶结物	主要矿物成分	常见颜色	牢固程度	其他特征
硅质	石英、蛋白石、玉髓、海绿石	乳白色、灰白色、黑绿色	坚硬	岩石强度高，硬度大，难溶于水
钙质	方解石、白云石	白、灰白、淡黄、微红色	中等	可与稀盐酸作用，产生气泡
泥质	高岭石、蒙脱石、水云母	泥黄色、黄褐色	差	岩石质地松软，遇水易软化或泥化
铁质	赤铁矿、褐铁矿	红褐色、黄褐色、棕红色	较坚硬	强度较高，遇水遇氧易风化
石膏质	石膏	白色、灰白色	较差	强度低，长期浸水可被溶蚀
炭质	有机质	黑色、黑绿色	差	岩石强度低，遇水易泥化

（2）泥质岩类

泥质岩是指含有大量黏土矿物，且粒径小于 0.005mm 的沉积岩，又称黏土质岩。在鉴定泥质岩时，则应注意观察标本的构造特征，其典型特征是具有泥质结构。泥质岩包括泥岩、黏土岩、页岩、板岩等。泥质岩主要由黏土矿物组成，其次为碎屑矿物如石英、长石和少量自生非黏土矿物，包括铁、锰、铝的氧化物和氢氧化物、碳酸盐、硫酸盐、硫化物、硅质矿物，以及一些磷酸盐等。此外，有些泥质岩中常含有机成分，如炭质页岩、油页岩等。泥质岩的平均矿物成分为：黏土矿物占 58%，石英占 28%，长石占 6%，碳酸盐矿物占 5%，氧化铁矿物占 2%。用肉眼难以辨别其矿物成分。泥质岩一般有细腻感，断口光滑，颜色多种多样。纯净的黏土岩一般为颜色浅淡的土状岩石，其含铁质多的为红色，含碳质多的为黑色。具有页理构造的黏土岩称为页岩。页岩具有沿层面分裂成薄片或页片的性质，常可见显微层理，称为页理（页岩因此而得名）。而黏土岩则往往层理不发育，具块状构造。

（3）化学和生物化学岩

化学和生物化学岩是岩石风化产物中的溶解物质（胶体溶液和真溶液）通过生物化学作用或生物生理活动使某种物质聚集而成的岩石，也包括一些直接由生物遗体堆积变化而成的岩石。自然界中常见的生物化学岩有硅藻土、介壳石灰岩、礁灰岩、磷块岩等。这类岩石往往具有生物或生物碎屑结构。有关的矿产有磷矿、铁矿、硅藻土矿等。在鉴定化学岩时，除观察其颜色、物质成分、结构、构造外，还应辅以简单的化学实验，如用稀盐酸检验标本是否有气泡反应等。

化学和生物化学岩的最大特征是具有化学结构，包括致密结构、重结晶结构、鲕状结构、豆状结构，有的还具有生物碎屑结构。本类岩石常形成由某种化学成分组成的单矿岩，如由碳酸钙或方解石组成的石灰岩、由 Fe_2O_3 组成的铁质岩、由 SiO_2 组成的硅质岩、由白云石组成的白云岩等。鉴别含有碳酸钙岩石（如石灰岩、白云岩）的重要方法，是在岩石表面滴上盐酸，如有大量 CO_2 气泡则为石灰岩；如果 CO_2 气泡微弱，则为白云岩。

由于沉积环境的不同，沉积岩呈现不同的构造，如层理、斜层理、波痕、结核、干裂纹等。在一些较致密的沉积岩（如页岩、石灰岩、砂岩或粉砂岩等）中，还常保存有动植物化石。

3. 变质岩的观察和鉴定

变质岩是指受到地球内部力量改造而成的新型岩石。固态的岩石在地球内部的压力和温度作用下，发生物质成分的迁移和重结晶，形成新的矿物组合。如普通石灰石由于重结晶变成大理石。变质岩中的矿物，按成因分为两大类，一类是继承性矿物或称共有矿物（经变质作用后保留下来的原岩中的稳定矿物）；另一类是变质矿物（在变质过程中新产生的矿物）。根据变质岩的构造特征，可将其分为两大类，一类是具片理构造的变质岩，如板岩、千枚岩、各类结晶片岩和片麻岩；另一类是块状构造的变质岩，如大理岩、石英岩等。对具有片理构造的变质岩的定名常用"附加名称+基本名称"。其中，"基本名称"可以其片理构造类型表示，如具板状构造者可定名板岩，具片状构造者可定名片岩……"附加名称"可以特征变质矿物、主要矿物成分或典型构造特征表示，如对一块具明显片麻状构造的岩石，若其矿物组成中含有特征变质矿物石榴子石，则在片麻岩前冠以"石榴子石"，该岩石则定名为"石榴子石片麻岩"（片麻岩根据其原岩特征分为正片麻岩——原岩为火成岩；副片麻岩——原岩为沉积岩）。同样，对含滑石或绿泥石较多的片岩分别定名为"滑石片岩"和"绿泥石片岩"。对具有块状构造变质岩的定名，则主要考虑其结构及成分特征，如主要由方解石晶粒组成、具等粒变晶结构的岩石为大理岩，滴以盐酸时则产生大量 CO_2 气泡；主要由石英晶粒组成的岩石为石英岩；而由石榴子石、石英等晶粒组成的岩石为矽卡岩等。

第五节　地质罗盘仪的使用

一、实验目的与要求

①掌握地质罗盘仪的用途和基本使用方法；
②掌握利用地质罗盘仪测量岩层产状的方法。

二、实验仪器与材料

地质罗盘仪、地形图和记录本等。

三、实验主要内容

①观察地质罗盘仪的构造；
②使用地质罗盘仪在地形图上定点；

③使用地质罗盘仪测量岩层产状要素。

四、实验操作步骤

（一）地质罗盘仪的构造

地质罗盘仪的外形有长方形、方形和八边形。主要构件有：磁针、顶针、制动器、方位刻度盘、水准气泡、倾斜仪（桃形针）、底盘等。方位刻度盘刻度从 0°～360°按逆时针方向刻制，东与西位置和实际相反。刻度盘上的 N 表示北（为 0°），E 表示东（为 90°），S 表示南（为 180°），W 表示西（为 270°）。方位刻度盘的内圈有倾角刻度盘，刻度盘上与东西线（E-W）一致的为 0°，与南北线（S-N）一致的为 90°。当刻度上的南北方向和地面南北方向一致时，刻度盘上的东西方向和地面实际方向相反。这是因为在转动罗盘测量方向时，只是刻度盘转动，而磁针不动（磁针永远指向南北），即当刻度盘向东转时，磁针则相对向西转动。所以，只有将刻度盘上的东西方向刻的与实际地面东西方向相反，测得的方向才能与实际相一致。下刻度盘和倾角指示针是测倾角用的。下刻度盘角度分划为 90°。

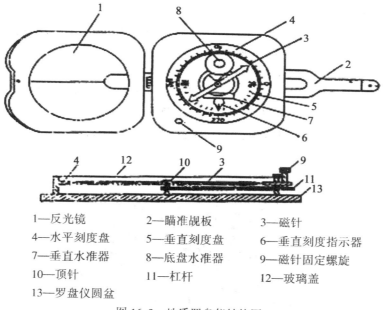

1—反光镜　　　2—瞄准觇板　　　3—磁针
4—水平刻度盘　5—垂直刻度盘　　6—垂直刻度指示器
7—垂直水准器　8—底盘水准器　　9—磁针固定螺旋
10—顶针　　　 11—杠杆　　　　 12—玻璃盖
13—罗盘仪圆盆

图 16.3　地质罗盘仪结构图

2. 地质罗盘仪的使用方法

（1）测量方向

用罗盘测量任一目标的方向时，永远以 0°（即 N 方向）对准目标，使水准气泡居中，然后读磁针北端所指方位刻度盘上的数字，即为所测目标的方位角。记录时除记录方位角值外，还要冠以所处象限名称，如 SW230°，其中 230°是方位角，SW 是象限称呼。

（2）在地形图上定点

①利用地形地物：如果所在地点地面有明显地形地物标志（如房屋、塔、山头、三

角架、桥梁、河沟或道路拐弯处等），可利用该点的标志物在地形图上找到其位置。

②利用交会法：如果所在地点地面附近无明显地形地物标志，则可以利用罗盘仪测定不在同一方位上 2~3 个目标物的方位角，然后在地形图上通过所测 2~3 个目标物作出 2~3 条方位线，其交点即为所求地点。这种方法称为交会法。

（3）测量岩层的产状要素

①测量走向：将罗盘的长边（平行于刻度盘南北方向的边）紧贴岩层层面，如罗盘无边长，则取与南北方向平行的边与层面贴触，并使罗盘放水平（水准气泡居中），待磁针稳定后，读北针或南针所指上刻度盘的度数，即是所测的走向。此时罗盘长边（或 S–N）与岩层的交线即为走向线，磁针（无论南针或北针）所指的度数即为所求的走向。

②测量倾向：把罗盘的 N 极指向岩层层面的倾斜方向，将罗盘的短边（平行于刻度盘东西方向的边）紧贴岩层层面，使罗盘保持水平，气泡居中，待磁针稳定后，这时北针所指上刻度盘的度数，即是所测的倾向。

③测量倾角：将罗盘竖起，将罗盘长边或与南北方向平行的边与走向垂直，并贴紧层面，此时桃形指针在倾角刻度盘上所指的度数，即为所求的倾角。写法示例：∠30°，其中 30° 是倾角角度，∠ 是倾角符号。

表示走向和倾向都用方位角，但走向的方位角数值有两个，这是因为走向具有两个指向，如 NE5°，SW185°，二者相差 180°。倾向只有一个指向，用一个方位数值表示，如 SE140°。倾向与走向方位角之差为 90°。

岩层产状记录方法：所测产状要素，用文字记录时，通常有一定的格式，而且一般只记录倾向和倾角数值。例如，已知岩层走向为北东 50°，倾向南东 140°，倾角为 30°，可写成 SE140°<30°，前者表示倾向，后者表示倾角。野外记录时也可将 SE 符号省略，即 140°<30°。表示了倾向数值，走向数值可以省略，测得了倾向方位，加减 90 即为走向方位。

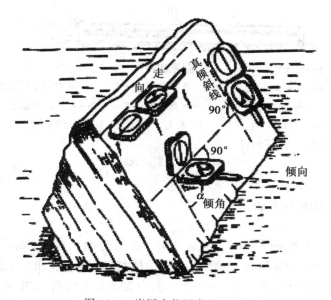

图 16.4　岩层产状要素的测量

在地质图或平面图上标注产状要素时，需用符号和倾角表示。首先找出实测点在图上的位置，在该点按所测岩层走向的方位画一小段直线（4mm）表示走向，再按岩层倾向方位，在该线段中点作短垂线（2mm）表倾向，然后将倾角数值标注在该符号的右下方。如在地质图上的符号〵30°，长线表示走向，短线表示倾向，数字代表倾角。

第六节　地形图的地貌判读

一、实验目的与要求

①掌握地形图的基本概念和使用方法；
②掌握地形图的地貌判读的基本方法。

二、实验仪器与材料

地形图和记录本等。

三、实验主要内容

①地形图的图式符号；
②地形图的地貌判读。

四、实验操作步骤

1. 地形图的概念和使用

地形图的使用是指利用地形图所进行的判读、量算、组织计划等工作。地形图是表示地形、地物的平面图件，是用测量仪器实际测量出来并用特定的方法按一定比例缩绘而成的。它是地面上地形和地物位置实际情况的反映，是地貌研究的重要工具。

读地形图：阅读地形图的目的是了解、熟悉工作区的地形情况，包括对地形与地物的各个要素及其相互关系的认识。因而不但要认识图上的山、水、村庄、道路等地物、地貌现象，还要能分析地形图，把地形图的各种符号和标记综合起来连成一个整体，以便利用地形图为地质工作服务。

阅读地形图的步骤：

①读图名。图名通常是用图内最重要的地名来表示，从图名上大致可以判断地形图所在的范围。

②认识地形图的方向。除了一些图特别注明方向外，一般地形图为上北下南、左西右东。有些地形图标有经纬度，则可用经纬度确定方向。

③认识地形图图幅所在位置。从图框上所标注的经纬度可以了解地形图的位置。

④了解比例尺。从比例尺可了解地形图面积的大小、地形图的精度以及等高线的距离。

⑤结合等高线的特征读图幅内山脉、丘陵、平原、山顶、山谷、陡坡、缓坡、悬崖等地形的分布及其特征。

⑥结合图例了解该区地物的位置，如河流、湖泊、居民点等的分布情况，从而了解该区自然地理及经济文化等情况。图16.5为某地区地形图。

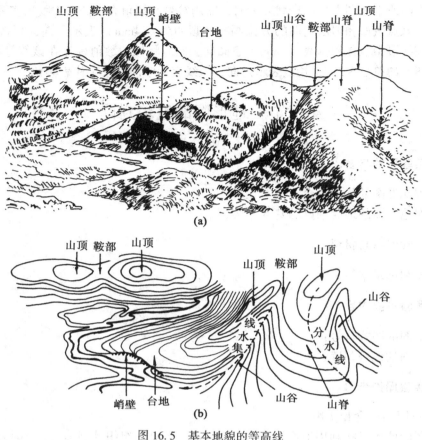

图 16.5　基本地貌的等高线

2. 地形图的地貌判读

（1）确定地面特征线

在进行地貌判读时，首先要确定地面特征线（地性线）的部位和走向。在流水作用为主的地区，常见的地性线有分水线（山脊线）、汇水线（谷底线）、坡折线和坡麓线等，这些地性线把地面分割成许多单元地形面。

（2）判别地面形态类型

要从判断地貌的形态类型入手，根据等高线所反映的形态特征，初步确定大的形态类型。陆地地貌的形态类型，首先可分为山地、丘陵、台地和平原等，山地又可进一步划分为极高山、高山、中山和低山。最后划分并描述中、小地貌的形态类型。

（3）进行形态描述和形态计量

对于大、中、小形态类型的认识，需要进行详细的形态描述和形态计量。要注意它们的组合规律和空间结构特点，运用典型地段的地形剖面分析来把握不同地形面的垂直结构，如河漫滩、阶地和不同高度的夷平面等。

（4）分析形成原因

不同成因的地貌类型，其形态多有不同，这在地形图上通过等高线的排列弯曲而充分反映出来。因此，在对形态认识的基础上，就可以进行形态的成因分析，确定当地地貌发育的主要动力是内力还是外力，从而判断可能存在的形态成因类型。

3. 地形图的地貌判读应注意的问题

①利用等高线判读地貌起伏时，必须是一组等高线才能进行，单凭一条等高线很难判定地貌形态；

②判读地貌形态，量算高程、坡度等，必须在大于 1∶10 万地形图上才能进行。因为小于 1∶25 万的地形图，等高线是经过综合取舍编绘出来的，只能起反映地貌大致形态和高程统计的作用，所以在这类图上量算坡度，就很难做到与实地一致；

③3 由于等高线之间有一定的距离，所以它就无法表示出两条等高线之间的地形变化，这就使得一些微小地形遗漏在两条等高线之间，因此地图与实地就不可能一模一样，甚至有一些山顶和鞍部的点位以及高程无法准确判读；

④有些地区，如山地，由于坡度太陡，等高线十分密集，图上两条计曲线之间很难画出四条首曲线，因此，制图时采用了合并或略绘首曲线的办法，即两计曲线间只绘三条、二条、一条，甚至一条首曲线都不绘。遇到这种情况，切不可产生错觉或误解。

第七节　航空像片的地貌判读

一、实验目的与要求

通过实习进一步认识地貌主要的类型特征；初步掌握使用立体镜对航空像对进行地貌判读的方法，能较迅速地获得立体效应；能根据航空像片识别各种地貌类型及其形态、范围、组合等。

二、实验仪器与材料

航空像片、立体镜、描图纸、铅笔、三角尺、圆规等。

三、实验主要内容

航空像片是一种应用广泛的遥感图像。与地形图相比，具有影像直观易读、立体感强的特点，能够记录、反映许多微地貌形态特征。航空像片一般没有海拔高度注记，但有不同的比例尺，表明不同的拍摄高度。航空像片以黑白图像为主，可以利用其影像、灰阶进行地形、地物的判读。对航空像对进行地貌判读时，必须使用立体镜观察，才能获得立体效果，从而更加形象直观地认识各种地貌类型及其形态特征。要获得立体效果，航空像对必须是从两个不同位置、用焦距相同的摄影机、向同一地区拍摄的一对像片，两张像片应有 60% 面积重叠；航空像对的两张像片要有相同的比例尺，即拍摄高度相同。

实验要求学生选择某一种地貌类型，了解航空像片的特点、比例尺、影像、灰阶等；熟悉立体镜原理和使用方法；掌握主要地貌类型的航空像对影像的识别技巧，用立体镜对航空像片观察，判读地貌类型特征，能够根据航空像片识别各种地貌类型。

四、实验操作步骤

1. 航空像片判读特征

（1）形状特征

影像的形状是指地物在像片上表现出来的外部形态、结构和轮廓。地物影像可按形状分为点状、线状、面状三种。复杂的地物也是由这些点、线、面等要素结合而成的。同时，地物的形状还受中心投影的影响，使具有一定高度的地物反映在像片的不同部位，其影像的形状有所不同。如一棵树，反映在航片的中心部位则呈圆形树冠影像；而若处于像片的四角时，则反映了这棵树的不同侧面，会得到不同形状的影像。又如像片上水系的构象为弯曲的带状，湖泊多呈圆形，一般情况下，河流呈黑色或灰色。流水方向可根据支流在汇合处所成交角的大小来确定，成锐角的是顺水流方向。另外，可根据河中的沙洲和小岛的形状来确定，通常其尖端是顺水流方向。水渠的形状特点是直线多，有水的影像色调较暗，没有水的影像呈灰白色，并有水闸等附属设施。

（2）大小特征

地物除具有一定的形状外，还有一定的大小。根据地物影像的形状及其大小可以较确切地识别出地物的不同类型。像片上物体的大小，须同像片的比例尺一起考虑。在像片的比例尺一定的情况下，影像的大小反映了实地物体的大小，从而据以判定物体的性质。

（3）色调特征

面物体呈现出各种自然颜色，在黑白像片上其色调是以不同的黑度层次来表现的。这种黑度差别，称为色调。影像的色调反映了地面物体的色彩或相对亮度，它与感光材料的感光特性有关，此外还受其他条件的影响，如阳光照射的角度不同，物体表面反射到底片上的光量也不同。常见山脊两面的山坡，向阳面色调淡，背阳面色调暗，两者对比有较明显的区别。例如冲沟的影像是背阳面发黑，向阳面发白；干沟很像干河，底部多有沙子，故影像一般发白；干河床的上游处在合水线上，中下游形状是自然弯曲，且宽度不等成带状，影像一般呈白色或淡灰色，接近上游地段一般有陡坎，而下游一般无陡坎或陡坎较短。

（4）阴影特征

当光线斜射到高出地面的物体上时，物体就会产生阴影。阴影在像片上同样也有其影像，它的方向取决于太阳光的照射方向。在同一张像片上，各地物阴影的影像方向均一致。阴影对高山地物判别特别有用。特别是当物体较小，又与周围物体的影像缺乏色调上的差异时，阴影特征显得特别重要。利用阴影特征判读像片时，不能单纯以阴影的大小作为判读物体高矮的唯一标志，因为阴影的大小除与物体高低有关外，还与阳光照射的角度和地面的坡度有关。

（5）相关位置特征

前述四种特征，均对物体本身而言，没有考虑它与周围地物间的相互关系。自然界中，任何事物都是相互关联的，判读时要善于分析和掌握各种事物的相互联系规律，才能得到正确的结论。

2. 立体镜对航空像片判读步骤

①将航空像对按左右置于立体镜下，使摄影基线与眼基线基本平行，摄影基线上一对相应像点间的距离略小于立体镜的观察基线。每只眼睛分别看一张像片，即左眼看左像片，右眼看右像片。

②注意使像片上地形地物的阴影投向自己。因为人对物体的立体感觉习惯于光源来自前方，阴影投向自己，这样才能使判读效果正确，否则会引起反立体效应。

③观察时，移动左、右像片，使同名地物的影像重合（或用左右手的食指分别指着两张像片上的共同标志点，然后移动其中一张像片，使两手指重合，即表示两像片的共同标志点已重合），便可获得立体效果。

④运用地貌学知识判读各种地貌类型及其形态，然后用透明描图纸覆盖在其中一张像片上，用铅笔勾画出各种地貌类型的界线，并加上图例，最后写出判读报告。

3. 航空像片判读

根据航空像片（图16.6），判断风沙地貌类型，说明判别依据，标出(a)图盛行风的风向。

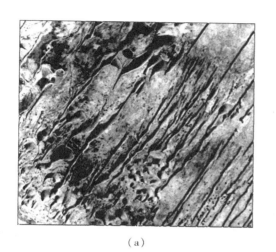 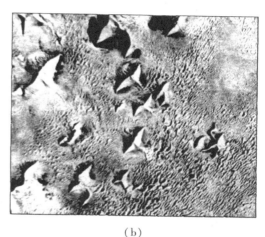

（a）　　　　　　　　　　　　　　　（b）

图16.6 风沙地貌航空像片

根据航空像片（图16.7），判断河流地貌类型及其组合、分布特征。

根据航空像片（图16.8），判断冰川地貌的分布和特征。

 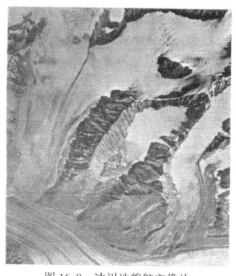

图16.7 河流地貌航空像片　　　　　图16.8 冰川地貌航空像片

第八节　遥感图像的地貌判读

一、实验目的与要求

学习掌握主要地貌类型遥感影像判读的基本原理和方法，掌握其判读标志，判读各种地貌在影像上的特征。

二、实验仪器与材料

遥感影像、研究区相关资料、显示设备。

三、实验主要内容

从地貌学原理出发，分析图形、色调和阴影等直接判读标志，再根据地质、水文、土壤、植被等地理要素的相关信息，综合分析主要地貌的遥感图像判读方法。

四、实验操作步骤

1. 大型地貌单元判读

山地地势起伏明显，阳坡光照较强，色调浅；阴坡亮度值小，色调较深。

高山海拔高，通常具有尖顶山峰及狭窄的锯齿状山脊，地形起伏剧烈，阴坡完全见不到阳光，影像常有大片的阴影，有时山顶上有白色的常年积雪甚至冰川。

中山相对高差不如高山，被切割得较破碎，阴影斑块较小，山顶浑圆，谷地较宽，且有耕地和居民地分布。

低山丘陵相对高度较小，山坡较平缓，无明显大面积阴影，一般有较多耕地和居民地分布其间，且多辟为梯田、园地。

盆地的影像特征是四周被山地、高原或丘陵所围，中间呈低平的盆状地形。大多数盆地有人类生产活动和居住，可观察到相应的建筑、耕地等标志。

平原影像地面平坦，色调均匀，极少阴影，多分布有耕地农田、居民地和道路等。有时，平原局部影像的色调变化也很大。

高原是顶面比较平坦宽阔的高地，是有一定空间尺度的宏观地貌。根据地域、经纬度等容易判读。不同的高原自然地理条件不一，利用不同，影像差异很大。

2. 流水地貌判读

（1）侵蚀沟的遥感图像特征

侵蚀沟在遥感影像上以线状显示，不同方向的侵蚀沟组合在一起，形成不同类型的水系网。其形态特征和发育程度与岩性和构造及大气降水等特点有关。常见的形状有菱形、卵形、直线形、宽带形和梯形等。在遥感图像上可以利用侵蚀沟的形态特征和稀密程度以及它们的方向性解译不同类型的岩石和构造（图16.9）。

（3）洪积扇的遥感影像特征

洪积扇一般都分布在山前沟谷的出口处，坡度较小，规模较大。洪积扇下部常开垦为农田，在像片上的影像均呈扇形。有时会形成洪积扇群，由于构造抬升会出现叠置洪积扇

（图 16.10）。

图 16.9 侵蚀沟遥感图像

图 16.10 洪积扇遥感图像

3. 河流地貌判读

在遥感图像上河流呈不同形状的带状或线状影像。在大比例尺航片上呈带状，影像清晰，可以直接判别河流的侵蚀和堆积地形。在小比例尺卫星图像上河流呈线状，可以判别河流的变迁。在多波段遥感图像上根据色调的深浅能判别河水的混浊度、悬移泥沙和水污染等。利用多时相遥感图像可以研究河流演变的动态变化和古河道的分布，等等。

河谷内包括了各种类型的河谷地貌。从河谷横剖面看，可分为谷底和谷坡两部分。谷底包括河床、河漫滩；谷坡是河谷两侧的岸坡，常有河流阶地发育。河床弯曲愈大，愈易形成狭窄的曲流颈，经流水切割取址，形成牛轭湖。

（1）河床、河漫滩和阶地

河床、河漫滩、阶地一般沿河岸呈带状展布。根据河床的分布可判断水系形态，分析河流流经地带构造活动趋向。河床的色调取决于河水的深浅、混浊程度、河床底质。阶地一般有阶地陡坎，绝大多数情况下分布有农田和村庄，影像色调因土地利用方式及地理环境而异。利用变换多波段方法容易从色调上分出河漫滩、阶地，但形态较小时比较困难（图 16.11）。

（2）古河道、牛轭湖

古河道由于沉积物质及含水量变化，在影像上呈条带状图案，在干旱区由于地表积盐呈白色，在平原区由于地下水位高或表层土壤富水可能显示深色调。河床迁移所形成的牛轭湖、迂回扇等是河床迁移的典型标志，据此可研究古河道及河流迁移等。

（3）河流三角洲

在河口区，在入海（湖）河流与海（湖）水动力共同作用下，形成外形似三角形的、

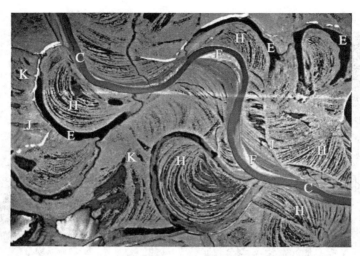

C—主河道；E—牛轭湖；F—紧靠现代河道的新沙堤；
H—呈辐聚状的老沙堤群；J—废弃河道；K—湿地
图 16.11　河漫滩遥感图像

向海（湖）突出的地貌体称为三角洲。三角洲的发育受入海（湖）河流的挟沙能力、海（湖）水动力的影响，随着入海泥沙量的减少和海洋再造营力的增强，依次形成扇形、鸟足形、舌形、尖嘴形、弓形三角洲及河口湾形三角洲（图 16.12）。

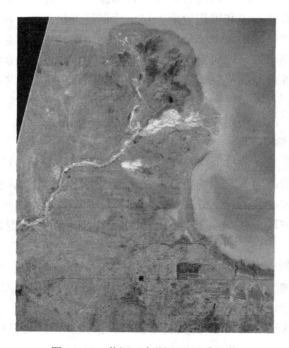

图 16.12　黄河三角洲卫星遥感影像

4. 岩溶地貌判读

喀斯特地貌有孤峰和峰林、溶蚀漏斗、落水洞、溶蚀洼地、溶蚀盆地、伏流、盲谷等地貌形态。这些都属于小尺度的微地貌形态，利用航片判读较清楚，低分辨率卫片很难观察到，只能通过纹型图案和间接标志判读（图16.13）。

图 16.13 岩溶地貌的遥感图像

喀斯特地貌发育地区呈菊皮状纹理。另外，石灰岩地区植被稀疏，裸露的灰岩色调较浅，这也是判读喀斯特地貌的重要卫片判读标志。喀斯特地貌发育时间顺序包括从峰林、峰丛到岩溶平原几个阶段，有时可在空间分布上呈现这一时间序列变化。总结其地域分布规律有助于卫片判读分析。

5. 沙丘地貌与黄土地貌判读

（1）沙丘地貌判读

在遥感图像上可判明新月形沙丘、金字塔状沙丘、蜂窝状沙丘以及纵向沙垄和横向沙垄等形态。新月形沙丘由单向风造成，其形似新月，向风坡长而缓，背风坡短而陡，两面不对称，色调也不一致；金字塔沙丘呈角锥状；蜂窝状沙丘呈盾形或圆形，沙丘间为碟状洼地，起伏和缓。有时新月形沙丘连接而形成横向沙垄，其排列方向垂直于主导风向，而且两坡不对称。卫片上高大沙山、沙垄仍有清晰外形，但一些蜂窝状沙丘、小型新月形沙丘则表现为各种式样的纹型图案。沙丘在影像上一般表现为浅色调，有时陡坡会形成阴影。在判读沙丘时，根据形态和植被可区分活动沙丘和固定沙丘。活动沙丘色调浅，峰脊线尖锐、清晰，平面形状比较规则；固定沙丘则生长有植物，色调较暗，峰顶浑圆，平面形态较为紊乱。

（2）黄土地貌判读

在遥感图像上黄土塬地势平坦、开阔，冲沟稀疏，耕田发育。黄土梁地形上呈条带状（图16.14）。黄土峁是由黄土墚再被流水切割，形成不连续的小丘或弧丘。冲沟呈放射

371

状，冲沟切割深呈"V"字形。黄土涧是黄土掩盖古河床后形成宽而浅的带状凹地，它延伸长，植被茂盛。黄土阶地是阶梯状的黄土地形，阶地上耕田发育，冲沟发育。黄土地区的冲沟纵横交错，在平面上组成树状、梳状、格状、羽毛状和环状等水系。黄土地区在遥感图像上出现异常水系或影纹时，应该注意有可能在黄土下存在隐伏构造或隐伏地质体。

图 16.14　黄土塬遥感图像

6. 海岸地貌判读

基岩海岸的地形起伏小，山坡冲沟发育，水系呈树枝状或网状，海岸带平坦，台面微微倾向海面，色调较深而均一，有时有斑点状纹影；当岩性软硬相间时，形成锯齿状基岩海岸。基岩海岸的海蚀崖呈现线状分布时，是断层海岸的标志。沙质、泥质海岸地形起伏也较小，色调较均一，沙质海岸色调浅，泥质海岸色调深，冲沟发育，植被茂盛。在热带和亚热带海域，可有珊瑚礁海岸；在盐沼植物广布的海湾和潮滩上，可形成红树林海岸。

7. 重力地貌判读

重力地貌包括由崩塌、错落、滑坡、土层流动等自然灾害作用形成的地貌。

（1）崩塌地貌判读

在遥感图像上崩塌的陡崖新的色调浅，老的色调深。在陡崖的下方有浅色调的锥状地形，有粗糙感或呈花斑状的锥形。新的崩塌体植被少，古老的崩塌体植被生长较为茂盛。

（2）滑坡地貌判读

在遥感图像上其形状有簸箕形、舌形、弧形和不规则形等。

（3）泥石流地貌判读

在遥感图像上泥石流的顶部呈瓢形，山坡陡峻，岩石破碎强烈，色调深浅不一，冲沟内有大量松散固体沉积物呈浅色，冲沟没有沟槽，无植被生长。流动的泥石流呈条带状扇形，轮廓不固定。泥石流发育地区常是崩塌、滑坡发育地段，影像交织错乱，色调变化大。

8. 冰川地貌判读

冰川地貌包括冰蚀和冰积地貌。影像上可观察到的冰蚀地貌有角峰、刃脊、冰川槽谷、冰斗等；冰积地貌有侧碛堤、终碛垄等；现代冰川在遥感影像上一般表现为白色，根据其形态可判断冰川进退，这对分析环境演变、气候变化很有帮助；遥感图像主要根据色调、高度等进行分析（图 16.15）。

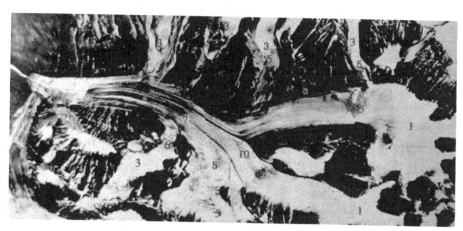

1—粒雪原；2—主冰川；3—支冰川；5—冰裂隙；
6—冰断崖；7—中碛；8—侧碛；9—冰面河流；10—冰面洼地

图 16.15 冰川地貌遥感图像

第十七章　自然地理学的野外实习

第一节　野外实习的工作程序

　　自然地理学是把组成自然地理环境的各种要素相互联合起来进行综合研究，以阐明自然地理环境的整体、各组成要素及其相互间的结构、功能、物质迁移、能量转换、动态演变和地域分异规律的科学。通过野外实习可以把抽象的自然地理学理论与实际的自然地理现象结合起来，真正理解课堂上所学到的知识。因此，自然地理野外实习是自然地理教学环节的有机组成部分。通过野外实习，一方面是结合实际应用，验证课堂教学所学到的理论与知识，加深和巩固对教材内容的理解；另一方面是学习自然地理各组成要素的调查方法，培养学生解决实际问题和开展创新与实践的能力。

　　自然地理学的野外实习工作程序一般分为：出发前的准备工作阶段；野外观察、观测、调查阶段；室内实验室分析、测定、鉴定和资料整理阶段；实习总结阶段等。这 4 个阶段是相互联系、相互影响和不可分割的，它们共同构成自然地理学野外实习的全过程。

一、准备工作阶段

　　1. 选择好实习地区和线路，收集资料、了解情况

　　主要是选择好实习地区和线路，搜集与分析相关区域的文献资料，包括各种图件（如地形图、航片、卫片、地质图、第四纪地质图、植被、土壤及土地类型图等），在阅读、分析和归纳资料后对实习地区的自然地理状况应有初步了解，并对前人研究已取得的结论及尚待研究的问题，做到心中有数。院系应该在学校的支持下积极进行实习基地建设，认真收集文字资料和图件、航片、卫片，加强与实习基地的联系。

　　2. 工作计划编写

　　指导实习的教师要对实习地点进行预察，认真制订实习计划。实习计划应包括实习目的、要求，实习内容、方法、步骤，实路线、日程安排，实习人员组织等。

二、野外工作阶段

　　野外工作阶段是实习过程的主体部分，主要包括自然地理环境的沿途观察、路线考察，观测点上的观察与测量、野外填图、样品采集与测试和摄影拍照等。

　　1. 初步踏勘

　　对全区进行初步踏勘，以便对工作区的地貌、第四纪地质情况和工作条件有所了解，找出完成任务中的关键地段和工作重点；选择典型和重点地区，测绘地貌和第四纪剖面，统一工作方法和规范，修订或编制统一的图例和要求。实地研究和分析前人的研究资料，

374

了解工作地区的自然条件和交通居住条件等。应选择几种不同方向、贯穿全区的路线进行踏探，尽可能穿越地貌和第四纪沉积的类型多、出露的地表条件明显和有代表性的地区，故经常采取穿越主要河谷、冲沟和横切山地的路线。

2. 全面调查

沿着安排的观测路线进行详细的调查，在各观测点上全面地进行观测、记录、填绘各种图件、采集各种标本和样品等工作来收集各种实际材料。

3. 阶段整理

分阶段进行整理，及时发现工作中的问题，并加以改进。当发现材料中有重要缺陷和遗漏时，必须及时地去补充观测。整理的内容有：

①野外记录本的整理：检查、补充、修正野外记录，并加以分析和归纳。

②图件的整理：原始图件校定，并填绘各种界线和内容。

③标本整理：对野外所采集的标本和样品经初步鉴定、分析、整理后，把需要的进行登记和包装，必须送有关单位化验和鉴定的应尽可能及时送出。

④小结：对当天或前一段野外工作以及某些专门问题进行小结，重要的是全队进行经验交流和讨论，及时发现问题，提出解决问题的办法，明确次日和今后的工作任务和方法，及时调整工作计划和要求。

三、室内整理阶段

1. 资料、标本和照片的整理

野外所收集的全部资料，均要进行分类、复核、综合分析和归纳整理。对野外采集到的各种重要的第四纪地层、岩石、物矿和化石等标本进行清理和鉴定。把室内所做各种样品的试验、鉴定分析和研究的结果与数据进行检查，与野外记录相互核对、验证，看它们之间是否一致、内容是否正确，从而进一步证实或修改某些结论、编制各种试验和鉴定的图表。对野外的照片进行冲洗后，选择清晰而有价值的照片进行放大或剪接，并加以简要文字说明，使人一目了然。

2. 图件的清绘和编制

室内整理时，首先要将野外填绘在图上的各种实际材料，与室内对标本和样品鉴定、试验的结果，进行互相对比和核对，增加或修订原有的内容或界线。然后根据生产和实际的需要，简化原来的底图（如地形等高线和地物等）和精简无关紧要的内容，经审查做到内容真实、准确、主题鲜明、重点突出，图面上结构合理，线条色调清晰而柔和。最后上墨，缩绘而成为正式图件。

四、实习总结阶段

总结阶段主要是对野外阶段所取得的第一手自然地理资料进行整理和区域综合分析，明确对调查认识的主要结论，提交野外调查报告或习作论文，包括必要的附图和附表等。另外，指导教师要认真与学生一起讨论实习报告提纲，指导学生按专业论文的要求撰写实习报告。指导教师要认真批阅实习报告，组织全体实习生进行实习总结，组织相关材料向学校汇报。

表 17.1 是编写实习报告的提纲说明。

表 17.1　　　　　　　　　　　　　　　编写实习报告提纲说明

目　录	主　要　内　容
（1）序言	包括工作区的地理位置、行政区划、任务来源、目的要求，范围和面积，工作的人员组织情况，工作期限、工作方法、完成工作量，主要资料和成果等
（2）区域自然地理情况	地势、水系、气候、水文和植被等的主要特征，以及交通、经济情况等
（3）区域地质概况	简述本地区地层发育和分布的特点，然后从老到新扼要描述地层分析、岩性与厚度变化情况及地质构造特征等
（4）第四纪地层叙述	按照第四纪的年代顺序从老到新，分别描述沉积物的成因类型、分布、岩性（颜色、成分、结构和构造）、厚度、产状和化石及其相互间的变化和关系等
（5）地貌类型叙述	按照地貌地因类型，从大到小（或从高到低）分别叙述其形态、大小和分布的规律，物质组成和结构的特点，形成的时代，发育的过程，影响的因素，相互之间的关系和地貌组合的特征，以及地貌分区等
（6）新构造运动的特征	描述新构造运动的遗迹在地貌和第四纪地层等自然现象中的各种表现，并说明运动的性质、幅度和时代等特征，以及对地貌发育和第四纪沉积的影响等
（7）结语	在对大量实际资料分析、研究的基础上，阐明区域地貌与生产实践的关系，提出结论性的建议意见等

　　自然地理综合野外实习是一项复杂的系统工程，它涉及的知识点多、面广，要求高、难度大，实习的困难也多，必须认真对待，尽力克服。如何在有限的资金和时间条件下，较圆满地完成此项艰巨的实习任务并达到预期效果，目前，行之有效的办法是选好、建设好自然地理野外实习基地。实习基地选址要遵循如下原则：

　　①典型性强，内容丰富；

　　②交通便利，食宿便宜；

　　③符合教育上的要求和学生的实际情况。

　　由于各院校所在地区的自然环境不同，每一院校地理专业的实习基地应就近选择在自然地理事物和现象相对典型、内容丰富的地区。

　　学生实习主体意识差，必须规范实习环节，并加以正确培养：

　　①实习过程以教师为主导，学生为主体。实习前，指导教师要对实习目的要求、内容方法、活动程序作出明确计划，编写实习地区的背景材料，使学生心中有底。在现场，则应严格要求动脑动手，自己提出问题，自己解决问题。不能仅仅只是教师讲学生听、教师做学生看。

　　②实习评价集中思维与扩散思维并重。前者大家按同一思路，得出同一结论，目的在于印证书本知识，使地理知识形象化。后者是对同一地理事项，用多种思维方法，得出多种解答方案，从思维的广阔性和灵活性检验举一反三、触类旁通的能力。

　　③实习考核应定性和定量结合。定性即根据野外使用地理仪器的熟练性、提出问题的

准确性和解释道理的透彻性以及实习报告或习作论文的质量等方面评定学生的成绩；定量即用数量来衡量学生的成绩，如岩矿、植物标本按件计分等。

第二节　野外实习的基本方法

自然地理学野外实习的基本方法是提高基本技能的关键环节。随着科学技术的进步，地理学的研究方法也在不断发展变化。本节介绍一些自然地理野外实习常用的基本方法。

一、实地观察法

实地观察法是地理学调查研究中资料搜集的最基本方法之一。实地观察法属于直接观察，是观察者深入自然现场或进入一定情境，利用眼、耳、鼻、舌、身等感觉器官，或借助科学观察仪器直接观察地理对象，并有目的地搜集研究对象的第一手相关资料。

描述是地理野外观察过程中常用的记录方法，即按照一定的要求对观察对象进行记录。一般包括观察地点、时间、自然环境状况、人类社会经济活动以及观察对象的他人记载和描述等内容。描述应有一定规范，如对土壤的描述，应从土壤剖面性质、质地、孔隙、含水量、厚度、颜色等方面来进行；对人类社会经济活动的描述，应有厂矿、道路、村落、文物古迹、人口、民族、宗教信仰以及农业、林业、牧业情况等。描述内容有的是由感官直接感知的，如颜色、地面起伏变化、人类活动对自然环境的影响等；有的需要用专门仪器来测量，如地貌形态和土壤剖面的厚度，盐酸反应，pH 值，氮、磷、钾的含量等。描述方式可以是文字描述，即用文字较详细地记载所得到的有关现象及特征；也可以是表格描述，即将实际观测到的数据、现象按特定符号填入表中；还可用图表描述，即绘制简明示意图，这样具有简明、迅速、概括的特点。

二、实地勘测法

在野外实地调查中，有些自然地理事物或现象的数据信息和特征，仅凭定性的观察描述是不能准确获取的，而需要借助仪器进行勘测和测量才能掌握。例如，地貌的高程变化、山地坡度、走向；大气的气温、湿度、辐射量；水文的流量、水位、水温；土壤的pH 值、粒度、剖面厚度；植物的冠幅、高度、郁闭度等。

三、访谈调查法

纯野外观测，有时并不能满足研究的需要。一些地理事件、现象，由于时间、空间或仪器的限制观测不到。而当地居民常居于此，对环境的变化感受最细致深刻，因此野外考察中随时有计划地访问当地居民是非常必要的，可作为野外观测的补充。例如，对区域地下水位变化的了解，可从对居民水井水位的变化进行访问得知；对历史时期"洪水痕迹"的考察，可访问年长的居民，从他们记忆中获取信息。为了使访问得到的材料可靠、准确，这就需要向较多的人调查访问，并结合实地勘察来验证。此外，从居民的账本、生产日志以及当地传说、文物记载也可获得有关信息。

访谈前应根据问题的性质确定访问对象，并且事前做好准备工作，列出详细的访问提纲。为了提高所得资料的可靠性，最好能访问知情者。若在访谈中发现有矛盾，则应重点深入调查，并结合自己掌握的情况作出正确的判断。

四、抽样调查法

对一些包含数量大、涉及范围广的社会现象，可采用随机抽样法获取信息。如机井密度调查、农作物种类调查、游客密度调查、人口状况调查等均可用此方法。抽样调查是从所要调查的总体中抽取一部分作为样本进行观察，并由样本的特征值推算出总体特征值的一种方法。一个成功的抽样调查，可以比较精确地推算出总体，所以被广泛采用。随机抽样应注意样点选择的随机性和样点分布的均匀性，使抽样结果具有较强的代表性。调查的方式一般可采用填写调查表或询问等。调查后要进行认真的归类和分析，以得出与实际相符的结果。

五、问卷调查法

问卷调查法多用于人文地理信息方面的收集和统计，是用书面形式间接搜集研究资料的一种调查手段。通过向调查者发出简明扼要的征询表，请示填写对有关问题的意见和建议来间接获得材料和信息。常用的方法有：开调查会、访问。问卷一般有三种形式：报刊问卷、邮寄问卷和发送问卷。地理学科的实习中，一般采用发送问卷的形式，由研究人员把调查表直接发给调查对象，当场填写后直接收回。问卷调查是地理学研究中一个常用的方法，它多以区域或个体为分析单位，通过实地问卷、访谈、抽样等方法了解调查对象的相关信息，并结合实地观察、勘测的数据加以分析来开展研究。

六、地图法

地理野外考察中最适宜、最常用的一种文件工具就是地图。地图既是地理学承载地理信息的主要文件，又是其主要研究手段。地图向人们提供信息，使人了解区域的自然面貌和社会经济特征，从而探讨它们的规律性。

野外制图是地理考察的基本内容，主要用于研究地理事物或现象的类型和分布，通过野外观察，将不同的填绘内容用符号或文字标绘于地形图上，画出有关地物客体或现象的分布范围和具体界线。野外填图的要求是：标绘的内容要突出、清晰、易懂；做到准确、及时、简明。准确是指标绘的内容位置要准确；及时，即就地标绘，以免忘记；简明就是注记要简练，用符号或线条表示，但务必要清楚，一目了然。

填图的准备工作：①根据地形图了解调查填图地区的概况；②熟悉填图内容及表示方法；③明确填图的精度要求和最小图斑；④确定填图范围；⑤选定填图路线；⑥备好野外填图的仪器和工具。

七、野外定点观测法

地理事物或现象在构成和分布上都存在时空差异性，只有在地理现象不同的特征表现区布点，才能全面了解其变化和发展情况。例如，对一垂直自然景观带的考察，应从山下至山顶对每一景观带的典型地段定点观测其特征，分析各自然要素在形成上的相互联系；对一次洪水过程的观测常在上游、中游、下游同时观测。观测点的空间布设密度，也随着考察对象的特点、观测要求及区域环境条件而定。一般对环境单一的区域，观测点密度可较小，分布均匀；对复杂的区域，观测点密度要大，分布不均。观测点的空间尺度可大可小，小到一个土壤剖面、一个植被群落样方、一个岩层露头；大则可以是一个滑坡体、一个地貌单元，或者整个山地垂直景观带。

在观测点上一般需进行认真仔细的观察、测量、测试、访问，并进行详细的记录。必要时还要采集标本、试样以及填图和摄影等。

八、剖面图法

在进行区域地理野外考察时，要较全面地了解一个区域，可选择作几个具有代表性的综合剖面。剖面线的选择应尽量跨过多种类型，并有典型性，以便对区域的地理现象能够全面了解和掌握。作区域综合剖面一般采用两种方法：一种是实测法，另一种是利用地形图来作剖面。实测法即用罗盘定出剖面方向，用高度表测不同点的高程，然后沿剖面方向考察，记录一定水平距离内的各种地理现象，再经室内整理加工而成。利用地形图来作剖面，则要在野外填图的基础上，经过一定计算作出剖面图。作剖面图时，水平、垂直比例尺的选取要合适，使剖面既能反映各种地面差异，又能保持与实际地面形态相符。

九、因果法

根据地球表层许多地理事物间相互依存关系，通过观察、分析、判断推理，由现象到本质，找出客观事物的本来面目。例如，某一山地的地貌形态有角峰、刃脊、冰斗、"U"形谷以及大面积沙石泥土混杂堆积物的出现。根据这种地貌形态是由冰川的侵蚀、搬运、堆积作用而形成的已知认识，就可推断此地在第四纪时曾有古冰川发育。在野外考察工作中，我们经常见到的地貌类型有山地、丘陵、高原、平原、盆地以及河流阶地、洪积冲积扇。植被有常绿阔叶林、落叶阔叶林、草原、灌丛、农作物等。根据观察到的有关地理现象，运用因果法，就可以分析判断出与之相关要素的成因，推断其昔日地质构造情况、与之有关的气候类型以及人类活动的影响。综合相关分析是因果法的核心，它为野外考察工作减轻了许多负担，节省了大量的人力财力，所以此法是野外考察工作最常用的一种方法。

十、"3S"方法

"3S"技术是空间技术、传感器技术、卫星定位与导航技术同计算机技术、通信技术相结合，多学科高度集成的对空间信息进行采集、处理、管理、分析、表达、传播和应用的现代信息技术。应了解各种等级的大地测量、控制测量技能，以便在野外利用 GPS 实现导航、定位、授时等；掌握 GIS 软件，以 RS 为数据源，完成诸如地形分析、流域分析、土地利用研究、经济地理研究、空间决策支持、空间统计分析、制图等方面的应用。

第三节　野外实习的技能要求

一、野外调查基本技能

1. 自然地理要素调查辨认技能

①野外三大类岩石辨认技能；

②野外土壤调查技能；

③野外地貌调查技能；

④野外植物调查技能；

⑤野外水文要素调查技能。

2. 野外观测及样品采集技能

①野外小气候观测技能；

②野外水样采集技能；

③野外岩石、土壤样品采集分析技能；

④野外生物标本采集技能。

3. 野外定点及判别方向技能

①利用地图野外定向定点；

②利用地物野外定向定点；

③利用 GPS 野外定向定点。

二、野外记录技能

实习记录是实习的最基础成果，是编写实习报告的基本依据，因此要及时真实地在实习笔记簿上记录下观察到的现象。观测点的观察与描述，是取得野外实习资料的重要手段。从对观测点自然现象的观察取得认识、数据及一些基本事实的详细记录，可以成为实习报告的第一手资料。观察记录的详细和准确与否，对实习收获至关重要。要求观测点位置记录具体、明确；描述现象力求准确、简要、少遗漏；观测点编号要统一，且要与图上的编号一致；要用铅笔记录，以防雨水浸湿、失效。总之，尽可能全面地观察和描述记录。

三、野外绘图技能

包括速写技能和素描技能。两者都是实习中重要的记录和描述各种地理环境现象的手段。前者更注意迅速、简单、形象、直观地绘出所观察到的各类自然现象和方位。后者强调对丰富多彩、变化无穷的自然现象进行重点突出、准确表达、明确描述。同时，还应学会将调查得来的数据快速制图，以反映数据资料的空间分布特征。例如，野外样品采集的样点分布图、调查路线图、野外环境测定点分布图等。

四、野外标本及样品采集技能

野外标本和样本是学习、掌握自然地理知识，研究自然地理环境的重要资料。在实习考察活动的外业阶段一定要重视对样品的采集。野外考察时需要采集的样品包括植物、动物、土壤、岩石、矿物、化石、水样等。在野外采集的样品，需现场登录、编号，并及时填写和贴上标签。采集的样品要妥善保管，防止丢失和损坏，也不要把标签弄混乱，以免给室内鉴定和分析带来不便。

五、野外用图技能

主要包括：采集地图基本信息的技能；选择考察路线、点的技能，即从地图上选择考察路线和确定重点调查地区的技能；野外考察定点定向的技能；野外图件判读的技能；野外填图技能。

第四节　哈尔滨及周边区域实习

一、实习区域概况

哈尔滨是黑龙江省省会，位于东经 125°42′—130°10′，北纬 44°04′—46°40′，是中国东北北部的政治、经济、文化中心，也是中国省辖市中陆地管辖面积最大、管辖总人口居第二位的特大城市。全市面积约 5.31 万 km²，辖 8 区 7 县，代管 3 个县级市，其中，市区面积 7 086km²，2012 年户籍总人口 993.5 万人。

1. 气候

哈尔滨是中国纬度最高、气温最低的省会城市，四季分明，冬季漫长寒冷，夏季短暂凉爽。春、秋季气温升降变化快，属于过渡季节，时间较短。

哈尔滨的气候属中温带大陆性季风气候，冬长夏短，全年平均降水量 569.1mm，降水主要集中在 6~9 月，夏季占全年降水量的 60%，集中降雪期为每年 11 月至次年 1 月。冬季 1 月平均气温约−19℃，夏季 7 月的平均气温约 23℃。

4~6 月为春季，易发生春旱和大风，气温回升快而且变化无常，升温或降温一次可达 10℃左右，气温月际变化强烈，一般在 8~10℃左右。7~8 月为夏季，气候温热湿润多雨，最高气温达 38℃，气温月际差异很小，为各季之最。9~10 月为秋季，降雨明显减少，昼夜温差变幅较大，9 月份平均气温为 10℃，10 月份北部地区平均气温已到 0℃，南部地区为 2~4℃。11 月至次年 3 月为冬季，漫长而寒冷干燥，有时也会出现暴雪天气。

2. 地形地貌

哈尔滨市区及双城市、呼兰区地势平坦、低洼。东部县（市）多山及丘陵地。东南临张广才岭支脉丘陵。北部为小兴安岭山区。中部有松花江通过，河流纵横，平原辽阔。哈尔滨市区主要分布在松花江形成的三级阶地上：第一级阶地海拔在 132~140m 之间，主要包括道里区和道外区，地面平坦；第二级阶地海拔 145~175m，由第一级阶地逐步过渡，无明显界限，主要包括南岗区和香坊区的部分地区，面积较大，长期受流水浸蚀，略有起伏，土层深厚，土质肥沃，是哈尔滨市重要农业区；第三级阶地海拔 180~200m，主要分布在荒山嘴子和平房区南部等地，再往东南则逐渐过渡到张广才岭余脉，为丘陵地区。

3. 水文

哈尔滨市境内的大小河流均属于松花江水系和牡丹江水系，主要有松花江、呼兰河、阿什河、拉林河、牤牛河、蚂蜒河、东亮珠河、泥河、漂河、蚂克图河、少陵河、五岳河、倭肯河等。松花江发源于吉林省长白山天池，其干流由西向东贯穿哈尔滨市地区中部，是全市灌溉量最大的河道。一年中降水主要集中在 6~9 月，占全年降水量的 70% 以上。新中国成立以来，全市最大的水利工程——西泉眼水库工程，1996 年已经合龙蓄水，水库控制流域面积 1 151km²，库面面积 40.86km²。水库建成后，新增灌溉面积 15 133.3hm²。哈尔滨水资源特点是自产水偏少，过境水较丰，时空分布不均，表征为东富西贫。全市水资源人均占有量为 1 630 立方米。

4. 土壤

由于受地形、气候、植物等自然因素及人为活动的影响，全市土壤类型较多，共有 9 个土类、21 个亚类、25 个土种。黑土，是郊区及 12 县（市）的主要土壤，也是分布最广、数量最多的土壤类型。黑土在全市分为 2 个亚类（黑土和草甸黑土）、3 个土属（黏质黑土、砂质黑土、草甸黑土），共 7 个土种。黑土土壤养分含量比较丰富，适于各种农作物生长。黑钙土，是全市主要耕作土壤，主要分布在中部平川地和岗平地上，在全市分为 3 个亚类：黑钙土、淋溶黑钙土、草甸黑钙土，共 8 个土种。黑钙土养分含量仅次于黑土，适于作物栽培。草甸土也是全市主要耕作土壤，多数分布在沿江河低洼淋溶地带和松花江台地漫滩地带。草甸土在全市分为 6 个亚类：草甸土、碱化草甸土、泛滥地草甸土、盐化草甸土、潜育草甸土、硫酸盐草甸土，共 10 个土种。草甸土大部分宜耕性较差，宜发展草场和栽植薪炭林。砂土及沼泽土，主要分布于江河两岸河滩和低洼地块，适于发展渔业、牧业。

5. 自然资源

哈尔滨市植物资源丰富，种类繁多，包括藻类植物和苔藓植物，具有分布集中、经济价值高的特点。药用植物中，名贵药材有山参、黄柏、地龙、苦参、狼毒、黄芪、五味子、刺五加、党参、茯苓、满山红（红萍）等。草原植物以"东北三宝"之一的小叶樟和饲用碱草为主。野生食用植物有蕨菜、薇菜、猴腿菜、管仲菜、刺嫩芽、明叶菜、枪头菜、猫爪等 10 余种，还有大量的猴头蘑、榛蘑、元蘑、木耳等食用菌。野生油料有松子、榛子。野生花卉有 130 余种，其中具有观赏价值的有小细叶百合、渥丹百合、山丹百合、燕子花、紫花鸢尾、长瓣舍莲等 20 余种。具有经济价值的水生植物主要有芡实（鸡头米）、睡莲、东北金鱼藻、菱角、菖蒲、芦苇、乌拉草。山野果子有杏、李子、山桃、梨、山葡萄等。

哈尔滨市矿产资源丰富，已发现各类矿产 63 种，已探明可供工业利用的有 25 种，其中煤炭、天然气、铜、锌、钨、钼、硫铁矿、熔炼水晶、蛇纹岩、砷、建筑用石、矿泉水等 20 种矿产在黑龙江省占有重要地位。在已探明的矿产资源中，居全省第一位的矿种有：硫铁矿占 55.8%，熔炼水晶占 61.2%，蛇纹岩占 43.3%，砷占 49%，以及石棉、硅石、饰面用大理岩、稀散元素碲等 8 种。

二、实习目的与要求

目的：实习的主要地区为松花江沿岸地带，以流水地貌实习为主，观察流水地貌的基本特征及人类活动对自然地理环境的影响，探讨协调人地和谐发展的途径。

要求：观察流水地貌的特点，分析其形成的主要原因；
考察沿江地质地貌对桥梁选址的影响。

三、实习主要内容

观察流水的运动方式，流水的侵蚀、搬运、堆积作用；观察河谷地貌、河床地貌以及河流地貌特点，分析河流地貌发育的因素及演变规律。

四、实习路线与操作

路线：松花江公路大桥——太阳岛公园——防洪纪念塔；
松花江公路大桥：参观松花江公路大桥，考察大桥选址的主要自然因素；
太阳岛公园：参观太阳岛公园景区，分析太阳岛公园与松花江之间的关系；
防洪纪念塔：参观洪水水位线，分析自然地理因素对人类活动的影响。

五、实习总结与讨论

①分析流水地貌的成因及特点；
②讨论自然地理要素对人类活动的影响。

第五节　五大连池野外实习

一、实习地点概况

五大连池世界地质公园位于黑龙江省北部，南距省会哈尔滨市 372km，北距黑河市 254km。全境总面积 9 874km²。五大连池名胜风景区坐落在讷谟尔河畔，面积 1 060 多 km²，地处黑龙江省松嫩平原与小兴安岭山地之间的转换地带，在小兴安岭西南侧山前台地上，地理坐标：126°00′—126°20′E，48°34′—48°48′N。风景区主要由新期和老期火山、5 个火山堰塞湖（五大连池）、60 多 km² 的"石龙"（玄武岩台地）和具有很高医疗保健价值的低温冷泉构成，被誉为我国天然火山公园、火山教科书和著名旅游疗养胜地。新期火山奇观区是世界地质公园的核心，景观带总面积 50km²，地质形成年代距今 280 多年，属最新期喷发的火山。区域内新期火山喷发裸露熔岩台地浩瀚无垠十分壮观，各种微地貌景观造型奇绝，火口、岩流、峡谷、泉水、湖泊、洞穴非常典型完美，可视景观 59 处，2 处世界奇观。3 处熔岩洞穴，5 处熔岩泉湖，9 处火山植物群落，40 处地质奇观。这里保存了世界上新期火山地质的全貌，对研究地球物理发展史具有重要意义。

二、实习目的与要求

通过野外实习和实地地貌观察，理论与实践相结合。掌握各种地貌类型的基本形态、基本特征、物质组成、发育过程和演化历史，加深理解"地貌学"课程的基本内容、基础知识和一般原理；培养野外观察、动手和分析等技能；提高学生的基本素质和综合能力。要求每位同学要进行野外实地记录，领会和掌握实习内容和基本原理，绘制地貌形态素描图；对每天实习内容进行小结，理解要点。实习结束后，每位同学要撰写一份实习报告。

三、实习主要内容

观察火山地貌的基本地貌形态，识别和区分主要喷出岩的种类、结构和构造，通过对火山碎屑物的鉴别，分析并判断火山喷发的类型，掌握火山岩地区野外工作的一般方法和技能。

1. 五大连池火山群

黑龙江省五大连池火山群是中国著名的第四纪火山群。五大连池地区共有 14 座火山锥，它们是互不相连的独立的孤峰，分列在五大连池东西两侧。其中，近期火山包括老黑山和火烧山两座火山。两座火山均由高钾玄武质熔岩岩盾和锥体构成，总面积约 68.3km²，熔岩盾是火山主体。若鸟瞰五大连池全貌，可以发现 14 座火山的排列形成了几个"井"字形，其中呈北东—西南走向排列的火山锥共四行；呈北西——南东走向排列的火山锥共三行，大多数火山沿北东 42°方向排列。

①沿北东 42°方向排列，由西往东分别为：

第一列：南格拉球山—北格拉球山；

第二列：卧虎山—笔架山—老黑山—火烧山；

第三列：西焦得布山—西龙门山—莫拉布山；

第四列：东焦得布山—东龙门山。

②沿北西方向排列的火山锥由南往北分别为：

第一列：北格拉球山—笔架山以及笔架山东南的盾型火山——药泉山；

第二列：尾山—西龙门山—影背山。

图 17.1　五大连池火山区基底断裂及火山分布图

2. 老黑山

黑龙山也叫老黑山，1719 年喷发，1721 年再次喷发，史料记载至今已喷发过 6 次，由于地貌典型，状如黑龙，所以称为黑龙山。黑龙山海拔 515.9m，高出地面 165.9m，是五大连池第二大火山。这里火山地貌完整、景观奇特，被地质学家誉为不可多得的火山地质陈列馆。老黑山的火山碎屑物质主要是质轻多孔的黑褐色浮石，还有由紫红、黑色的火山砾、火山弹以及火山碎块组成的岩石。锥体的北坡上有一条谷地，是当年熔岩从火山口喷溢出时从北坡外流形成的。锥体的外侧还分布有一系列的寄生火山锥。山顶的漏斗状火山口是岩浆从深处上涌临近地面时发生爆破喷发，继而冷凝而成。

3. 熔岩台地

五大连池的熔岩石海景观颇为壮观，堪称一绝，绵延不断，随波上下，形态各异，面积达 800 多 km^2。老黑山的四周为熔岩台地，总面积达 $65km^2$。当年喷出的熔岩沿白河向南流去，形成了蜿蜒 10km 长的"石龙"。石龙景象举世罕见，远看像大海汹涌的波涛，近视则怪石嶙峋、千态万姿、形态生动奇特，如熊如虎如蛇如绳如巨蟒。奇特的熔岩暗道、熔岩空洞中，更有奇特的熔岩钟乳，如角锥如棘刺如刀刃或如薄板，贴附在洞穴的四壁，蔚为奇观。

4. 熔岩隧道

在老黑山北麓，有两个洞穴——仙女宫和水帘洞，它们便是熔岩隧道。熔岩隧道，也称熔岩洞。与桂林等石灰岩地区经过地下流水溶蚀而成的石灰岩溶洞成因不相同，仙女宫是位于黑龙山北侧的一处火山熔岩洞穴，内分上下两层，其主洞长 25m 左右，宽数米，高约 2~3m。这个熔洞没有被开发的还有二层冰凌洞和无数分洞。仙女宫左洞是水洞，右洞是旱洞。旱洞的上面有"一线天窗"，可以看到蓝蓝的天空。洞壁上是一幅幅形神兼备的图案，洞顶上低垂下来的是一簇簇小小熔岩钟乳。洞顶及两壁熔岩呈紫褐色与黑灰色，有些还有因在暗道中受高温熔岩的烘烤而成的晕色。这个洞全长 120m。洞内温度很低，夏季，洞内外温差 20℃ 左右。水帘洞的景观与仙女宫差不多，隧道底部全部淹没在水下，雨水、雪水从洞顶渗落。

5. 火山堰塞湖

五大连池的五个湖泊，是由五个相连的串珠状湖泊组成的，各池都是熔岩嵌底，奇石镶岸，湖水清澄碧透，游鱼清晰可见。这五个清幽、晶莹的池子，落在十四座火山之间，形成一个五池相连的月牙状的湖泊。五大连池五个湖泊中的三池面积最大，水面宽阔，在夏秋之交的丰水期，水域面积可达 $8.8km^2$。五大连池的五个湖泊纵长 20 余 km，容水约 1.7 亿 m^3，总面积达 40 多 km^2。各湖泊有暗河相通，水源充足，终年不枯，水质好，含氧量丰富，生物繁茂，阳光充足，非常适合鱼类生长。五座池之间相互贯通，纵长 20km，池水面积 $90km^2$，最深处百余米。其中三池最大，其西南依次为二池、头池，其西北依次为四池、五池。五池底是砂、砾石、淤泥，四池底是砂子和淤泥，三池底是熔岩、砂子各半，二池底大部分是熔岩，头池底全是熔岩。湖水偏碱性，富含各种有机质和矿物质，如氧、硅酸盐、磷酸盐。五个池的池水从北向南流入讷谟尔河。

四、实习路线与操作

本次实习的地点是五大连池火山地貌景观区，乘火车经北安对五大连池火山地貌景观区实地考察，并由五大连池乘汽车穿越松嫩平原，沿途观察东北地区的地形地貌形态特征及植物类型分布情况。如图 17.2 所示。

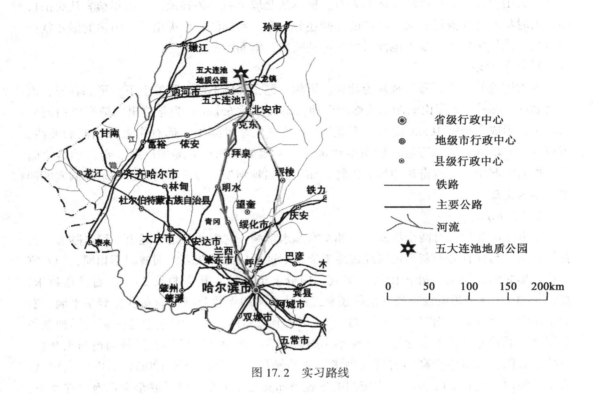

图 17.2　实习路线

五、实习总结与讨论

(一) 实习总结

五大连池黑龙山和火烧山的岩石成分非常特殊,它是一种富钾的碱性基-中基性火山熔岩。五大连池火山区位于东亚大陆裂谷系的轴部,它的形成很可能是在裂谷作用下的地幔柱上隆产生的。因此,五大连池火山岩对探讨地球板块活动和岩浆演化都有重要科学意义,而且对监测当地火山地震活动也非常重要。

1. 火山地貌

(1) 五大连池火山群

公园内的 14 座火山均分布在北东向和北西向连线的交汇处,构成了棋盘格子式的布局。形成 14 座火山的排列形成了几个 "井" 字形的排列规律,要归因于本区地下深处岩石的断裂方向。因为构造断裂是岩浆喷出地表的良好通道,而构造断裂在一定区域内有一定的方向性,这就使得岩浆喷出后形成的火山沿着断裂分布。五大连池地区北东和北西方向断裂非常发育,并以北东向为主,地球内部的岩浆沿着北东和北西方向两组断裂带的交汇处喷溢而出,形成排列整齐的火山锥。五大连池火山群都属于中心式喷发类型的火山,据资料记载五大连池火山区位于松辽凹陷与华力西期的大兴安岭褶皱系的衔接部位。在北为小兴安岭西南缘深断裂、西为嫩江深断裂、南部边缘为讷谟尔河断裂、东部边缘为孙吴地堑断裂等四条深断裂的围限区内。火山区处于地壳上升和下降过渡部位,构造活动强烈。火山的空间分布表明北东和北西方向上的断裂带是控制五大连池火山区构造活动的主要构造。地球内部的岩浆沿着北东和北西方向两组断裂带及其交汇处喷溢出来，而在地表形成一个个排列整齐的火山锥，造成了现在的布局。五大连池火山群保存有完好的火山口和各种火山熔岩构造，如多层流动单元构造、结壳熔岩构造、渣状熔岩构造、喷气溢流构造（喷气锥和喷气碟）、熔岩隧道构造等。

（2）老黑山

经地质考察，黑龙山山体是由早晚两个火山锥体套叠而成。早期的锥体被晚期的喷发破坏并占据，从植被的疏密上可以看出早晚的差别，它是一座观赏性极强的休眠期活火山。黑龙山南坡覆盖的是火山砾，也称火山灰。火山砾是气体喷发的产物，当岩浆中气体特别充沛时，就喷发出泡沫状的熔岩，冷凝后，随着风向散落在火山周围。根据火山砾的分布情况，可以推测火山喷发时这里刮的是北风或西北风。

（3）熔岩台地

熔岩台地喷出地表的岩浆中的挥发成分（即熔浆）大量逸出，沿地壳表面流动继而冷凝后形成的表面较平缓的台地。熔浆的流速决定于它的黏度、温度以及地面的坡度。五大连池火山群的喷出物的主要物质成分是富含铁镁的基性玄武质岩浆，它们来自地球内部的较深处，温度高、黏性小、流动性大，所以它们的流速很快，流动的距离很远。熔浆在流动过程中，温度逐渐降低，黏性加大，流速逐渐减小，最后凝固为火山岩，形成厚度不大、分布面积很广的熔岩台地。

（4）熔岩隧道

岩浆在流动过程中，表层凝固，下部流动岩浆后续不足，于是形成空洞，就产生了今天的熔岩隧道。老黑山火山口喷溢出来的熔岩流沿着北坡谷地而下，熔岩表面开始冷凝，而壳下熔岩仍保持高温熔融状态，继续沿地下渠道向低处流。与此同时，顶板的液态熔岩在重力作用下坠落，生成熔岩钟乳。当表层下的熔岩流逐渐减少直至流光后，剩下一条空心的地下管道，这就是熔岩隧道及洞穴。有的洞中常年有坚冰，有的洞里四季流着清水。目前，在这里发现的熔岩洞中，面积最大的要属仙女宫。

（5）火山堰塞湖

五大连池地势自北向南倾斜，火山喷发时，熔岩流冲向地势低洼的讷谟尔河的支流——白河，遇水冷凝成坚固的岩石，阻断了其上游的水流，被截成相互连接的五个串珠状湖泊，地质学上称之为堰塞湖。公园内除以五个火山堰塞湖为主体的地表水以外，还蕴藏有丰富的地下水和矿泉水，形成了一套完整而独特的水文地质体系。可见，在其形成和演化的过程中，体现了复杂的矿水水文地质学和水文地球化学原理。

2. 火山植被

特殊的火山地貌格局铸就了五大连池独特完整的火山自然生态系统。区内植物有143科，433属，1 100余种，与同纬度地区相比，植物种类十分丰富。新期火山区的地衣苔藓群落、地衣蕨类群落、地衣草类群落、地衣灌丛、地衣疏林、苔藓落叶松林等奇妙地组合在一起；老期火山区形成了杂类草甸草原、灌丛杂类草甸、森林草甸、落叶阔叶林、针阔叶混交林；低谷处形成了沉水植物群落、浮水植物群落、挺水植物群落、小叶章苔草沼泽、小叶章杂类草甸。各种生态系统相互关联、相互依存、相互制约，构成了一个不可分割的和谐统一的整体。虽然五大连池地区是我国高纬度地带，这里一年有6个月算是冰雪期，但夏季多雨，日照长，而且有肥沃的火山土壤，给树木生长带来了有利的条件。熔岩台地的外侧以及火山锥的中下部，到处是由高大的落叶松构成的火山森林，在朝阳的山坡和山脊上，有常绿樟子松；在平缓的山坡或阳坡地带，生长着阔叶树白桦、杨等。三池池边熔岩台地上的植被主要为苔藓、地衣、宝石花、药鸡豆、接骨木、杏草、水绵、菱角、藜等，浅水中还有浅水植物群落（禾本科植物）。火山杨生长在分化很少的火山熔岩台地和火山口附近，火山杨的叶片具有较厚的蜡质保护，保水能力好，抗旱性强。

分析：水生植物的南北地域性差异不如陆生植物明显，多数都是广布种，从南到北都能见到，我们所在地基本上没什么土壤层，生存环境恶劣，所以生长的多数都是些地衣、苔藓等。三池附近的熔岩台地上火山杨的生长较差。而老黑山山坡有肥沃的火山灰，人工落叶松和白杨林长势就很好。

（二）实习讨论

①2013年6月，由黑龙江省国土资源厅和五大连池世界地质公园管委会共同主办了五大连池"地质公园与科普"研讨会。中国地质科学院研究员陈安泽在五大连池世界地质公园"地质公园与科普"研讨会上提出了"中国世界地质公园是要走向神奇还是走向科学"，请大家分组讨论一下这个问题。

②根据五大连池北饮泉及二龙眼泉两处天然矿泉水水质监测数据，讨论一下长期饮用两处矿泉水对人体健康的影响。

③讨论五大连池地区（区域）的火山作用及时空分布。

④进行五大连池地区未来潜在喷发的可能性分析。

⑤探讨在目前大力倡导低碳经济的社会背景下，如何发展五大连池景区的低碳旅游。

第十八章　应用案例

第一节　某区域的 DEM 制作及山顶点的提取

数字高程模型（Digital Elevation Model，DEM），是用一组有序数值阵列形式表示地面高程的一种实体地面模型，它是对地形地貌的一种离散的数字表达，是对地面特性进行空间描述的一种数字方法、途径，它的应用可遍及整个地学领域。目前，从数据源及采集方式上，建立 DEM 的方法主要包括 3 大类：①直接从地面测量；②从现有地形图上采集；③根据航空或航天影像，通过摄影测量途径获取。另外，从算法上，DEM 包括规则网络结构和不规则三角网（Triangular Irregular Network，TIN）两种算法。由于 DEM 描述的是地面高程信息，它在测绘、水文、气象、地貌、地质、土壤、工程建设、通信、军事等国民经济和国防建设以及人文和自然科学领域有着广泛的应用。

地表形体是由每个基本的地貌要素构成，包括面、线和点。地貌点是地貌面或线的交点，比如山顶点。山顶点指那些在特定邻域分析范围内，该点都比周围点高的区域。山顶点是地形的重要特征点，它的分布与密度反映了地貌的发育特征，同时也制约着地貌发育。因此，基于 DEM 数据快速准确地提取山顶点，在数字地形分析中具有重要意义。

一、研究区概况

研究区为位于黑龙江省尚志市境内的东北林业大学帽儿山实验林场（45°15′—45°29′N，127°28′—127°43′E），南北长 26km，东西宽 20km，总面积约 26 620hm²。该区属长白山系支脉张广才岭西北部小岭余脉，境内平均海拔 428m，最高海拔 817m，平均坡度 1 412b，属低山丘陵缓坡地形。该地属温带季风气候，冬季寒冷干燥，夏季温暖多雨，年平均降水量 723.18mm；地带性土壤为典型暗棕壤；植被属长白植物区系，原始地带性植被为阔叶红松林，现为东北东部山区较典型的天然次生林区，次生林类型多样且具有代表性，群落类型有硬阔叶林、软阔叶林、针叶林、针阔混交林，平均林龄 50 年。这里以帽儿山的老山为例，采用该地区的地形高程实测点数据，基于 ArcGIS10. X 软件平台制作 DEM 图，并提取该区域的山顶点数据，制作山顶点分布图。

二、基于地形高程实测点数据生成 DEM 数据

依据研究区的地形高程实测点数据（包括经纬度及高程值的 Excel 数据），使用 Arc-GIS 的 3D Analyst 扩展模块中创建 TIN 功能，从点状要素产生不规则三角网（TIN 数据），再由 TIN 生成等高线图。总体步骤：由实测高程点→点状矢量数据→生成 TIN→TIN 转为

DEM→制作 DEM 图。

主要操作过程：

①基于 ArcGIS 软件平台，打开 ArcMap，新建一个地图文档，添加实测点数据，使用 Tools->add xy data，将 Excel 格式数据加载，以经、纬度为 x，y 值，生成点状矢量数据；

②加载 3D analysis 模块，在 ArcMap 中，执行菜单命令"Customize"→"Extensions"，在出现的对话框中选中"3D Analyst"，打开 3D Analysis 工具；

③打开 ArcToolbox 工具箱，在 ArcToolbox 中，执行命令"3D Analyst Tools"→"Data Management"→"TIN"→"create TIN"，打开创建 TIN 工具后，在对话框中定义每个图层的数据使用方式，确定生成文件的名称及其路径，由点状要素生成 TIN 数据；

④在 ArcToolbox 中，执行命令"3D Analyst Tools"→"Conversion"→"From TIN"→"TIN to Raster"，指定相关参数：采样距离、内插方法以及输出栅格的位置和名称，生成 DEM 数据；

⑤在 ArcMap 的"Layer Properties"图层属性对话框中选择"Symbology"样式选项卡，进行图层样式的编辑处理，最终完成该研究区的 DEM 图制作。

三、基于 DEM 数据制作山顶点分布图

使用 ArcGIS 的 Spatial Analyst 扩展模块中生成等高线的功能，提取等高距为 10m 的等高线数据，作为山顶点提取的地形背景，再使用 ArcGIS 的邻域分析和栅格计算器功能，提取该区域的山顶点数据，制作山顶点分布图。总体步骤：由 DEM 数据→生成等高线→地形背景图，DEM 数据→提取山顶点→栅格数据转换为矢量数据→制作山顶点分布图。

主要操作过程：

①基于 ArcGIS 软件平台，打开 ArcMap，新建一个地图文档，添加生成的 DEM 数据；

②加载 Spatial Analyst 模块，在 ArcMap 中，执行菜单命令"Customize"→"Extensions"，在出现的对话框中选中"Spatial Analyst"；

③由 DEM 数据生成所需的等高线数据。打开 ArcToolbox 工具箱，在 ArcToolbox 中，执行命令"Spatial Analyst Tools"→"Surface"→"Contour"，指定相关参数：输入栅格数据、输出线状数据的位置和名称及等高线间距等；

④按标准地形图绘制等高线方法，与 DEM 数据一起作为地形背景图；

⑤基于 DEM 提取设置分析窗口的最大值，即计算邻域最大值（这里命名为"Maxpoint"）。在 ArcToolbox 中，执行命令"Spatial Analyst Tools"→"Neighborhood"→"Focal Statistics"，指定相关参数：输入栅格数据、输出栅格数据的位置和名称，以及邻域分析类型、邻域设置、统计类型等。分析窗口的大小影响最终山顶点提取的多少，一般窗口越大提取的点越少，过大则可能会遗漏掉重要的山顶点；

⑥使用栅格计算器，提取山顶点区域。在 ArcToolbox 中，执行命令"Spatial Analyst Tools"→"Map Algebra"→"Raster Calculator"，输入计算公式："Maxpoint"−"dem"＝0，以及输出栅格数据的位置和名称等；

⑦对所获得的山顶点区域进行重分类处理。在 ArcToolbox 中，执行命令"Spatial Analyst Tools"→"Reclass"→"Reclassify"，指定相关参数：输入栅格数据、重分类字段、输出栅格数据的位置和名称等；

⑧将重分类的山顶点区域栅格数据转换为点状矢量数据。在 ArcToolbox 中，执行命令 "Conversion Tools" → "From Raster" → "Raster to Point"，指定相关参数：输入栅格数据、字段、输出矢量数据的位置和名称等。对于山顶点的矢量数据结果，由于邻域分析的焦点统计中分析窗口影响，转出的点较多，结合人工判读和编辑处理，以达到最佳效果；

⑨在 ArcMap 的 "Layer Properties" 图层属性对话框中，选择 "Symbology" 样式选项卡，进行图层样式的编辑处理，最终完成该研究区的山顶点分布图制作。

四、制作成果图

最终的成果图见图 18.1 和图 18.2。

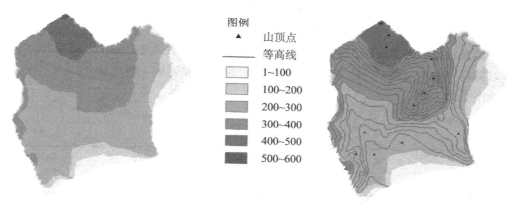

图例
▲ 山顶点
—— 等高线
1~100
100~200
200~300
300~400
400~500
500~600

图 18.1　研究区的 DEM 图（老山）　　　　图 18.2　研究区的山顶点分布图（老山）

第二节　地形地貌对土地利用变化的影响分析

地形地貌是影响局部地区土地利用变化最直接、最关键的因素，也是众多自然地理要素中对土地利用影响程度最大的因素之一，直接影响着土地的利用方式，在一定程度上决定着土地的利用类型。本节选取地形地貌中的高程、坡度和坡向来说明地形地貌对土地利用变化的影响。

一、研究区概况

我们选取重庆市忠县为研究区，忠县位于重庆市中部，三峡库区腹心地带，其地理坐标为东经 107°32′—108°14′，北纬 30°03′—30°53′，东西长 66.45km，南北宽 60.15km，幅员面积 2 187.08km²，是三峡移民搬迁重点县。忠县居三峡水库中段，长江自西南向东北横穿其中，地处暖湿亚热带东南季风区，属亚热带东南季风区山地气候。境内低山起伏，溪河纵横交错，其地貌由金华山、方斗山、猫耳山三个背脊和其间的拔山、忠州两个向斜构成，最高海拔 1 680m，最低海拔 117m，属典型的丘陵地貌，地形起伏较大，土地利用/覆盖类型多样复杂，土地利用方式以耕地和林地为主，分别占 37.74%和 22.84%，其分布与"三山夹两槽"的地势相对应,耕地多分布在槽谷地势较平坦地区,林地主要分布在 3 条山脉。

二、地形地貌因素分级

高程是影响土地利用方式的重要环境因子。随着高程的增加,大气湿度、温度都会发生明显的变化,导致土地的利用方式随高程的变化发生一定规律的变化。坡度对土地利用有着重要的影响:小于 6° 的坡地,可以作为农用旱地或牧草地;大于 6° 的坡地,易产生强烈的侵蚀,需修筑梯田或采用水保耕作法等水保措施;25° 是退耕还林还牧界限;沟坡地的地面坡度大部分在 35° 以上,该类土地应以种草造林为主要利用方式,以保护边坡的稳定性,防止崩塌、错落等重力侵蚀发生;45° 是植树造林的上限。坡向表征了地面任何一点高程值改变量的最大变化方向。利用 DEM 数据,在 ArcGIS 平台下,将高程、坡度、坡向划分等级,我们将高程按照 300m 等间隔划分为 4 个级别(表 18.1);坡度分为平地、缓地、斜坡、缓斜坡和陡坡 5 类(表 18.2);对于坡向以正北方向为 0°,按顺时针方向计算,取值范围为 0°~360°,分为平缓坡、阳坡、半阳坡和阴坡 4 级(表 18.3)。各地形因子分级图见图 18.3。

表 18.1 研究区高程分级表

级别	第一级	第二级	第三级	第四级
高程范围(m)	0~300	300~600	600~900	>900

表 18.2 研究区坡度分级表

级别	平地	缓地	斜坡	缓斜坡	陡坡
坡度范围(°)	0~6	6~15	15~25	25~35	35~90

表 18.3 研究区坡向分级表

级别	平缓坡	阳坡	半阳坡	阴坡
坡向范围(°)	0	135~225	45~135 225~315	0~45 315~360

三、地形地貌对土地利用变化的影响分析

计算不同等级土地利用变化数量,分析地形地貌因素对土地利用变化的影响。

1. 高程

2000—2010 年间忠县土地利用变化量最大的高程级别为 300~600m,其次为 0~300m。这两个高程级别范围最显著的特点是耕地与其他土地利用类型之间的转化,0~300m 高程级别范围变化最显著的是耕地转化为林地、建设用地和水域,且耕地的转出面

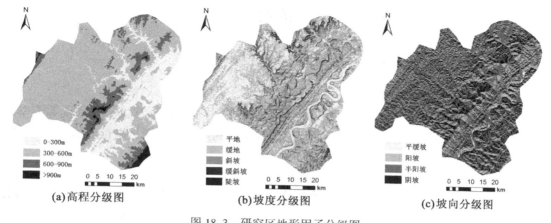

图 18.3　研究区地形因子分级图

积远远大于转入面积，耕地面积明显减少。而 300~600m 高程范围内共有 4 372.73hm² 耕地转化为林地，约占这一级别土地利用总变化量的 80%，这一区间是耕地与林地转化的主要地域。在 600~900m 和>900m 这两个级别，土地利用变化量较小，在>900m 级别仅有极少量的耕地转化为林地，说明高程因子对土地利用变化的影响较大，随着高程的增加，土地利用类型之间的转化减少。

2. 坡度

2000—2010 年忠县土地利用变化量以缓地最大，变化量为 4 448.95hm²，平地和斜坡变化量相近，分别为 2 672.25hm² 和 2 163.05hm²，缓斜坡和陡坡变化量较小。在平地和缓地发生的主要土地利用转化为耕地转向林地，其次为耕地向建设用地、水域以及林地向水域的转化。耕地向林地的转化在各个级别均有发生，以缓地变化量最大。除平地和缓地外，土地利用变化随坡度的增加呈减少趋势。

3. 坡向

2000—2010 年忠县土地利用类型变化量随着坡向的变化而变化。土地利用变化主要集中在半阳坡上，变化面积为 5 276.72hm²，阳坡和阴坡变化面积其次，变化面积分别为 2 667.63hm² 和 1 788.94hm²。平缓坡上的土地变化最少。平缓坡主要以林地向建设用地转换为主，阳坡比阴坡更容易发生耕地向林地转化，耕地向建设用地、耕地向水域以及林地向水域的转化量在阴坡和阳坡分布相对均匀，转化量很小的草地向林地的转化基本分布在阳坡和半阳坡。

四、结论

该时期本区域地形因子对土地利用变化的影响规律为土地利用变化随着高程的增加、坡度的增大而减缓，阳坡大于阴坡，并主要集中在高程 300~600m，坡度小于 25° 的半阳坡地；土地利用类型之间的转化以耕地与林地在高地上（海拔 300~600m）的转化最为剧烈，在 0~300m 则表现为城乡建设、交通建设占用耕地的现象。

第三节 土地利用动态监测

一、基础知识简介

1. 土地利用动态监测概述

土地利用动态监测是指运用遥感、土地调查等技术手段和计算机、监测仪等科学设备，以土地详查的数据和图件作为本底资料，对土地利用的动态变化进行全面系统地反映和分析的科学方法。

土地利用动态监测就是对土地资源和利用状况的信息持续收集调查，开展系统分析的科学管理手段和工作。土地利用动态监测是以土地变更调查的数据及图件为基础，运用遥感图像处理与识别技术，从遥感图像上提取变化信息，从而达到对耕地及建设用地等土地利用变化情况的定期监测的目的。影像判读的准确性一方面有赖于判断经验的积累和判读相关知识的辅助，另一方面还要充分结合各种已有数据资料来协助判读。例如，监测区域的接近于监测年度的土地利用现状图、地形图等。

2. 遥感土地利用动态监测方法

利用多源、多时相遥感数据进行计算机分类或人工目视判读，得到各时相的土地利用分类结果，进而比较结果，发现变化。

3. 土地利用类型解译标志

表 18.4 **土地利用类型解译标志**

土地利用类型	地理位置	色调	形状	纹理	图形
水田	平原、圩区	红色、灰红	大连片	平滑	河渠成网
旱地	零星高地	淡红、灰绿	小块	不均匀	呈表形
林地	山坡上部	暗红、绛红	连片	不均匀	多边形
草地	平原	绿色	连片	不均匀	多边形
河渠	市内河流	蓝、淡蓝	线状	不均匀	长线形
水库、湖	零星分布	深蓝色	大连片	不均匀	半圆状
滩地	湖、河滩地	暗红、灰红	呈长条	均匀	长条形
城镇用地	市区、镇区	灰白、深灰	大片	不均匀	多边形
农村居民点	沿河或路	灰白、灰青	小片	青白相间	多边形
其他建设用地	零星分布	暗色、杂色	小块	不均匀	多边形
沙地	平原、山区	蓝白	大片、小块	不均匀	多边形
盐碱地	湖周围、平原	白色	大片、小块	不均匀	多边形
沼泽地	湖周围	黑色	小块	不均匀	多边形

建立解译标志应遵循以下原则：各类地物的解译标志基本要反映出其影像的 8 个要

素，即大小、形状、阴影、色调、纹理、图形、位置及与周围的关系（见表 18.4）；对各类地物尽量考虑建立多种解译标志，综合考虑，"同谱不同物，同物不同谱"，不过分依赖于单项指标；解译标志的建立应便于解译人员掌握和应用，使之有效地进行定性分析。应以遥感图像、地形图、土壤图等资料为主，整理和分析现有资料，形成区域概念，加深感性认识。

二、基础资料预处理

本项研究的原始数据是某研究区两个时期的 TM 卫星影像数据，影像数据的分辨率为 30m。

1. 室内作业

整个案例的设计工作是一个十分复杂的系统工程，包括了从遥感影像处理、信息提取、数据处理分析、数据库建设、野外实地考察以及全流程的质量管理等各个方面（见图 18.4）。本案例应用 ERDAS IMAGE 遥感影像处理系统，对研究区两个时段的遥感影像进行处理，获得了各年的土地利用图。

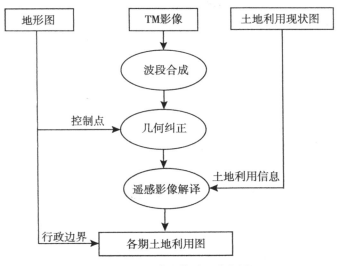

图 18.4　遥感影像处理流程图

（1）波段合成

TM 图像资料包含着十分丰富的地表信息，不同的波段适用于不同地物的分类和探测。原始的遥感影像由 7 个单波段组成，相对独立为单色影像。表 18.5 给出了 TM 各个波段的光谱范围、地面分辨率及其主要用途。这种影像不仅目视效果差，而且信息分散，难以综合。采用彩色合成技术，可以把数个波段的黑白影像叠置成一张彩色影像。这样能使目视效果大大改观，对解译地物极为有利。利用 ERDAS IMAGE 遥感影像处理系统合成彩色 TM 影像。在土地利用/覆盖类型的研究中采用 5.4 和 3 波段的合成方案。这是因为 5 波段对植物的水分较为敏感，叶绿素在 4 波段上反映强烈，3 波段则能较好地分辨无植被覆盖的地物，这三个波段包含的独立信息很多，目标物更加突出，更适于识别和进行信息提取。本研究选用 TM4，TM5，TM3，分别对应于 R，G，B 合成图上进行分类。

表 18.5 **TM 的光谱波段及主要用途**（黄敬峰等，1999）

波段号	波长范围 /um	地面分辨率 /m	主 要 用 途
1	0.45~0.52	30	水体穿透性良好，很适用于海岸制图，用于区分针叶林与阔叶林、土壤与植被也较理想
2	0.52~0.60	30	对应健康植被的绿反射区，很适合于植被的绿反射峰测量研究，也适用于水体污染监测
3	0.63~0.69	30	探测植被叶绿素吸收的差异，是区分土壤边界和地质体边界的最有用的可见光波段
4	0.76~0.90	30	适合于绿色植被类型的作物长势和生物量调查
5	1.55~1.75	30	很适合于庄稼缺水现象的探测和作物长势分析，还适合于区分某些岩石种类、云层、地面冰积和雪盖等，适合于区分水陆界限以及雨后的土壤温度测量
6	10.4~12.5	120	热强度测定分析
7	2.08~2.35	30	适用于地质制图，对区分健康植物和缺水现象也是有用的

（2）几何纠正

遥感解译时，由于飞行器姿态（侧滚、俯仰、偏航）、高度、速度、地球自转等因素，使形成的图像相对于地面目标而发生畸变。几何纠正的目的，是改正原始图像的几何形状，使得遥感影像的投影方式与地形图的投影方式一致。

本案例选用完成数字化的其他年份年的 1：5 万地形图作为影像和图件的控制数据，该矢量化数据的投影为标准双标纬等积圆锥投影，采用全国统一的中央经线和标准纬线，中央经线为 105°，双标准纬线分别为 25°和 47°，椭球体为 KRASOVSKY 椭球体。以一期 Landsat TM 影像作为栅格-矢量校正的初级数据，通过 ERDAS＞：Raster→Geometry correction 进行几何纠正。然后，以这期 TM 图像为基准，对其他年份的图像进行配准。该方法的基本思想是利用影像与地形图的同名地物点对，通过最小二乘法求解多项式，得到纠正系数。控制点选取，采用二项式几何纠正方法。选取控制点时尽量在堤坝、公路和水渠的交汇处。再通过 Geometry＞：image→image 进行两幅图像配准。经检验配准误差小于一个像元，满足精度要求。

（3）遥感影像解译

由于遥感影像分辨率的限制，根据研究区土地利用的特点，参照 1：5 万地形图、1：5 万土地利用规划图和国家通用的土地利用分类系统，对研究区域各种用地类型共分为6 个一级类别：林地；草地；耕地；城乡、工矿及居民点用地；水域；未利用土地。考虑到市区交通用地对生态环境的影响不容忽视，将城乡、工矿及居民点用地中的交通用地单独列为一类。所以本案例研究土地利用/覆盖类型分为以下 7 类：耕地、林地、草地、居民及工矿用地、交通用地、水域、未利用地（见表 18.6）。

表 18.6　　　　　　　　　　土地利用分类系统名称及含义

名称	含义
耕地	指种植农作物的土地，包括熟耕地、新开荒地、休闲地、轮歇地、草田轮作物地；以种植农作物为主的农果、农林用地；耕种三年以上的滩地
林地	指生长乔木、灌木等林业用地
草地	指以生长草本植物为主，覆盖度在 5%以上的各类草地，包括以牧为主的灌丛草地和郁闭度在 10%以下的疏林草地
水域	指天然陆地水域和水利设施用地
居民及工矿用地	指城市建城区用地，厂矿、大型工业区、油田、盐场、采石场等用地及特殊用地
交通用地	指交通道路用地
未利用土地	目前还未利用的土地，包括难利用的土地

　　遥感图像的土地利用分类通常通过两种基本方式实施：目视判读和计算机自动分类。目视判读是一种传统方式，它是直接利用人类所具有的自然识别智能，基于处理好的图片或影像，利用人工识别提取土地覆盖信息的方法；计算机自动分类是一种数字处理方式，它是利用计算机技术，通过一定的数学方法，如统计学、模糊数学、神经网络等模式识别的方法，借助计算机模拟人类的识别功能以获得土地覆被信息的方法。二者的技术处理手段不同，但基本目标是一致的，都是为识别获取土地覆被信息。

　　本案例采用人机交互的分类方法，在 ArcGIS 中以遥感图像作为背景值直接显示进行判读，以消除人工目视解译时蒙上的一层透明纸后的"朦胧"感，提高解译清晰度和精确度；分别得出两个时段的矢量图层（图 18.5）。

　　2. 实地考察

　　实地考察是提高遥感信息提取类型精度、定位精度、数量精度的一个必要的环节和有效手段。本案例采取的现场实地调查过程如下：在 1∶5 万比例尺地形图上确定观测点的位置、调查路线；在调查中充分发挥 RS、GPS 与 GIS 相结合的集成功能，对定位、定量、定时分析与调查结果进行详细记录。通过随机抽取若干样本区，实地考察验证，GPS 点属性校验结果表明，土地利用类型判别的准确率达到 90%以上，即均达到最低允许判别精度 0.7 的要求。最后由专家对判读精度进行评判，并提出校核意见，根据专家意见对解译结果进行了补充、修改，最后完成判读解译工作。

三、土地利用变化信息提取

　　变化信息直接提取是对两个时相的遥感图像进行点对点的直接运算，经变化特征的发现、分类处理，获取土地利用变化信息。本案例利用 ArcGIS 的空间分析工具进行土地利用动态监测分析，得到土地利用动态监测结果（表 18.7 和图 18.6）。

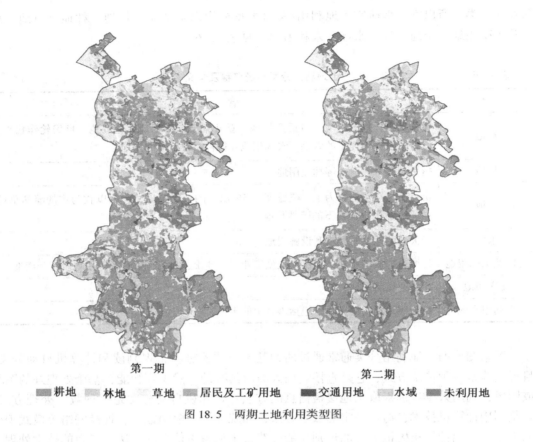

第一期　　　　　　　　　　　　　　第二期

■耕地　　■林地　　□草地　■居民及工矿用地　■交通用地　　□水域　■未利用地

图 18.5　两期土地利用类型图

表 18.7　　　　　　　　　　　　研究区两期土地利用面积流向表/km²

第一期土地利用类型	第二期土地利用类型						
	耕地	林地	牧草地	居民及工矿用地	交通用地	水域	未利用地
耕地	1 780.87	5.68	34.96	7.68	0.56	1.90	37.08
林地	10.12	256.46	2.79	0.42	0.12	0.09	0.60
牧草地	80.23	5.55	980.67	2.13	0.07	27.94	38.11
居民及工矿用地	1.19	0.13	0.14	278.73	—	0.13	5.18
交通用地	0.05	0.03	—	—	14.74	—	0.03
水域	9.95	0.14	21.39	0.70	—	565.52	70.36
未利用地	28.60	0.71	25.31	1.58	0.04	46.81	720.91

　　利用遥感进行土地利用动态监测能够快速提取土地利用变化信息，更新土地利用现状图，对土地资源的合理利用和科学管理具有重要意义。

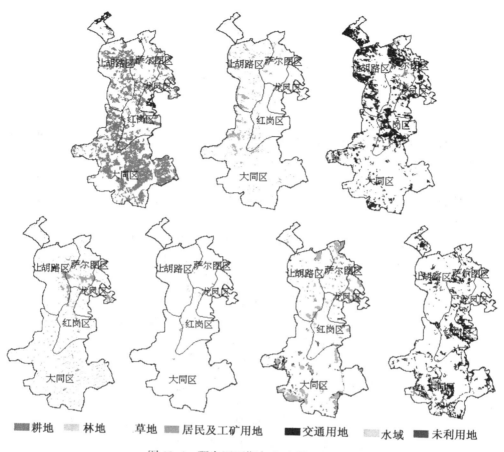

| ■ 耕地 | 林地 | 草地 | ■ 居民及工矿用地 | ■ 交通用地 | 水域 | ■ 未利用地 |

图 18.6　研究区两期各土地利用变化图

参 考 文 献

1. 蔡运龙，宋长青，冷疏影. 中国自然地理学的发展趋势与优先领域. 地理科学，2009，29（05）：619-626.

2. 陈传康，伍光和，李昌文. 综合自然地理学. 北京：高等教育出版社，1993.

3. 陈传康，郑度，等. 近 10 年来自然地理学的新进展. 地理学报（增刊），1994，49：684-690.

4. 陈述彭. 地球系统科学. 北京：中国科学技术出版社，1998.

5. 陈效述. 自然地理学. 北京：北京大学出版社，2001.

6. 邓绶林. 普通水文学. 北京：高等教育出版社，1987.

7. 丁登山，汪安祥，等. 自然地理学基础. 北京：高等教育出版社，1987.

8. 冯克嘉，等. 中国业余天文学家手册. 北京：高等教育出版社，1993.

9. 高国栋，等. 气候学教程. 北京：气象出版社，1996.

10. 葛京凤. 综合自然地理学. 北京：中国环境科学出版社，2005.

11. 郭瑞涛. 地球概论. 北京：北京师范大学出版社，1988.

12. 国家测绘地理信息局. 地理国情普查内容与指标（试行稿）. 2013.

13. 黄秉维，郑度，赵名茶. 现代自然地理. 北京：科学出版社，1999.

14. 黄锡基，等. 水文学. 北京：高等教育出版社，1993.

15. 霍亚贞，李天然，等. 土壤地理实验实习. 北京：高等教育出版社，1987.

16. V. 加德纳，R. 达科姆. 地貌野外手册. 潘凤英，等，译. 北京：科学出版社，1988.

17. 金祖孟，陈自悟. 地球概论（第三版）. 北京：高等教育出版社，1997.

18. 景贵和. 综合自然地理. 北京：高等教育出版社. 1990.

19. 李继红. 自然地理学导论. 沈阳：东北林业大学出版社，2007.

20. 李继红. 自然地理学与地图学实习教程. 沈阳：东北林业大学出版社，2011.

21. 李克煌. 气候资源学. 开封：河南大学出版社，1990.

22. 李维能，方贤铨. 地貌学. 北京：测绘出版社，1983.

23. 梁必骐. 天气学教程. 北京：气象出版社，1995.

24. 林爱文. 自然地理学. 武汉：武汉大学出版社，2008.

25. 刘本培，蔡运龙. 地球科学导论. 北京：高等教育出版社，2000.

26. 刘东生，等. 黄土与环境. 北京：科学出版社，1985.

27. 刘国梁. 自然地理学（第二版）. 北京：中国水利水电出版社，1994.

28. 刘南威，郭有立，等. 综合自然地理学（第三版）. 北京：科学出版社，2009.

29. 刘南威. 自然地理学（第二版）. 北京：科学出版社，2007.

30. 刘胤汉. 综合自然地理学理论与实践研究. 西安：陕西人民出版社，1990.

31. 刘玉英. 遥感地质学. 北京：地质出版社，2010.

32. 马建华，管华编. 系统科学及其在地理学中的应用. 北京：科学出版社，2003.

33. 马建华，等. 现代自然地理学. 北京：北京师范大学出版社，2002.

34. 马俊海，王文福，现代地图学理论与技术. 哈尔滨：哈尔滨地图出版社，2008，12.

35. 毛明海. 自然地理学. 杭州：浙江大学出版社，2009.

36. 南京大学地理系、中山大学地理系. 普通水文学. 北京：人民教育出版社，1994.

37. 倪韶祥，查勇. 综合自然地理研究有关问题的探讨. 地理研究，2002，17（2）：113-118.

38. 潘凤英，沙润，等. 普通地貌学. 北京：测绘出版社，1989.

39. 潘树荣，伍光和，陈传康，等. 自然地理学（第二版）. 北京：高等教育出版社，1985.

40. 彭涛玲，方明亮，苏佩颜. 地球概论. 重庆：西南师范大学出版社，1993.

41. 秦昆. 地理国情（普查）监测的地理学基础（ppt）. 第一届地理国情监测培训，2013.

42. 任健美. 自然地理实验与实习教程. 北京：气象出版社，2011.

43. 沈玉昌，等. 河流地貌学概论. 北京：科学出版社，1986.

44. 宋春青，张振春. 地质学基础（第三版）. 北京：高等教育出版社，1996.

45. 苏文才，朱积安. 基础地质学. 北京：高等教育出版社，1986.

46. 苏正贤. 自然地理. 福州：福建科学技术出版社，1987.

47. 谭海涛，等. 地面气象观测. 北京：气象出版社，1980.

48. 王百发. 测绘专业的发展形势与管理. 2011.

49. 王宝灿，等. 海岸动力地貌. 上海：华东师范大学出版社，1989.

50. 王建. 现代自然地理学. 北京：高等教育出版社，2001.

51. 王数，东野光亮. 地质学与地貌学实验实习指导. 北京：中国农业出版社，2007.

52. 王文福，孟庆武，等. 自然地理与地貌. 哈尔滨：哈尔滨地图出版社. 2008.

53. 王颖，等. 海岸地貌学. 北京：高等教育出版社，1994.

54. 吴积善，等. 泥石流及其综合治理. 北京：科学出版社，1993.

55. 吴泰然，何国琦，等. 普通地质学. 北京：北京大学出版社，2003.

56. 吴正. 地貌学导论. 广州：广东高等教育出版社，1999.

57. 吴正. 风沙地貌学. 北京：科学出版社，1987.

58. 吴正. 地貌学导论. 广州：广东高等教育出版社，1999.

59. 伍光和，自然地理学（第四版）. 北京：高等教育出版社，2008.

60. 武吉华，等. 植物地理学（第二版）. 北京：高等教育出版社，1995.

61. 肖玲. 地理学实践教程. 北京：科学出版社，2009.

62. 肖荣寰，吕金福. 地理野外实习指导. 长春：东北师范大学出版社，1988.

63. 熊黑钢，陈西玫. 自然地理学野外实习指导——方法与实践能力. 北京：科学出版社，2010.

64. 严钦尚，曾绍璇. 地貌学. 北京：高等教育出版社，1985.

65. 杨达源，周生路. 现代自然地理研究. 北京：科学出版社，2009.

66. 杨达源. 自然地理学（第二版）. 北京：科学出版社，2012.

67. 杨景春，李有利. 地貌学原理（修订版）. 北京：北京大学出版社，2006.

68. 杨士弘. 自然地理学实验与实习. 北京：科学出版社，2002.

69. 叶笃正. 当代气候研究. 北京：气象出版社，1991.

70. 尹国康. 流域地貌系统. 南京：南京大学出版社，1991.

71. 应振华，等. 地球概论实习指导. 北京：高等教育出版社，1991.

72. 余明. 简明天文学教程. 北京：科学出版社，2001.

73. 袁宝印，李容全，等. 地貌研究方法与实习指南. 北京：高等教育出版社，1991.

74. 袁道先，等. 中国岩溶学. 北京：地质出版社，1994.

75. 赵媛. 南京地区地理综合实习指导纲要. 北京：科学出版社，2010.

76. 周发绣. 大气科学概论. 青岛：青岛海洋大学出版社，1993.

77. 周淑贞. 气象学与气候学（第三版）. 北京：高等教育出版社，1997.

78. 卓正大，等. 生态系统. 广州：广东高等教育出版社，1991.

79. http：//www. igsnrr. ae. cn/mobarr/showCommonTopic. jsp？ id ＝ 10011

80. http：//zrdl. snnu. edu. cn/geog/list. aspx？ cid＝16

81. http：//www. baidu. com/